生物化学

陈阳建　范三微　主编

ZHEJIANG UNIVERSITY PRESS
浙江大学出版社
·杭州·

图书在版编目（CIP）数据

生物化学 / 陈阳建，范三微主编. —杭州：浙江大学出版社，2022.10(2023.8 重印)
ISBN 978-7-308-23092-6

Ⅰ.①生… Ⅱ.①陈… ②范… Ⅲ.①生物化学—医学院校—教材 Ⅳ.①Q5

中国版本图书馆 CIP 数据核字(2022)第 176162 号

生物化学
SHENGWU HUAXUE
陈阳建　范三微　主编

责任编辑　秦　瑕
责任校对　徐　霞
封面设计　周　灵
出版发行　浙江大学出版社
（杭州市天目山路 148 号　邮政编码 310007）
（网址：http://www.zjupress.com）
排　　版　杭州青翊图文设计有限公司
印　　刷　杭州高腾印务有限公司
开　　本　787mm×1092mm　1/16
印　　张　18.5
字　　数　473 千
版 印 次　2022 年 10 月第 1 版　2023 年 8 月第 2 次印刷
书　　号　ISBN 978-7-308-23092-6
定　　价　56.00 元

编委会

主　编　陈阳建　范三微

副主编　罗　方　方春生　李凤燕

编　者　（按姓氏笔画排序）

方春生　广东食品药品职业学院

许丽丽　浙江药科职业大学

李凤燕　浙江药科职业大学

吴丽双　浙江药科职业大学

何军邀　浙江药科职业大学

宋潇达　中国药科大学

张立飞　浙江药科职业大学

陈阳建　浙江药科职业大学

范三微　浙江药科职业大学

林正槐　浙江华海药业股份有限公司

罗　方　浙江药科职业大学

袁莉霞　浙江药科职业大学

彭　昕　宁波市中医药研究院

前 言

生物化学是高等职业教育中药学、中药、食品等相关专业的重要基础课程,可为学生后续专业课程的学习提供理论基础和技术支撑。本教材的编写在传承众多优秀教材的基础上,注重改革和创新,以够用、实用、适用为标准,突出工学结合,体现职业教育特色,既注重理论基础知识的学习,又强调生物化学技能的提高和综合职业素养的培养,以满足生物化学技术及相关职业岗位的需求。

本书以党的二十大精神和习近平新时代中国特色社会主义思想为指导。在编写过程中,遵循知识性、系统性、科学性、前瞻性和实用性相结合的原则,突出知识面宽、浅显易懂,力图做到使教师易教,学生易学;在编写内容上,突出工学结合,体现高等职业教育特色,进一步强化生物化学与生命健康和生物医药的密切关系,力求反映生物化学的应用性和新进展,将生物药物相关知识整合至各章节,并参考本科院校相关教材,增加了"药物在体内的转运和生物转化"一章;在编写模式上,充分体现"以学生为中心"的理念,每章设置有"学习目标""案例分析""知识链接""在线测试和思考题""本章小结"等模块,并精选了十个实验项目,以增强教材内容的可读性、趣味性和应用性。同时,本教材还提供了电子课件、教学视频、在线测试题等数字化资源,使教学资源更加丰富、立体,便于学生自主学习。本教材有较强的实用性和针对性,可供高等职业院校药学类、中药类、制药类、食品类及化妆品等相关专业的教学使用。

教材编写分工如下:绪论由陈阳建和宋潇达编写;第一章由罗方和许丽丽编写;第二章由李凤燕和陈阳建编写;第三章由袁莉霞和何军邀编写;第四章由袁莉霞和陈阳建编写;第五章由陈阳建编写;第六章由范三微和方春生编写;第七章由吴丽双编写;第八章由罗方和彭昕编写;第九章由范三微和张立飞编写;第十章由李凤燕、陈阳建和方春生编写;第十一章由范三微和方春生编写;第十二章由陈阳建和林正槐编写;全书由陈阳建进行统稿。

鉴于编者学术水平有限,难免有疏漏不当之处,恳请同行、专家及广大读者批评指正。

目　录

绪　论

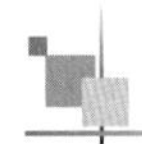

学习目标

知识目标

1. 掌握：生物化学的概念及研究内容。

2. 熟悉：生物药物的概念、特点及分类。

3. 了解：生物化学的发展简史，生物化学与医药学的关系。

能力目标

1. 熟悉生物化学的发展史，加强对生物化学课程的了解。

2. 知道生物化学原理和技术在实际工作中的具体应用和对后续专业课程学习的重要性。

绪论

第一节　生物化学的研究内容与发展简史

一、生物化学的概念

生物化学绪论

生物化学（biochemistry）是关于生命的化学，是从分子水平来研究生物体内基本物质的化学组成、结构及功能，阐明这些物质在生命活动中的化学变化规律及生命现象本质的一门学科。传统生物化学主要采用化学的原理和方法来揭示生命的奥秘，而现代生物化学已融入了生理学、细胞生物学、遗传学、免疫学、生物信息学等的理论和技术，与众多学科有着广泛的联系，是现代生命科学研究的重要基础学科之一。

二、生物化学的研究内容

生物化学的研究对象为一切生物有机体，包括人类、动物、植物和微生物，其研究内容十分广泛，主要集中在以下几个方面。

1. **生物体的化学组成、结构与功能** 组成生物体的重要物质有蛋白质、核酸、糖类、脂类、无机盐和水等，另外还有含量较少但对生命活动极为重要的维生素、激素和微量元素等。其中蛋白质、核酸、多糖及复合脂类属于生物大分子，它们都是由某些结构单位按一定顺序和方式连接所形成的多聚体，其特征之一是具有信息功能，因此也称为生物信息分子。这些生物大分子种类繁多、结构复杂，是一切生命现象的物质基础。生物大分子的结构与功能密切相关，其功能是通过分子的相互识别和相互作用实现的，因此，分子结构、分子识别和分子间的相互作用是实现生物大分子功能的基本要素。生物化学的内容之一就是研究这些基本物质的化学组成、结构、理化性质、生物学功能及结构与功能的关系，这些内容称为静态生物化学。

2. **物质代谢及其调控** 生命活动的基本特征之一是新陈代谢(metabolism)，即生物体不断地与外环境进行有规律的物质交换，为生命活动提供所需的能量，是生物体生长、发育、繁殖、运动等生命活动的基础。因此，物质代谢的进行是正常生命过程的必要条件，而物质代谢紊乱则可引发疾病。人体内各个反应和各个代谢途径之间在复杂的调控机制作用下，通过改变酶的催化活性，彼此协调和制约，从而保证各组织器官乃至整体正常的生理功能和生命活动。生物化学中关于代谢的内容称为动态生物化学。目前机体内主要的代谢途径已经基本阐明，但对物质代谢的调控机制、规律及其分子机制仍有待继续探索和发现。

3. **遗传信息的传递、表达与调控** 核酸是遗传信息的携带者，遗传信息按照中心法则指导蛋白质的生物合成，控制生命现象，使生物性状能够代代相传。研究基因表达和调控的规律及其机制是分子生物学(molecular biology)的重要内容，这一过程与细胞的正常生长、分化以及机体的生长、发育密切相关。对基因表达调控的研究将进一步阐明生物大分子的结构、功能及疾病发生、发展的机制，从而在分子水平为疾病的预防、诊断及治疗提供科学依据和技术支持。目前，基因的传递、表达和调控是生物化学与分子生物学最重要、最活跃的研究领域之一。

利用生物化学技术可以对生化物质进行分离、纯化和分析鉴定，为将来从事药学及制药工作奠定基础。随着各种生物技术的快速发展，新型生物药物层出不穷并已广泛应用于人类疾病的预防、诊断和治疗。特别是DNA重组、基因克隆、基因剔除、转基因、基因编辑等分子生物学技术已经成为现代生命科学领域常用的重要研究手段。

三、生物化学的发展简史

生物化学是一门既古老又年轻的学科。人们很早就认识到生物化学是关于生物体的组成和功能的研究，但人们对生物化学本质的认识却很晚，直到20世纪初生物化学才真正发展为一门独立的学科，并在20世纪上半叶蓬勃发展起来，近50年来又有许多重大的进展和突破，成为生命科学领域重要的前沿学科之一。20世纪50年代，生物化学家提出，生物化学的发展可分为叙述生物化学、动态生物化学和机能生物化学三个阶段。第三个阶段正是分子生物学崛起并迅速发展成为一门独立学科的阶段，因此也称为分子生物学阶段。

(一)叙述生物化学阶段

18世纪中叶至20世纪初是生物化学发展的萌芽时期,称为叙述生物化学阶段,主要研究生物体的化学成分及其含量、分布、结构、性质与功能。18世纪中叶,拉瓦锡(Lavoisier)证明了动物吸进氧气,呼出二氧化碳,同时释放热能,由此开始了生物氧化与能量代谢的研究。1928年,维勒(Wöhler)用无机物氰酸铵合成了生物体内的有机物尿素,开创了人工合成有机物的先河,也为生物化学的发展开辟了广阔的道路。1877年,霍佩-赛勒(Hoppe-Seyler)首次提出“Biochemie”这个词,建立了生理化学学科。1897年,布克奈(Buchner)等证明了无细胞的酵母提取液也具有发酵作用,可以使糖生成乙醇和二氧化碳,为近代酶学的发展奠定了基础。随后,费歇尔(Fischer)提出了“锁钥学说”来解释酶作用的专一性,阐明了酶对底物的作用。1903年,纽伯格(Neuberg)提出“biochemistry”一词,至此,生物化学成为一门独立的学科。

(二)动态生物化学阶段

20世纪初期至中叶,生物化学进入蓬勃发展时期,即动态生物化学阶段。在营养方面,发现了人类所需的必需氨基酸、必需脂肪酸和多种维生素。在内分泌方面,发现了多种激素,并将其分离、合成。在酶学方面,1926年萨姆纳(Sumner)分离出脲酶并获得结晶,认识到酶的化学本质是蛋白质。在物质代谢方面,1937年,克雷布斯(Krebs)创立了三羧酸循环理论,奠定了物质代谢的基础;这一阶段,基本确定了生物体内主要物质的代谢途径,包括糖酵解途径、三羧酸循环、脂肪酸β-氧化及尿素合成途径等。在生物能研究中,提出了生物能产生过程中的ATP循环学说。在这一阶段,一些技术方法在生物化学研究中的应用,如放射性核素标记、电泳和X射线晶体学等,极大地推动了学科发展。

(三)机能生物化学阶段(分子生物学阶段)

20世纪50年代以来,生物化学进入快速发展时期,推动了生命科学各领域的交叉渗透和深入研究。1953年沃森(Watson)和克里克(Crick)提出的DNA双螺旋结构模型以及20世纪60年代中期遗传中心法则的初步确立、遗传密码的发现,为揭示遗传规律奠定了基础,标志着生物化学的发展进入了分子生物学阶段。1973年科恩(Cohen)建立了体外重组DNA方法,标志着基因工程的诞生。1981年西克(Cech)发现了核酶(ribozyme),打破了酶的化学本质都是蛋白质的传统概念。1985年卡里·穆利斯(Kary Mullis)发明了聚合酶链式反应(polymerase chain reaction,PCR)技术,使人们能够在体外高效扩增DNA。1990年开始实施的人类基因组计划(human genome project,HGP)是生命科学领域有史以来最庞大的全球性研究计划。该计划于2001年完成了人类基因组“工作草图”,2003年成功绘制人类基因组序列图,首次在分子层面为人类提供了一份生命“说明书”,给人类健康和疾病的研究带来了根本性的变革。随后产生了与人类基因组计划相关的基因组学、蛋白质组学、转录组学等,通过对这些数据的整合,形成了目前应用非常广泛的生物信息学(bioinformatics)学科,这对生命科学研究将起到非常重要的作用。近年来生物冷冻电镜的快速发展,有力推动了蛋白质结构与功能的研究。同时,DNA重组、基因剔除、转基因、基因编辑等生物技术手段,为基因功能的研究、疾病模型的建立、发病机制的研究提供了有力的手段,也使人们对疾病进行基因诊断和基因治疗成为可能。此外,干细胞技术、生物 3D 打印、生物免疫疗法等技术为治疗疾病提供了新的可能。

四、中国科学家对生物化学发展的贡献

早在西方生物化学诞生之前,我们的祖先就已经在生产、饮食以及医疗等方面积累了丰富的经验,例如酿酒、造酱、制饴(麦芽糖)、膳食疗法、用猪胰治消渴病等,其中许多奠定了现代生物化学发展的基础。20 世纪以来,中国生物化学家在营养学、临床生化、蛋白质变性学说、人类基因组研究计划等领域都做出了重大的贡献。中国生物化学家吴宪等在血液化学分析方面创立了血滤液的制备和血糖测定法,并于 1931 年提出了蛋白质变性理论,认为天然蛋白质变性的原因在于其结构发生了改变。1965 年,我国首先人工合成了有生物学活性的结晶牛胰岛素;1971 年利用 X 射线衍射方法测定了牛胰岛素分子的空间结构;1981 年采用有机合成与酶催化相结合的方法,成功合成了酵母丙氨酸-tRNA。我国于 1999 年参与人类基因组计划并于 2000 年 4 月提前绘制完成"中国卷",赢得了国际生命科学界的高度评价。2003 年由贺福初院士及其团队提出的"人类肝脏蛋白质组计划"开始实施,并于 2007 年取得阶段性进展,系统构建了全球第一张人类器官蛋白质组"蓝图",这是中国科学家首次领衔国际重大科研合作项目。2019 年年底新型冠状病毒肺炎疫情暴发并席卷全球,中国科学家率先揭示和分享了病毒的核酸序列和病毒受体全长结构,并快速研发出核酸检测技术和多种新冠病毒疫苗,为全球的疫情防控做出了重大贡献。

第二节　生物化学与医药学的关系

生物化学是一门重要的基础学科,它的理论和技术研究已渗透到生命科学的各个领域。生物化学与医药学的关系十分密切,与临床医学、基础医学、预防医学、药学及各基础学科都有广泛联系,是医学、药学等专业的重要基础学科之一,并对制药工业有重要的指导和实践意义。

一、生物化学与医药学的关系

从医学方面来看,体内代谢与人们的生命健康息息相关,代谢过程的异常必将表现为疾病,例如糖尿病就是胰岛素缺乏而引起的糖代谢障碍,可用胰岛素治疗。此外,从血、尿及其他体液的分析来了解人体物质代谢情况,有助于疾病的诊断。所以生物化学与疾病的病因、发病机制、诊断和治疗有极为密切的关系。对生物化学的认知有助于人们更好地了解自身的健康状况,从而保持良好的生活习惯,提高人们的生活质量。

从药学方面来看,生物化学为新药的研究与开发提供了坚强的理论基础和多种技术手段,其已经渗透至药学领域的中药学、药理学、药物化学、药物制剂等多个学科。至 20 世纪末,药学学科已经步入新的发展阶段,其特点是从以化学模式为主体迅速转向以生命科学和化学相结合的新模式。生物化学和分子生物学在现代药学科学发展中起到了先导作用。应用现代生物化学技术,从生物体内获取生理活性物质,不但可以将其直接开发成有意义的生物药物,还可以从中发现具有进一步研究和开发价值的生物分子,即药物的先

导物，再对其分子结构进行改造、修饰或优化，即可开发出具有新颖结构及特殊药理作用的生物新药。

二、生物化学与制药工业的关系

生物化学学科的发展促进了制药工业产品更新、技术进步，因此在制药工业生产实践中起着极其重要的作用。以生物化学、微生物学和分子生物学为基础发展起来的生物技术制药工业已经成为制药工业的一个新门类。基因工程、酶工程、发酵工程、细胞工程和蛋白质工程等生物技术已广泛应用于制药工业，越来越多的重组药物如人胰岛素、人生长素、干扰素、白细胞介素 2、促红细胞生成素、组织纤溶酶原激活剂和乙肝疫苗等均已在临床广泛使用。新的蛋白质工程药物的种类日益增加，应用生物工程技术改造传统制药工业，将生物制药技术和传统制药技术融为一体，已经迅速成为生物医药产业发展的新模式。

三、生物化学的学习方法

学习和掌握生物化学知识，既可以理解生命现象的本质，又可以把生物化学原理和技术应用于药物的研究、生产、检测、储运和临床中，为后续专业课程的学习打下扎实的基础。

生物化学的内容相当广泛，涵盖生命过程的各个环节，内容抽象，结构繁杂，代谢途径纵横交错且相互联系，因此掌握科学的学习方法能取得事半功倍的学习效果。生物化学研究涉及化学、生物学及生理学等许多学科的知识，因此学习时掌握一定的相应学科知识，尤其是化学知识，也是学好本课程的基础。

学习时要把生物体看作体内无数的生物化学变化和生理活动相融合的统一体，物质代谢过程虽错综复杂、多种多样，但又相互联系、彼此制约，且体内的生命活动过程要适应体内外环境的变化。因此，在学习过程中，不应机械地、静止地、孤立地对待每个问题，必须注意它们之间的相互联系及发展变化。另外，生物化学是一门实验性的学科，在学好书本知识的同时，也要重视生物化学实践学习，提高动手能力。

第三节 生物药物概述

一、生物药物的概念

生物药物(biopharmaceutics)是利用生物体、生物组织或其成分，综合应用生物学、生物化学、微生物学、免疫学、物理化学和药学等的原理与方法制造的用于预防、诊断和治疗疾病的制品。广义的生物药物包括从各种生物体中制取或运用现代生物技术生产的各种天然生物活性物质及其人工合成或半合成的天然活性物质类似物，包括生化药物(biochemical drugs)、生物技术药物(biotechnological drugs)和生物制品(biological product)。

二、生物药物的特点

(一)生产及制备的特殊性

1. **有效成分含量低**　生物药物原料中的有效成分含量低、杂质种类多且含量高,因此提取和分离纯化工艺比较复杂。

2. **稳定性差**　生物药物的有效成分多为生物大分子,其分子结构中具有特定的活性部位,一旦结构遭到破坏,就会失去生物活性。例如很多理化因素可导致酶类药物失活。

3. **易腐败**　生物药物营养价值较高,极易染菌、腐败,因此生产过程中应保持低温和无菌。

4. **注射用药有特殊要求**　生物药物易被胃肠道中的酶破坏,因此多采用注射给药。对生物药物制剂的均一性、安全性和稳定性等都有严格要求,同时对其理化性质、检验方法、剂型、剂量、处方、贮存方式等亦有明确规定。

(二)药理学特性

1. **治疗的针对性强**　生物药物治疗疾病的生理、生化机制合理,针对性强,疗效可靠。如细胞色素 C 用于治疗组织缺氧所引起的一系列疾病具有良好疗效。

2. **药理活性高**　生物药物是从大量原料中精制出来的高活性物质,因此具有高效的药理活性。如注射人生长激素治疗儿童侏儒症,效果显著。

3. **营养价值高、毒副作用小**　生物药物主要有蛋白质、核酸、糖类、脂类等。这些物质在体内可降解为氨基酸、核苷酸、单糖、脂肪酸等,是人体重要的营养物质,毒副作用较小。

4. **常有生理副作用发生**　生物药物来自材料,不同生物体之间的种属差异或同种生物体之间的个体差异都很大,所以用药时常会出现免疫反应和过敏反应。

(三)质量控制的特殊性

生物药物具有特殊生理功能,因此不仅要有理化检验指标,更要有生物活性检验指标。生物药物的生产不但要严格执行《药品生产质量管理规范》,还要从原材料来源和制备工艺、质量标准等方面严格控制,特别是对于基因工程药物,不仅要鉴定最终产品,还要从基因来源、菌种、原始细胞库等方面进行质量控制,对培养、纯化等各个环节都要严格把关。

三、生物药物的来源

1. **动物来源**　许多生物药物来源于动物脏器,如动物的组织、器官、腺体、血液、胎盘、毛发和蹄甲等。动物的脏器主要来源于家畜(猪、马、牛、羊等)、家禽(鸡、鸭等)和海洋动物。

2. **微生物来源**　微生物易于培养、繁殖快、产量高、成本低,便于大规模工业生产,不受原料运输、保存、生产季节和货源供应的影响,还可以利用微生物酶专一而快速地完成许多复杂的化学反应。因此用微生物作为原料制备生物药物的前景十分广阔,尤其是利用微生物发酵法生产生物药已经成为现代制药业的重要技术和途径。

3. **植物来源**　从草药中已提取出很多具有提高免疫力、抗肿瘤、抗辐射等生理功能的活性多糖及蛋白酶制剂。我国药用植物的资源极为丰富，但从植物中制备的生物药物品种并不多。近年来，利用植物材料寻找有效生物药物已引起人们的重视。

4.**海洋生物来源** 海洋生物是一个丰富的药物资源宝库，是开发生物药物的重要材料。目前，已从藻类、鱼类等多种海洋生物中提取出可用于防治肿瘤、心脑血管疾病等的生物活性物质。

5.**化学合成** 利用化学合成或半合成方法不仅可以生产许多小分子生物药物，如氨基酸、多肽、核酸降解物及其衍生物、维生素和某些激素，还可以通过对天然生物药物进行修饰改构以提高其产量和质量。

6.**现代生物技术产品** 利用现代生物技术生产的生物药物是生物药物的最重要来源，包括利用基因工程技术生产的重组活性多肽、蛋白质类药物、基因工程疫苗、单克隆抗体及多种细胞生长因子等；利用转基因技术生产的生物药物及利用蛋白质工程技术改造天然蛋白质而生产的功能上更优良的蛋白质类药物；利用生物技术开发的反义药物、基因治疗药物和核酶等。

四、生物药物的分类

生物药物的有效成分多数是比较清楚的，所以，一般可按生物药物的化学本质和化学特性进行分类。

1.**氨基酸及其衍生物类药物** 这类药物包括天然的氨基酸、氨基酸混合物及氨基酸衍生物，如谷氨酸、复方氨基酸注射液、*N*-乙酰半胱氨酸、氮杂丝氨酸等。

2.**多肽和蛋白质类药物** 多肽和蛋白质的化学本质相同、性质相似，但分子大小不同，生物学性质(如免疫原性等)差异较大。多肽类药物有神经肽、抗菌肽、降钙素、胰高血糖素等；蛋白质类药物有人血白蛋白、丙种球蛋白、胰岛素、单克隆抗体和融合蛋白药物等。

3.**酶与辅酶类药物** 酶类药物主要应用于酶替代治疗及胃肠道疾病、炎症、抗凝溶栓、抗肿瘤治疗等，如 α-半乳糖苷酶、胃蛋白酶、纤溶酶、门冬酰胺酶等。辅酶种类繁多、结构各异，其中一部分亦属于核酸类药物(如辅酶 A)。

4.**核酸类药物** 这类药物包括核酸及其降解物和衍生物类药物，包括核酸、多聚核苷酸、单核苷酸、核苷、碱基，以及它们的类似物和衍生物(如 5-氟尿嘧啶、6-巯基嘌呤等)。

5.**糖类药物** 糖类药物以多糖中的黏多糖为主，如肝素、硫酸软骨素、透明质酸等。近年来从真菌及中药材中也提取了多种活性多糖，如茯苓多糖、云芝多糖、银耳多糖、黄芪多糖等。

6.**脂类药物** 这类药物主要包括脂肪酸类、磷脂类、胆酸类、色素类、固醇类、卟啉类等。脂类药物的结构和性质相差较大，因此它们的药理作用和临床应用都不同。

7.**细胞生长因子类** 细胞生长因子是人类或动物各类细胞分泌的具有多种生物活性的多肽或蛋白质类物质，是近年来发展最迅速、现代生物技术运用最广泛的生物药物之一，包括干扰素、白细胞介素、肿瘤坏死因子、集落刺激因子等。

8.**生物制品类** 从微生物、原虫、动物或人体材料直接制备或用现代生物技术、化学方法制成作为预防、治疗、诊断特定传染病或其他疾病的制剂，统称为生物制品，如疫苗、抗毒素、抗血清、血液制品及诊断制品等。

五、生物药物的临床应用

(一)作为治疗药物

对于许多常见病和多发病,生物药物常有很好的疗效。对于遗传病和延缓机体衰老及危害人类健康最严重的一些疾病,如肿瘤、糖尿病、乙型肝炎、内分泌障碍、免疫性疾病等,生物药物可发挥更好的治疗作用。按其药理作用主要分为以下几大类。

1.**内分泌障碍治疗药物** 如胰岛素、胰高血糖素、生长激素、甲状腺素等。

2.**维生素类药物** 主要起营养和辅助治疗的作用,用于维生素缺乏症。某些维生素大剂量使用时有一定的治疗和预防癌症、感冒和骨病的作用,如维生素 C、维生素 D_3、维生素 B_{12} 等。

3.**中枢神经系统药物** 如 *L*-多巴(治疗神经震颤)、人工牛黄(镇静、抗惊厥)、脑啡肽(镇痛)等。

4.**血液和造血系统药物** 有抗贫血药(血红素)、抗凝血药(肝素)、抗血栓药(尿激酶、组织纤溶酶原激活剂)、止血药(凝血酶)、血容量扩充剂(右旋糖酐)、凝血因子制剂(凝血因子Ⅷ和Ⅸ)等。

5.**呼吸系统药物** 如平喘药(前列腺素、肾上腺素)、祛痰药(乙酰半胱氨酸)等。

6.**心血管系统药物** 有抗高血压药(血管舒缓素)、降血脂药(弹性蛋白酶、猪去氧胆酸)、冠心病防治药(硫酸软骨素 A、类肝素)等。

7.**消化系统药物** 有助消化药(胰酶、胃蛋白酶)、溃疡治疗剂(胃膜素)、止泻药(鞣酸蛋白)等。

8.**抗病毒药物** 主要有三种作用类型:①抑制病毒核酸的合成,如碘苷、三氟碘;②抑制病毒合成酶,如阿糖腺苷、阿昔洛韦;③调节免疫功能,如异丙肌苷、干扰素等。

9.**抗肿瘤药物** 主要有核酸类抗代谢物(阿糖胞苷、6-巯基嘌呤、氟尿嘧啶)、抗癌天然生物大分子(天冬酰胺酶)、提高免疫力抗癌剂(白介素-2、干扰素、集落细胞刺激因子)、抗体类药物等。

10.**自身免疫性疾病治疗药物** 主要有治疗风湿性关节炎、银屑病的抗 TNF-α 的抗体类药物等。

11.**遗传性疾病治疗药物** 如凝血因子$Ⅶ_a$用于治疗血友病等。

12.**抗辐射药物** 如超氧化物歧化酶、2-巯基丙酰甘氨酸等。

13.**计划生育用药** 有口服避孕药(复方炔诺酮)和早中期引产药(前列腺素及其类似物)。

14.**生物制品类治疗药** 如各种人血免疫球蛋白、抗毒素和抗血清等。

(二)作为预防药物

常用的预防药物主要有菌苗、疫苗、类毒素及冠心病防治药物(如类肝素和多种不饱和脂肪酸)。特别是近几年发展起来的基因疫苗,已经在许多难治性感染性疾病、自身免疫性疾病、过敏性疾病和肿瘤的预防等领域显示出广泛的应用前景。

(三)作为诊断药物

绝大部分临床诊断试剂来自生物药物,这是其最突出又独特的临床用途之一。诊断药物发展迅速,品种繁多,剂型不断改进,正朝着更具特异性、敏感性和快速简便的方向发展。

1.**免疫诊断试剂** 利用高度特异性和敏感性的抗体结合反应,检测样品中有无相应的抗原或抗体,可为临床疾病诊断提供依据,主要有诊断抗原和诊断血清。

2.**酶诊断试剂** 利用酶促反应的特异性和快速灵敏的特点,可定量测定体液中的某一成分变化,作为疾病诊断的参考依据。目前已有40多种酶诊断试剂盒供临床使用,如HCG诊断试剂盒、艾滋病诊断试剂盒等。

3.**器官功能诊断药物** 利用某些药物对器官功能的刺激作用、排泄速度或味觉等检查器官的功能损害程度,如磷酸组胺用于胃液分泌功能的检查。

4.**放射性核素诊断药物** 放射性核素标记的药物具有能聚集于不同组织或器官的特性,故可检测其进入体内后的吸收、分布、转运、利用及排泄等过程,从而显示出器官功能及其形态,供疾病诊断。如^{131}I人血白蛋白用于测定心脏放射图、心排血量及脑扫描。

5.**诊断用单克隆抗体(McAb)** McAb的专一性强,一个B细胞所产生的抗体只针对抗原分子上的一个特异抗原决定簇,应用McAb诊断血清能专一检测病毒、细菌、寄生虫或细胞的一个抗原分子片段,故测定时可避免发生交叉反应。

6.**基因诊断芯片** 基因诊断芯片是基因芯片的一大类,是将大量的分子识别基因探针固定在微小基片上,与被检测的标记核酸样品进行杂交,通过检测每个探针分子的杂交强度来获得大量与疾病相关的基因序列信息。目前,基因芯片诊断主要应用于疾病的分型和诊断,如用于急性脊髓白血病和急性淋巴细胞白血病的分型,以及对乳腺癌、前列腺癌的分型和各类癌症或其他疾病的基因诊断。

(四)作为其他生物医药用品

生物药物在其他方面的应用也很广泛,如生化试剂、生物医学材料、营养保健品及美容化妆品等多个领域。

在线测试

思考题

1.生物化学的研究内容包括哪些?

2.简述生物药物的概念并说明其特点。

3.生物药物的种类有哪些?请举例说明。

4.查阅资料了解生物化学及生物药物研究的最新进展。

本章小结

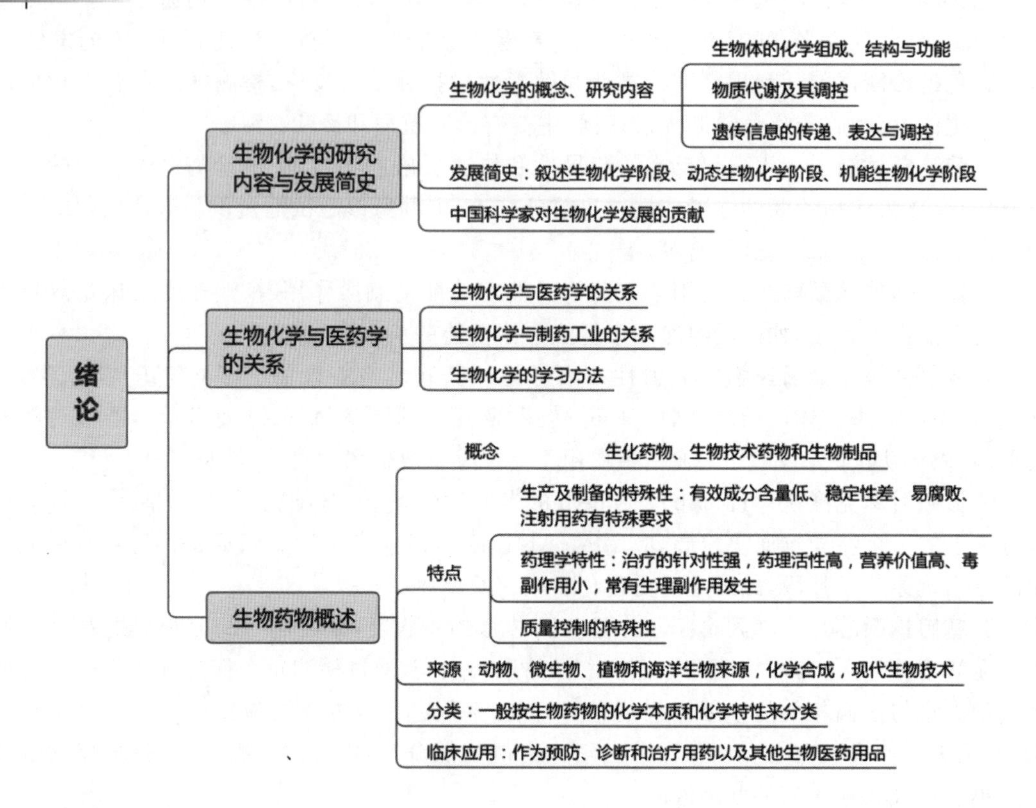
绪论
生物化学的研究内容与发展简史
生物化学的概念、研究内容
生物体的化学组成、结构与功能
物质代谢及其调控
遗传信息的传递、表达与调控
发展简史：叙述生物化学阶段、动态生物化学阶段、机能生物化学阶段
中国科学家对生物化学发展的贡献
生物化学与医药学的关系
生物化学与医药学的关系
生物化学与制药工业的关系
生物化学的学习方法
生物药物概述
概念
生化药物、生物技术药物和生物制品
特点
生产及制备的特殊性：有效成分含量低、稳定性差、易腐败、注射用药有特殊要求
药理学特性：治疗的针对性强，药理活性高，营养价值高、毒副作用小，常有生理副作用发生
质量控制的特殊性
来源：动物、微生物、植物和海洋生物来源，化学合成，现代生物技术
分类：一般按生物药物的化学本质和化学特性来分类
临床应用：作为预防、诊断和治疗用药以及其他生物医药用品

第一章　蛋白质的化学

学习目标

知识目标

1. 掌握：蛋白质的化学组成、氨基酸的结构特点，蛋白质的分子结构，蛋白质的理化性质及应用。

2. 熟悉：蛋白质结构与功能的关系。

3. 了解：蛋白质的功能与分类，氨基酸及多肽蛋白质类药物。

能力目标

1. 能运用蛋白质结构与功能关系的相关知识来解释某些疾病的发病机制。

2. 能根据蛋白质的理化性质选择合适的分离纯化方法，并进行分析鉴定。

蛋白质的化学

第一节　蛋白质的化学组成

蛋白质(protein)是由氨基酸组成的一类生物大分子，它与核酸是生命活动过程中最重要的物质基础。蛋白质普遍存在于生物界，是生命活动的主要执行者，也是生命现象的体现者，是人体细胞中含量最丰富的生物大分子。同时蛋白质的分子结构千差万别，决定了蛋白质具有多种多样的生物学功能，如生物催化、代谢调节、免疫保护、运输、储存、运动和支持、信号转导、记忆，以及生长、繁殖、遗传和变异等作用。

一、蛋白质的元素组成

蛋白质的元素分析结果表明，组成蛋白质的主要元素为C、H、O、N。此外，有些蛋白质含有一定量的硫及微量的磷、碘、铁、铜、锰和锌等。各种蛋白质的含氮量十分接近且恒定，平均为16%。由于动植物组织中的含氮物以蛋白质为主，所以，通过测定样品中的含氮量，即可大致推算出样品中蛋白质的含量，这就是凯氏定氮法测定蛋白质含量的依据。计算公式如下：

样品中蛋白质的含量(g)＝样品中含氮量(g)×6.25。

二、蛋白质的基本组成单位——氨基酸

蛋白质经酸、碱或蛋白水解酶作用后，所得最终产物都是氨基酸(amino acid)，因此氨基酸是蛋白质的基本组成单位。存在于自然界中的氨基酸有300余种，但组成人体内蛋白质的氨基酸仅有20种。这20种氨基酸有相应的遗传密码子，也称为编码氨基酸。

蛋白质的基本组成单位——氨基酸

(一)氨基酸的结构特点

氨基酸分子中，因α-碳原子上同时连接一个羧基和一个氨基，故称为α-氨基酸。此外氨基酸有一个R侧链，不同氨基酸其侧链不同，它对蛋白质的空间结构和理化性质有重要影响。除甘氨酸外，其他氨基酸的α-碳原子都是不对称碳原子(手性碳原子)，故它们具有旋光异构现象，存在*D*-型和*L*-型两种异构体。组成天然蛋白质的氨基酸通常为*L*-型，称为*L*-α-氨基酸。氨基酸的结构通式如下(R表示侧链基团)：

$$H_2N—\overset{\displaystyle COOH}{\overset{|}{\underset{\displaystyle R}{\underset{|}{C_\alpha}}}}—H$$

(二)氨基酸的分类

组成蛋白质的20种氨基酸，根据侧链R基团的结构和性质不同，可分为四类(表1-1)。

1.**非电离极性氨基酸** R基团具有极性，但在中性溶液中不解离。

2.**非极性氨基酸** 包括4种带有脂肪烃侧链的氨基酸，此类氨基酸在水中的溶解度较小。

3.**酸性氨基酸** 在生理条件(pH 7.35～7.45)下，这类氨基酸带负电荷，包括谷氨酸、天冬氨酸。

4.**碱性氨基酸** 在生理条件下，这类氨基酸带正电荷，包括赖氨酸、精氨酸和组氨酸。

表1-1 氨基酸的结构与分类

分类	名称	结构式	相对分子质量	pI
非电离极性氨基酸	甘氨酸(甘)(glycine) Gly,G	$H—\overset{\displaystyle H}{\overset{|}{\underset{\displaystyle NH_2}{\underset{|}{C}}}}—COOH$	75.05	5.97

续表

分类	名称	结构式	相对分子质量	pI
非电离极性氨基酸	丝氨酸(丝)(serine) Ser,S	$HO-CH_2-\underset{NH_2}{\overset{H}{C}}-COOH$	105.6	5.68
	苏氨酸(苏)(threonine) Thr,T	$CH_3-\underset{OH}{CH}-\underset{NH_2}{\overset{H}{C}}-COOH$	119.08	6.17
	半胱氨酸(半)(半胱)(cystein) Cys,C	$HS-CH_2-\underset{NH_2}{\overset{H}{C}}-COOH$	121.12	5.07
	酪氨酸(酪)(tyrosine) Tyr,Y	$HO-C_6H_4-CH_2-\underset{NH_2}{\overset{H}{C}}-COOH$	181.09	5.66
	天冬酰胺(天胺)(asparagine) Asn,N	$H_2N-C(=O)-CH_2-\underset{NH_2}{\overset{H}{C}}-COOH$	132.12	5.41
	谷氨酰胺(谷胺)(glutamine) Gln,Q	$H_2N-C(=O)-CH_2-CH_2-\underset{NH_2}{\overset{H}{C}}-COOH$	146.15	5.65
非极性氨基酸	丙氨酸(丙)(alanine) Ala,A	$CH_3-\underset{NH_2}{\overset{H}{C}}-COOH$	89.06	6.0
	缬氨酸(缬)(valine) Val,V	$(CH_3)_2CH-\underset{NH_2}{\overset{H}{C}}-COOH$	117.09	5.96
	亮氨酸(亮)(leucine) Leu,L	$(CH_3)_2CH-CH_2-\underset{NH_2}{\overset{H}{C}}-COOH$	131.11	5.98

续表

分类	名称	结构式	相对分子质量	pI
非极性氨基酸	异亮氨酸(异)(isoleucine) Ile,I	$CH_3—CH_2—CH(CH_3)—C(H)(NH_2)—COOH$	131.11	6.02
	脯氨酸(脯)(proline) Pro,P	(ring) NH —COOH	115.13	6.30
	苯丙氨酸(苯)(苯丙)(phenylalanine) Phe,F	$C_6H_5—CH_2—C(H)(NH_2)—COOH$	165.09	5.48
	色氨酸(色)(tryptophan) Trp,W	(N-H indole ring)$—CH_2—C(H)(NH_2)—COOH$	204.22	5.89
	蛋氨酸(蛋)(methionine) Met,M	$CH_3—S—CH_2—CH_2—C(H)(NH_2)—COOH$	149.15	5.74
酸性氨基酸	天冬氨酸(天)(aspartic acid) Asp,D	$HOOC—CH_2—C(H)(NH_2)—COOH$	133.60	2.77
	谷氨酸(谷)(glutamic acid) Glu,E	$HOOC—CH_2—CH_2—C(H)(NH_2)—COOH$	147.08	3.22
碱性氨基酸	赖氨酸(赖)(lysine) Lys,K	$H_2N—(CH_2)_3—CH_2—C(H)(NH_2)—COOH$	146.13	9.74
	精氨酸(精)(arginine) Arg,R	$H_2N—C(=NH)—NH—(CH_2)_3—CH_2—C(H)(NH_2)—COOH$	174.14	10.76
	组氨酸(组)(histidine) His,H	(HN, N imidazole ring)$—CH_2—C(H)(NH_2)—COOH$	155.16	7.59

三、蛋白质的分类

(一)按分子形状分类

1. **球状蛋白**　蛋白质分子形状的长短轴比小于10。生物界中多数蛋白质属球状蛋白，一般溶于水，有特异生物活性，如酶、免疫球蛋白等。

2. **纤维状蛋白**　蛋白质分子形状的长短轴比大于10。一般不溶于水，多为生物体组织的结构材料，如毛发中的角蛋白、结缔组织的胶原蛋白和弹性蛋白、蚕丝的丝心蛋白等。

(二)按分子组成分类

1. **单纯蛋白**　其完全水解产物仅为氨基酸而不产生其他物质的蛋白质，如清蛋白、球蛋白、组蛋白、精蛋白、硬蛋白和植物谷蛋白等。

2. **结合蛋白**　由单纯蛋白与非蛋白部分组成，非蛋白部分称为辅基。根据辅基不同可分为糖蛋白、核蛋白、脂蛋白、磷蛋白和金属蛋白等。

(三)按溶解度分类

1. **可溶性蛋白**　可溶于水、稀中性盐和稀酸溶液的蛋白，如清蛋白、球蛋白、组蛋白和精蛋白等。

2. **醇溶性蛋白**　不溶于水、稀盐，而溶于70%～80%乙醇的蛋白，如醇溶谷蛋白。

3. **不溶性蛋白**　不溶于水、中性盐、稀酸、稀碱和一般有机溶媒等的蛋白，如角蛋白、胶原蛋白、弹性蛋白等。

第二节　蛋白质的分子结构

蛋白质是具有三维空间结构的高分子化合物，其复杂多样的结构赋予了不同蛋白质特有的理化性质和生理功能。蛋白质的分子结构分为四级，即一级结构、二级结构、三级结构和四级结构，后三者称为空间结构或空间构象。蛋白质的一级结构是基础，它决定了蛋白质的空间结构。

蛋白质的一级结构

一、蛋白质的一级结构

(一)肽键和肽键平面

一个氨基酸的α-羧基与另一个氨基酸的α-氨基脱水缩合形成的化学键(—CO—NH—)称为肽键，又称酰胺键。肽键是蛋白质分子的基本化学键，是氨基酸在蛋白质分子中的连接方式。其结构如下：

$$H_2N-\underset{H}{\overset{R_1}{C}}-\overset{O}{\overset{\|}{C}}-OH + H-\underset{H}{N}-\underset{H}{\overset{R_2}{C}}-COOH \xrightarrow{-H_2O} H_2N-\underset{H}{\overset{R_1}{C}}-\overset{O}{\overset{\|}{C}}-\underset{H}{N}-\underset{H}{\overset{R_2}{C}}-COOH$$

氨基酸　　　　　　　　　　　　肽键

肽键具有部分双键的性质，不能自由旋转，而且与之相邻的2个α-碳原子由于受到侧链R基团和肽键中H和O原子空间位阻的影响，也不能自由旋转，因此，组成肽键的4个原子(C、O、N、H)和2个α-碳原子都位于同一个平面，称为肽键平面，也称为肽单位(图1-1)。肽键平面是刚性平面结构，2个α-碳原子单键是可以自由旋转的，其自由旋转的角度决定了两个相邻的肽键平面的相对空间位置。此外，肽单位中与C—N相连的H和O原子与2个α-碳原子呈反向分布。根据这些特性，可以把多肽链的主链看成是由一系列刚性平面组成的。

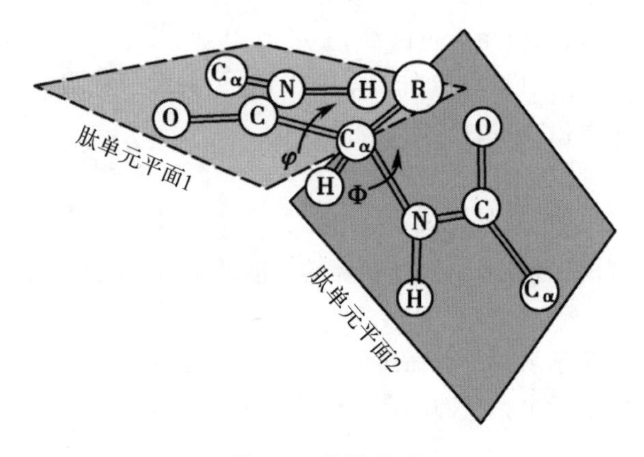

图1-1　肽键平面

(二)肽和多肽链

氨基酸通过肽键相连形成的化合物称为肽。由两个氨基酸组成的肽称为二肽，三个氨基酸组成的肽称为三肽，以此类推。一般把10个氨基酸及以下组成的肽称为寡肽，10个氨基酸及以上组成的肽称为多肽。由多个氨基酸通过肽键连接形成的链状化合物称为多肽链，它的结构如下：

$$\underline{H_2N}-\overset{R_1}{CH}-\overset{O}{\overset{\|}{C}}-\underset{H}{N}-\overset{R_2}{CH}-\overset{O}{\overset{\|}{C}}-\underset{H}{N}-\overset{R_3}{CH}-\overset{O}{\overset{\|}{C}}-\underset{H}{N}-\overset{R_4}{CH}-\overset{O}{\overset{\|}{C}}\cdots\cdots\cdots\cdots\underset{H}{N}-\overset{R_n}{CH}-\overline{COOH}$$

N-末端　　　　　　　　　　　　　　　　　　C-末端

多肽链中的α-碳原子和肽键的若干重复结构称为主链，各个氨基酸残基侧链基团(R基团)部分，称为侧链。多肽链的氨基酸由于参与肽键的形成，已非原来完整的氨基酸分子，称为氨基酸残基。多肽链的结构具有方向性，一端具有游离的α-氨基，称为氨基末端或N-末端；另一端具有游离的α-羧基，称为羧基末端或C-末端。生物体内在合成多肽和蛋白质时，是从氨基末端开始，延长到羧基末端终止，因此，N-末端被定为多肽链的头，在书写多肽链结构时通常是将 N-末端写在左边，C-末端写在右边；肽的命名也是从 N-末端到 C-末端。如丙丝甘肽是由丙氨酸、丝氨酸和甘氨酸组成的三肽，丙氨酸为 N-末端，而甘氨酸为 C-末端，其结构如下：

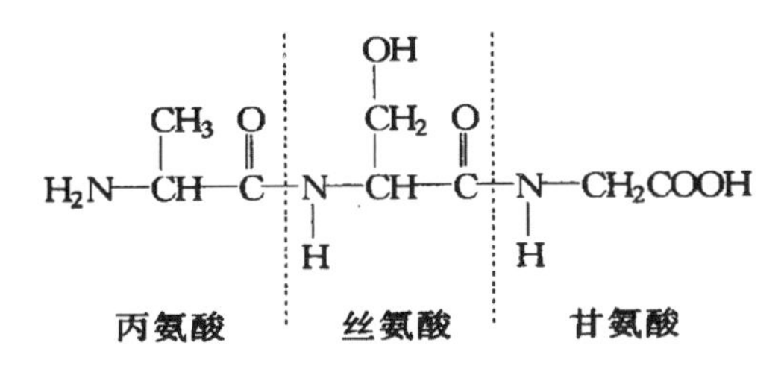

（三）蛋白质的一级结构

蛋白质的一级结构（primary structure）是指多肽链中氨基酸残基的排列顺序，这种顺序是由基因上的遗传信息决定的。一级结构中的基本结构键为肽键，在某些蛋白质的一级结构中还有二硫键，它是由两个半胱氨酸残基的巯基脱氢氧化生成的。如牛胰岛素的一级结构是由英国生物化学家 Sanger 于 1954 年完成测定的，这是世界上第一个被确定一级结构的蛋白质。图 1-2 为牛胰岛素的一级结构，共由 51 个氨基酸残基组成，形成 A、B 两条多肽链，A 链有 21 个氨基酸残基，B 链有 30 个氨基酸残基，A、B 两链通过两个二硫键相连，A 链本身第 6 及 11 位两个半胱氨酸形成一个链内二硫键。

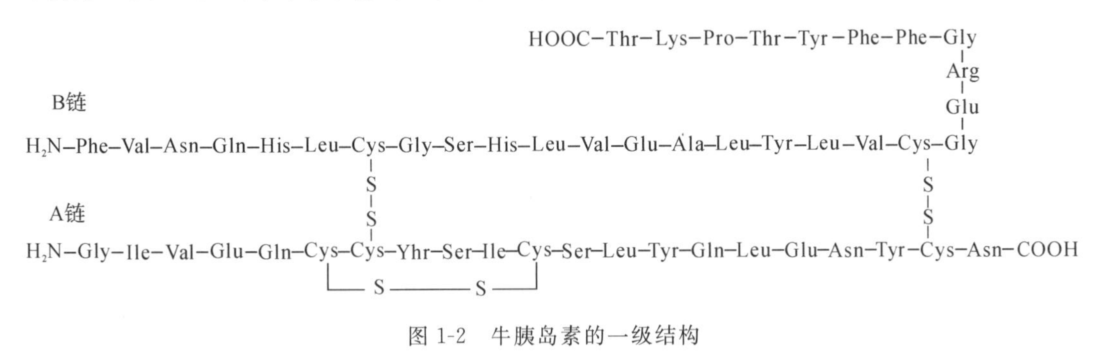

图 1-2　牛胰岛素的一级结构

蛋白质的一级结构是决定其空间结构的基础，而空间结构则是实现其生理功能的基础。尽管各种蛋白质的基本结构都是多肽链，但所含氨基酸总数、各种氨基酸所占比例、氨基酸在肽链中的排列顺序不同，这就形成了结构多样、功能各异的蛋白质。一级结构的改变往往会导致疾病的发生，因此，蛋白质一级结构的研究，对揭示某些疾病的发病机制、指导疾病治疗有十分重要的意义。

二、蛋白质的空间结构

蛋白质分子中各原子和基团在三维空间中的排列、分布及肽链的走向，称为蛋白质的空间结构，又称为蛋白质的构象，包括蛋白质的二级、三级和四级结构。蛋白质的空间结构是决定蛋白质性质和功能的结构基础。

(一)蛋白质的二级结构

蛋白质的二级结构

蛋白质的二级结构(secondary structure)是指多肽链的主链骨架中若干肽单位,各自沿一定的中心轴盘旋或折叠,并以氢键为主要次级键而形成有规则的构象。蛋白质的二级结构一般不涉及R侧链的构象,由于肽键平面相对旋转的角度不同,形成不同类型的构型,主要包括α-螺旋、β-折叠、β-转角和不规则卷曲等。

1. α-螺旋(α-helix) 蛋白质分子中多个肽键平面通过氨基酸α-碳原子的旋转,使多肽链的主骨架沿中心轴盘曲成稳定的α-螺旋构象。α-螺旋是蛋白质分子中最稳定的二级结构,其结构特点如图1-3所示。

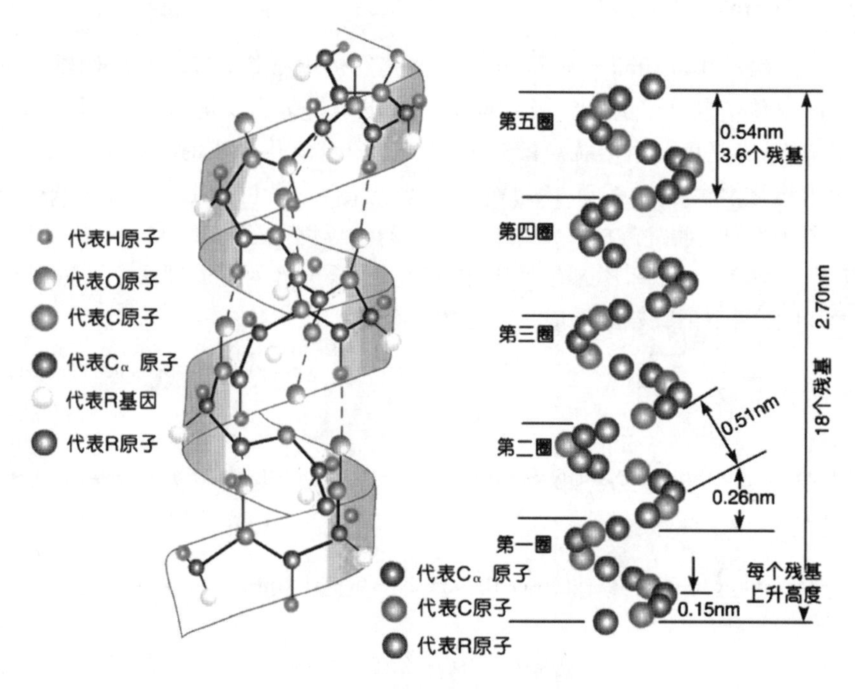

图1-3 α-螺旋结构示意图

(1)α-螺旋为右手螺旋,每3.6个氨基酸旋转一周,螺距为0.54 nm,每个氨基酸残基的高度为0.15 nm,肽键平面与螺旋长轴平行。

(2)相邻的螺旋之间形成链内氢键,即一个肽单位N上的氢原子与第四个肽单位羰基上的氧原子形成氢键。氢键是稳定α-螺旋的主要次级键,若破坏氢键,则α-螺旋构象遭到破坏。

(3)肽链中氨基酸残基的R侧链分布在螺旋的外侧,其形状、大小及电荷等均影响α-螺旋的形成和稳定性。如多肽链中连续存在酸性或碱性氨基酸,由于所带相同电荷而相斥,阻止链内氢键形成而不利于α-螺旋的形成;异亮氨酸、苯丙氨酸、色氨酸等氨基酸残基的R侧链集中的区域,因空间阻碍的影响,也不利于α-螺旋的形成;脯氨酸或羟脯氨酸残基的存在则不能形成α-螺旋,因其N原子位于吡咯环中,$C_α$-N单键不能旋转,加之其α-亚氨基在形成肽键后,N原子上无氢原子,不能形成维持α-螺旋的氢键。显然,蛋白质分子中氨基酸的组

成和排列顺序对 α-螺旋的形成和稳定性具有决定性的影响。

2. **β-折叠(β-pleated)**　又称 β-片层(β-sheet)，是蛋白质中常见的二级结构。β-折叠中的多肽链主链相当伸展，用热水或稀碱处理，蛋白质的 α-螺旋也被伸展形成 β-片层的空间结构，此结构具有下列特征。

(1)肽链的伸展使肽键平面之间折叠成锯齿状；肽链中氨基酸残基的 R 侧链分布在片层的上下。

(2)肽链平行排列，相邻肽链之间的肽键相互交替形成许多氢键，是维持这种结构的主要次级键。

(3)肽链平行的走向有顺式和反式两种，肽链的 N-端在同侧为顺式，不在同侧为反式(图 1-4)。从能量角度看，反式平行较顺式平行更为稳定。

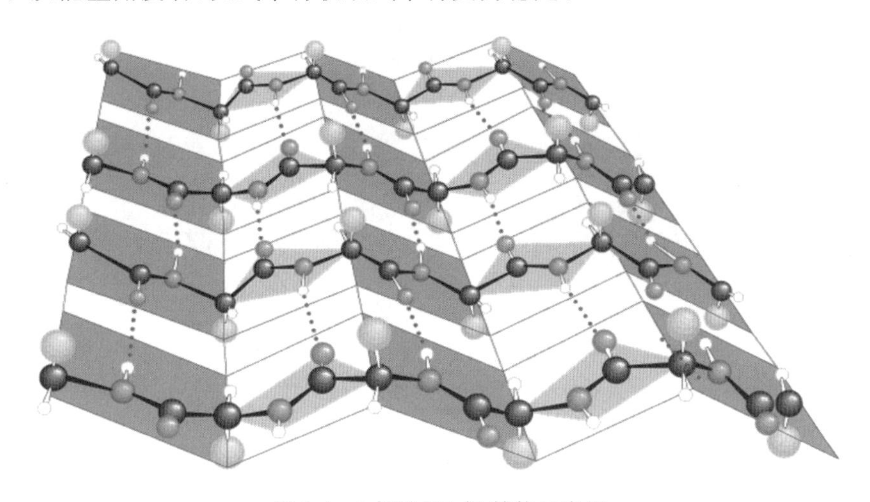

图 1-4　β-折叠(反式)结构示意图

3. **β-转角(β-bend)**　多肽链的主链经过 180°回折形成发夹状结构，即 U 形转折结构(图 1-5)。它由 4 个连续氨基酸残基构成，第一个氨基酸残基的羰基与第四个氨基酸残基的亚氨基之间形成氢键以维持其构象。β-转角的第二个氨基酸常为脯氨酸。

4. **不规则卷曲(random coil)**　也称无规卷曲，是指蛋白质多肽链中的肽键平面不规则排列而形成的松散结构。

(二)蛋白质的三级结构

在二级结构的基础上，由于氨基酸残基侧链基团的相互作用，使多肽链进一步盘旋和折叠，形成的包括主、侧链在内的整条肽键的空间排布，也即多肽链中所有原子或基团的空间排列，称为蛋白质的三级结构(tertiary structure)。各 R 基团间相互作用生成的次级键是稳定三级结构的主要化学键，如疏水键、氢键、盐键等，其中以疏水键数量最多和最重要。

相对分子质量较大的蛋白质在形成三级结构时，多肽键中某些局部的二级结构汇集在一起形成的发挥生物学功能的特定区域，称为结构域(structural domain)，每个结构域具有相对独立的生物学功能，如酶的活性中心、受体结合配体的部位等。较大的蛋白质有多个结构域，如纤维蛋白质有 6 个结构域，免疫球蛋白质 IgG 有 12 个结构域(图 1-6)。

蛋白质的三、四级结构

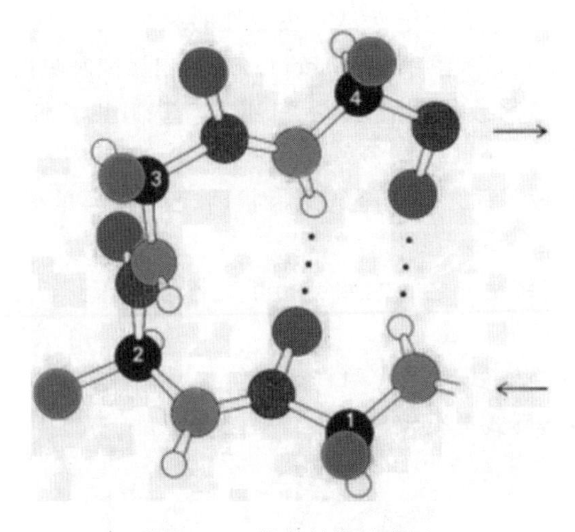

图 1-5　β-转角结构示意图

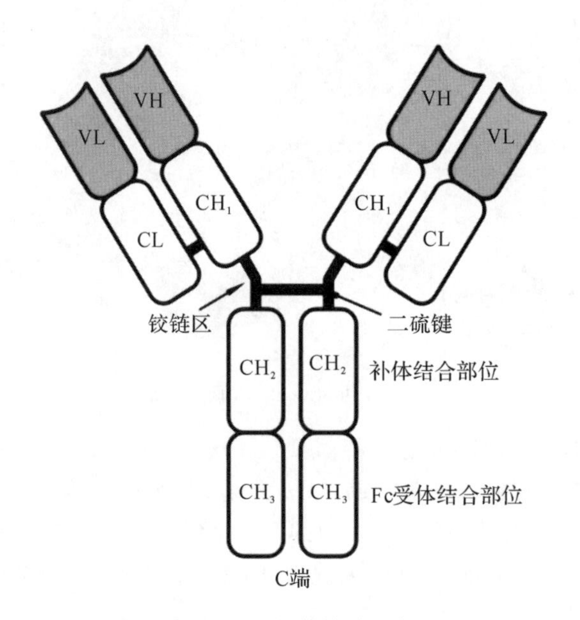

图 1-6　IgG 的结构域示意图

(三)蛋白质的四级结构

蛋白质的四级结构(quaternary structure)指由两条或两条以上的具有独立三级结构的多肽链通过非共价键相连形成的更复杂的空间构象。维持蛋白质四级结构的主要化学键是疏水键,它是由亚基间氨基酸残基的疏水基相互作用而形成的。

每一条具有完整三级结构的多肽链称为一个亚基(subunit),一个亚基一般由一条多肽链组成,但有的亚基由两条或两条以上肽链组成,这些肽链间以二硫键连接。由 2～10 个亚基组成具有四级结构的蛋白质称为寡聚体(oligomer),更多亚基数目构成的蛋白质则称为多聚体(polymer)。蛋白质分子中的亚基结构可以相同,也可不同,如血红蛋白就是含有两个 α 亚基和两个 β 亚基的按特定方式排布形成的具有四级结构的四聚体蛋白质(图 1-7)。

具有四级结构的蛋白质，一般亚基多无活性，只有具备完整的四级结构才表现出生物学活性，亚基本身各自具有一、二、三、四级结构(图 1-8)。

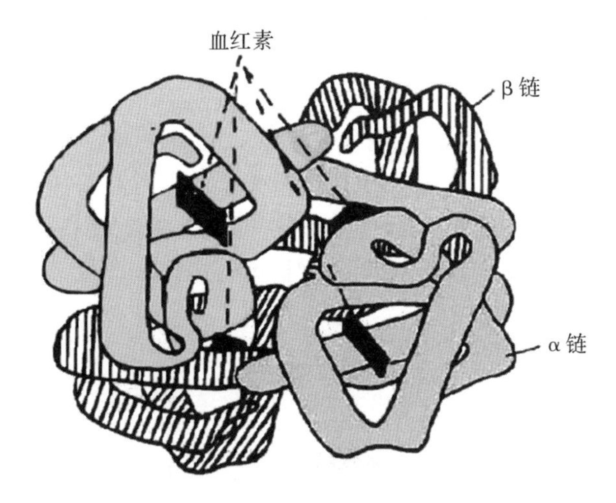

图 1-7　血红蛋白的四级结构示意图

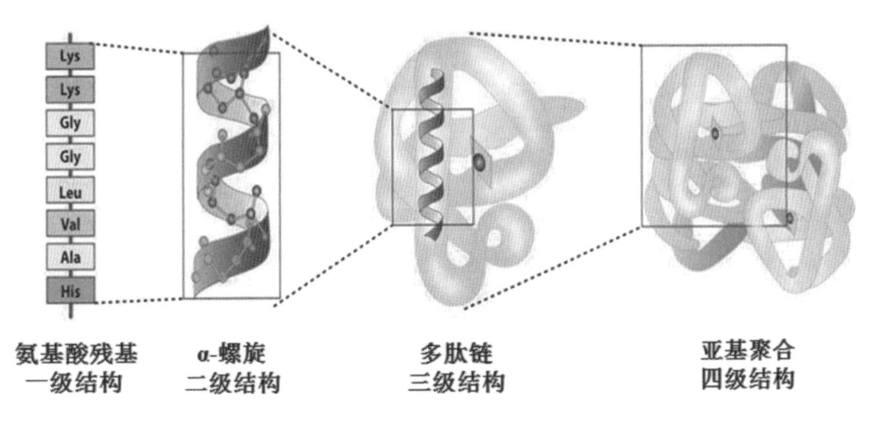

图 1-8　蛋白质一、二、三、四级结构示意图

第三节　蛋白质的结构与功能的关系

蛋白质是生命的物质基础。各种蛋白质都具有特异的生物学功能，而所有这些功能又都与蛋白质分子的特定空间结构密切相关。总的来说，蛋白质的功能取决于以一级结构为基础的特定空间结构。

一、一级结构与功能的关系

1.一级结构不同，生物学功能各异　不同蛋白质和多肽具有不同的功能，根本的原因是它们的一级结构各异，有时仅微小的差异就可表现出不同的生物学功能。如加压素与催产素都是由神经垂体分泌的 9 肽激素，它们分子中仅两个氨基酸有差异，但两者的生理功能完全不同。加压素能促进血管收缩、升高血压及促进肾小管对水的重吸收，表现为抗利尿作

用;而催产素则能刺激平滑肌引起子宫收缩,表现为催产功能。其结构如下:

```
                 ┌───────S──────────S────┐
加压素  H2N—半胱—酪—苯丙—谷胺—天胺—半胱—脯—精—甘—CO—NH2
催产素  H2N ················ 异亮·································· 亮 ····················
                            3                                       8
```

2.一级结构中“关键”部分相同,其功能也相同 如肾上腺皮质激素(ACTH)是由腺垂体分泌的39肽激素。研究表明,其1～24位氨基酸是活性所必需的关键部分,若N-端1位丝氨酸被乙酰化,则活性显著降低,仅为原活性的3.5%;若切去25～39位氨基酸仍具有全部活性。不同动物来源的ACTH,其氨基酸顺序差异主要在25～39位,而1～24位的氨基酸顺序相同表现相同的生理功能。

1 ························ 24 ········ 33 ···39

ACTH活性必需部分　　种属特异性

来源	31	33
人	丝	谷
猪	亮	谷
牛	丝	谷胺

3.一级结构“关键”部分的变化,其生物活性也改变 多肽的结构与功能的研究表明,改变多肽中某些重要的氨基酸,常可改变其活性。近年来应用蛋白质工程技术,如选择性的基因突变或化学修饰等,定向改造多肽中一些“关键”的氨基酸,可得到自然界中不存在而功能更优的多肽或蛋白质,这对研究多肽类新药具有重要意义。

4.一级结构的变化与疾病的关系 基因突变可导致蛋白质一级结构的变化,使蛋白质的生物学功能降低或丧失,甚至可引起生理功能的改变而发生疾病。这种由于蛋白质分子氨基酸序列改变而导致的疾病,称为分子病。例如,糖尿病胰岛素分子病是胰岛素51个氨基酸残基中一个氨基酸残基异常,使胰岛素活性很低而导致糖尿病。

知识链接

镰刀状红细胞贫血症

镰刀状红细胞贫血症是血红蛋白一级结构的变化引起的一种遗传性疾病。血红蛋白由两条α链和两条β链(共574个氨基酸残基)与辅基血红素组成,四条多肽链通过各种次级键的作用而形成严格的四级结构,具有运输O_2和CO_2的功能。正常人血红蛋白β亚基的第6位氨基酸是谷氨酸,而镰刀型贫血患者的血红蛋白中该位置的谷氨酸被缬氨酸替换,导致β亚基的表面产生了一个疏水的“黏性位点”。这使得红细胞中水溶性的血红蛋白易聚集成丝,相互黏着,导致红细胞变成镰刀状而极易破碎,发生贫血。

二、空间结构与功能的关系

蛋白质分子特定的空间结构与其生物学功能密切相关。若蛋白质分子特定的空间构象受破坏或发生改变,则其生物学功能丧失或发生变化。

1.**蛋白质前体的活化**　许多蛋白质通常以无活性或活性很低的蛋白质原形式存在，在一定条件下，才转变为有特定构象的蛋白质而表现其生物活性，这一过程称为蛋白质前体的活化。如胰岛素的前体胰岛素原的激活，猪胰岛素原是由84个氨基酸残基组成的一条多肽链，其活性仅为胰岛素活性的10%。在体内胰岛素原经两种专一性水解酶的作用，将肽链的31、32和62、63位的四个碱性氨基酸残基切掉，除去一分子C肽(29个氨基酸残基)后得到由A链(21个氨基酸残基)同B链(30个氨基酸残基)经二硫键连接而成的胰岛素分子，或者具有特定的空间结构，从而表现其完整的生物活性(图1-9)。

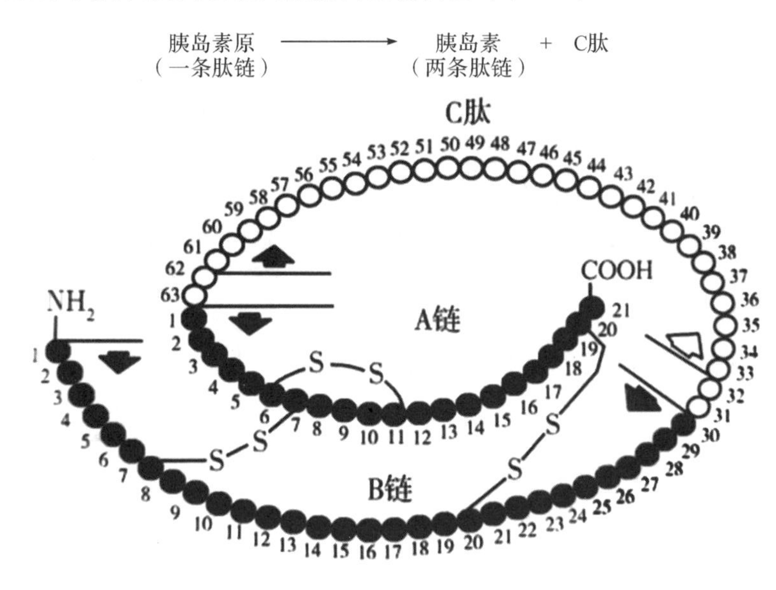

图1-9　胰岛素原转变为胰岛素示意图

2.**蛋白质的变构现象**　有些蛋白质受某些因素的影响，其一级结构不变而空间构象发生一定的变化，导致其生物学功能改变，称为蛋白质的变构现象或别构现象。由此导致人类发生的疾病，又称为蛋白质构象病。目前发现的蛋白质构象病有20多种，如人纹状体脊髓变性病、阿尔茨海默病、帕金森病和疯牛病等。

第四节　蛋白质的理化性质

一、蛋白质的变性和复性

蛋白质的性质一

某些理化因素使蛋白质分子的空间构象发生破坏，导致其生物活性的丧失和原有理化性质的改变，这种现象称为蛋白质的变性作用(denaturation)。

1.**变性因素**　物理因素有高温、紫外线、X射线、超声波和剧烈振荡等；化学因素有强酸、强碱、尿素、去污剂、重金属(Hg^{2+}、Ag^{+}、Pb^{2+})、三氯醋酸、浓酒精等。

2.**变性的本质**　蛋白质变性作用的本质是破坏了维持蛋白质分子空间构象的各种次级键，并不涉及肽键的断裂和一级结构氨基酸序列的改变。不同蛋白质对各种变性因素的敏感度不同，因此空间构象破坏的深度与广度各异，如除去变性因素后，有些蛋白质构象可恢复或部分恢复其原有的构象和生物活性，称为复性（renaturation）。构象可以恢复的变性称为可逆变性，构象不能恢复者称为不可逆变性。

3.变性作用的特征

（1）生物活性的丧失：这是蛋白质变性的主要特征。蛋白质的生物活性是指蛋白质表现其生物学功能的能力，如酶的生物催化作用、蛋白质激素的代谢调节功能、抗原与抗体的反应能力等。这些生物学功能是由各种蛋白质特定的空间构象所决定，一旦外界因素使其空间构象遭受破坏，其表现生物学功能的能力就随之丧失。

（2）某些理化性质的改变：一些天然蛋白可以结晶，而变性后失去结晶的能力；蛋白质变性后，溶解度降低易发生沉淀，但在偏酸或偏碱时，蛋白质虽变性但却可保持溶解状态；变性还可引起球蛋白不对称性增加、黏度增加、扩散系数降低等；蛋白质变性后，分子结构松散，易被蛋白酶水解，因此食用变性蛋白质更有利于消化。

4.变性作用的意义　蛋白质的变性作用不仅在研究蛋白质的结构与功能方面有重要的理论价值，而且对生物药物的生产和应用亦有重要的指导作用。在工业生产和临床中，常利用变性的原理进行灭菌和消毒，如酒精、紫外线消毒，高温、高压灭菌等是使细菌蛋白变性而失去活性；在制备有生物活性的酶、蛋白质、激素或其他生物制品（疫苗、抗毒素等）时，要求所需成分不变性，而不需要的杂蛋白应使其变性或沉淀除去。此时，应选用适当的方法，严格控制操作条件，尽量减少所需蛋白质的变性，有时还可加些保护剂、抑制剂等以增强蛋白质的抗变性能力。

案例分析

重组人血管内皮抑制素是一种抗肿瘤的蛋白质类药物，系采用大肠埃希菌作为蛋白表达体系生产的，主要通过抑制肿瘤新生血管的生成阻断肿瘤细胞的营养供给而到达“饿死”肿瘤细胞的目的。该药物在生产过程中先加入 8 mol/L 尿素，之后逐渐降低尿素浓度，直到完全除去尿素达到分离纯化的目的。

1. 加入 8 mol/L 尿素的目的是什么？
2. 如何除去尿素？除去尿素的目的是什么？
3. 根据该案例，分析蛋白质药物在生产过程中应该注意的方面。

二、蛋白质的两性电离与等电点

氨基酸分子含有氨基和羧基，它既可接受质子，又可释放质子，因此氨基酸是两性电解质。蛋白质是由氨基酸组成的，分子中除两末端有自由的 α-NH_2 和 α-COOH 外，许多氨基酸残基的侧链上尚有不少可解离的基团，如—NH_2、—OH、—COOH 等，所以蛋白质也是两性物质，其解离情况如下：

$$\mathrm{P}\begin{cases}\mathrm{COOH}\\ \mathrm{NH_2}\end{cases} \rightleftharpoons \mathrm{P}\begin{cases}\mathrm{COO^-}\\ \mathrm{NH_3^+}\end{cases}$$

$$\underset{\mathrm{pH<pI}}{\mathrm{P}\begin{cases}\mathrm{COOH}\\ \mathrm{NH_3^+}\end{cases}} \underset{\mathrm{H^+}}{\overset{\mathrm{OH^-}}{\rightleftharpoons}} \underset{\mathrm{pH=pI}}{\mathrm{P}\begin{cases}\mathrm{COO^-}\\ \mathrm{NH_3^+}\end{cases}} \underset{\mathrm{H^+}}{\overset{\mathrm{OH^-}}{\rightleftharpoons}} \underset{\mathrm{pH>pI}}{\mathrm{P}\begin{cases}\mathrm{COO^-}\\ \mathrm{NH_2}\end{cases}}$$

蛋白质在溶液中的带电情况主要取决于溶液的 pH。使蛋白质所带正负电荷相等，净电荷为零时溶液的 pH，称为蛋白质的等电点(isoelectric point，pI)。各种蛋白质具有特定的等电点，这与其所含的氨基酸种类和数目有关，即所含酸性和碱性氨基酸的比例，以及可解离基团的解离度。

一般来说，含酸性氨基酸较多的蛋白质，等电点偏酸；含碱性氨基酸较多的蛋白质，等电点偏碱。当溶液的 pH＞pI 时，蛋白质带负电荷；pH＜pI 时，则带正电荷。体内多数蛋白质的等电点为 5 左右，所以在生理条件下(pH 为 7.35～7.45)，它们多以负离子形式存在。在一定的 pH 条件下，不同蛋白质所带电荷不同，可用离子交换层析法和电泳法分离纯化。

三、蛋白质的胶体性质

蛋白质是生物大分子化合物，其在溶液中所形成的质点大小为直径 1～100 nm，达到胶体质点的范围，所以蛋白质具有胶体性质，如布朗运动、光散射现象、不能透过半透膜以及具有吸附能力等。蛋白质水溶液是一种比较稳定的亲水胶体，所谓稳定，这里是指“不易沉淀”。蛋白质形成亲水胶体有两个基本的稳定因素，如若破坏，蛋白质颗粒易相互聚集而从溶液中沉淀出来。

1. 蛋白质表面具有水化层　蛋白质颗粒表面带有许多亲水的极性基团，如—NH_3^+、—COO^-、—CO—NH_2、—OH、—SH 等。它们易与水起水合作用，使蛋白质颗粒表面形成较厚的水化层。水化层的存在使蛋白质颗粒相互隔开，阻止蛋白质颗粒相互聚集而沉淀。

2. 蛋白质表面具有同性电荷　蛋白质溶液除在等电点时分子的净电荷为零外，在非等电点状态时，蛋白质颗粒皆带有同性电荷，即在 pH＞pI 的溶液中，蛋白质带负电荷；在 pH＜pI 的溶液中，蛋白质带正电荷。同性电荷相互排斥，使蛋白质颗粒不易聚集沉淀。

四、蛋白质的沉淀作用

蛋白质分子聚集而从溶液中析出的现象，称为蛋白质的沉淀(sediment precipitate)。蛋白质的沉淀反应有重要的实用价值，如蛋白药物的分离制备、灭菌技术、生物样品的分析、杂质的去除等都涉及此类反应。蛋白质沉淀可能引起变性，也可能不引起变性，这取决于沉淀的方法和条件。常用沉淀蛋白质的方法有以下几种。

1. 中性盐沉淀法(盐析法)　蛋白质溶液中加入中性盐后，因盐浓度的不同可产生不同的反应。高盐浓度时，因破坏蛋白质的水化层并中和其电荷，促使蛋白质颗粒相互聚集而沉淀，称为盐析(salt precipitation)；低盐浓度时，可使蛋白质溶解度增加，称为盐溶(salt dissolution)。不同蛋白质因分子大小以及电荷多少的不同，盐析时所需盐的浓度各异。

蛋白质的性质二

混合蛋白质溶液可用不同的盐浓度使其分别沉淀，这种方法称为分级沉淀。常用的中性盐包括$(NH_4)_2SO_4$、NaCl、Na_2SO_4等。盐析法一般不引起蛋白质的变性，故常用于酶和激素等具有生物活性蛋白质的分离制备。

2.**有机溶剂沉淀法** 在蛋白质溶液中加入一定量的与水可互溶的有机溶剂(如酒精、丙酮、甲醇等)，破坏蛋白质表面水化层，使蛋白质颗粒相互聚集而沉淀。在等电点时，加入有机溶剂更易使蛋白质沉淀。不同蛋白质沉淀所需有机溶剂的浓度各异，因此，调节有机溶剂的浓度可使混合蛋白质达到分级沉淀的目的。此法可能引起蛋白质变性，这与有机溶剂的浓度、与蛋白质接触的时间以及沉淀的温度有关。因此，用此法分离制备有生物活性的蛋白质时，应确保在低温下操作，尽可能缩短操作时间，同时掌握好有机溶剂的浓度。

3.**加热沉淀法** 加热可使蛋白质变性沉淀，加热灭菌的原理就是加热使细菌蛋白凝固而失去生物活性。蛋白质加热变性与pH密切相关，在pI时加热最易沉淀，偏离pI值即使加热也不易沉淀。实际工作中常利用在等电点时加热沉淀除去杂蛋白，如链霉素生产中采用加热除去菌体蛋白的方法达到分离纯化的目的。

4.**重金属盐沉淀法** 蛋白质在pH＞pI的溶液中带负电荷，可与重金属离子(Cu^{2+}、Hg^{2+}、Pb^{2+}、Ag^{+}等)结合成不溶性蛋白盐而沉淀。临床上常用口服大量蛋白质(如牛奶、蛋清)和催吐剂抢救误食重金属盐中毒的病人，蛋白质和重金属离子生成不溶性沉淀而减少重金属离子的吸收。

5.**生物碱试剂沉淀法** 蛋白质在pH＜pI时带正电荷，可与一些生物碱试剂(如苦味酸、磷钨酸、磷钼酸、鞣酸、三氯醋酸、磺基水杨酸等)结合成不溶性的盐而沉淀。此类反应在实际工作中有许多应用，如血液样品分析中无蛋白滤液的制备，中草药注射液中蛋白的检查以及鞣酸、苦味酸的收敛作用等。

蛋白质变性和沉淀反应是两个不同的概念，二者有联系但又不完全一致。蛋白质变性有时可表现为沉淀，也可表现为溶解状态；同样，蛋白质沉淀有时可引起变性，也可以不引起变性，这取决于沉淀的方法和条件对蛋白质空间构象是否破坏。

五、蛋白质的颜色反应

蛋白质分子中，肽键及某些氨基酸残基的化学基团，可与化学试剂反应显色，称为蛋白质的颜色反应，利用这些反应可以对蛋白质进行定性和定量分析。

1.**茚三酮反应** 在pH 5～7的溶液中，蛋白质分子中的游离α-氨基能与茚三酮反应生成蓝紫色化合物，在570 nm波长处的吸光度值与蛋白质含量成正比。此外，多肽、氨基酸及伯胺类化合物与茚三酮亦有同样反应。

2.**双缩脲反应** 含有多个肽键的蛋白质或肽在碱性溶液中加热可与Cu^{2+}反应产生紫红色反应，在540 nm处有最大吸收。这是蛋白质分子中肽键的反应，肽键越多反应颜色越深，氨基酸和二肽无此反应。此反应可用于蛋白质的定性和定量分析，还可用于检查蛋白质的水解程度，水解越完全则颜色越浅。

3.**酚试剂反应** 又称Folin-酚反应或Lowry法。在碱性条件下，蛋白质分子中的酪氨酸残基和色氨酸残基可与酚试剂(含磷钼酸-磷钨酸化合物)生成蓝色化合物，在680 nm处有最大吸收。此法是测定蛋白质浓度的常用方法，其优点是灵敏度高，可测定微克水平的蛋白质含量。

六、蛋白质的紫外吸收

酪氨酸、色氨酸和苯丙氨酸由于含有共轭双键，在 280 nm 附近有最大吸收峰（图 1-10）。由于大多数蛋白质含有酪氨酸和色氨酸残基，蛋白质在 280 nm 附近也有特征性吸收峰，故测定蛋白质溶液在 280 nm 处的吸光度值，是蛋白质定量分析的一种快速、简便的方法。

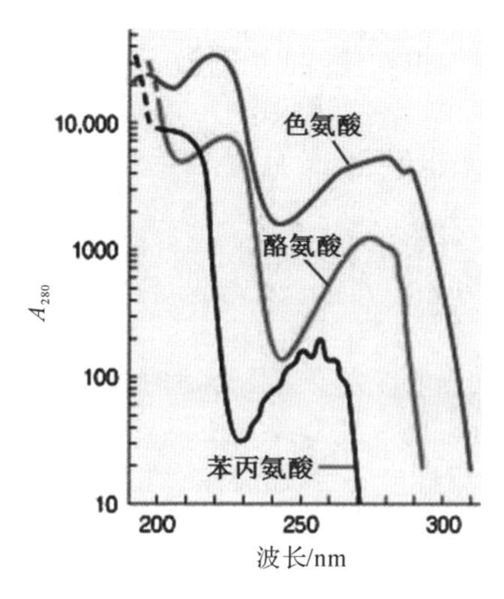

图 1-10　三种氨基酸的紫外吸收

七、蛋白质的免疫学性质

1. **抗原与抗体**　凡能刺激机体免疫系统产生免疫反应的物质，统称为抗原（antigen，Ag）。抗原刺激机体产生能与抗原特异结合的蛋白质，称为抗体（antibody，Ab）。抗原物质的特点是具有异物性、大分子性和特异性。蛋白质是大分子物质，异体蛋白具有较强的抗原性，是主要抗原物质；一些小分子物质本身不具抗原性，但与蛋白质结合后可具有抗原性，称为半抗原，如脂类、某些药物（青霉素、磺胺）等，这是一些药物引起过敏反应的重要因素。抗体经电泳分析主要存在于 γ-区，故称 γ-球蛋白或丙种球蛋白，因具有免疫学性质，又称免疫球蛋白（immunoglobulin，Ig）。

2. **免疫反应**　抗原与抗体结合所引起反应，称为免疫反应。免疫反应是人类对疾病具有抵抗力的重要标志。正常情况下，免疫反应对机体有一种保护作用；异常情况时，免疫反应伴有组织损伤或出现功能紊乱，称为变态反应或过敏反应，这是一类对机体有害的病理性免疫反应。

3. **蛋白质免疫学性质的应用**　蛋白质免疫学性质具有重要的理论与应用价值，在医药乃至整个生命学科领域都显示了广阔的应用前景，例如疾病的免疫预防、免疫诊断和免疫治疗，酶联免疫吸附试验、免疫亲和层析等。但是，蛋白质的免疫学性质有时可带来严重的危害，如异体蛋白进入人体内可产生病理性的免疫反应，甚至可危及生命。因此，对一些生产过程中可带入异体蛋白质的注射用药物，如生化药物、中药制剂、发酵生产的抗生素和基因工程产品等。其主要质量标准之一是异体蛋白的控制，过敏试验应符合规定，以保证药品的安全性。

第五节　蛋白质的分离纯化与分析鉴定

蛋白质的来源是动、植物组织或微生物细胞，近年来还有基因工程的表达产物。分离蛋白质的目的不同，则需要保证蛋白质不同的特性。如研究某种蛋白质的分子结构、氨基酸组成、化学和物理性质，需要纯的、均一的甚至是结晶的蛋白质样品；研究蛋白质的生物学功能，需要样品保持天然构象，避免因变性而丧失活性。在制药工业中，需要把某种具有特殊功能的蛋白质纯化到规定的要求，特别要注意把一些具有干扰或拮抗性质的成分除去。因此，在实际工作中应根据研究工作和生产的目的和具体要求，选择合适的分离纯化蛋白质的方法，并对其进行分析鉴定。

一、蛋白质的提取

蛋白质的分离纯化

1. 材料的选择　蛋白质的提取首先要选择合适的材料。选择的原则是材料中应含大量的所需蛋白质，且来源方便。当然，由于目的不同，有时只能用特定的原料。原料确定后，还应注意其储存和管理，否则会影响后续的蛋白质提取，也就难以获得满意的结果。

2. 组织细胞的粉碎　一些蛋白质以可溶形式存在于体液中，可直接分离。但大多数蛋白质存在于细胞内或特定的细胞器中，需先破碎细胞，然后以适当的溶媒提取。细胞破碎方法有很多种，如动物细胞可用匀浆法和超声破碎法；植物细胞可先用纤维素酶处理，再用研磨法。对于不同的微生物细胞，采用不同的方法，例如，对于细菌添加溶菌酶，再配合研磨法，细菌的包涵体则用差速离心法分离。

3. 蛋白质的提取　蛋白质的提取应按其性质选用适当的溶媒和提取次数以提高收率。总的要求是既要尽量提取所需蛋白质，又要防止蛋白酶的水解和其他因素对蛋白质特定构象的破坏。蛋白质的粗提液可进一步分离纯化。

二、蛋白质的分离纯化

(一)根据溶解度不同的分离纯化方法

1. 等电点沉淀法　蛋白质在等电点时溶解度最小。单纯使用此法不易使蛋白质沉淀完全，故常与其他沉淀法联合应用。

2. 盐析沉淀法　一定浓度的中性盐可使蛋白质盐析沉淀，且沉淀后的蛋白质一般保持着天然构象而不变性。盐析时的 pH 多选择在 pI 值附近，有时不同的盐浓度能有效地使蛋白质分级沉淀。例如在 pH 7.0 附近时，人血白蛋白溶于半饱和的$(NH_4)_2SO_4$中，而球蛋白沉淀下来；当$(NH_4)_2SO_4$达到饱和浓度时，清蛋白也随之析出。

3. 低温有机溶剂沉淀法　在一定量的有机溶剂中，蛋白质分子间极性基团的静电引力增加，水化作用降低，促使蛋白质聚集沉淀。此法沉淀蛋白质的选择性较高，且无需脱盐，但温度高时可引起蛋白质变性，故应注意低温条件。例如用冷乙醇法从血清中分离制备人体白蛋白和球蛋白。

(二)根据分子大小不同的分离纯化方法

1. **透析法和超滤法**　透析法(dialysis)是利用蛋白质分子不能通过半透膜的性质,使蛋白质和其他小分子物质如无机盐、单糖等分开。操作过程是把待纯化的蛋白质溶液装在半透膜的透析袋里,放入透析液(蒸馏水或缓冲液)中进行的,透析液可以更换,直至透析袋内无机盐等小分子物质降低到最小为止。此法简便,常用于蛋白质的脱盐,但需时间较长。常用的半透膜有玻璃纸、火棉胶或动物膀胱膜等。

超滤法(ultrafiltration)是依据分子大小和形状,利用超滤膜在一定的压力或离心力作用下,大分子物质被截留而小分子物质则滤过排出。选择不同孔径的超滤膜可截留不同相对分子质量的物质。此法的优点是选择性地分离所需相对分子质量的蛋白质,超滤过程无相态变化,条件温和,蛋白质不易变性,常用于蛋白质溶液的浓缩、脱盐、分级纯化等。

2. **凝胶过滤层析(gel filtration chromatography)**　又称分子排阻层析,其原理是利用蛋白质相对分子质量的差异,通过具有分子筛性质的凝胶而被分离。常用的凝胶有葡聚糖凝胶、聚丙烯酰胺凝胶和琼脂糖凝胶等。葡聚糖凝胶是以葡聚糖与交联剂形成有三维空间的网状结构物,二者的比例和反应条件决定其交联度的大小,即孔径大小(用 G 表示),交联度越大、孔径越小。当蛋白质分子的直径大于凝胶的孔径时,被排阻于凝胶之外;小于孔径者则进入凝胶。因此,在层析洗脱时,大分子受阻小而最先流出;小分子受阻大而最后流出,从而使相对分子质量不同的蛋白质分离(图 1-11)。

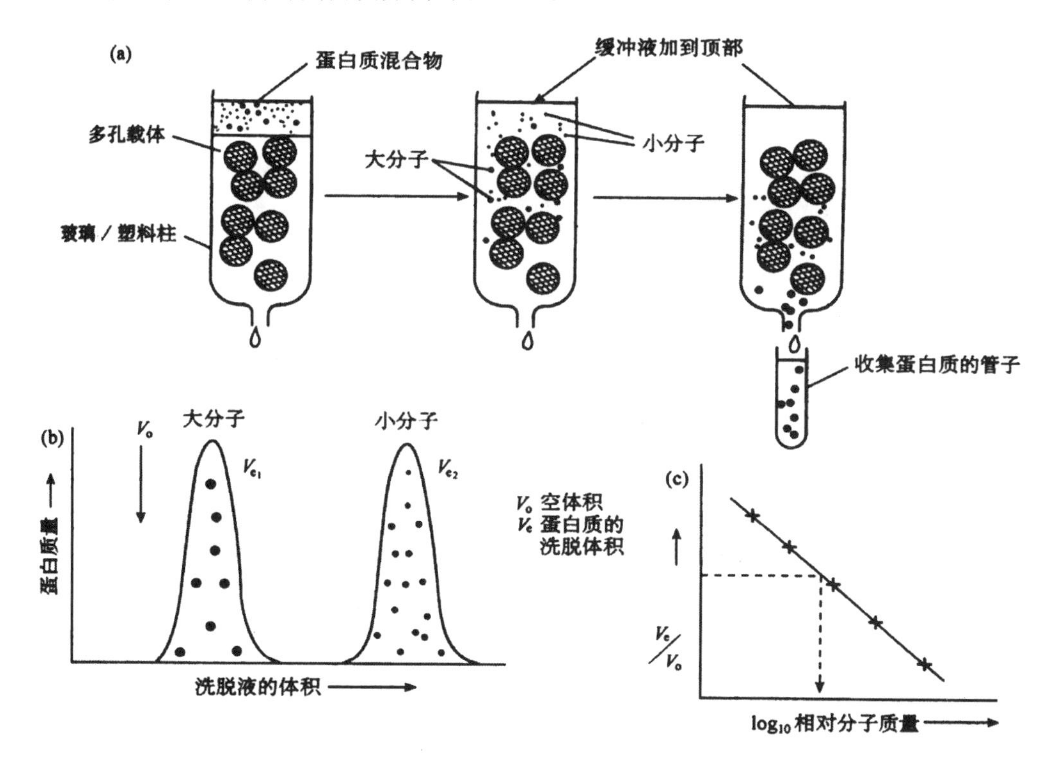

图 1-11　凝胶过滤层析

(a)凝胶过滤层析示意图;(b)洗脱曲线;(c)蛋白质洗脱体积对相对分子质量的对数作图

3.**密度梯度离心法**(density gradient centrifugation) 当蛋白质在具有密度梯度的介质中离心时,质量和密度大的颗粒比质量和密度小的颗粒沉降得快,并且每种蛋白质颗粒沉降到与自身密度相等的介质梯度时即停止,可分步收集进行分析。蛋白质颗粒的沉降速度取决于蛋白质相对分子质量的大小、分子的形状、密度及溶剂的密度。当其在具有密度梯度的介质中离心时,质量和密度大的颗粒比质量和密度小的颗粒沉降得快,并且每种蛋白质颗粒沉降到自身密度相等的介质梯度时即停止,可分步收集进行分析。使用密度梯度离心具有稳定作用,可以抵抗由于温度的变化或机械振动引起区带界面的破坏而对分离效果的影响。

(三)根据电离性质不同的分离纯化方法

1.**电泳法** 电泳(electrophoresis)是指带电粒子在电场中向着与其本身所带电荷相反的电极移动的现象。在一定条件下,各种蛋白质分子因所带电荷的性质、数量及分子大小不同,其在电场中的电泳迁移率各异,从而达到分离不同蛋白质的目的。由于电泳装置、电泳支持物的不断改进及电泳目的的不同,逐步形成了形式多样、方法各异但本质相同的电泳技术,常用的电泳方法有以下几种。

(1) 醋酸纤维薄膜电泳:以醋酸纤维薄膜作为支持物,电泳效果比纸电泳好,时间短、电泳图谱清晰。临床用于血浆蛋白电泳分析。

(2)聚丙烯酰胺凝胶电泳(polyacrylamide gel electrophoresis,PAGE):又称为分子筛电泳或圆盘电泳,它以聚丙烯酰胺凝胶为支持物,具有电泳和凝胶过滤的特点,即可发挥电荷效应、浓缩效应和分子筛效应,因而电泳分辨率高,可分出20～30种蛋白成分。

(3)等电聚焦电泳(isoelectric focusing electrophoresis):以两性电解质作为支持物,电泳时即形成一个由正极到负极逐渐增加的pH梯度。蛋白质在此系统中电泳,各自集中在与其等电点相应的pH区域,从而达到分离的目的。此法分辨率高,各蛋白pH相差0.02即可分开,可用于蛋白质的分离、纯化和分析。

SDS-聚丙烯酰胺凝胶电泳

(4)免疫电泳(immuno-electrophoresis):一般以琼脂或琼脂糖凝胶为支持物,先将抗原中各蛋白质组分经凝胶电泳分开,然后加入特异性抗体,经扩散即可产生免疫沉淀反应。此法将电泳技术和抗原-抗体反应的特异性相结合,常用于蛋白质的鉴定及纯度检查,如荧光免疫电泳、酶免疫电泳、放射免疫电泳等。

2.**离子交换层析**(ion-exchange chromatography) 是以离子交换剂为固定相,依据流动相中待分离的离子与交换剂上的平衡离子进行交换时结合力的差异而进行分离的一种层析方法。离子交换剂包括离子交换纤维素、离子交换凝胶、大孔离子交换树脂等。此法依据各种蛋白质在相同pH条件下所带的电荷种类和数量不同,与交换剂上的平衡离子进行交换时的结合力大小不同而得以分离。能与交换剂结合的电荷数目愈多结合力愈大,相反则愈小。结合力小的蛋白质先被洗脱,结合力大的蛋白质后被洗脱。

(四)根据配基特异性的分离纯化方法

亲和层析(affinity chromatography)是根据具有特异亲和力的化合物之间能可逆结合与解离的性质建立的层析方法。此法是具有高度专一性的一种蛋白质分离纯化方法,具有简单、快速、纯化倍数高等显著优点。例如，分离纯化抗原时，首先选用与抗原相应的抗体为配基，用化学方法使之与固相载体相连接，再将连有抗体的固相载体装入层析柱，使含有抗原的混合物通过此柱，相应的抗原被抗体特异地结合，而非特异性抗原等杂质不能被吸附而直接流出层析柱，如图 1-12 所示。改变条件，使抗原抗体复合物分离，此时即可得到纯化的抗原。

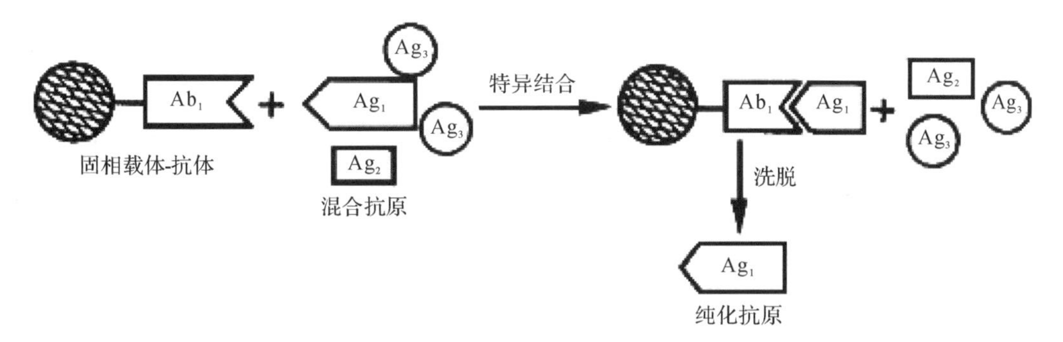

图 1-12　亲和层析原理示意图

三、蛋白质的纯度鉴定与含量测定

（一）蛋白质的纯度鉴定

蛋白质纯度的鉴定方法很多，常用的方法以下几种。

1. **层析法**　用分子筛或离子交换层析检查样品时，如果样品是纯的应显示单一洗脱峰；若样品是酶类，层析后则显示恒定的比活性。用此法检测的纯度称为层析纯。

2. **电泳法**　用 PAGE 检查样品呈现单一区带，也是纯度的一个指标，这表明样品在电荷和质量方面的均一性，如果在不同 pH 条件下电泳均为单一区带，则结果更可靠些；SDS-PAGE 检测纯度也很有价值，它说明蛋白质在分子大小上的均一性，但此法只适用于单链多肽和具有相同亚基的蛋白质；等电聚焦电泳用于检查纯度，可表明蛋白质在等电点方面的均一性。用此法检测的纯度称为电泳纯。

3. **免疫化学法**　免疫学方法是蛋白质纯度鉴定的有效方法，它根据抗原与抗体反应的特异性，可用已知抗体检查抗原或已知抗原检查抗体。常用的方法有免疫扩散、免疫电泳、双向免疫电泳和放射免疫分析等。用此法检测的纯度称为免疫纯。

必需指出的是，采用任何单一方法鉴定所得结果，只能作为蛋白质均一性的必要条件而不是充分条件。事实上只有很少几个蛋白质能够全部满足上面的严格要求，往往是在一种鉴定方法中表现为均一性的蛋白质，在另一种鉴定方法中又表现出不均一性。

（二）蛋白质的含量测定

1. **凯氏定氮法(Kjedahl 法)**　这是测定蛋白质含量的经典方法，其原理是蛋白质具有恒定的含氮量，平均为 16%，因此测定蛋白质的含氮量即可计算其蛋白质含量，但是此法易受非蛋白氮化合物的干扰。其测定方法是将蛋白质中的氮及其他有机氮经硫酸消化为 $(NH_4)_2SO_4$，碱性时蒸馏释出 NH_3 并用定量的硼酸吸收，再用标准浓度的酸滴定，求出含氮量即可计算蛋白质的含量。

2.**福林-酚试剂法(Lowry 法)** 多年来被选为蛋白质含量的标准测定方法,其原理是在碱性条件下蛋白质与 Cu^{2+} 生成复合物,还原磷钼酸-磷钨酸试剂生成蓝色化合物,在 680 nm 处的吸光度值与蛋白质含量成正比。此法优点是操作简便、灵敏度高,蛋白质浓度范围是 25～250 μg/ml。但此法实际上是蛋白质中酪氨酸和色氨酸与试剂的反应,因此它受蛋白质氨基酸组成的影响,即不同蛋白质中此两种氨基酸含量不同使显色强度有所差异。此外,酚类等一些物质的存在可干扰此法的测定,导致分析误差。

3.**双缩脲法** 在碱性条件下,蛋白质分子中的肽键与 Cu^{2+} 可生成紫红色的络合物,在 540 nm 波长处的吸光度值与蛋白质含量成正比。此法简便,受蛋白质氨基酸组成影响小,但灵敏度低,样品用量大,蛋白质浓度测定范围为 0.5～10 mg/ml,主要用于快速但不需要十分精确的测定。

4.**紫外分光光度法** 蛋白质分子中常含有酪氨酸等芳香族氨基酸,在 280 nm 处有特征性的最大吸收峰,可用于蛋白质的定量。此法操作简便、不损失样品,测定蛋白质的浓度范围是 0.1～1 mg/ml。但若样品中含有其他具有紫外吸收的杂质,如核酸等,会产生较大的误差。

案例分析

截至 2008 年 9 月 21 日,很多食用三鹿集团生产的婴幼儿奶粉的婴儿被发现患有肾结石,该事件引起国家的高度关注。经检测发现国内包括伊利、蒙牛、光明、圣元、雅士利在内的多个厂家多批次产品中均检出三聚氰胺(melamine,$C_3H_6N_6$)。三聚氰胺,俗称蛋白精,是一种三嗪类含氮杂环有机物,分子中含有 6 个非蛋白氮(含氮量约 66.7%),为白色晶体,几乎无味。

1.乳制品厂家为什么要在奶粉中添加三聚氰胺?

2.对婴幼儿,三聚氰胺有哪些危害?

第六节 氨基酸、多肽和蛋白质类药物

一、氨基酸及其衍生物类药物

从 20 世纪 60 年代开始,氨基酸类药物的生产就有了迅速的发展,在医药、保健等方面的应用愈加广泛。常见的氨基酸类药物可分为单一氨基酸制剂和复合氨基酸制剂两类。

1.**单一氨基酸制剂** 如甲硫氨酸用于防治肝炎、肝坏死和脂肪肝,谷氨酸用防治肝性脑病、神经衰弱和癫痫,甘氨酸用于治疗肌无力及缺铁性贫血,天冬氨酸可保护心肌。氨基酸的衍生物 *N*-乙酰半胱氨酸可用于化痰,*L*-二羟苯丙氨酸(*L*-多巴)用于治疗帕金森病。

2.**复合氨基酸制剂** 复合氨基酸制剂含有多种氨基酸,可以制成血浆代用品给患者提供营养,如水解蛋白注射液、配方蛋白注射液、要素膳等。

二、激素类多肽蛋白质药物

多肽蛋白质类激素是人体中重要的一类激素分子，发挥着调控机体新陈代谢、维持内环境相对稳定、促进细胞增殖分化、控制机体生长发育和生殖功能等重要功能。多肽蛋白质类激素分泌量过少或过多都会引起机体功能的紊乱，例如胰岛素分泌量不足会导致糖尿病，生长激素分泌过多会导致肢端肥大症等。所以临床上常以多肽蛋白质类激素水平的测定作为诊断某些疾病的依据，同时也将许多此类激素作为治疗药物应用于临床。

三、细胞因子类多肽蛋白质药物

细胞因子是一类多肽，通过自分泌或旁分泌的方式，与细胞表面特殊的受体结合，调节细胞的代谢、分裂和基因表达，各种细胞因子往往协同作用。重要的细胞因子包括干扰素、造血因子、白介素、肿瘤坏死因子等。目前已经开发出干扰素、凝血因子、白介素-2、粒细胞集落刺激因子、血小板生长因子等众多细胞因子类蛋白质药物。

四、抗体类蛋白质药物

抗体是一类能与抗原特异性结合的免疫球蛋白，在疾病的预防、诊断和治疗方面都有一定的作用。例如临床上用丙种球蛋白预防病毒性肝炎、麻疹、风疹等，用抗 DNA 抗体诊断系统性红斑狼疮，用毒素中毒进行抗毒治疗以及免疫缺陷性疾病的治疗等。抗体具有高度特异性，它仅能与相应抗原发生反应。抗体的特异性取决于抗原分子表面的特殊化学基团，即抗原决定簇，各抗原分子具有许多抗原决定簇。因此，由它免疫动物所产生的抗血清实际上是多种抗体的混合物，称为多克隆抗体(polyclonal antibody)，用这种传统的方法制备抗体，其效价不稳定且产量有限，要想将这些不同抗体分离纯化是极其困难的。单克隆抗体(monoclonal antibody，mAb)是针对一个抗原决定簇，由单一的 B 淋巴细胞克隆产生的抗体。其为结构和特异性完全相同的高纯度抗体，具有高度特异性、均一性、来源稳定和可大量生产等特点。随着人源化单克隆抗体的发展，抗体药物在肿瘤治疗领域具有重要的应用，已成为制药行业中“重磅炸弹”级的药物。随着抗体技术的不断发展，人源化、多功能抗体和抗体药物偶联物成为抗体药物的发展趋势。

在线测试

思考题

1. 蛋白质分子的基本组成单位是什么？它们在结构上有何特点？
2. 什么叫蛋白质等电点(pI)？等电点时蛋白质为何容易沉淀？
3. 组成蛋白质分子的氨基酸与遗传密码有关的有几种？它们怎样分类？
4. 蛋白质相对分子质量很大，为什么它所组成的胶体溶液还相当稳定？
5. 何谓蛋白质变性？有哪些因素可引起蛋白质变性？蛋白质变性有何特征和意义？
6. 何谓蛋白质的一、二、三、四级结构？维系蛋白质各级结构的化学键有哪些？
7. 有哪些方法可使蛋白质沉淀？沉淀的原理是什么？有何实用意义？
8. 根据蛋白质结构与性质的差别，可以用哪些方法来分离各种蛋白质？

本章小结

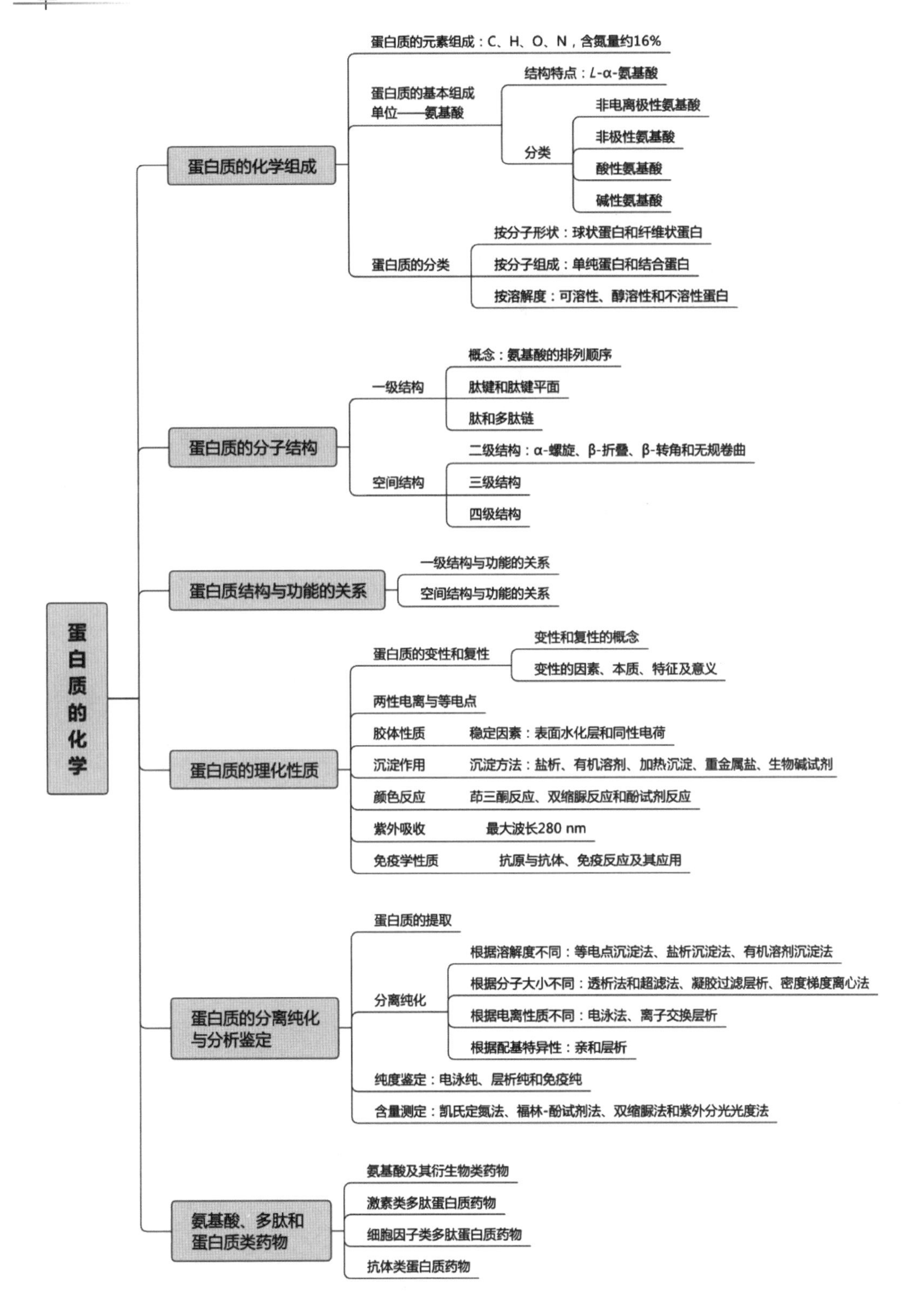
蛋白质的化学
蛋白质的化学组成
蛋白质的元素组成：C、H、O、N，含氮量约16%
蛋白质的基本组成单位——氨基酸
结构特点：L-α-氨基酸
分类
非电离极性氨基酸
非极性氨基酸
酸性氨基酸
碱性氨基酸
蛋白质的分类
按分子形状：球状蛋白和纤维状蛋白
按分子组成：单纯蛋白和结合蛋白
按溶解度：可溶性、醇溶性和不溶性蛋白
蛋白质的分子结构
一级结构
概念：氨基酸的排列顺序
肽键和肽键平面
肽和多肽链
空间结构
二级结构：α-螺旋、β-折叠、β-转角和无规卷曲
三级结构
四级结构
蛋白质结构与功能的关系
一级结构与功能的关系
空间结构与功能的关系
蛋白质的理化性质
蛋白质的变性和复性
变性和复性的概念
变性的因素、本质、特征及意义
两性电离与等电点
胶体性质
稳定因素：表面水化层和同性电荷
沉淀作用
沉淀方法：盐析、有机溶剂、加热沉淀、重金属盐、生物碱试剂
颜色反应
茚三酮反应、双缩脲反应和酚试剂反应
紫外吸收
最大波长280 nm
免疫学性质
抗原与抗体、免疫反应及其应用
蛋白质的分离纯化与分析鉴定
蛋白质的提取
分离纯化
根据溶解度不同：等电点沉淀法、盐析沉淀法、有机溶剂沉淀法
根据分子大小不同：透析法和超滤法、凝胶过滤层析、密度梯度离心法
根据电离性质不同：电泳法、离子交换层析
根据配基特异性：亲和层析
纯度鉴定：电泳纯、层析纯和免疫纯
含量测定：凯氏定氮法、福林-酚试剂法、双缩脲法和紫外分光光度法
氨基酸、多肽和蛋白质类药物
氨基酸及其衍生物类药物
激素类多肽蛋白质药物
细胞因子类多肽蛋白质药物
抗体类蛋白质药物

实验项目一　考马斯亮蓝染色法测定蛋白质含量

【实验目的】

1. 掌握考马斯亮蓝染色法测定蛋白质含量的原理和方法。
2. 了解蛋白含量测定的其他方法。

【实验原理】

考马斯亮蓝 G-250 染料，在酸性溶液中与蛋白质结合，使染料的最大吸收峰的位置，由 465 nm 变为 595 nm，溶液的颜色也由棕黑色变为蓝色。通过测定 595 nm 处的吸光度值，可计算与其结合的蛋白质的量。该染料主要是与蛋白质中的碱性氨基酸(特别是精氨酸)和芳香族氨基酸残基相结合。

考马斯亮蓝染色法是利用上述蛋白质-染料结合的原理，定量测定微量蛋白浓度的一种快速、灵敏的方法。这种蛋白质含量测定方法具有灵敏度最高、测定方法快速、简便、干扰物质少等突出优点，因而得到广泛的应用。

【试剂与器材】

1. 试剂

(1)考马斯亮蓝试剂：考马斯亮蓝 G-250 100 mg 溶于 50 ml 95%乙醇中，加入 100 ml 85%磷酸，用蒸馏水稀释至 1000 ml。

(2)标准蛋白质溶液：结晶牛血清蛋白，预先经微量凯氏定氮法测定蛋白氮含量，根据其纯度用 0.15 mol/L NaCl 配制成 1 mg/ml 蛋白溶液。

(3)待测蛋白质溶液：人血清，使用前用 0.15 mol/L NaCl 稀释 200 倍。

2. 器材　试管及试管架、移液管、恒温水浴锅；分光光度计。

【实验方法及步骤】

1. 制作标准曲线　取 7 支试管，按表 1-2 平行操作。

表 1-2　试剂添加

试管编号	0	1	2	3	4	5	6
标准蛋白溶液/ml	0	0.01	0.02	0.03	0.04	0.05	0.06
0.15 mol/L NaCl/ml	0.1	0.09	0.08	0.07	0.06	0.05	0.04
考马斯亮蓝试剂/ml	5	5	5	5	5	5	5
摇匀，1h 内以 0 号管为空白对照，在 595 nm 处比色							
A_{595}							

绘制标准曲线：以 A_{595} 为纵坐标，标准蛋白含量为横坐标，在坐标纸上绘制标准曲线或

通过软件求出标准曲线的线性方程。

2. **未知样品蛋白质浓度测定**　测定方法同上，取合适的未知样品体积，使其测定值在标准曲线的直线范围内。根据所测定的 A_{595} 值，在标准曲线上查出其相当于标准蛋白的量或带入标准曲线的线性方程，从而计算出未知样品的蛋白质浓度(mg/ml)。

【注意事项】

1. 在试剂加入后的 5～20 min 测定吸光度值，因为在这段时间内颜色是最稳定的。

2. 测定中，蛋白-染料复合物会有少部分吸附于比色杯壁上，测定完后可用乙醇将蓝色的比色杯洗干净。

【思考题】

1. 蛋白质含量测定的方法还有哪些？

2. 试比较该法与其他几种蛋白质含量测定的方法的优缺点。

实验项目二　SDS-聚丙烯酰胺凝胶电泳测定蛋白质相对分子质量

【实验目的】

1. 掌握 SDS-聚丙烯酰胺凝胶电泳测定蛋白质相对分子质量的原理及操作。

2. 学会利用 SDS-聚丙烯酰胺凝胶电泳对蛋白质进行分析检测。

【实验原理】

蛋白质混合样品进行电泳分离时，各蛋白质组分的迁移率主要取决于分子大小、形状以及所带电荷多少。SDS-聚丙烯酰胺凝胶电泳(SDS-PAGE)是一种常用的蛋白质电泳技术，即在聚丙烯酰胺凝胶系统中，加入一定量的十二烷基硫酸钠(SDS，一种阴离子表面活性剂)。SDS 加入电泳系统中能使蛋白质的氢键和疏水键打开，并结合到蛋白质分子上(在一定条件下，大多数蛋白质与 SDS 的结合比为 1.4 g SDS/1 g 蛋白质)，使各种蛋白质-SDS 复合物都带上相同密度的负电荷，其数量远远超过了蛋白质分子原有的电荷量，从而掩盖了不同组分蛋白质间原有的电荷差别。此时，蛋白质分子的电泳迁移率主要取决于它的相对分子质量大小，而其他因素对电泳迁移率的影响几乎可以忽略不计。当蛋白质的相对分子质量在 10000～200000 时，电泳迁移率与相对分子质量的对数值呈直线关系，符合下列方程：

$$\lg Mr = K - bm_R$$

式中，Mr 为蛋白质的相对分子质量；K 为直线的截距；b 为直线的斜率；m_R 为相对迁移率。在条件一定时，K 和 b 均为常数。

若将已知相对分子质量的标准蛋白质的迁移率对相对分子质量的对数作图，可获得一条标准曲线。当未知蛋白质在相同条件下进行电泳时，根据它的电泳迁移率即可利用标准曲线方程求出其近似相对分子质量。

【试剂与器材】

1. 试剂

(1)分离胶缓冲液(Tris-HCl 缓冲液 pH8.9):取 1 mol/L 盐酸 48 ml,三羟甲基氨基甲烷(Tris)36.3 g,用重蒸水溶解后定容至 100 ml。

(2)浓缩胶缓冲液(Tris-HCl 缓冲液 PH6.7):取 1 mol/L 盐酸 48 ml,Tris 5.98 g,用重蒸水溶解后定容至 100 ml。

(3)30%分离胶贮液:配制方法与连续体系相同,称取丙烯酰胺(Acr)30 g 及 N,N′-甲叉双丙烯酰胺(Bis)0.8 g,溶于重蒸水中,最后定容至 100 ml,过滤后置棕色试剂瓶中,4 ℃保存。

(4)10%浓缩胶贮液:称取 Acr 10 g 及 Bis 0.5 g,溶于重蒸水中,定容至 100 ml,过滤后置棕色试剂瓶中,4 ℃贮存。

(5)10% SDS 溶液:称取 SDS 5 g,加重蒸水至 50 ml,微热使其溶解,置试剂瓶中,4 ℃保存。SDS 在低温易析出结晶,用前微热,使其完全溶解。

(6)四甲基乙二胺(TEMED)。

(7)10%过硫酸铵(AP):称取 AP 1 g,加重蒸水至 10 ml,现配现用。

(8)电泳缓冲液(Tris-甘氨酸缓冲液 pH8.3):称取 Tris 6.0 g,甘氨酸 28.8 g,SDS 1.0 g,用重蒸水溶解后定容至 1 L。

(9)样品溶解液:取 SDS 100 mg,巯基乙醇 0.1 ml,甘油 1 ml,溴酚蓝 2 mg,0.2 mol/L,pH 7.2 磷酸缓冲液 0.5 ml,加重蒸水至 10 ml(遇液体样品,浓度增加一倍配制)。用来溶解标准蛋白质及待测样品。

(10)染色液:称取 0.25 g 考马斯亮蓝 G-250,加入 454 ml 50%甲醇溶液和 46 ml 冰乙酸即可。

(11)脱色液:量取 75 ml 冰乙酸,875 ml 重蒸水与 50 ml 甲醇混匀即可。

(12)原料:低相对分子质量标准蛋白质按照每种蛋白 0.5~1 mg/ml 配制,可配制成单一蛋白质标准液,也可配成混合蛋白质标准液,或是商业购买的蛋白 Marker;待测蛋白质样品。

2. 器材　电泳仪、垂直板型电泳槽、直流稳压电源、脱色摇床;10 或 20 μl 微量进样器、各种规格的移液枪;玻璃板、水浴锅、染色槽;烧杯;胶头滴管等。

【实验方法及步骤】

1. 安装夹心式垂直板电泳槽　目前,夹心式垂直板电泳槽有很多型号,虽然设置略有不同,但主要结构相同,且操作简单,不易泄漏,可根据具体不同型号要求进行操作。

2. 配胶　根据所测蛋白质相对分子质量范围,选择适宜的分离胶浓度。本实验采用 SDS-PAGE 不连续系统,按 1-3 表所列配制分离胶和浓缩胶。

表 1-3　分离胶和浓缩胶的配制

试剂名称	分离胶(20 ml)				浓缩胶(10 ml)
	5%	7.5%	10%	15%	3%
分离胶贮液 (30% Acr-0.8% Bis)	3.33	5.00	6.66	10.00	—

续表

试剂名称	分离胶(20 ml)				浓缩胶(10 ml)
	5%	7.5%	10%	15%	3%
分离胶缓冲液(pH8.9 Tris-HCl)	2.50	2.50	2.50	2.50	—
浓缩胶贮液(10% Acr-0.5% Bis)	—	—	—	—	3.0
浓缩胶缓冲液(pH6.7 Tris-HCl)	—	—	—	—	1.25
10% SDS	0.20	0.20	0.20	0.20	0.10
TEMED	2.00	2.00	2.00	2.00	2.00
重蒸水	11.87	10.20	8.54	5.20	4.60
10% AP	0.10	0.10	0.10	0.10	0.05

3.制备凝胶板

(1)分离胶制备:按表配制 20 ml 10%分离胶(或其他浓度),混匀后用细长头滴管将凝胶液加至长、短玻璃板间的缝隙内,约 8 cm 高,用 1 ml 注射器取少许蒸馏水,沿长玻璃板板壁缓慢注入,约 3～4 mm 高,以进行水封。约 30 min 后,凝胶与水封层间出现折射率不同的界线,则表示凝胶完全聚合。倾去水封层的蒸馏水,再用滤纸条吸去多余水分。

(2)浓缩胶的制备:按表配制 10 ml 3%浓缩胶,混匀后用细长头滴管将浓缩胶加到已聚合的分离胶上方,直至距离短玻璃板上缘约 0.5 cm 处,轻轻将样品槽模板插入浓缩胶内,避免带入气泡。约 30 min 后凝胶聚合,再放置 20～30 min。待凝胶凝固,小心拔去样品槽模板,用窄条滤纸吸去样品凹槽中多余的水分,将 pH8.3 Tris-甘氨酸缓冲液倒入上、下贮槽中,应没过短板约 0.5 cm 以上,即可准备加样。

4.样品处理及加样　各标准蛋白及待测蛋白都用样品溶解液溶解,使浓度为 0.5～1 mg/ml,沸水浴加热 3 min,冷却至室温备用。处理好的样品液如经长期存放,使用前应在沸水浴中加热 3 min,以消除亚稳态聚合。

一般加样体积为 10～15 μl(即 2～10 μg 蛋白质)。如样品较稀,可增加加样体积。用微量注射器小心将样品通过缓冲液加到凝胶凹形样品槽底部,待所有凹形样品槽内都加了样品,即可开始电泳。

5.电泳　将直流稳压电泳仪开关打开,开始时将电流调至 10 mA。待样品由浓缩胶进入分离胶时,将电流调至 20～30 mA。当蓝色染料迁移至底部时,将电流调回到零,关闭电源。拔掉固定板,取出玻璃板,用刀片轻轻将一块玻璃撬开移去,在胶板一端切除一角作为标记,将胶板移至大培养皿中染色。

6.染色及脱色　将染色液倒入培养皿中,染色 1 h 左右,用蒸馏水漂洗数次,再用脱色液脱色,直到蛋白区带清晰,即用直尺分别量取各条带与凝胶顶端的距离。

7. 计算

(1)相对迁移率 m_R=样品迁移距离(cm)/染料迁移距离(cm)。

(2)以标准蛋白质相对分子质量的对数对相对迁移率作图,得到标准曲线及线性方程,根据待测样品相对迁移率,带入线性方程计算出其相对分子质量。

【注意事项】

1. 安装夹心式垂直板电泳槽时,胶条、玻板、槽子都要洁净干燥,勿用手接触灌胶面的玻璃。整个电泳操作过程中,切勿用水直接碰触凝胶及与凝胶接触的器具,实验结束后,凝胶应统一回收并处理。

2. 不是所有的蛋白质都能用 SDS-PAGE 法测定其相对分子质量,已发现有些蛋白质用这种方法测出的相对分子质量是不可靠的。它们包括:电荷异常或构象异常的蛋白质,带有较大辅基的蛋白质(如某些糖蛋白)以及一些结构蛋白如胶原蛋白等。例如组蛋白 F1,它本身带有大量正电荷,因此,尽管结合了正常比例的 SDS,仍不能完全掩盖其原有正电荷的影响,它的相对分子质量是 21000,但 SDS-凝胶电泳测定的结果却是 35000。因此,最好至少用两种方法来测定未知样品的相对分子质量,互相验证。

3. 有许多蛋白质是由亚基(如血红蛋白)或两条以上肽链(如 α-胰凝乳蛋白酶)组成的,它们在 SDS 和巯基乙醇的作用下,解离成亚基或单条肽链。因此,对于这一类蛋白质,SDS-PAGE 法测定的只是它们的亚基或单条肽链的相对分子质量,而不是完整分子的相对分子质量。为了得到更全面的资料,还必须用其他方法测定其相对分子质量及分子中肽链的数目等,与 SDS-PAGE 法的结果互相参照。

【思考题】

1. SDS-聚丙烯酰胺凝胶电泳与聚丙烯酰胺凝胶电泳原理上有何不同?

2. 用 SDS-聚丙烯酰胺凝胶电泳测定蛋白质的相对分子质量,为什么有时和凝胶层析法所得结果有所不同?是否所有的蛋白质都能用 SDS-凝胶电泳法测定其相对分子质量?为什么?

3. 利用 SDS-聚丙烯酰胺凝胶电泳可对蛋白质进行哪些分析检测?

第二章　核酸的化学

学习目标

知识目标

1. 掌握：核酸的化学组成和基本结构单位；DNA 的分子结构，tRNA 二级、三级结构；核酸的理化性质及其应用。

2. 熟悉：核酸的分离纯化和含量测定的基本方法。

3. 了解：核酸类药物及其临床应用。

能力目标

1. 学会核酸分离纯化的基本方法。

2. 能用定糖法、定磷法及紫外分光光度法测定核酸定量。

核酸的化学

核酸(nucleic acid)是由核苷酸(nucleotide)组成的具有复杂三维结构的大分子化合物，是遗传的物质基础。核酸是动物、植物、微生物机体的重要组成成分，占细胞干重的 5%～15%。核酸分为核糖核酸(ribonucleic acid，RNA)和脱氧核糖核酸(deoxyribonucleic acid，DNA)两类。绝大多数生物细胞都含有这两类核酸，DNA 主要存在于细胞核、线粒体、叶绿体，质粒中也含有少量 DNA，而 RNA 主要存在于细胞质中。病毒中核酸分布与其他生物不同，一种病毒只含有一种核酸。只含 DNA 的病毒称为 DNA 病毒，只含 RNA 的病毒称 RNA 病毒。

核酸作为遗传的物质基础，不仅与遗传变异、生长发育、细胞分化等正常的生命活动有密切关系，而且与肿瘤发生、辐射损伤、遗传病、代谢病等异常的生命活动也息息相关。因此，核酸是现代生物化学、分子生物学和医药学研究的重要领域。

知识链接

核酸的发现

1868年，瑞士医生弗雷德里希·米歇尔(Friedrich Miescher)从脓细胞核中首次发现核酸，称之为“核素”。他还发现生殖细胞富含核酸，核酸在各种细胞中广泛存在，细胞分裂前核酸含量会显著增加。这类物质都是从细胞核中提取出来的，且都具有酸性，因此称为核酸。可惜的是，米歇尔经过一番研究后认为不同生物的核酸性质过于接近，无法解释生物遗传的多样性，遗传信息更可能储存在蛋白质中，所以米歇尔最终与遗传物质的发现失之交臂，实际上当时的实验技术也无法解析核酸的结构。1944年，美国细菌学家艾弗里(Oswald Avery)通过肺炎双球菌体外转化实验证明DNA是遗传物质；1952年，Hershey和Chase的T_2噬菌体旋切实验彻底证明遗传物质是核酸，而不是蛋白质；1956年，Fraenkel Conrat的烟草花叶病毒(TMV)重建实验证明，RNA也可以作为遗传物质。这些实验证明了核酸是遗传物质，使核酸成为研究热点。

第一节　核酸的化学组成

一、核酸的元素组成

核酸是一类主要由碳、氢、氧、氮和磷组成的化合物，其中磷的含量比较恒定。元素分析表明，RNA的平均含磷量为9.4%，DNA的平均含磷量为9.9%。因此，只要测定核酸样品中的含磷量，就可以推算出该样品中的核酸含量。

二、核酸的基本结构单位——核苷酸

(一)核苷酸的组成

核酸是一种多聚核苷酸(polynucleotide)，核酸水解生成核苷酸(mononucleotide)，后者进一步水解生成核苷(nucleoside)和磷酸，核苷再水解成碱基(base)和戊糖(pentose)。所以，核苷酸是由碱基、戊糖和磷酸组成的化合物，是核酸分子的基本结构单位。

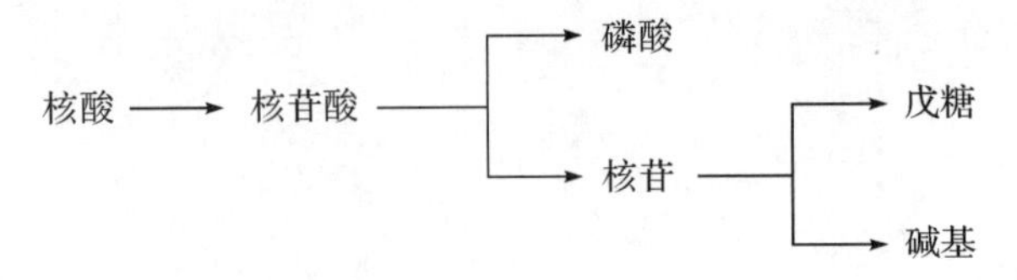

1.碱基　核酸分子中的碱基有两类：嘌呤碱与嘧啶碱。嘌呤碱主要有腺嘌呤(adenine，

A)和鸟嘌呤(guanine,G)。嘧啶碱主要有胞嘧啶(cytosine,C)、尿嘧啶(uracil,U)和胸腺嘧啶(thymine,T)。其中DNA和RNA都有的碱基是A、G和C,而DNA特有的碱基是T,RNA特有的碱基是U。碱基分子结构式如下:

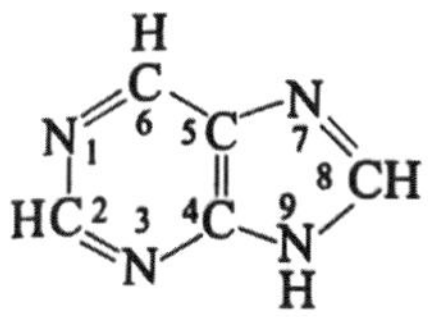

嘌呤 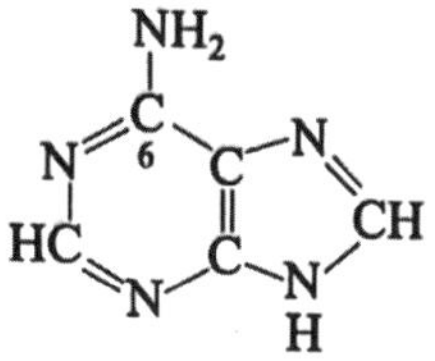　　腺嘌呤(A) 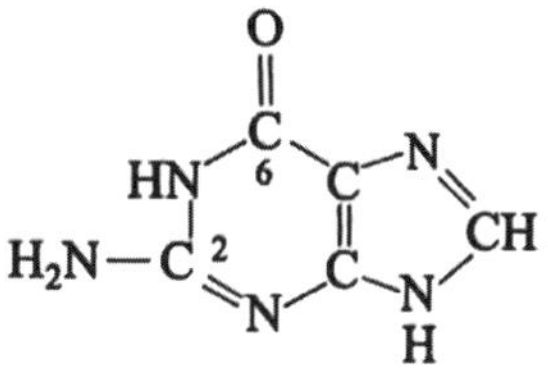　　鸟嘌呤(G)

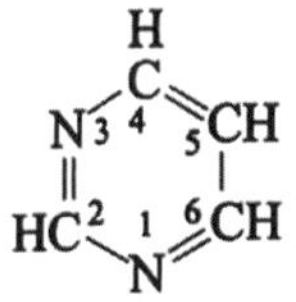

嘧啶 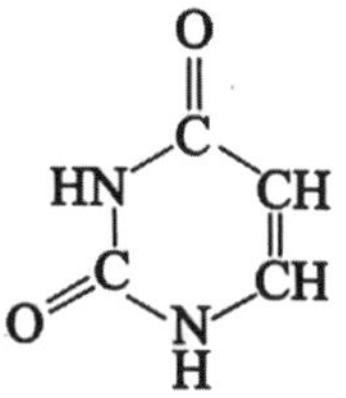　　尿嘧啶(U) 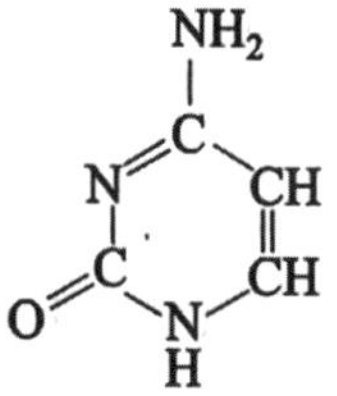　　胞嘧啶(C) 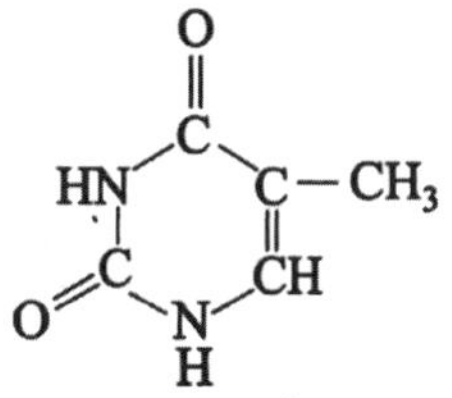　　胸腺嘧啶(T)

上述5种碱基广泛存在于两类核酸中,称为基本碱基。有的核酸分子中还含有1-甲基腺嘌呤(m^1A)、N^6-甲基腺嘌呤(m^6A)、次黄嘌呤(I)、二氢尿嘧啶(DHU)等碱基,因为它们在核酸中并不多见,故称为稀有碱基。

2. 戊糖　核酸分子中的戊糖有两种:β-D-核糖(β-D-ribose)和β-D-2′-脱氧核糖(β-D-2′-deoxyribose),据此将核酸分为核糖核酸(RNA)和脱氧核糖核酸(DNA)。

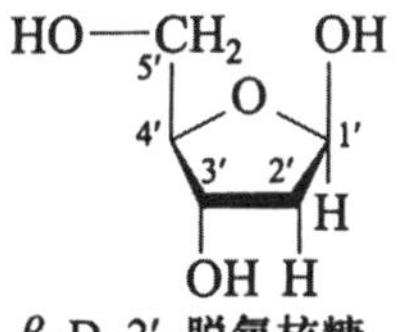

β-D-2′-脱氧核糖
(构成DNA)

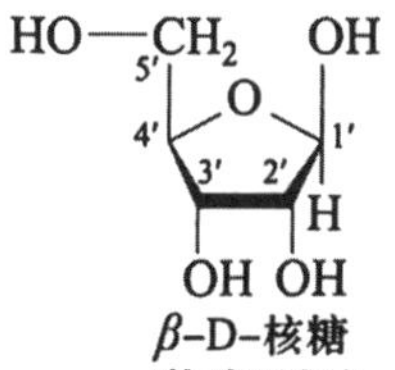

β-D-核糖
(构成RNA)

RNA和DNA的基本化学组成见表2-1。

表2-1　RNA和DNA的基本化学组成

组成成分	RNA	DNA
碱基	A、G、C、U	A、G、C、T
戊糖	核糖	脱氧核糖
磷酸	磷酸	磷酸

(二)核苷酸的分子结构

1. 核苷　碱基与戊糖缩合所形成的化合物称为核苷。戊糖的第1位碳原子(C_1)与嘧啶

核苷酸的结构

碱的第 1 位氮原子(N_1)或嘌呤碱的第 9 位氮原子(N_9)相连接。戊糖与碱基之间的化学键是 N—C 键,一般称为 N-糖苷键。核苷中的 *D*-核糖及 *D*-2-脱氧核糖均为呋喃型环状结构。糖环中的 C_1 是不对称碳原子,所以有 α 及 β 两种构型,但核酸分子中的糖苷键均为 β-糖苷键。

根据核苷中所含戊糖的不同,将核苷分成两大类:核糖核苷和脱氧核糖核苷。对核苷进行命名时,必须先冠以碱基的名称,例如腺嘌呤核苷、胞嘧啶脱氧核苷等。戊糖的碳原子编号数字上加一撇,以便与碱基编号区别。

腺嘌呤核苷
(腺苷)

胞嘧啶脱氧核苷
(脱氧胞苷)

2. 核苷酸 核苷分子中戊糖环上的羟基磷酸酯化,形成核苷酸,也可称为磷酸核苷,因此核苷酸是核苷的磷酸酯。根据核苷酸分子中戊糖的不同,核苷酸可分为核糖核苷酸和脱氧核糖核苷酸两类。核糖核苷的糖环上有三个游离羟基(2′、3′、5′),脱氧核糖核苷的糖环上有两个游离羟基(3′、5′),但生物体内游离存在的核苷酸多为 5′-核苷酸(其代号可略去 5′),如 5′-腺嘌呤核苷酸,简称腺苷酸,5′-胞嘧啶脱氧核苷酸,简称脱氧胞苷酸。

5′-腺苷一磷酸
(5′-AMP)

5′-脱氧胞苷一磷酸
(5′-dCMP)

三、核苷酸的衍生物

(一)多磷酸核苷

含有一个磷酸基的核苷酸称为核苷一磷酸。其中 5′-磷酸核苷的磷酸基可进一步磷酸化,生成 5′-二磷酸核苷和 5′-三磷酸核苷,后两者统称为多磷酸核苷。如腺苷一磷酸(AMP)

磷酸化生成腺苷二磷酸（ADP），后者再磷酸化生成腺苷三磷酸（ATP），它们的结构式如下：

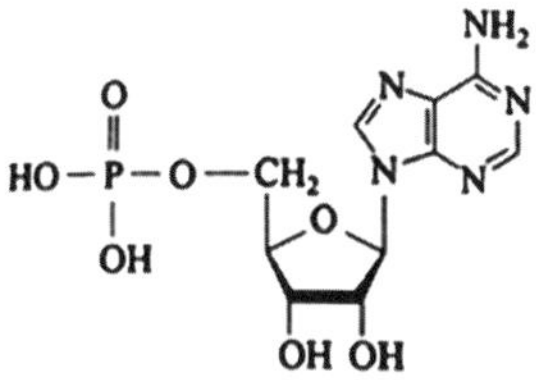

腺苷一磷酸（AMP） 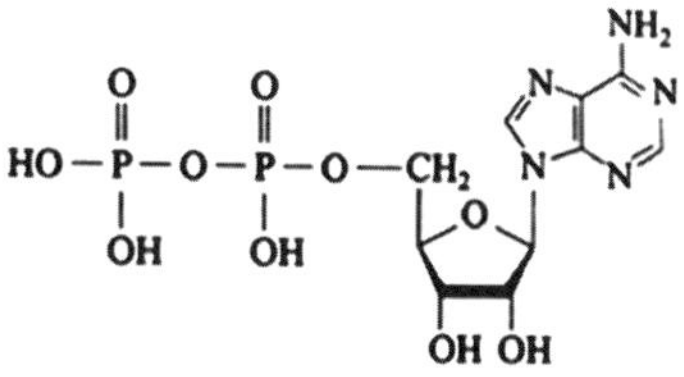　　腺苷二磷酸（ADP） 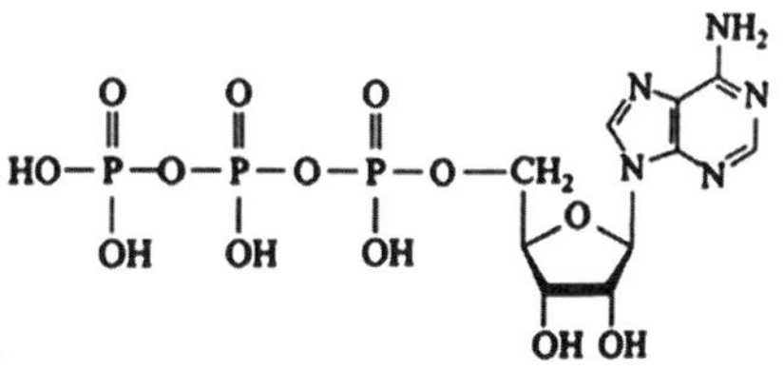　　腺苷三磷酸（ATP）

多磷酸核苷在生物体内具有重要的生物学作用。四种核苷三磷酸（ATP、CTP、GTP、UTP）是体内 RNA 生物合成的原料，四种脱氧核苷三磷酸（dATP、dCTP、dGTP、dTTP）是生物合成 DNA 的原料。ATP 在生物体内化学能的储存和利用中起着关键的作用，ATP、CTP、UTP 和 GTP 在物质合成代谢过程中提供能量。

常见的核苷酸及其简化符号见表 2-2。

表 2-2　常见的核苷酸及简化符号

核苷	一磷酸	二磷酸	三磷酸
腺苷	AMP	ADP	ATP
鸟苷	GMP	GDP	GTP
胞苷	CMP	CDP	CTP
尿苷	UMP	UDP	UTP
脱氧胸苷	dTMP	dTDP	dTTP

（二）环核苷酸

5′-核苷酸的磷酸基可与戊糖上的 3′-OH 脱水缩合形成 3′，5′-环核苷酸。环核苷酸普遍存在于动植物和微生物细胞中，参与调节细胞生理生化过程从而控制生物的生长、分化和细胞对激素的效应。重要的环核苷酸有 3′，5′-环腺苷酸（cAMP）和 3′，5′-环鸟苷酸（cGMP），具有放大激素作用信号和缩小激素作用信号的功能，是细胞信号转导过程中的第二信使。外源 cAMP 不易通过细胞膜，cAMP 的衍生物双丁酰 cAMP 可通过细胞膜，对心绞痛、心肌梗死等的临床治疗有一定疗效。cAMP 的结构如下：

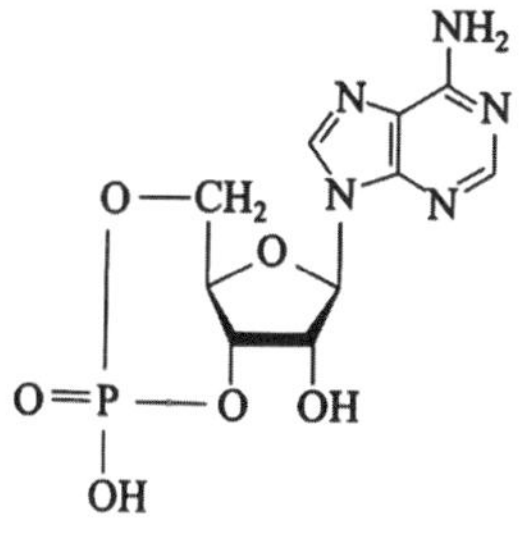

3′,5′-环腺苷酸（cAMP）

（三）辅酶类核苷酸

核苷酸还是许多辅酶的组成成分。辅酶Ⅰ（NAD^+）和辅酶Ⅱ（$NADP^+$）都是腺嘌呤核苷酸与烟酰胺核苷酸组成的化合物，黄素单核苷酸（FMN）是由异咯嗪、核醇和磷酸组成的化合物，黄素腺嘌呤二核苷酸（FAD）是由黄素单核苷酸与腺嘌呤核苷酸组成的化合物。NAD^+、$NADP^+$、FMN、FAD在生物氧化过程中起重要的递氢作用（详见第六章生物氧化）。辅酶A（CoA—SH）是由腺苷酸、氨基乙硫醇和叶酸组成的化合物，在糖、脂肪和蛋白质代谢中起重要作用。

第二节　核酸的分子结构

一、DNA的分子结构

（一）DNA的一级结构

DNA的一级结构是指其分子中脱氧核苷酸的排列顺序和连接方式。由于DNA之间的差异仅是碱基的不同，故也可称为碱基排列顺序。生物界物种的多样性即在于DNA分子中四种碱基（A、T、G、C）的不同排列组合。

DNA分子中脱氧核苷酸之间是通过3′,5′-磷酸二酯键连接，即一个核苷酸的脱氧核糖的第5′位碳原子（$C_5{}'$）上的磷酸基与相邻核苷酸的脱氧核糖的第3′位碳原子（$C_3{}'$）上的羟基结合。后者分子中的$C_5{}'$上的磷酸基又可与另一个核苷酸分子$C_3{}'$上的羟基结合。如此通过3′,5′-磷酸二酯键将许多核苷酸连接在一起形成多核苷酸链（图2-1）。脱氧核苷酸的这种连

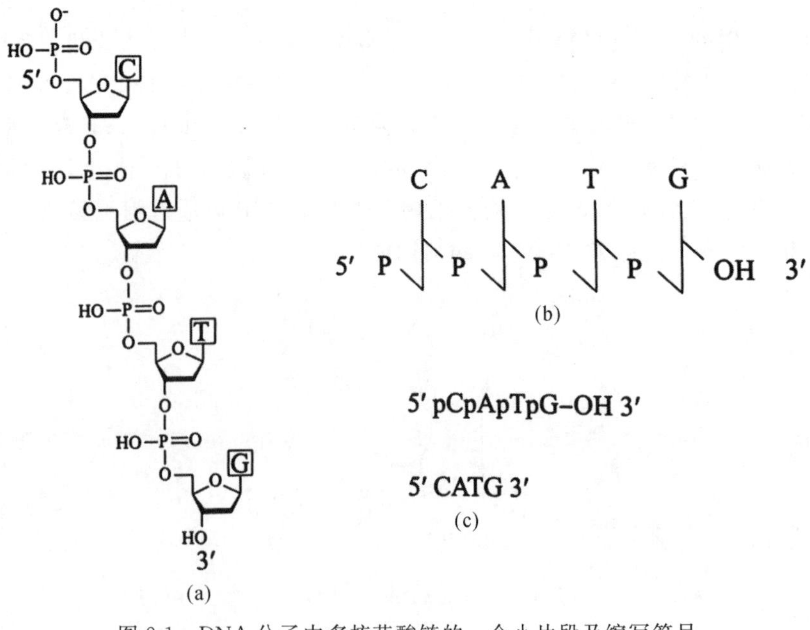

图2-1　DNA分子中多核苷酸链的一个小片段及缩写符号

接方式是有方向性的，所形成的脱氧核苷酸链的两个末端不同，具有游离磷酸基团的一端称为5′-磷酸末端（简称5′-末端或5′端），具有游离羟基的一端称为3′-羟基末端（简称3′-末端或3′端）。

图2-1(a)表示DNA多核苷酸链的一个小片段，常用一些简单的方式表示DNA的一级结构。图2-1(b)为线条式缩写，其中竖线表示戊糖的碳链，A、C、T、G表示不同的碱基，P代表磷酸基，由P引出的斜线代表两个核苷酸之间的3′,5′-磷酸二酯键。图2-1(c)为文字式缩写，其中P写在碱基符号左边，表示P在C_5'端，还可将进一步将P也省略，如写成ACTG的片段，可见DNA分子中的碱基排列顺序即为核苷酸的排列顺序。

不同DNA的核苷酸数目和排列顺序不同，生物遗传信息就储存记录于DNA的核苷酸序列中，因此测定DNA的核苷酸序列，即测定DNA的一级结构。目前这方面的工作已取得重大突破，如人类基因组计划的顺利完成。

（二）DNA的二级结构

DNA的二级结构

DNA二级结构的主要形式是B型双螺旋结构，即Watson-Crick模型，是沃森（J. Watson）和克里克（F. Crick）在前人的工作基础上于1953年提出来的（图2-2）。

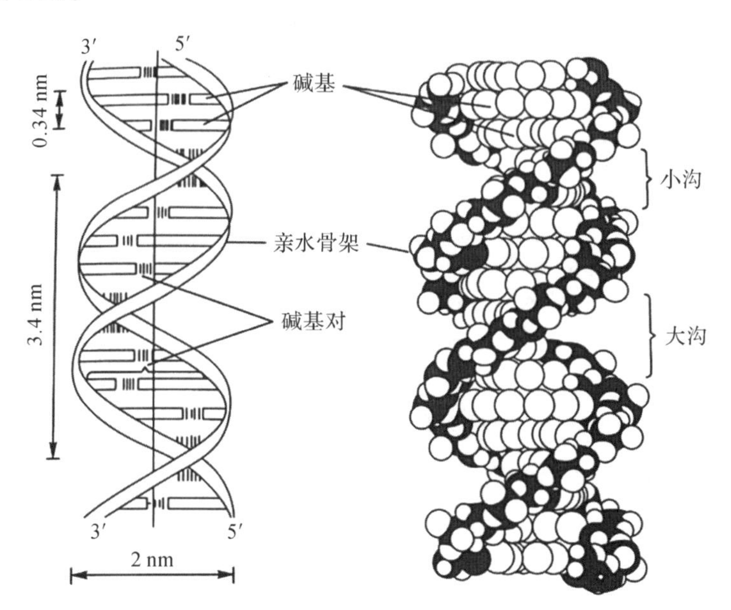

图2-2　DNA分子双螺旋结构模型

DNA双螺旋结构模型的要点：

(1)DNA分子由两条反向平行（即一条为$C_5'\rightarrow C_3'$，另一条为$C_3'\rightarrow C_5'$）的多聚脱氧核苷酸链构成，两条链相互缠绕形成右手双螺旋。沿螺旋轴方向观察，双螺旋结构的表面形成一条大沟和一条小沟，这些沟状结构与DNA和蛋白质之间的相互识别有关。

(2)磷酸基和脱氧核糖在外侧，彼此之间通过3′,5′-磷酸二酯键相连接，形成DNA的骨架。碱基连接在糖环的内侧，糖环平面与碱基平面相互垂直。

(3)双螺旋的直径为2 nm。顺轴方向，每隔0.34 nm有一个核苷酸，两个相邻核苷酸之间的夹角为 36°。每一圈双螺旋有 10 对核苷酸，每圈高度为 3.4 nm。

(4)两条链通过碱基间的氢键连接，腺嘌呤(A)与胸腺嘧啶(T)配对，鸟嘌呤(G)与胞嘧啶(C)配对。A 和 T 间形成两个氢键，G 和 C 间形成三个氢键。这一规律称为“碱基互补规律”(图 2-3)。因此，当一条多核苷酸链的碱基序列已确定.就可推知另一条互补核苷酸链的碱基序列。

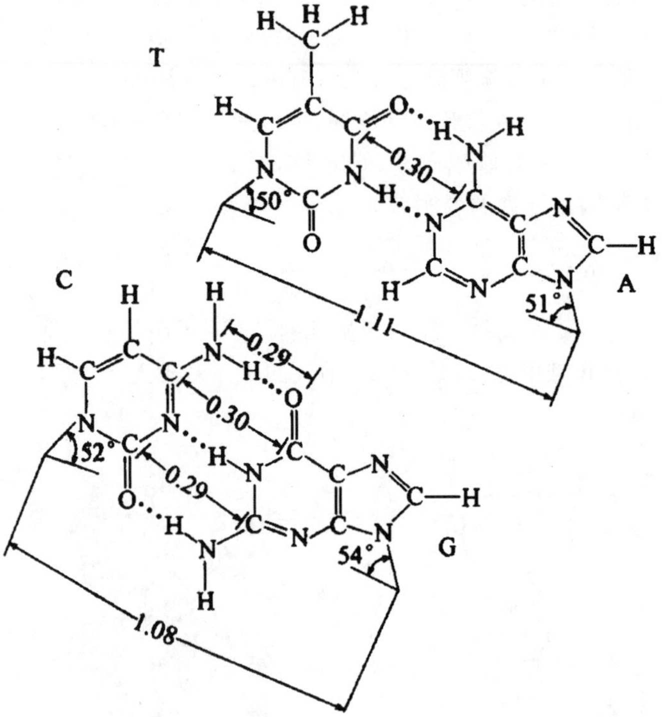

图 2-3　DNA 分子中 A=T,G≡C 配对(长度单位为 nm)

(5)碱基堆积力和氢键共同维系 DNA 双螺旋结构的稳定。相邻的两个碱基对平面彼此重叠，产生疏水性的碱基堆积力，维系双螺旋结构的纵向稳定性；互补链之间碱基对形成的氢键，维系双螺旋结构的横向稳定性。

知识链接

DNA 双螺旋结构模型的发现

1953 年 4 月 25 日，沃森(Watson)和克里克(Crick)在英国杂志 *Nature* 上公开了他们的 DNA 模型。两人将 DNA 的结构描述为双螺旋，由四种化学物质组成的碱基对扁平环连接，并认为遗传物质可能就是通过它来复制的。在推断出 DNA 的双螺旋结构 59 年后，意大利物理学教授恩佐-迪-法布里奇奥和他的研究团队，利用电子显微镜成功拍摄到了之前只能通过 X 射线结晶衍射技术间接观察到的双螺旋结构的第一张直接照片。该研究发表于 *Nano Letters* 杂志上。

DNA 双螺旋结构具有多样性，可受环境条件的影响而改变。Watson-Crick 模型基于在92%相对湿度下得到的 DNA 纤维的 X 射线衍射图像的分析结果，这是 DNA 在水环境下和生理条件下最稳定的结构，称为 B 型 DNA。除 B 型外，DNA 双螺旋结构通常还有 A 型 DNA（右手螺旋）和 Z 型 DNA（左手螺旋）。此外，科学家还发现存在三链 DNA 结构，即由三条脱氧核苷酸链按一定规律绕成的三股螺旋 DNA 结构。

（三）DNA 的三级结构

在 DNA 双螺旋二级结构基础上，双螺旋的扭曲或再次螺旋就构成了 DNA 的三级结构。超螺旋是 DNA 三级结构的一种形式，其形成与分子能量状态有关（图 2-4）。

（1）正超螺旋：为左手超螺旋，其盘绕方向与双螺旋方向相同，此种结构使分子内部张力加大，旋得更紧。

（2）负超螺旋：为右手超螺旋，其盘绕方向与双螺旋方向相反。这种结构可使其二级结构处于松缠状态，使分子内部张力减少，有利于 DNA 复制、转录和基因重组。

自然界中，生物体内的超螺旋都以负超螺旋形式存在，DNA 的拓扑异构体之间的转变是通过拓扑异构酶来实现的。DNA 特定区域中超螺旋的增加有助于 DNA 的结构转化，其结构变化之一就是使 DNA 双股链分开，或局部熔解。超螺旋所具有的多余的能量被用于碱基间氢键的断裂。超螺旋不仅使 DNA 形成高度致密的状态，得以容纳于有限的空间内，在功能上也是很重要的，它推动着结构的转化，以满足功能上的需要。

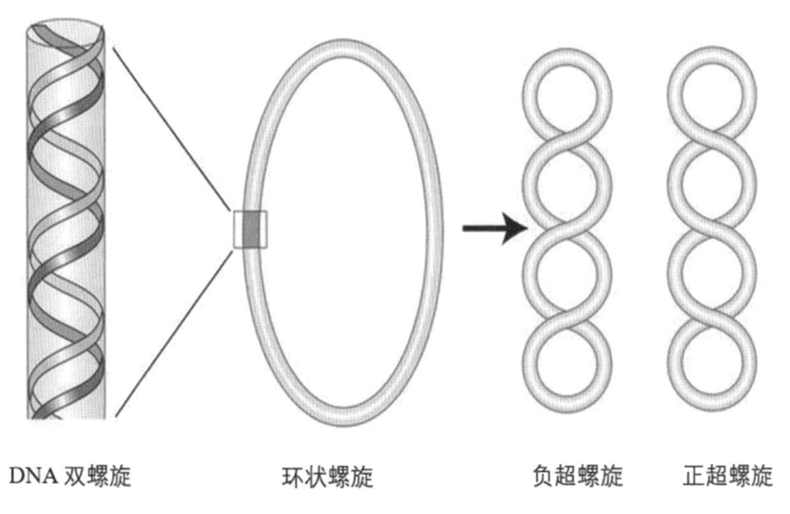

图 2-4　环状 DNA 的超螺旋结构

（四）染色质与染色体

具有三级结构的 DNA 和组蛋白紧密结合组成染色质。构成真核细胞的染色体物质称为染色质（chromatin）。它们是不定型的，几乎随机地分散于整个细胞核中，当细胞准备有丝分裂时，染色质凝集，并组装成因物种不同而数目和形状特异的染色体（chromosome）。当细胞被染色后，用光学显微镜可以观察到细胞核中有一种密度很高的着色实体。因此染色体和染色质是同一物质在细胞有丝分裂不同时期的两种存在形态。

真核细胞染色质中，双链 DNA 呈线状长链，与组蛋白结合成核小体的形式串联存在（图 2-5）。核小体是染色质的结构单位，它是由组蛋白 H_2A、H_2B、H_3 和 H_4 各两分子组成的八聚体，外绕 DNA，长度约 145 个碱基对，形成核心颗粒，再由组蛋白 H_1 与 DNA 两端连接，使 DNA 围成两圈左手超螺旋，共约 166 个碱基对。核小体长链进一步卷曲，每 6 个核小体为 1 圈，H_1 组蛋白在内侧相互接触，形成直径为 30 nm 的螺旋筒结构，组成染色质纤维，螺旋筒再进一步卷曲、折叠形成染色单体。人体每个细胞中长约 1.7 m 的 DNA 双螺旋链，最终压缩到 1/8400，分布于各染色单体中。46 个染色单体总长仅 200 nm 左右，储于细胞核中。

染色质中还存在非组蛋白，一些非组蛋白参与了调节特殊基因的表达，以控制同种生物的基因组可以在不同的组织和器官中表达出具有不同生物功能的活性蛋白。

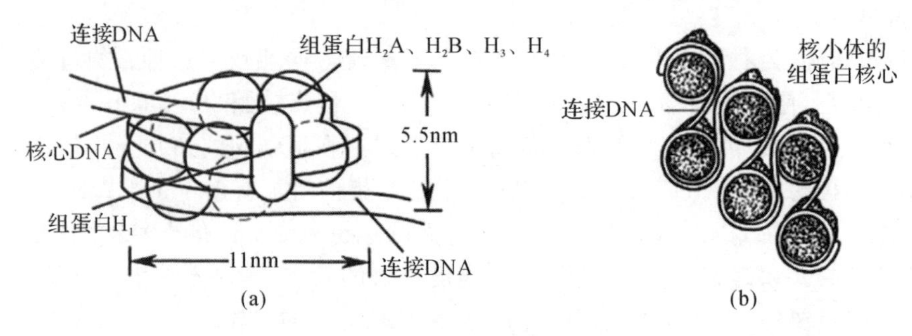

图 2-5 核小体结构

(a)核小体结构模式；(b)核小体纤维模式

二、RNA 的分子结构

根据结构、功能不同，生物细胞内的 RNA 主要有三类：信使 RNA（messenger RNA，mRNA）、转运 RNA（transfer RNA，tRNA）和核糖体 RNA（ribosomal RNA，rRNA）。此外，细胞内还有一些其他类型的 RNA，如细胞核内的核内不均一 RNA(hnRNA)、核小 RNA(snRNA)和染色体 RNA(chRNA)等。体内 RNA 的种类、大小和结构远比 DNA 复杂，这是由其功能的多样性决定的。

(一)RNA 的一级结构

RNA 的一级结构是指多核苷酸链中核苷酸的排列顺序。RNA 的基本组成单位是 AMP、GMP、CMP 和 UMP 四种核苷酸，一般含有较多种类的稀有碱基核苷酸，如假尿嘧啶核苷酸和甲基化碱基核苷酸等。RNA 主要是单链结构，但局部区域可卷曲形成链内双螺旋结构，其相对分子质量比 DNA 小得多，由数十至数千个核苷酸组成，彼此之间通过 3′,5′-磷酸二酯键连接成多核苷酸链。

1. 信使 RNA(mRNA) mRNA 的相对分子质量大小不一，由几百至几千个核苷酸组成，其特点是种类多、寿命短、含量少，在细胞中的量占 RNA 总量的 3%～5%。mRNA 的异源性很高，每一个 mRNA 分子携带一个 DNA 序列的拷贝，在细胞内被翻译成一条或多条肽链，因此，mRNA 是蛋白质生物合成的模板。真核生物 mRNA 具有以下结构特点：

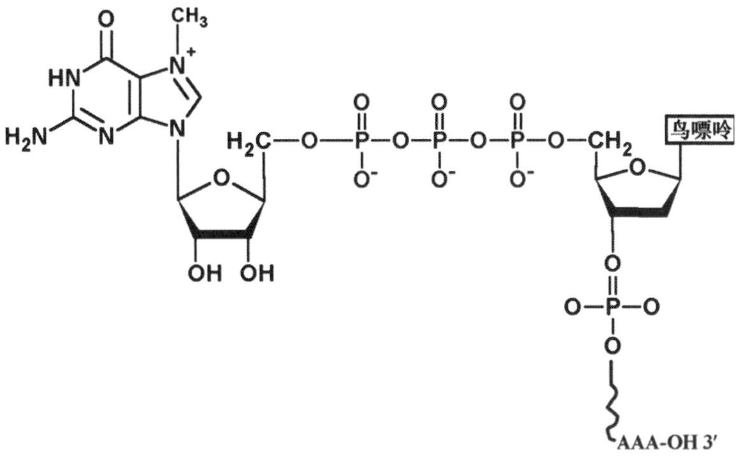

(1)5′端的帽子结构：真核生物 mRNA 在 5′端有 7-甲基鸟嘌呤核苷三磷酸(m^7Gppp)结构，称为帽子结构。该结构可保护 mRNA 免受核酸酶的水解作用，并与蛋白质生物合成的起始有关。

(2)3′端的多聚腺苷酸尾结构：大多数真核生物 mRNA 在 3′端有一段由长约 200 个腺苷酸连接而成的多聚腺苷酸结构，称为多聚腺苷酸尾或多聚(A)尾[poly(A)-tail]结构。它的作用是增加 mRNA 的稳定性和维持其翻译活性。

目前认为，这种 5′-帽子结构和 3′-多聚(A)尾结构共同负责 mRNA 从细胞核向细胞质的转运、维持 mRNA 的稳定性以及对翻译起始的调控。若去除 5′-帽子结构和 3′-多聚(A)尾结构可导致细胞内的 mRNA 迅速降解。原核生物 mRNA 无 5′-帽子结构，其 3′端一般也不含多聚(A)尾结构。

2. 转运 RNA(tRNA)　tRNA 是细胞中最小的一类 RNA，约占细胞中 RNA 总量的 15%。细胞内 tRNA 的种类很多，在蛋白质生物合成中起转运氨基酸的作用，每种氨基酸有 2～6 种相应的 tRNA。tRNA 由 70～90 个核苷酸组成，有较多的稀有碱基核苷酸，3′端末尾 3 个核苷酸的碱基为—CCA。书写各种不同氨基酸的 tRNA 时，在右上角注以其转运氨基酸的三字母缩写，如 $tRNA^{Phe}$ 代表转运苯丙氨酸的 tRNA。

3. 核糖体 RNA(rRNA)　rRNA 是细胞中主要的一类 RNA，占细胞中 RNA 总量的 80% 左右，是一类代谢稳定、相对分子质量最大的 RNA，存在于核糖体内。rRNA 与核糖体蛋白共同构成的核蛋白体称为核糖体(ribosome)，是蛋白质合成的场所。

(二)RNA 的二级结构

RNA 的多核苷酸链可以在某些部分弯曲折叠，形成双螺旋区，此即 RNA 的二级结构。双螺旋区的碱基也按一定规律配对，A—U、G—C 之间分别形成氢键，每一双螺旋区至少有 4～6 对碱基对才能保持稳定。不同种类 RNA 分子中的双螺旋区所占比例不同，例如 rRNA 的双螺旋区占 40%，tRNA 的双螺旋区占 50%。

RNA 二级结构研究比较清楚的是 tRNA。tRNA 的核苷酸链有几个片段回折形成局部双螺旋区，而非互补区形成环状结构，绝大多数 tRNA 都有四个双螺旋区，由此形成四个环及一个氨基酸臂，使其二级结构呈三叶草形(图 2-6)。由于双螺旋结构所占比例甚高，tRNA

的二级结构十分稳定。三叶草形由氨基酸臂、二氢尿嘧啶环、反密码环、额外环和 TψC 环五个部分组成。

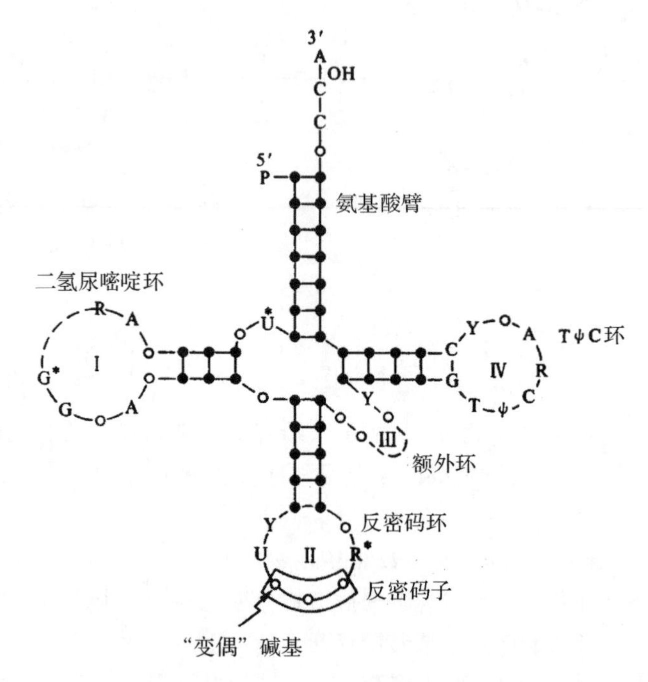

图 2-6 tRNA 三叶草形二级结构模型

R:嘌呤核苷酸,Y:嘧啶核苷酸,T:胸腺嘧啶核苷酸,ψ:假尿嘧啶核苷酸

带星号的表示可以被修饰的碱基,黑的原点代表螺旋区的碱基,白色圈代表不互补的碱基

(1)氨基酸臂(amino acid arm):由 7 对碱基组成,富含鸟嘌呤,末端为—CCA,接受活化的相应氨基酸。

(2)二氢尿嘧啶环(dihydrouracil loop):由 8～12 个核苷酸组成,具有两个二氢尿嘧啶,故得名。通过 3～4 对碱基组成的双螺旋区(也称二氢尿嘧啶臂)与 tRNA 分子的其余部分相连。

(3)反密码环(anticodon loop):由 7 个核苷酸组成,次黄嘌呤核苷酸(缩写为 I)常出现于反密码环中。环中部为反密码子,由 3 个碱基组成,可识别 mRNA 的密码子。反密码环通过由 5 对碱基组成的双螺旋(反密码臂)与 tRNA 的其余部分相连。

(4)额外环(extra loop):由 3～18 个核苷酸组成。不同的 tRNA 具有不同大小的额外环,是 tRNA 分类的重要指标。

(5)TψC 环:由 7 个核苷酸组成,因环中含有 T-ψ-C 碱基序列,故名。TψC 环通过由 5 对碱基组成的双螺旋(TψC 臂)与 tRNA 的其余部分相连。

(三)RNA 的三级结构

RNA 的三级结构是指多聚核苷酸链中所有原子在三维空间中伸展所形成的相对空间排布位置。RNA 三级结构研究得较清楚的也是 tRNA。酵母苯丙氨酸 tRNA 在其二级结构的基础上折叠形成倒 L 形的三级结构(图 2-7),其他 tRNA 也类似。氨基酸臂与 TψC 臂形成一个连续的双螺旋区,构成字母 L 下面的一横,二氢尿嘧啶臂与反密码臂及反密码子环共同构成 L 的一竖。二氢尿嘧啶环中的某些碱基与 TψC 环及额外环中的某些碱基之间可形成一些额外的碱基对，维持 tRNA 的三级结构。

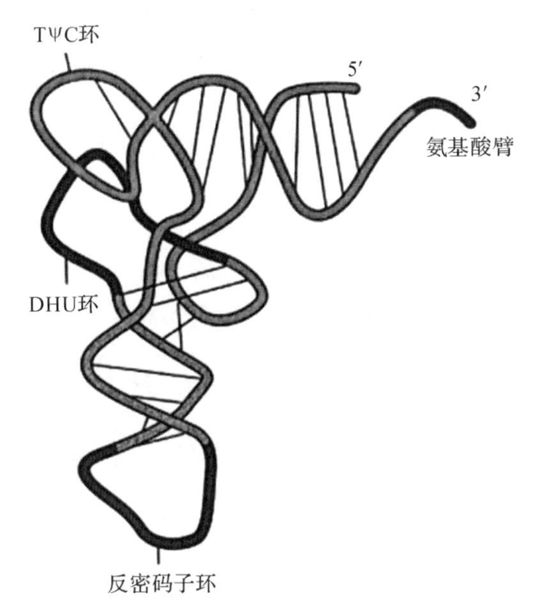

图 2-7　酵母苯丙氨酸 tRNA 的三级结构

第三节　核酸的理化性质

一、核酸的一般性质

1.核酸的分子大小　采用电子显微镜照相及放射自显影等技术，已能测定许多完整 DNA 的相对分子质量。T_2 噬菌体 DNA 的电镜像显示整个分子是一条连续的细线，直径为 2 nm，长度为(49±4) μm，由此计算其相对分子质量约为 1×10^8。大肠杆菌染色体 DNA 的放射自显影像为一环状结构，其相对分子质量约为 2×10^9。真核细胞染色体中的 DNA 相对分子质量更大。果蝇巨染色体只有一条线形 DNA，长达 4.0 cm，相对分子质量约为 8×10^{10}，为大肠杆菌 DNA 的 40 倍。RNA 分子比 DNA 短得多，其相对分子质量只有$(2.3\sim110)\times10^4$。

2.核酸的溶解度与黏度　RNA 和 DNA 都是极性化合物，都微溶于水，而不溶于乙醇、乙醚、氯仿等有机溶剂。它们的钠盐比自由酸易溶于水，RNA 钠盐在水中溶解度可达 4%。在分离核酸时，加入乙醇即可使之从溶液中沉淀出来。

天然 DNA 具有双螺旋结构，分子长度可达几厘米，而分子直径只有 2 nm，分子极为细长，即使是很稀的 DNA 溶液，黏度也极大。RNA 分子比 DNA 分子短得多，RNA 呈无定形，不像 DNA 那样呈纤维状，故 RNA 的黏度比 DNA 黏度小。当 DNA 溶液加热，或在其他因素作用下发生螺旋到线团转变时，黏度降低，因此可用黏度作为 DNA 变性的指标。

3.核酸的酸碱性　核苷酸上含有可解离的酸碱基团，这些基团的 pK_a 值不一样，因此核酸是两性分子。多核苷酸链中两个单核苷酸残基之间的磷酸残基的解离具有较低的 pK'值(pK'=1.5)，所以，当溶液的 pH 大于 4 时，全部解离，呈多阴离子状态。因此，可以把核酸看成是多元酸，具有较强的酸性。核酸的等电点较低，如酵母 RNA(游离状态)的等电点 pH 为 2.0～2.8。多阴离子状态的核酸可以与金属离子结合成盐，成盐后的溶解度比游离酸的溶解度要大得多。多阴离子状态的核酸也能与碱性蛋白，如组蛋白等结合。病毒与细菌中的 DNA 常与精胺、亚精胺等多阳离子胺类结合，使 DNA 分子具有更强的稳定性与柔韧性。

由于碱基对之间氢键的性质与其解离状态有关，而碱基的解离状态又与 pH 有关，所以溶液的 pH 直接影响核酸双螺旋结构中碱基对之间氢键的稳定性。对 DNA 来说，碱基对在 pH4.0～11.0 的范围内最为稳定，超越此范围，DNA 就要变性。

二、核酸的紫外吸收

由于嘌呤及嘧啶碱基含有共轭双键，故核酸具有较强的紫外吸收，其最大吸光度值在 260 nm 处，利用这一特性，可以检测核酸样品的纯度。

天然 DNA 分子发生变性时，氢键断裂，双链发生解离，碱基外露使其共轭双键更充分暴露，故变性的 DNA 在 260nm 处的紫外吸光度值显著增加，该现象称为 DNA 的增色效应(hyperchromic effect)(图 2-8)。在一定条件下，变性核酸可以复性，此时紫外吸光度值又恢复至原来水平，这一现象称为减色效应(hypochromic effect)。减色效应是由于在 DNA 双螺旋结构中堆积的碱基之间的电子相互作用，减少了对紫外光的吸收。因此紫外吸光度值可作为核酸变性和复性的指标。

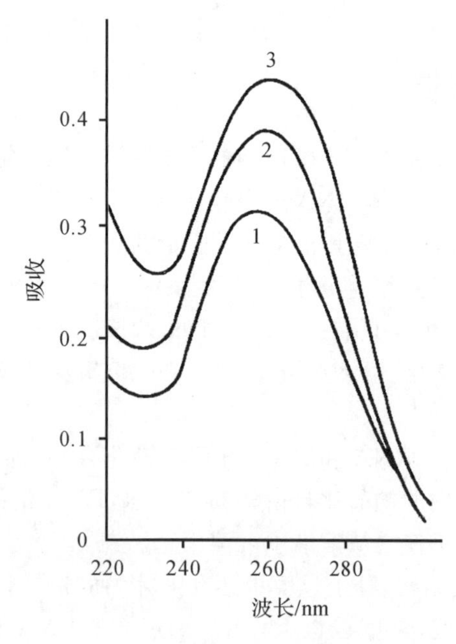

图 2-8　DNA 的紫外吸收光谱

1.天然 DNA；2.变性 DNA；3.核苷酸总吸收值

三、核酸的变性、复性与分子杂交

（一）核酸的变性

DNA 的变性与复性

某些理化因素会破坏核酸的氢键和碱基堆积力，使核酸分子的空间结构改变，从而引起核酸理化性质和生物学功能的改变，这种现象称为核酸的变性。核酸变性时，其双螺旋结构解开成为两条单链，空间结构破坏，但并不涉及核苷酸间磷酸二酯键的断裂，因此变性作用并不引起核酸相对分子质量的降低。多核苷酸链上的磷酸二酯键的断裂称为核酸降解，核酸相对分子质量伴随着核酸的降解而降低。

多种因素可引起核酸变性，如加热、过高或过低的 pH、有机溶剂、酰胺和尿素等。加热引起 DNA 的变性称为热变性。将 DNA 的稀盐溶液加热到 80～110 ℃数分钟，双螺旋结构即被破坏，氢键断裂，两条链彼此分开，形成无规则线团。这一变化称为螺旋到线团转变（图 2-9）。随着 DNA 空间结构的改变，引起一系列性质变化，如黏度降低，某些颜色反应增强，尤其是 260 nm 紫外吸收增加，DNA 完全变性后，紫外吸收能力增加 25%～40%。DNA 变性后失去生物活性。DNA 热变性的过程不是一种“渐变”，而是一种“跃变”过程，即变性作用不是随温度的升高徐徐发生，而是在一个很狭窄的临界温度范围内突然引起并很快完成，就像固体的结晶物质在其熔点时突然熔化一样。通常 DNA 在热变性过程中紫外吸光度值达到最大值的 1/2 时的温度称为“熔点”或熔解温度（melting temperature），用符号 T_m 表示。在 T_m 时，核酸分子内 50%的双螺旋结构被解开，DNA 的 T_m 值一般为 70～85 ℃（图 2-10）。

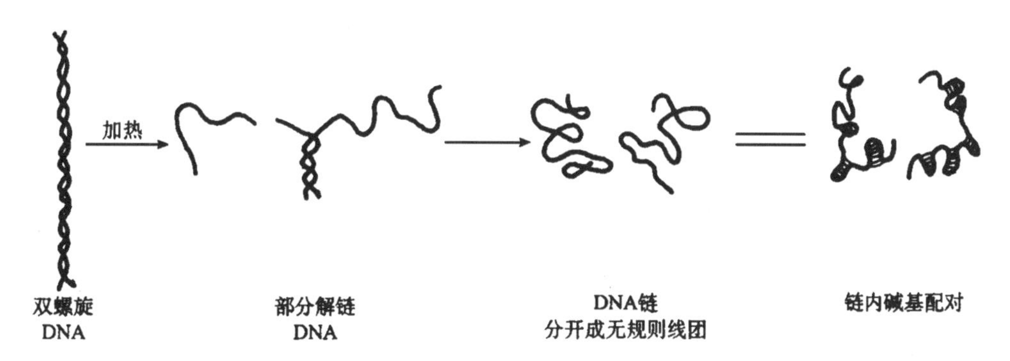

图 2-9　DNA 的变性过程

DNA 的 T_m 值与其分子中的 G—C 碱基对含量成正比关系，G—C 对含量越多，T_m 值就越高，这是因为 G—C 对之间有三个氢键，所以含 G—C 对多的 DNA 分子更为稳定。此外 T_m 值还受介质中离子强度的影响，一般来说，在离子强度较低的介质中，DNA 的 T_m 值较低，而离子强度较高时，DNA 的 T_m 值也较高。因此，DNA 制品不应保存在极稀的电解质溶液中，一般在 1 mol/L 氯化钠溶液中保存比较稳定。

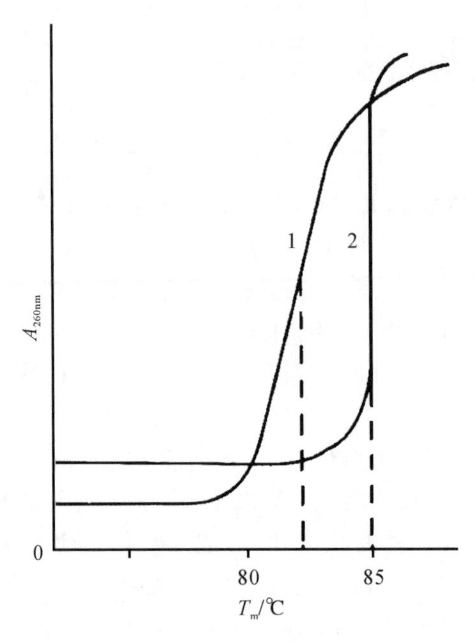

图 2-10　DNA 的熔点
1.细菌 DNA;2.病毒 DNA

(二)核酸的复性

变性 DNA 在适当条件下,可使两条彼此分开的链重新由氢键连接而形成双螺旋结构,这一过程称为 DNA 复性(renaturation)。复性后 DNA 的一系列物理化学性质得到恢复,如紫外吸收下降(减色效应),黏度增高,生物活性也得到恢复或部分恢复。通常以紫外吸光度值的改变作为复性的指标。将热变性 DNA 骤然冷却至低温时,DNA 不可能复性,只有在缓慢冷却时才可以复性,这一过程称为退火(annealing)。

(三)核酸分子杂交

将不同来源的 DNA 经热变性,冷却,使其复性,在复性时,如这些异源 DNA 之间在某些区域有相同的序列,则会形成杂交 DNA 分子。DNA 与互补的 RNA 之间也会发生杂交。这种不同来源的核苷酸链因存在互补序列而产生杂交双链的过程称为核酸分子杂交(hybridization)。

核酸分子杂交可以在液相或固相载体上进行,最常用的是以硝酸纤维素膜作为载体进行杂交。英国分子生物学家 E. M Southern 创立的 Southern 印迹法(Southern blotting)就是将凝胶电泳分离的 DNA 片段转移至硝酸纤维素膜上,再进行杂交。其操作的基本过程是将 DNA 样品经限制性内切酶降解后,用琼脂糖凝胶电泳分离 DNA 片段,接着将 DNA 进行变性处理后转移至硝酸纤维素膜上并固定,再与标记的变性 DNA 探针进行杂交,最后经洗涤、烘干后进行放射自显影即可鉴定待分析的 DNA 片段。将 RNA 经电泳分离及变性后转移至硝酸纤维素膜上再进行杂交的方法称为 Northern 印迹法(Northern blotting)。这两种分子杂交技术是研究核酸结构和功能的极其有用的工具,被广泛应用于研究基因变异、基因重排、DNA多态性分析和疾病诊断。此外,根据抗体和抗原可以结合的原理,用类似方法也可以分析蛋白质,这种方法称为Western印迹法(Western blotting)

知识链接

DNA芯片技术

DNA芯片(DNA chip)技术或DNA微阵列(DNA micrarray)是以核酸的分子杂交为基础的。其要点是用点样或离片合成的方法,将成千上万种相关基因(如多种与癌症相关的基因)的探针整齐地排列在特定的基片上,形成阵列,然后将待测样品的DNA切割成碎片,用荧光基团标记后,与芯片进行分子杂交,最后用激光扫描仪对基片上的每个点进行检测。若某个探针所对应的位置出现荧光,说明样品中存在相应的基因。由于一个芯片上可容纳成千上万个探针,DNA芯片可对样本进行高通量的检测,具有极其广阔的应用前景。

第四节　核酸的分离纯化与含量测定

一、核酸的提取、分离和纯化

在提取、分离和纯化过程中应特别注意防止核酸的降解和变性。要尽可能保持其在生物体内的天然状态,必须采用温和的条件。因此,核酸的提取应在低温(0 ℃左右)条件下进行,防止过酸、过碱、高温、剧烈搅拌等使核酸分子变性,还应防止核酸酶、化学因素和物理因素对引起的降解,尤其是要抑制核酸酶的活性防止核酸被降解。柠檬酸钠有抑制脱氧核糖核酸酶(DNase)的作用,故制备DNA时常用它来防止DNase引起的降解。

(一)核酸的提取

提取核酸的一般原则是先破碎细胞,提取核蛋白使其与其他细胞成分分离。再用蛋白质变性剂如苯酚或去垢剂(如十二烷基硫酸钠,即SDS)等,或用蛋白酶处理除去蛋白质。最后用乙醇等将所获得的核酸溶液沉淀出来,再进一步分离纯化。

(二)DNA的分离纯化

真核细胞中DNA以核蛋白(DNP)的形式存在。DNP溶于水和浓盐溶液(如1 mol/L氯化钠溶液),但在0.14 mol/L氯化钠溶液中溶解度最小,仅为水中溶解度的1/100。利用这一性质,可将破碎后的细胞匀浆用高浓度氯化钠溶液提取,然后用水将溶液稀释至0.14 mol/L,使DNP纤维沉淀。还可将DNP与RNA蛋白(RNP)分离,因为RNP溶于0.14 mol/L氯化钠溶液。经多次溶解和沉淀,可得到纯的核蛋白,再将蛋白质除净后即可得到纯的DNA。DNP的蛋白质部分可用下列方法去除。

(1)苯酚提取法:苯酚是极强的蛋白质变性剂。水饱和的新蒸馏苯酚与 DNP 振荡后,冷冻离心。DNA 溶于上层水相中,变性蛋白质在酚层内,中间残留物也杂有部分 DNA。这种方法需反复操作多次,然后合并含 DNA 的水相,加入 2.5 倍体积的冷无水乙醇,可使 DNA 沉淀出来。苯酚能使蛋白质迅速变性,当然也抑制了核酸酶的降解作用。整个操作条件比较缓和,用此法可得到天然状态的 DNA。

(2)三氯甲烷-异戊醇提取法:将 DNP 溶液和等体积的三氯甲烷-异戊醇(24∶1)混匀并剧烈振荡,离心,上层水相含 DNA、蛋白质,下层为三氯甲烷和异戊醇,两层之间为蛋白质凝胶。上层水相再用三氯甲烷-异戊醇的混合液处理,并反复数次,至两层之间无蛋白质胶状物为止。

(3)去污剂法:用十二烷基硫酸钠(SDS)等去污剂可使蛋白质变性。用这种方法可以获得一种很少降解,而又可以复制的 DNA 制品。

(4)酶法:用广谱蛋白酶(如蛋白酶 K)使细胞蛋白质全部降解,再用苯酚抽提,然后除净蛋白酶和残留的蛋白质。DNA 制品中混杂有少量 RNA,可用不含核糖核酸酶(RNase)降解除去。

天然的 DNA 分子有的呈线形,有的呈环形,采用超离心法可纯化核酸或将不同构象的核酸进行分离。蔗糖梯度区带超离心,可按 DNA 分子的大小和形状进行分离。氯化铯密度梯度平衡超离心,可按 DNA 的浮力密度不同进行分离。双链 DNA 中如插入溴化乙啶等染料后,可以减低其浮力密度。但由于超螺旋状态的环状 DNA 中插入溴化乙啶的量比线状或开环 DNA 分子少,所以前者的浮力密度降低较小。因此,这个方法很容易将不同构象的 DNA、RNA 及蛋白质分开,这也是目前实验室中纯化质粒 DNA 时最常用的方法。

此外,RNA 和 DNA 杂交已广泛地应用于基因分离,羟甲基磷灰石和甲基白蛋白硅藻土柱层析也是常用的纯化 DNA 的方法。

(三)RNA 的分离纯化

RNA 为单链结构,易被酸、碱、酶水解,尤其是核糖核酸酶(RNase)几乎无处不在,因此 RNA 的提取和纯化远比 DNA 困难。RNA 的提取一般是先将细胞匀浆进行差速离心,制得细胞核、核蛋白体和线粒体等细胞器和细胞质。再从这些细胞器分离某一类 RNA,如从核蛋白体分离 rRNA,从多聚核糖体分离 mRNA,从线粒体分离线粒体 RNA,从细胞核可以分离核内 RNA,从细胞质可以分离各种 tRNA。RNA 在细胞内也常和蛋白质结合,所以必须除去蛋白质。从 RNA 提取液中除去蛋白质的方法有以下几种。

(1)在 10%氯化钠溶液中加热至 90 ℃,离心除去不溶物,加乙醇使 RNA 沉淀,或者调节 pH 至等电点使 RNA 沉淀。

(2)用盐酸胍(最终浓度 2 mol/L)可溶解大部分蛋白质,冷却,RNA 即沉淀析出。粗制品再用三氯甲烷除去少量残余蛋白质。

(3)去污剂法,常用的为十二烷基硫酸钠(SDS),使蛋白质变性。

(4)苯酚法,可用 90%苯酚提取,离心后,蛋白质和 DNA 留在酚层,而 RNA 在上层水相内,然后进一步分离。

皂土有吸附 RNA 酶的能力,制备 RNA 时常被作为 RNA 酶抑制剂使用。

RNA 制品中往往混有链长不等的多核苷酸,这些多核苷酸是不同类型的 RNA,或者是 RNA 的降解产物。可以采用下列方法进一步纯化,得到均一的 RNA 制品。

(1)蔗糖梯度区带超离心,可将 18S、28S、4S RNA 分开。

(2)聚丙烯酰胺凝胶电泳,可将不同类型的 RNA 分开。

(3)甲基白蛋白硅藻土柱、羟基磷灰石柱、各种纤维素柱,都常用来分级分离各种类型的 RNA。寡聚 dT-纤维素往用于分离 mRNA,效果很好。凝胶过滤法也是分离 RNA 的有用方法。分离 mRNA 还可用亲和层析法和免疫法。

二、核酸的含量测定

(一)定磷法

RNA 和 DNA 中都含有磷酸,根据元素分析可知 RNA 的平均含磷量为 9.4%,DNA 的平均含磷量为 9.9%。因此,可从样品中测得的含磷量来计算 RNA 或 DNA 的含量。

用强酸(如 10 mol/L 硫酸)将核酸样品消化,使核酸分子中的有机磷转变为无机磷,无机磷与钼酸反应生成磷钼酸,磷钼酸在还原剂(如抗坏血酸、氯化亚锡等)作用下还原成钼蓝。钼蓝在 660 nm 处有最大吸收值,可用比色法测定样品中的含磷量。反应式如下:

$$\underset{\text{钼酸铵}}{(NH_4)_2MoO_4} + H_2SO_4 \longrightarrow \underset{\text{钼酸}}{H_2MoO_4} + (NH_4)_2SO_4$$

$$12H_2MoO_4 + H_3PO_4 \longrightarrow \underset{\text{磷钼酸}}{H_3PO_4 \cdot 12O_3} + 12H_2O$$

$$H_3PO_4 \cdot 12O_3 \xrightarrow{\text{还原剂}} \underset{\text{钼蓝}}{(MoO_2 \cdot 4MoO_3)_2 \cdot H_3PO_4 \cdot 4H_2O}$$

(二)定糖法

RNA 含有核糖,DNA 含有脱氧核糖,根据这两种糖的颜色反应可对 RNA 和 DNA 进行定量测定。

1. 核糖的测定　RNA 分子中的核糖和浓盐酸或浓硫酸作用脱水生成糠醛,可与某些酚类化合物缩合而生成有色化合物。如糠醛与地衣酚(3,5-二羟甲苯)反应产生深绿色化合物,当有高铁离子存在时,则反应更灵敏。反应产物在 660 nm 处有最大吸收,并且与 RNA 的浓度成正比关系。反应式如下:

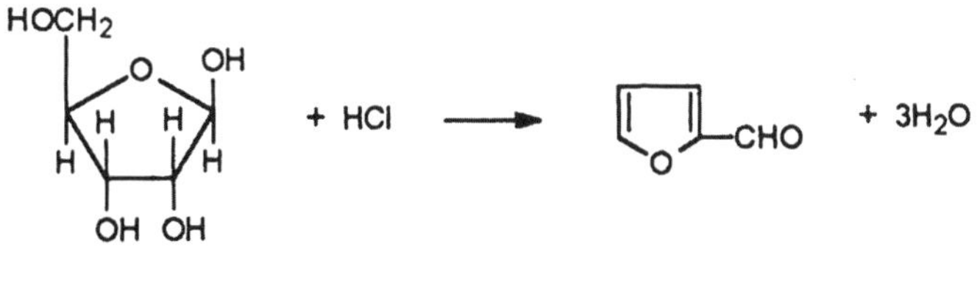

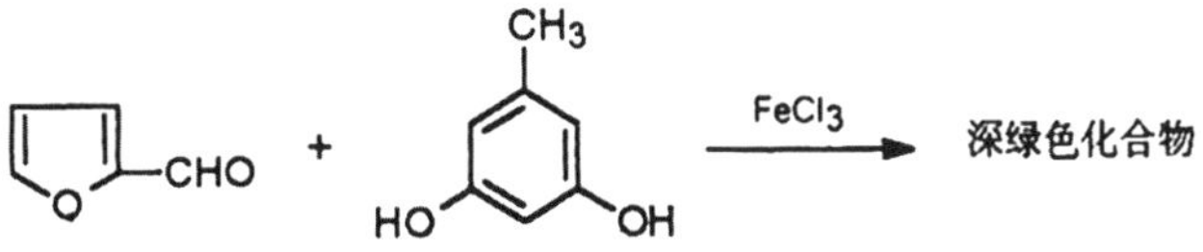

HOCH₂ / OH / H H / H H / OH OH　+ HCl ⟶ (furan)—CHO + $3H_2O$

(furan)—CHO + (CH₃, HO, OH) $\xrightarrow{FeCl_3}$ 深绿色化合物

2.**脱氧核糖的测定**　DNA 分子中的脱氧核糖和浓硫酸作用，脱水生成 ω-羟基-γ-酮戊酸，可与二苯胺反应生成蓝色化合物。反应产物在 595 nm 处有最大吸收，并且与 DNA 浓度成正比关系。反应式如下：

$$\begin{array}{l} CHO \\ | \\ CH_2 \\ | \\ CHOH \\ | \\ CHOH \\ | \\ CH_2OH \end{array} + H_2SO_4 \longrightarrow \begin{array}{l} CHO \\ | \\ CH_2 \\ | \\ CH_2 \\ | \\ C{=}O \\ | \\ CH_2OH \end{array} + H_2O$$

$$\begin{array}{l} CHO \\ | \\ CH_2 \\ | \\ CH_2 \\ | \\ C{=}O \\ | \\ CH_2OH \end{array} + C_6H_5{-}NH{-}C_6H_5 \longrightarrow \text{蓝色化合物}$$

(三)紫外吸收法

紫外吸收法利用的是核酸组分中的嘌呤环、嘧啶环具有紫外吸收的特性。用这种方法测定核酸含量时，通常在 260 nm 处测得样品 DNA 或 RNA 溶液的吸光度值(A_{260})，即可计算出样品中核酸的含量。

第五节　核酸类药物

核酸是生物体的遗传信息物质，所有的蛋白质分子都是由 DNA 转录、翻译得到；同时，核苷与核酸也是生命活动中重要的信号调控分子。核酸作为药物，在疾病的预防和治疗中发挥着重要作用，目前在临床上使用的核酸类药物包括核苷类药物、小核酸药物、核酸疫苗和基因治疗药物等。

一、核苷类药物

核苷类药物被广泛应用于各种病毒性疾病和肿瘤的治疗。核苷类抗病毒药(如叠氮胸苷、阿糖腺苷、三氮唑核苷等)是治疗艾滋病、疱疹及肝炎等病毒性疾病的首选药物，其作用靶点多为 RNA 病毒的逆转录酶或 DNA 病毒的聚合酶。核苷类药物一般与天然核苷结构相似，病毒对这些假底物的识别能力差，该类药物可以竞争性地作用于酶活性中心，也可以嵌入到正在合成的 DNA 链中，终止 DNA 链的延长，从而抑制病毒复制。用作抗肿瘤药的核苷类药物(如阿糖胞苷)多为抗代谢化疗剂，其可通过干扰肿瘤细胞的 DNA 合成以及 DNA 合成中所需嘌呤、嘧啶、嘌呤核苷酸和嘧啶核苷酸的合成来抑制肿瘤细胞的存活和增殖。

二、小核酸药物

小核酸是指相对分子质量相对较小的核酸分子，目前还没有严格的碱基数量界定，通常认为是小于50 bp的核酸片段。小核酸药物专指靶向作用RNA或蛋白质的一类寡核苷酸分子，包括反义核酸、CpG寡核苷酸、核酶、siRNA、microRNA等。小核酸药物可以抑制或替代某些基因的功能，有些内源性寡核苷酸具有疾病诊断和预后评估价值，是生物制药领域的重要研究内容。

反义核酸(antisence nucleic acid)是指能与特定mRNA精确互补并能特异阻断其翻译的RNA或DNA分子。利用反义核酸特异性地封闭某些基因表达，使之低表达或不表达的技术即为反义核酸技术，包括反义RNA、反义DNA和核酶三大技术。与传统药物主要是直接作用于致病蛋白本身的原理相比，反义核酸作为直接作用于致病蛋白编码基因的治疗药物，显示出诸多优点。

小干扰RNA(small interfering ribonucleic acid，siRNA)是长21～23个碱基对的双链RNA，它可与内源性mRNA互补结合，导致靶mRNA降解，抑制靶基因的表达。利用siRNA技术针对内源性致病基因(如癌基因)和外源性基因(如病毒基因)进行特异性的抑制，从而发挥疗效。

三、核酸疫苗

核酸疫苗(nucleic acid vaccine)是指用能表达抗原的核酸制备成的疫苗。其重要特征是疫苗制剂的主要成分是表达抗原的核酸。世界卫生组织于1994年将由DNA或RNA诱导产生抗体的疫苗统称为核酸疫苗，分为DNA疫苗和RNA疫苗两种。

核酸疫苗作为新型疫苗，可通过特定途径激活机体免疫机制，从而达到快速免疫的效果，被称为继灭活疫苗、减毒活疫苗、亚单位疫苗之后的第三代疫苗，具有广阔的发展前景。目前对核酸疫苗的研究以DNA疫苗为主，主要用于肿瘤的防治，虽然在人体中的有效性还有待验证，但动物DNA疫苗的研究取得了突破性进展，已有多个疫苗上市，其中第一个是2005年由美国批准上市的西尼罗病DNA疫苗，用于保护马免受西尼罗病毒感染。2019年新型冠状病毒肺炎疫情的暴发，极大地推动了RNA疫苗的研发和临床应用。2020年12月，BioNTech/辉瑞公司和Moderna公司的两款新冠病毒mRNA疫苗获得了美国FDA批准的紧急使用权而相继上市。mRNA疫苗具有针对病原体变异反应速度快、生产工艺简单、易规模化扩大等优势。我国在推出了多款新冠病毒疫苗的同时，也正在加速开发mRNA疫苗用于新冠病毒、流感病毒等的预防接种。

四、基因治疗药物

基因治疗(gene therapy)是以核酸(DNA或RNA)为治疗物质，通过特定的基因转移技术将治疗性核酸输送到患者细胞中发挥治疗作用。治疗性核酸可以通过表达正常功能蛋白或者抑制异常功能蛋白的表达、纠正或替换异常基因等方式发挥治疗作用。基因治疗可分为生殖细胞基因治疗和体细胞基因治疗。二者的区别在于：体细胞基因治疗改变的是某些特定细胞的基因,这种改变不会遗传给后代;生殖细胞基因治疗中改造后的基因将遗传给后代。目前在伦理上只允许开展体细胞基因治疗的研究与实践。

基因治疗不仅是一种治疗手段,同时也是一门药物学。与传统药物学的不同之处在于,它是将一种特殊的活性物质导入体内,使其在特定空间、特定时间进行表达,从而达到治疗疾病的目的。1990 年美国 FDA 批准了第一例基因治疗临床试验,治疗两个患有腺苷脱氨酶缺乏症的儿童。2012 年欧洲药品监督管理局批准了欧洲地区第一个基因治疗药物 Glybera,用于治疗脂蛋白脂酶缺乏症。该药的上市极大地推动了基因治疗的发展。目前,全球已有 20 多个基因治疗产品上市,涉及寡核苷酸类、溶瘤病毒、CAR-T 疗法、干细胞疗法以及其他基于细胞的基因疗法。基因治疗不断整合新的技术,特别是整合了基因编辑技术和干细胞的研究成果,使治疗肿瘤和遗传病等有了更加光明的前景。

此外,核酸也是重要的药物作用靶点,通过干扰或阻断细菌、病毒和肿瘤细胞中核酸的合成,就能有效地抑制或杀灭细菌、病毒和肿瘤细胞。以 DNA 为靶点的药物,通过干扰或阻断 DNA 合成,直接破获 DNA 结构和功能等方式发挥治疗作用;以 RNA 为靶点的药物,通过抑制 RNA 的合成等方式发挥治疗作用。铂类化疗药物和博来霉素类化合物正是通过断裂 DNA 或 RNA 发挥着重要的抗肿瘤作用;反义核酸、小干扰 RNA 等核酸药物也是直接作用于核酸大分子靶点而发挥药效。

综上所述,核酸作为生命体的遗传信息中心,既是重要的药物分子也是重要的药物作用靶点。尤其是随着基因治疗技术的发展,它能以特定的载体将携带有正常基因的核酸分子输送到特定的细胞中,有效地预防、治疗疾病。基因治疗有望成为生物医药发展的重要方向。

在线测试

思考题

1. 比较 DNA 和 RNA 在化学组成和分子结构上的异同点。
2. DNA 双螺旋结构模型的要点有哪些?
3. 蛋白质变性和 DNA 变性的区别是什么?
4. 核酸含量测定有哪些方法?

本章小结

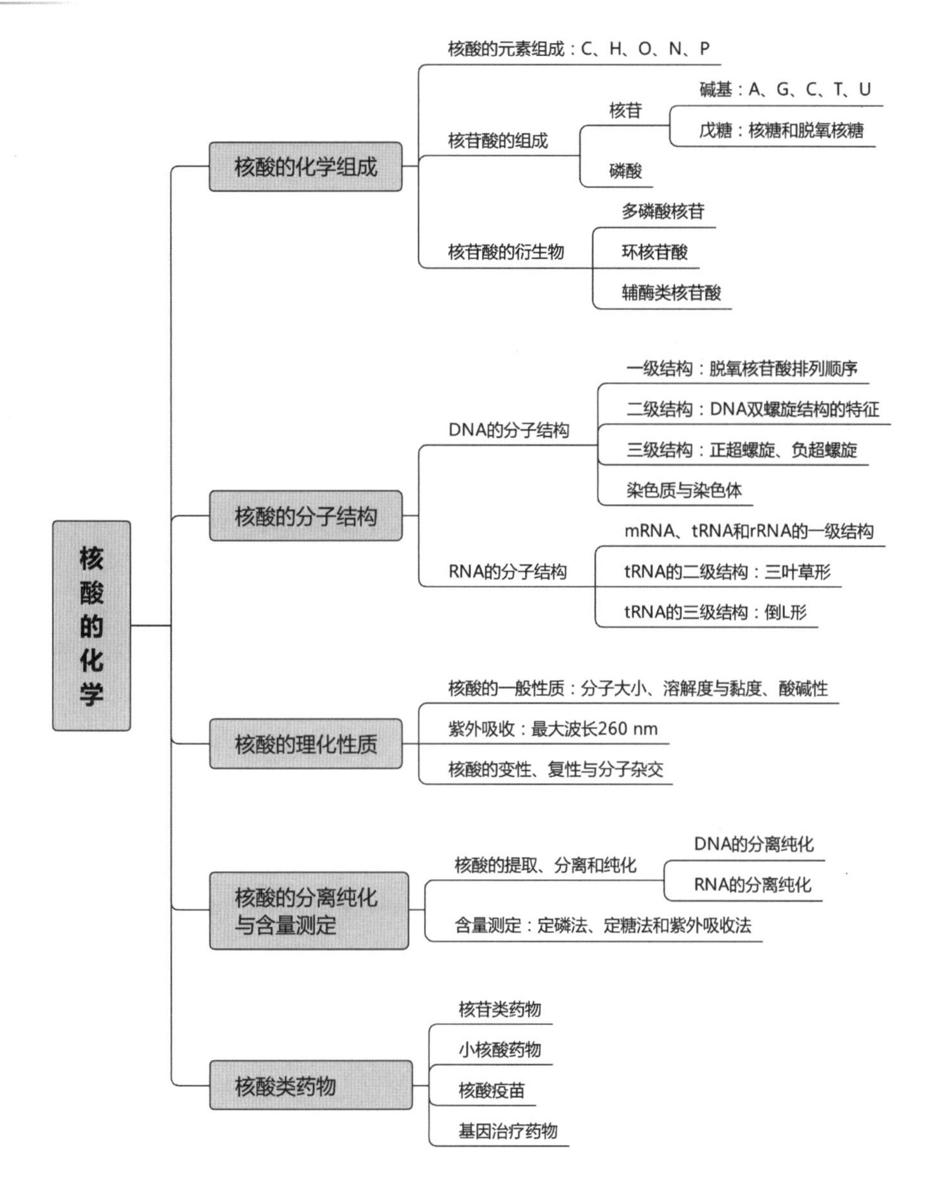

实验项目三　酵母 RNA 的提取及组分鉴定

【实验目的】

1. 了解并掌握稀碱法提取 RNA 的原理和方法。
2. 了解核酸的组分并掌握其鉴定方法。

【实验原理】

由于 RNA 的来源和种类很多，所以 RNA 的提取制备方法各有差异，一般有苯酚法、去污剂法和盐酸胍法，而工业上常用稀碱法和浓盐法。酵母细胞中 RNA 含量较多，而 DNA 较少，故提取 RNA 多以酵母为原料。稀碱法提取酵母 RNA 的原理是：用稀碱使酵母细胞裂解，再用酸中和，除去蛋白质和菌体的上清液再用乙醇沉淀 RNA 或调 pH 至 2.5，利用等电点沉淀，即得到 RNA 的粗制品。

RNA 含有核糖、嘌呤碱、嘧啶碱和磷酸等组分。加硫酸煮沸可使 RNA 水解，从水解液中可以测出上述组分。其中，嘌呤碱可与硝酸银反应产生白色的嘌呤碱银化合物沉淀；磷酸可与定磷试剂反应产生蓝色物质；核糖和浓硫酸作用脱水生成糠醛，再与苔黑酚（地衣酚）反应产生深绿色化合物，当有高铁离子存在时，反应更为灵敏。

【试剂、材料与器材】

1. 试剂

(1)0.04 mol/L NaOH 溶液；95%乙醇；1.5 mol/L 硫酸溶液；浓氨水；0.1 mol/L 硝酸银溶液。

(2)酸性乙醇溶液：将 0.3 ml 浓盐酸加至 30ml 乙醇中。

(3)三氯化铁浓盐酸溶液：将 2 ml 10% 三氯化铁溶液（用 $FeCl_3 \cdot 6H_2O$ 配制）加至 400 ml浓盐酸中。

(4)苔黑酚（3,5-二羟基甲苯）乙醇溶液：称取 6 g 苔黑酚，溶于 100 ml 95%乙醇中（可低温保存一个月）。

(5)定磷试剂：17%硫酸溶液∶2.5%钼酸铵溶液∶10%抗坏血酸溶液∶水＝1∶1∶1∶2（体积比），临用时按比例混合。

17%硫酸溶液：将 17 ml 浓硫酸（相对密度 1.84）缓缓倾入 83 ml 水中。

2.5%钼酸铵溶液：2.5 g 钼酸铵溶于 100 ml 水中。

10%抗坏血酸（维生素 C）溶液：10 g 抗坏血酸溶于 100 ml 水中，棕色瓶保存。

2. 材料 干酵母粉。

3. 器材 离心机、电磁炉、天平、真空泵；离心管、研钵、布氏漏斗；移液管、锥形瓶、量筒、试管、烧杯、玻璃棒等。

【实验方法及步骤】

1. 酵母 RNA 的提取 称取 5 g 干酵母粉悬浮于 30 ml 0.04% NaOH 溶液中，并在研钵中研磨均匀。悬浮液转入锥形瓶中，沸水浴加热 30 min，冷却，转入离心管。3000 r/min 离心 10 min 后，将上清液慢慢倾入 10 ml 酸性乙醇中，边加边搅动。加毕，静置，待 RNA 沉淀完全后，3000 r/min 离心 3 min。弃去上清液，用 95%乙醇洗涤沉淀 2 次。再用乙醚洗涤沉淀 1 次后，将沉淀转移至布氏漏斗抽滤，沉淀在空气中干燥，即得 RNA 粗品。称量所得 RNA 粗品的质量，可计算 RNA 的百分含量。

2. RNA 各组分鉴定 取 2 g 提取的 RNA 粗品，加入 1.5 mol/L 硫酸溶液 10 ml，在沸水

浴中加热 10 min,制得水解液,然后进行各组分鉴定。

(1)嘌呤碱的鉴定:取水解液 1 ml,加入过量浓氨水,然后加入约 1 ml 0.1 mol/L 硝酸银溶液,观察有无嘌呤碱的白色银化合物沉淀。

(2)核糖的鉴定:取水解液 1 ml,加三氯化铁浓盐酸溶液 2 ml 和苔黑酚乙醇溶液 0.2 ml。放沸水浴中 10 min。注意观察核糖是否变成绿色。

(3)磷酸的鉴定:取水解液 1 ml,加定磷试剂 1 ml。在水浴中加热,观察溶液是否变成蓝色。

【思考题】

1. 为什么用稀碱溶液可以使酵母细胞裂解?
2. 如何从酵母中提取到较纯的 RNA?

第三章　酶

学习目标

知识目标

1. 掌握：酶的概念及酶促反应特点，酶的分子组成与活性中心，影响酶作用的因素。
2. 熟悉：同工酶、调节酶、修饰酶、核酶、抗体酶，酶活性测定及酶活力单位。
3. 了解：酶的命名和分类，酶的作用机制，酶在医药方面的应用。

能力目标

1. 能正确理解生物大分子的结构与功能的关系。
2. 学会运用酶促反应的影响因素解释酶类药物的作用机制并合理用药。

酶

第一节　酶的概述

1926 年，美国化学家第一次从刀豆中获得了脲酶结晶，并提出酶的本质是蛋白质。之后陆续发现的 2000 余种酶中，均证明酶的化学本质是蛋白质。1982 年，Thomas Cech 等研究四膜虫时首次发现 RNA 也具有酶的催化活性，提出了核酶（ribozyme）的概念，发现了具有 DNA 连接酶活性的 DNA 片段，称为脱氧核酶（deoxyribozyme）。

认识生物催化剂——酶

知识链接

Hans 和 Edward Buchner 兄弟的偶然发现和重大贡献

19 世纪，法国化学家和微生物学家路易斯·巴斯德（Louis Pasteur）认为没有生物则没有发酵，而德国化学家 Justus von Liebig 则认为发酵是由化学物质引起的。直到 1896 年，Hans 和 Edward Buchner 兄弟的偶然发现，此争议才得以解决。他们为制作不含细胞的酵母菌浸液供药用，用沙和酵母菌一起研磨，加压取得了榨汁后就存在如何防腐的问题。兄弟俩最初打算用动物来做实验，但不能用强烈的防腐剂，所以就采用家常食物保存中惯用的办法，加了许多蔗糖。随后就有了一个重大发现，即酵母菌榨汁可以使蔗糖发酵产生乙醇和二氧化碳。这一过程说明酵母菌榨汁中含有一种或多种催化剂，由此证明了发酵与细胞的活动无关。后来又发现了其他类似的生物催化剂，统称为酶，从而说明了发酵是酶作用的化学本质，为此 Hans 和 Edward Buchner 兄弟获得了 1907 年的诺贝尔化学奖。

一、酶的概念

酶(enzyme)是生物体内一类具有高效催化作用和特定空间构象的生物大分子，包括蛋白质和核酸等，又称为生物催化剂(biological catalyst)。生物体内一切化学反应，几乎都是在酶催化下进行的，酶是生物体内新陈代谢必不可少的物质，酶量与酶活性的异常改变都会引起代谢的紊乱乃至生命活动的停止。

在酶学中，酶催化的化学反应称为酶促反应，被酶催化的物质叫底物(substrate,S)。催化所产生的物质叫产物(product,P)。酶的催化能力称为酶活性，因某种因素使酶失去催化能力称为酶的失活。

二、酶的分类与命名

随着生物化学、分子生物学等生命科学的发展，生物体内的酶不断被发现。为了研究和使用的方便，需要对已知的酶加以分类，并给以科学名称。

(一)酶的分类

国际酶学委员会(IEC)按酶催化反应的类型将酶分成六大类。

1. **氧化还原酶类**(oxidoreductases)　催化底物进行氧化还原反应的酶，如乳酸脱氢酶、细胞色素氧化酶等。

$$A \cdot 2H + B \rightleftharpoons A + B \cdot 2H$$

2. **转移酶类**(transferases)　催化底物之间进行某些基团转移的酶，如氨基转移酶、甲基转移酶等。

$$AB + C \rightleftharpoons A + BC$$

3. **水解酶类**(hydrolases)　催化底物发生水解反应的酶，如蛋白酶、淀粉酶等。

$$AB + HOH \rightleftharpoons AOH + BH$$

4. **裂解酶类**(lyases)　也称为裂合酶类，催化一种化合物裂解成两种化合物或者催化两种化合物逆向合成一种化合物的酶，如醛缩酶、柠檬酸裂解酶等。

5. **异构酶类**(isomerases)　催化各种同分异构体之间相互转化的酶，如磷酸丙糖异构酶、消旋酶等。

$$A \rightleftharpoons B$$

6. **合成酶类**(synthefases)　也称为连接酶类(ligases)，催化两分子底物合成一分子产物，同时偶联有 ATP 消耗的酶，如谷氨酰胺合成酶、氨基酰 tRNA 合成酶等。

$$A + B + ATP \longrightarrow A \cdot B + ADP + H_3PO_4$$

（二）酶的命名

酶的命名包括习惯命名法和系统命名法两种方法。

1. 习惯命名法 按照以下方式进行命名：①一般采用“底物名称＋反应类型＋酶”来命名，如磷酸己糖异构酶、乳酸脱氢酶等；②对水解酶类，可略去反应类型，只要“底物名称＋酶”即可，如淀粉酶、蔗糖酶、胆碱酯酶等；③有时在底物名称前冠以酶的来源，如血清丙氨酸氨基转移酶、唾液淀粉酶等。习惯命名法比较简单，使用方便，但缺乏系统性，可导致某些酶的名称混乱，如肠激酶和肌激酶是作用方式截然不同的两种酶，而铜硫解酶和乙酰 CoA 转酰基酶则是同一种酶。

2. 系统命名法 国际酶学委员会于 1961 年提出系统命名法，并规定每种酶都有一个系统名称。其命名原则是以酶所催化的整体反应为基础，标明酶的底物及反应性质，底物名称之间以“：”隔开。根据酶的系统命名法，每种酶都有一个 4 位数字的分类编号，如葡萄糖激酶的系统名称是“ATP：葡萄糖磷酸转移酶”，分类编号为 EC. 2. 7. 1. 1。其中 EC 表示国际酶学委员会规定的命名，第一个数字“2”代表酶的大类（转移酶类），第二个数字“7”代表亚类（磷酸转移酶类），第三个数字“1”代表亚亚类（以羟基为受体的磷酸转移酶类），第四个数字“1”代表亚亚类中的排序（以 *D*-葡萄糖作为磷酸基的受体）。由于酶的系统名称一般都很长，使用不方便，故常采用习惯名称。

三、酶催化作用的特点

酶是生物催化剂，具有一般催化剂的共性：在化学反应前后没有质和量的改变；加速化学反应而不改变反应的平衡点；只能催化热力学允许的化学反应；降低反应活化能等。但是酶作为生物催化剂还具有一般催化剂所没有的特点。

（一）高度的不稳定性

酶的主要成分是蛋白质，极易受外界条件的影响，例如对高温、强酸、强碱、紫外线、有机溶剂等都非常敏感，容易变性而失去催化活性。因此酶所催化的反应往往都是在比较温和的常温、常压、接近中性的 pH 条件下进行的，在生产、保存酶制剂和临床测定酶活性时应避免这些因素的影响。

（二）高度的催化效率

酶具有极高的催化效率，酶促反应速度通常比非催化反应速度高 $10^5 \sim 10^{17}$ 倍，比一般催化反应速度高 $10^7 \sim 10^{13}$ 倍。例如，脲酶催化尿素水解的速度是 H^+ 催化作用的 7×10^{12} 倍，蔗糖酶催化蔗糖水解的速度是 H^+ 催化作用的 2.5×10^{12} 倍。可见，酶的催化效率是极高的，这是由于酶比一般催化剂更能有效地降低反应所需的活化能，初态底物只需较少能量便可转变为活化分子，从而使单位体积内活化分子数大大增加，化学反应加速进行。

（三）高度的专一性

酶的高度专一性（特异性）是指酶对所催化的反应和所作用的底物有严格的选择性，即一种酶仅作用于一种或一类化合物，或作用于一种化学键。根据酶对底物选择的严格程度不同，酶的特异性分为以下三类。

1. **绝对专一性**（absolute specificity）　有些酶只能作用于一种底物，进行专一的反应，这种专一性称为绝对专一性。例如，脲酶只能催化尿素水解生成 NH_3 和 CO_2，而不能催化尿素的衍生物（如甲基尿素）水解。

2. **相对专一性**（relative specificity）　有些酶作用于一类化合物或一种化学键，这种对底物不太严格的选择性称为相对专一性。例如，脂肪酶不仅水解脂肪，也可以水解简单的酯；蔗糖酶不仅水解蔗糖，也可以水解棉籽糖中相同的糖苷键。

3. **立体异构专一性**（stereo specificity）　有些酶仅作用于底物立体异构体中的一种，这种选择性称为立体异构专一性。例如，*L*-乳酸脱氢酶只能催化 *L*-乳酸脱氢，对 *D*-乳酸没有作用；延胡索酸酶只能作用于延胡索酸（反丁烯二酸），而对马来酸（顺丁烯二酸）无作用。

（四）酶活性的可调节性

酶促反应可受多种因素的调节，以适应机体对不断变化的内外环境的需要，确保代谢活动的协调性和统一性，维持生命活动的正常进行。如可通过酶合成或降解来对酶的含量进行调节，可通过酶构象改变或修饰来对酶的活性进行调节。

第二节　酶的分子组成与结构

一、酶的分子组成

除了核酶外，绝大多数酶都是蛋白质。和其他蛋白质一样，酶的生物活性取决于蛋白质空间构象的完整性。

（一）单纯酶和结合酶

酶的结构与功能

酶按其分子组成可分为单纯酶和结合酶两类。单纯酶（simple enzyme）是指仅由多肽链构成的酶，其催化活性仅取决于它的蛋白质结构，如胃蛋白酶、淀粉酶、核糖核酸酶、脲酶等水解酶。结合酶（conjugated enzyme）是指除了蛋白质部分外，还有一些非蛋白质成分的酶。其中蛋白质部分称为酶蛋白（apoenzyme），非蛋白质部分称为酶的辅助因子（cofactor），两者结合形成的复合物称为全酶（holoenzyme）。只有全酶才有催化活性，酶蛋白和辅助因子单独存在时均无催化活性。在酶促反应中，酶蛋白与辅助因子所起的作用不同，酶蛋白主要起识别底物的作用，反应的高效性、特异性以及高度不稳定性均取决于酶蛋白；而辅助因子决定了反应性质和类型，对电子、原子或某些化学基团（如氨基、羧基、酰基、一碳单位等）有传递作用。

辅助因子按其与酶蛋白结合的紧密程度不同，可分为辅酶和辅基两类。与酶蛋白结合疏松，可用透析或超滤等方法将其分离的称为辅酶（coenzyme）；与酶蛋白结合牢固，不易用透析和超滤等方法将其分离的称为辅基（prosthetic group）。

辅助因子有金属离子和小分子有机化合物两类。常见的金属离子有 K^+、Na^+、Mg^{2+}、Zn^{2+}、Cu^+（或 Cu^{2+}）、Fe^{2+}（或 Fe^{3+}）等，其主要作用有：①稳定酶蛋白的活性构象；②参与构成酶的活性中心；③连接酶和底物的桥梁；④中和阴离子。小分子有机化合物多数是B族维生素的活性形式（表 3-1）。

表 3-1　B 族维生素及其辅助因子形式

B族维生素	酶	辅助因子	辅助因子的作用
硫胺素（B_1）	α-酮酸脱羧酶	焦磷酸硫胺素（LTPP）	α-酮酸氧化脱羧、酮基转移作用
硫辛酸	α-酮酸脱氢酶系	二硫辛酸	α-酮酸氧化脱羧
泛酸	乙酰化酶等	辅酶 A（CoA）	转移酰基
核黄素（B_2）	氧化还原酶	黄素单核苷酸（FMN） 黄素腺嘌呤二核苷酸（FAD）	传递氢原子
烟酰胺（PP）	多种脱氢酶	烟酰腺嘌呤二核苷酸（NAD^+） 烟酰腺嘌呤二核苷酸磷酸（$NADP^+$）	传递氢原子
生物素（H）	羧化酶	生物素	传递 CO_2
叶酸	甲基转移酶	四氢叶酸（FH_4）	一碳基团转移
钴胺素（B_{12}）	甲基转移酶	5-甲基钴胺素、5-脱氧腺苷钴胺素	甲基转移
吡哆醛（B_6）	转氨酶	磷酸吡哆醛	转移氨基

体内酶的种类很多，而辅助因子的种类却较少。通常一种酶蛋白只能与一种辅助因子结合，成为一种特异性的酶；但一种辅助因子往往能与不同的酶蛋白结合构成多种不同特异性的酶。例如 *L*-乳酸脱氢酶的辅助因子是 NAD^+，而 NAD^+ 不仅是 *L*-乳酸脱氢酶的辅助因子，也是很多脱氢酶如 *L*-苹果酸脱氢酶的辅助因子。

（二）单体酶、寡聚酶、多酶体系和多功能酶

根据酶蛋白分子的结构和功能特点，可将酶分为以下几类。

1. **单体酶**（monomeric enzyme）　单体酶只有一条多肽链。这类酶很少，大多是催化水解反应的酶，如核糖核酸酶、胰蛋白酶、溶菌酶等。它们的相对分子质量较小，为 13000～35000。

2. **寡聚酶**(oligomeric enzyme) 这类酶由两个或两个以上相同或不相同的亚基组成，亚基之间以非共价键连接，彼此很容易分开。寡聚酶的相对分子质量从35000到几百万。己糖激酶、醛缩酶等属于这类酶。

3. **多酶体系**(multienzyme system) 由催化功能密切相关的几种酶通过非共价键相互嵌合而成，又称多酶复合体。所催化的反应依次连接，有利于一系列反应的连续进行。这类多酶复合体的相对分子质量很高，一般都在几百万以上。例如脂肪酸合成中的脂肪酸合酶复合体，是由6种酶和一个酰基载体蛋白构成的一种多酶体系。

4. **多功能酶**(multifunctional enzyme) 一条多肽链上含有两种或两种以上催化活性的酶，也称为串联酶。这种酶是基因融合的产物，含有多个活性中心，可以催化多种生化反应，有利于提高物质代谢速率和调节效率。如DNA聚合酶Ⅰ具有3种酶活性。

二、酶的结构

(一)酶的活性中心

酶主要是大分子蛋白质，其相对分子质量比底物分子大得多。酶与底物的结合范围通常只是酶分子的少数基团或较小区域。酶分子中与底物发生专一性结合，并可将底物催化为产物的特点空间结构区域称为酶的活性中心(active center)或活性部位(active site)。酶的活性中心在结构上具有以下特点。

(1)酶的活性中心仅占酶体积很小的一部分，通常只占整个酶分子体积的1%～2%。酶的活性中心可能仅由几个氨基酸残基组成。催化部位一般为2～3个氨基酸，结合部位氨基酸残基数目变化较大，可能是一个，也可能是多个。

(2)酶的活性中心具有三维结构，构成酶活性中心的基团，可位于同一条肽链上，也可位于不同的肽链上，在一级结构上可能相距甚远，但在空间结构上必须相互靠近。

(3)酶的活性中心位于酶分子表面的一个裂缝内，底物分子或底物分子的一部分结合到裂缝中，裂缝内的非极性基团较多，形成一个疏水环境，提高了与底物的结合能力，也有极性的氨基酸残基，以便与底物结合并催化底物发生反应。

(4)底物往往通过较弱的次级键与酶结合，这就需要活性中心的基团精确排列。

(5)对于结合酶来说，其辅酶或辅基往往参与酶活性中心的组成。

(二)酶的必需基团

酶的分子结构中存在许多基团，如—NH_2、—COOH、—SH、—OH等，但不是所有基团都与酶活性有关。与酶活性有关的基团称为酶的必需基团(essential group)。酶的活性中心内直接参与结合底物和催化反应的基团，称为活性中心内的必需基团；不直接与底物作用，但能维持酶分子构象，使活性中心各有关基团处于最适的空间位置，对酶的催化活性发挥间接作用的基团，称为活性中心外的必需基团(图3-1)。

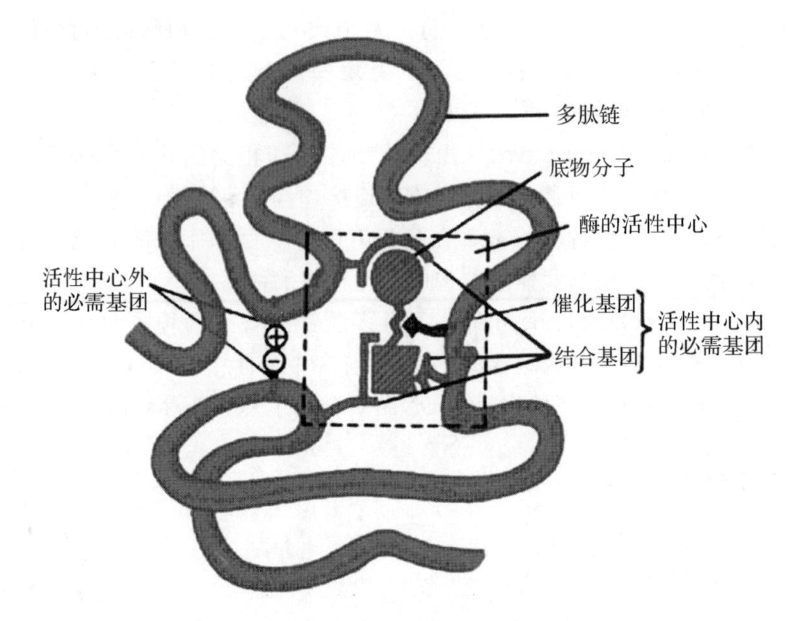

图 3-1 酶的活性中心及必需基团示意图

就功能而言，酶活性中心内的必需基团又可分为结合基团（binding group）和催化基团（catalytic group），分别构成酶的底物结合部位和催化部位。底物结合部位是与底物特异结合的部位，因此也叫特异性决定部位。催化部位直接参与催化反应，底物的敏感键在此部位被切断或形成新键，并生成产物。

底物结合部位和催化部位并不是各自独立存在的，而是相互关联的整体。酶的催化效率能否充分发挥，在很大程度上，取决于底物结合的位置是否合适，也就是说，底物结合部位的作用，不单单是固定底物，而且要使底物处于被催化的最佳位置。因此，酶的底物结合部位和催化部位之间的相对位置是很重要的。所以酶的活性中心与酶蛋白的空间构象的完整性之间，是辩证统一的关系。当外界物理化学因素破坏酶的结构时，就可能影响酶活性中心的特定结构而导致酶失活。

三、酶的结构与功能的关系

酶的分子结构是发挥其功能的物质基础，各种酶的生物学活性的专一性和高效性都是由其分子结构的特殊性决定的。酶的催化活性不仅与酶分子的一级结构有关，而且与其高级结构有关。

（一）酶的活性中心与酶作用的专一性

酶作用的专一性主要取决于酶活性中心的结构特异性。如胰蛋白酶催化碱性氨基酸（Lys 和 Arg）的羧基所形成的肽键水解，而胰凝乳蛋白酶则催化芳香族氨基酸（Phe、Tyr 和 Trp）的羧基所形成的肽键水解。X 射线衍射显示胰蛋白酶分子的活性中心丝氨酸残基附近有一凹隙，其中有带负电荷的天冬氨酸侧链（为结合基团），故易与底物蛋白质中带正电荷的碱性氨基酸侧链形成离子键而结合成中间产物；而胰凝乳蛋白酶凹陷中则有非极性氨基酸侧链,可供芳香族侧链或其他的非极性脂肪族侧链伸入,通过疏水作用而结合,故这两种蛋白酶有不同的底物专一性。

(二)酶的空间结构与催化活性

酶的活性不仅与一级结构有关,也与其空间结构紧密相关。在酶活性的表现上,有时空间结构比一级结构更为重要,因为活性中心需借助于一定的空间结构才得以维持。有时一级结构的轻微改变并不影响酶的活性,只要酶活性中心各基团的空间位置得以维持就能保持全酶的活性。如牛胰核糖核酸酶由 124 个氨基酸残基组成,其活性中心为 His^{12} 及 His^{119},当用枯草杆菌蛋白酶将其中的 Ala^{20}-Ser^{21} 的肽键水解后,得到 N 端 20 肽(1～20)和另一段 104 肽(21～124)两个片段,前者称 S 肽,后者称 S 蛋白。S 肽含有 His^{12},而 S 蛋白含有 His^{119},两者单独存在时均无活性,但在 pH7.0 介质中,使两者按 1∶1 重组时,两个肽段之间的肽键并未恢复,酶活性却能恢复。这是 S 肽通过氢键及疏水键与 S 蛋白结合,使 His^{12} 又与 His^{119} 互相靠近,恢复了表现酶活性的空间构象的缘故(图 3-2)。由此可见保持活性中心的空间结构是维持酶活性所必需的。

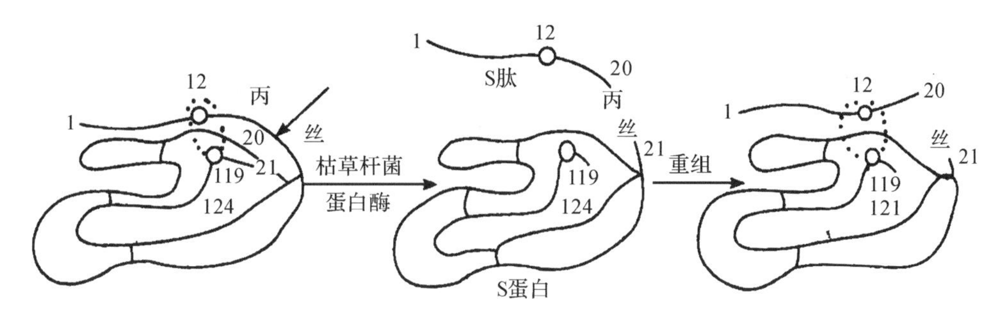

图 3-2　牛胰核糖核酸酶分子的切断与重组

第三节　酶的作用机制

一、酶能显著降低反应活化能

在任何化学反应中,反应物分子必须超过一定的能阈,成为活化的状态,才能发生变化并生成产物。这种促使分子由常态转变为活化状态所需的能量称为活化能(activation energy)。催化剂的作用是降低反应所需的活化能,以致相同的能量能使更多的分子活化,从而加速反应的进行。酶能显著地降低反应的活化能,所以表现出高度的催化效率(图 3-3)。例如 H_2O_2 的分解,在无催化剂时,活化能为 75 kJ/mol;用胶状钯作催化剂时,只需活化能 50 kJ/mol;当有过氧化氢酶催化时,活化能下降到 8 kJ/mol。

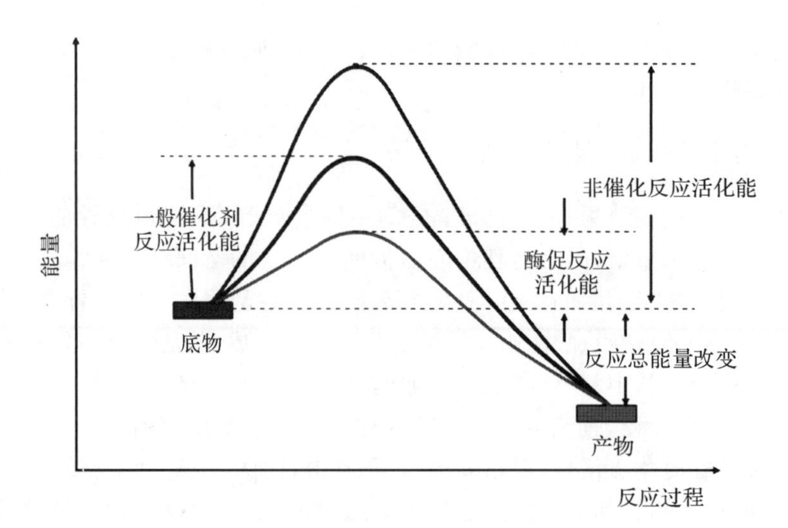

图 3-3　催化剂对活化能的影响

二、中间复合物学说

一般认为，在酶促反应中酶(E)总是先与底物(S)结合形成不稳定的酶-底物复合物(ES)，再分解成酶(E)和产物(P)，E又可与S结合，继续发挥其催化功能，所以少量酶可催化大量底物。E与S结合形成ES，致使S分子内的某些化学键发生极化而呈现不稳定的状态或称为过渡态(transition states)，大大降低了S的活化能，使反应加速进行。

$$E + S \rightleftharpoons ES \longrightarrow E + P$$

酶　底物　　中间复合物　　酶　产物

酶与底物结合形成中间产物目前存在两种学说。一种学说是锁钥学说，认为酶活性中心的构象与底物的结构正好互补，就像锁和钥匙一样是刚性匹配的，但是在酶促可逆反应中，酶不可能同时与底物和产物的结构都相配，故这种学说存在一定的局限性。另外一种学说是诱导契合学说，这是为了修正锁钥学说的不足而提出的一种理论，该学说认为，酶的活性中心与底物的结构不是刚性互补而是柔性互补，当酶与底物靠近时，底物能够诱导酶的构象发生变化，使其活性中心变得与底物的结构互补；底物在酶的诱导下也可发生变形，处于不稳定的过渡态，过渡态的底物与酶的活性中心结合，大幅度降低反应活化能，使酶促反应速度加快(图 3-4)。

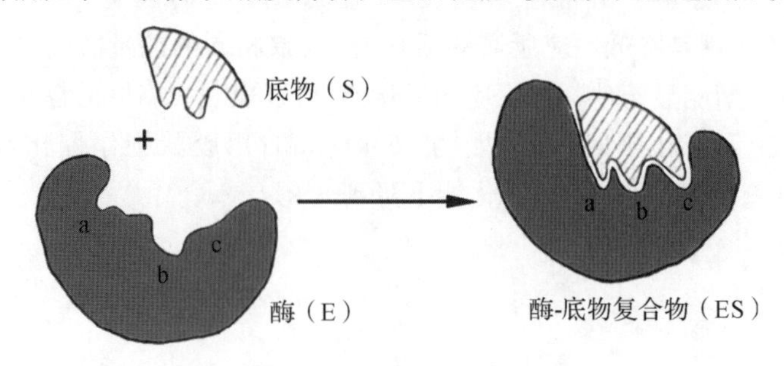

图 3-4　诱导契合学说示意图

三、酶作用高效率的机制

不同的酶可有不同的作用机制，许多酶促反应常常有多种机制，共同完成催化作用，这是酶具有高度催化效率的重要原因。

1. **趋近效应和定向效应**　任何化学反应，参加反应的分子都必须靠近在一起，才能发生反应。趋近效应(approximation)系指 A 和 B 两个底物分子结合在酶分子表面的某一狭小的局部区域，其反应基团互相靠近，从而降低了进入过渡态所需的活化能。趋近效应大大增加了底物的有效浓度，由于化学反应速度与反应物的浓度成正比，在这种局部的高浓度下，反应速度将会相应提高。

酶不仅能使底物结合到酶的活性中心，还可使底物处于有利于反应的定向位置，即具有定向效应(orientation)。因而反应物就可以用一种“正确的方式”互相碰撞而快速发生反应(图 3-5)。这种趋近效应和定向效应使一种分子间的反应变成了类似于分子内的反应，使反应得以高速进行。

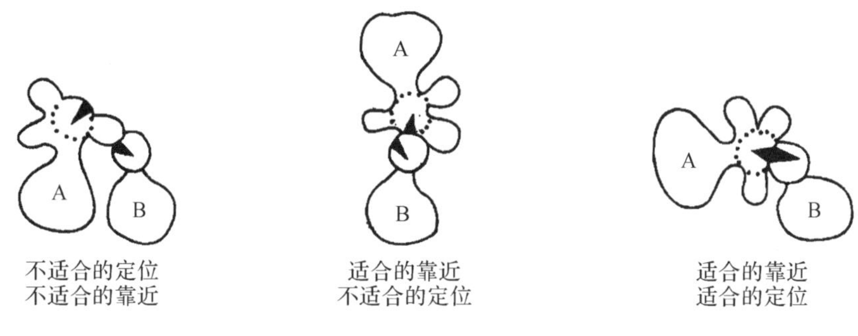

图 3-5　底物的趋近效应和定向效应示意图

2. **底物变形与张力作用**　酶与底物结合后使底物的某些敏感键发生“变形”(distortion)，从而使底物分子接近于过渡态，降低了反应的活化能。同时，由于底物的诱导，酶分子的构象也会发生变化，并对底物产生张力作用(strain)使底物扭曲，促进 ES 进入过渡态。

3. **酸碱催化作用**　酶分子是两性电解质，其活性中心的氨基、羧基、巯基、酚羟基和咪唑基等都可作为质子供体或受体对底物进行催化而加快反应速率，其中咪唑基的作用尤为重要。细胞中的多种有机反应如羰基的加水、羧酸酯及磷酸酯的水解、分子重排和脱水形成双键等反应都受酸碱催化作用(acid-base catalysis)的影响。由于酶分子中存在多种质子供体或质子受体，所以酶的酸碱催化效率比一般酸碱催化剂高得多。

4. **共价催化作用**　某些酶和底物以共价键结合形成一个高反应活性的共价中间产物，使反应的能阈降低从而加快反应速度，这种催化机制称为共价催化作用(covalent catalysis)。共价催化作用分为亲核催化作用和亲电子催化作用，其中前者比较常见。在亲核催化作用(nucleophilic catalysis)中，酶的活性中心通常都含有亲核基团，如 Ser 的羟基、Cys 的巯基和 His 的咪唑基等，这些基团都有剩余的电子对作为电子供体，和底物的亲电子基团以共价键结合而形成共价中间产物，从而快速完成反应。

第四节　酶促反应动力学

酶促反应动力学

酶促反应动力学主要研究酶促反应速度及其影响因素。影响酶促反应速度的因素主要有底物浓度、酶浓度、pH、温度、抑制剂和激活剂等。在研究某一因素对酶促反应速度的影响时，应该维持反应中其他因素不变，而只改变所要研究的因素。为了避免反应产物以及其他因素的影响，酶促反应速度是指酶促反应开始的初速度，即底物浓度被消耗 5%以内的反应速度。

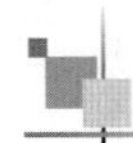

案例分析

为了把有油渍、汗渍的衣服洗干净，很多人都会选择加酶洗衣粉，因为它的洗涤效果比普通的洗衣粉好得多。

1. 加酶洗衣粉中通常加的是什么酶？为什么？
2. 为了提高加酶洗衣粉的效果，冬季使用时常将水温调整到 25～35 ℃，这是为什么？
3. 加酶洗衣粉要加多种酶才能提高洗涤效果，这体现了酶催化作用的什么特点？

一、底物浓度的影响

若在酶浓度、pH、温度等条件固定不变的情况下研究底物浓度和反应速率的关系，两者呈矩形双曲线(图 3-6)。酶促反应速率和底物浓度之间的这种关系，可利用中间产物学说加以说明，即酶作用时，酶(E)先与底物(S)结合成酶-底物中间复合物(ES)，然后再分解为产物(P)并游离出酶。

$$E+S \rightleftharpoons ES \longrightarrow E+P$$

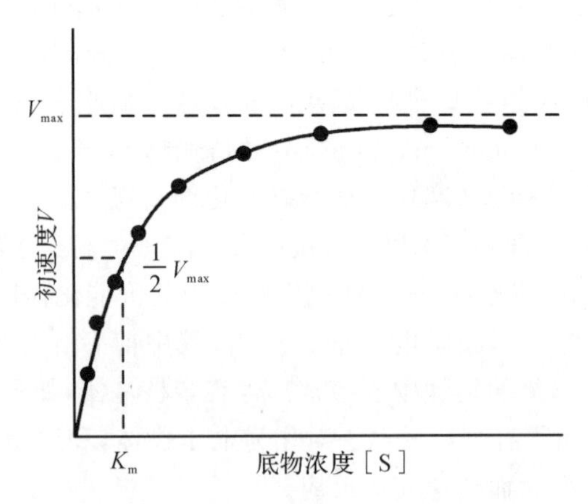

图 3-6　底物浓度对酶促反应初速度的影响

在底物浓度低时，每一瞬时，只有一部分酶与底物形成 ES，此时若增加底物浓度，则有更多的 ES 生成，因而反应速率亦随之增加。但当底物浓度很大时，每一瞬时，反应体系中的酶分子都已与底物结合生成 ES，此时底物浓度虽再增加，但已无游离的酶与之结合，故无更多的 ES 生成，因此反应速率几乎不变。

图 3-6 的曲线可分为三段：

（1）当底物浓度很低时，酶未被底物饱和，反应速度与底物浓度成正比关系，表现为一级反应。

（2）当底物浓度加大后，酶逐渐被底物饱和，反应速度的增加和底物的浓度不再成正比，反应速度增加的幅度不断下降，为混合级反应。

（3）继续增加底物浓度至极大值，所有酶分子均被底物饱和，此时的反应速度不会进一步加快，反应速度也达极限值，即最大反应速度，用 V_{max} 表示，为零级反应。

（一）米氏方程

Michaelis 和 Menten 于 1913 年根据中间复合物学说推导出了能够表示整个酶促反应中底物浓度和反应速率的公式，即著名的米氏方程（Michaclis 应速率的公式酶分子）。

$$V=\frac{V_{max}[S]}{K_m+[S]}$$

式中，V 为酶促反应速度，V_{max} 为最大反应速度，[S]为底物浓度，K_m 为米氏常数。

（二）米氏常数

1. 米氏常数的概念　当酶促反应处于 $V=1/2\ V_{max}$ 时，则米氏方程可变换为：

$$V_{max}/2=\frac{V_{max}\cdot[S]}{K_m+[S]}$$

计算可得 $K_m=[S]$。由此可见，K_m 值等于酶促反应速度为最大速度一半时的底物浓度，单位与浓度单位一样，用 mol/L 或 $mmol/L$ 表示。

2. 米氏常数的意义

（1）K_m 是酶的特征性常数之一，只与酶的结构、催化的底物、pH 及温度等有关，与酶的浓度无关。

（2）K_m 值可反映酶与底物亲和力的大小。K_m 值越小，表示酶与底物的亲和力越大，反之越小。

（3）K_m 值可反映酶的最适底物。如果一种酶可以作用于几种底物，那么酶催化的每一种底物都有一个特定的 K_m 值，其中 K_m 值最小的底物即为该酶的最适底物。

（4）酶不仅与底物结合，也可与激活剂或抑制剂结合而影响 K_m 值。K_m 值的测定可协助判断酶的激活剂或抑制剂的存在与否以及抑制作用的类型。

3. 米氏常数的求法　从酶的 V-[S]图上可以得到 V_{max}，再从 $1/2V_{max}$ 可求得相应的[S]，即为 K_m 值。但实际上用这个方法来求 K_m 值是行不通的，因为即使用很大的底物浓度，也只能得到邻近于 V_{max} 的反应速度，而达不到真正的 V_{max}，所以测不到准确的 K_m 值。常用以下两种方法求出 K_m 值。

(1)双倒数作图法:将米氏方程两边取倒数:

$$\frac{1}{V}=\frac{K_m+[S]}{V_{max}\cdot[S]}\text{即}\frac{1}{V}=\frac{K_m}{V_{max}}\left(\frac{1}{[S]}\right)+\frac{1}{V_{max}}$$

该方程也称为 Lineweaver Burk 方程。根据这一线性方程,用 $1/v$ 对 $1/[S]$作图即得到一条直线(图 3-7),直线的斜率为 K_m/V_{max},$1/V=0$ 时,$1/[S]$的截距为 $-1/K_m$。

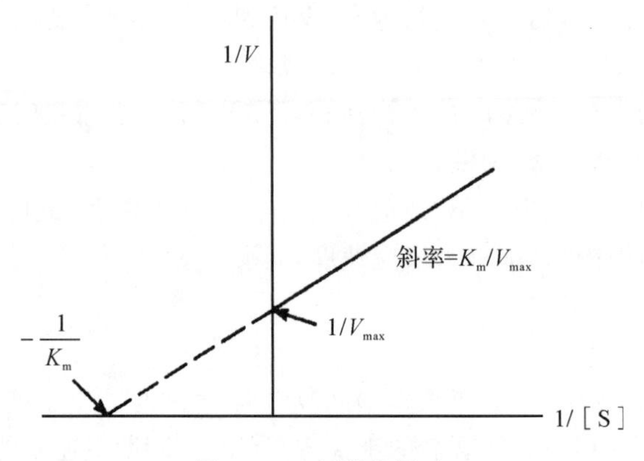

图 3-7　双倒数作图法

(2)Hanes 作图法:将米氏方程双倒数后,等号两侧再乘以[S]得:

$$[S]/V=1/V_{max}[S]+K_m/V_{max}$$

以$[S]/V$ 对[S]作图,直线的斜率为 $1/V_{max}$,$[S]/V$ 轴上的截距为 K_m/V_{max},而[S]轴上的截距为 $-K_m$(图 3-8)。

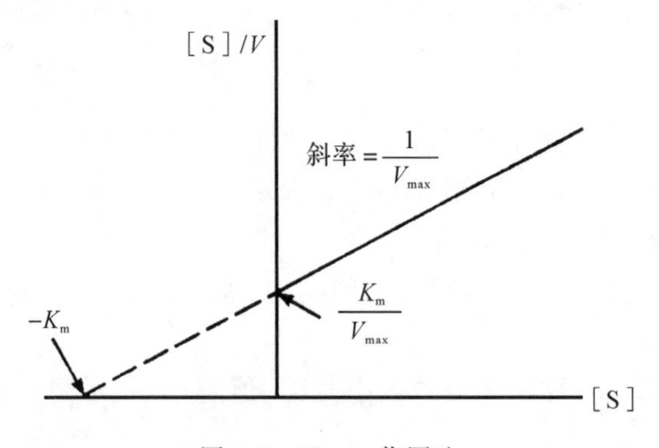

图 3-8　Hanes 作图法

二、酶浓度的影响

在酶促反应体系中,在底物浓度足以使酶饱和的情况下,酶促反应的速度与酶浓度成正比(图 3-9)。但当酶的浓度增加到一定程度,以致底物浓度已不足以使酶饱和时,再继续增加酶的浓度,反应速度也不再成正比地增加。

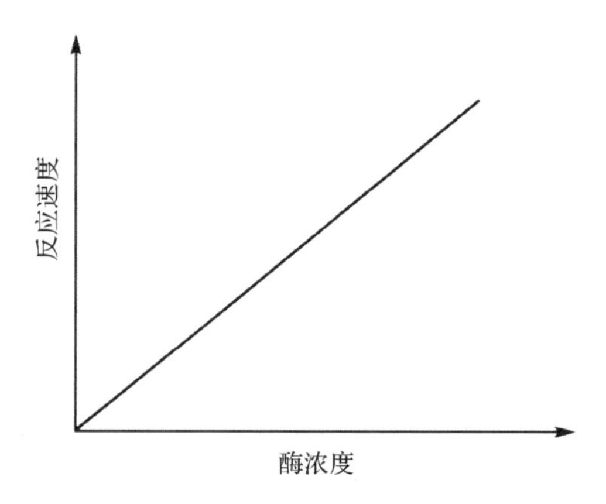

图 3-9　酶浓度对酶促反应初速度的影响

三、温度的影响

温度对酶促反应速度有双重影响。在温度较低时，随着温度的升高，反应速度加快，一般来说，温度每升高 10 ℃，反应速度大约增加一倍；但当温度超过一定数值后，酶受热变性的因素占优势，反应速度反而随温度上升而减缓，形成倒 V 形曲线（图 3-10）。此曲线顶点所代表的温度，反应速度最大，称为酶的最适温度（optimum temperature）。

酶的最适温度不是酶的特征性常数，它与底物浓度、介质 pH、离子强度、保温时间等许多因素有关。人体内多数酶的最适温度一般在 35～40 ℃，当温度升高到 60 ℃以上时，大多数酶开始变性，80 ℃以上，多数酶的变性不可逆。低温一般不破坏酶的空间结构，温度回升后，酶又恢复活性，故菌种和酶制剂都采用低温保存。

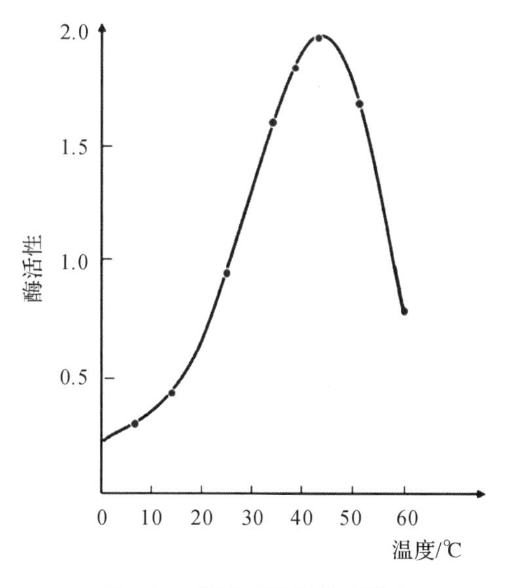

图 3-10　温度对酶活性的影响

四、pH 的影响

酶促反应体系的 pH 对酶的催化作用影响很大。一方面 pH 影响酶和底物的解离状态，从而影响酶与底物的亲和力；另一方面 pH 影响酶活性中心的空间构象，从而影响酶的活性。

在某一 pH 时，酶、底物和辅酶的解离状态最适宜于它们相互结合，并发挥最佳的催化作用，使酶促反应速度达最大值，这时的 pH 称为酶的最适 pH。体系的 pH 偏离酶的最适 pH 越远，酶的活性越小，过酸或过碱可使酶变性失活(图 3-11)。

酶的最适 pH 不是酶的特征常数，它受底物浓度、缓冲液的种类和浓度以及酶的纯度等因素的影响。不同酶的最适 pH 不同，人体内多数酶的最适 pH 接近中性，但胃蛋白酶最适 pH 约为 1.8，肝精氨酸酶的最适 pH 约为 9.8。因此，酶促反应宜选用最适 pH 的缓冲液，以保持酶的最佳活性。

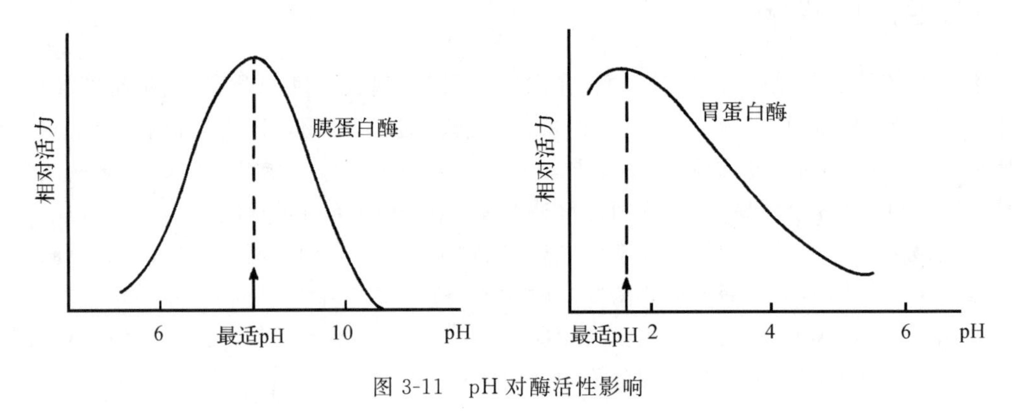

图 3-11　pH 对酶活性影响

五、激活剂的影响

使酶由无活性变为有活性，或使酶活性增加的物质称为酶的激活剂。激活剂大多为金属离子，如 Mg^{2+}、K^{+}、Mn^{2+} 等；少数为阴离子，如 Cl^{-}、Br^{-} 等；也有部分是小分子有机化合物，如胆汁酸盐等。激活剂通过与酶、底物或酶-底物复合物结合参加反应，但不转化为产物。

按其对酶促反应速度影响的程度，激活剂分为必需激活剂和非必需激活剂两类。大多数金属离子激活剂对酶促反应是不可缺少的，这类激活剂称为必需激活剂，如 Mg^{2+} 是己糖激酶的必需激活剂。有些激活剂不存在时，酶仍有一定的催化活性，但催化效率较低，这类激活剂称为非必需激活剂，如 Cl^{-} 是唾液淀粉酶的非必需激活剂。

六、抑制剂的影响

酶的抑制作用

凡能使酶活性下降而不引起酶蛋白变性的物质，统称为酶的抑制剂(inhibitor)。抑制剂可与酶的必需基团结合，从而抑制酶的催化活性，当去除抑制剂后，酶仍可表现其原有活性。抑制剂通常对酶有一定的选择性，一种抑制剂只能引起某一类或某几类酶的抑制。抑制作用不同于失活作用，凡使酶变性失活的因素如强酸、强碱等，其作用对酶没有选择性，称为钝化作用，不同于酶的抑制剂。

很多药物是酶的抑制剂，通过对病原体内某些酶的抑制或改变体内某些酶的活性而发挥其治疗功效，了解酶的抑制作用是阐明药物作用机制和设计研究新药的重要途径。

（一）可逆抑制

抑制剂与酶以非共价键结合而引起酶活性的降低或丧失，可用透析、超滤等简单物理方法除去抑制剂来恢复酶的活性，称为可逆抑制作用。根据抑制剂在酶分子上结合位置的不同，又分为竞争性抑制、非竞争性抑制和反竞争性抑制。

1. **竞争性抑制**(competitive inhibition)　抑制剂(I)与底物(S)的化学结构相似，在酶促反应中，抑制剂与底物相互竞争酶的活性中心，当抑制剂与酶结合形成复合物(EI)后，酶则不能再与底物结合，从而抑制了酶的活性，这种抑制称为竞争性抑制作用(图 3-12A、B)。

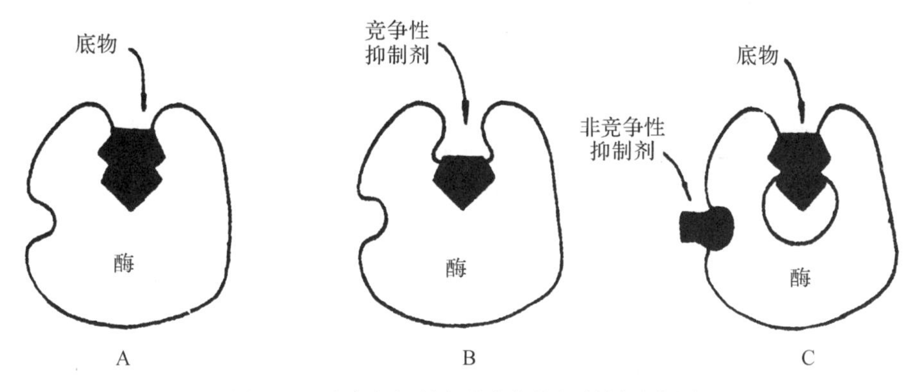

图 3-12　竞争性抑制与非竞争性抑制剂示意图

竞争性抑制作用的特点有：①抑制剂与底物的结构相似，相互竞争与酶活性中心的结合；②抑制强度与抑制剂和底物的浓度有关，当[I]≫[S]时，抑制作用强；当[S]≫[I]时，S 可以把 I 从酶的活性中心置换出来，从而使酶抑制作用被解除，表现为抑制作用弱。竞争性抑制的例子很多，例如丙二酸与琥珀酸的结构相似，是琥珀酸脱氢酶的竞争性抑制剂。

$$\underset{\text{琥珀酸}}{\begin{array}{c}COOH\\|\\CH_2\\|\\CH_2\\|\\COOH\end{array}} \xrightarrow[\text{琥珀酸脱氢酶}]{-2H} \underset{\text{延胡索酸（反丁烯二酸）}}{\begin{array}{c}HOOC\\|\\CH\\\|\\CH\\|\\COOH\end{array}}$$

$$\text{抑制}\uparrow \quad \underset{\text{丙二酸}}{\begin{array}{c}COOH\\|\\CH_2\\|\\COOH\end{array}}$$

有些药物属于酶的竞争性抑制剂，磺胺药物及磺胺增效剂是典型的例子。对磺胺敏感的细菌在生长和繁殖时不能利用环境中的叶酸，只能利用对氨基苯甲酸合成二氢叶酸，二氢叶酸可再还原为四氢叶酸，后者是合成核酸所必需的。磺胺类药物与对氨基苯甲酸结构类似，竞争性占据细菌体内二氢叶酸合成酶，从而抑制细菌生长所必需的二氢叶酸的合成，使细菌核酸的合成受阻，从而抑制了细菌的生长和繁殖。抗菌增效剂甲氧苄啶（TMP）可增强磺胺药的药效，因为它的结构与二氢叶酸有类似之处，是细菌二氢叶酸还原酶的强烈抑制剂。它与磺胺药配合使用，可使细菌的四氢叶酸合成受到双重阻碍，严重影响细菌的核酸及蛋白质合成。

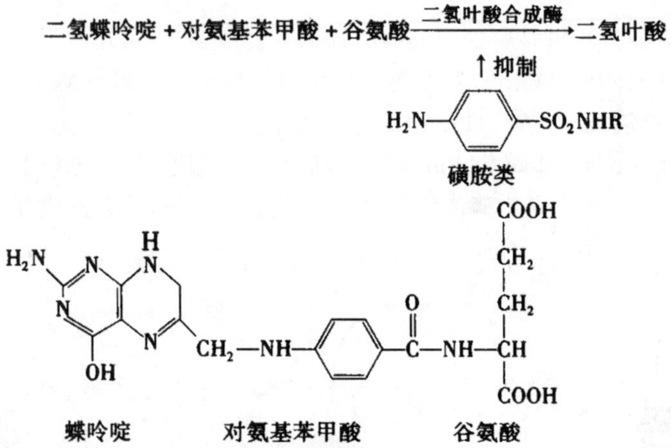

二氢蝶呤啶 + 对氨基苯甲酸 + 谷氨酸 $\xrightarrow{\text{二氢叶酸合成酶}}$ 二氢叶酸

↑ 抑制

H_2N—⟨苯环⟩—SO_2NHR

磺胺类

蝶呤啶　对氨基苯甲酸　谷氨酸

二氢叶酸分子结构

人体能从食物中直接利用叶酸，故其代谢不受磺胺影响。根据竞争性抑制的特点，首次服用磺胺类药物时必须达到足够高的血药浓度，以产生较大的竞争性抑制作用，再继续使用维持量。此外，竞争性抑制原理是药物设计的根据之一，如抗癌药阿糖胞苷、5-氟尿嘧啶、6-巯基嘌呤等都是依据竞争性抑制原理设计出来的。

2. **非竞争性抑制**（noncompetitive inhibition）　抑制剂与底物结构并不相似，也不与底物抢占酶的活性中心，而是通过与活性中心以外的必需基团结合来抑制酶的活性，称为非竞争性抑制（图 3-12A、C）。

非竞争性抑制反应如下：

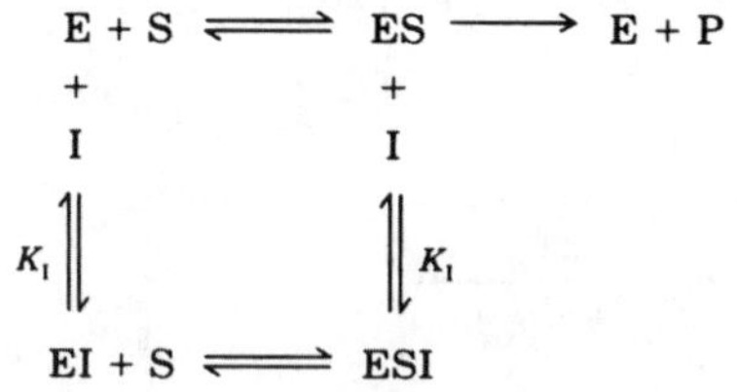

$$
\begin{array}{ccccc}
E + S & \rightleftharpoons & ES & \longrightarrow & E + P \\
+ & & + & & \\
I & & I & & \\
K_I \upharpoonleft\downharpoonright & & \upharpoonleft\downharpoonright K_I & & \\
EI + S & \rightleftharpoons & ESI & &
\end{array}
$$

E 既能与 S 生成 ES 复合物，又能与 I 生成 EI 复合物。ES 或 EI 又均能生成 ESI 复合物，ESI 不能释放出产物。故增加[S]不能减少抑制程度。例如，EDTA 结合某些酶活性中心外的巯基（—SH），氰化物（—CN）结合细胞色素氧化酶的辅基铁卟啉，均属于非竞争性抑制。

3. **反竞争性抑制**（uncompetitive inhibition）　此类抑制剂仅与酶-底物复合物（ES）结合，使酶失去催化活性。抑制剂与 ES 结合后，减弱了 ES 解离成产物（P）的趋势，更加有利于底物和酶的结合，这与竞争性抑制正好相反，故称反竞争性抑制。反竞争性抑制较为少见，多发生于双底物反应中，偶见于酶促水解反应中，如 *L*-苯丙氨酸对肠道碱性磷酸酶的抑制就属于此种类型。

(二)不可逆抑制

抑制剂与酶的必需基团以共价键结合而引起酶活性丧失或降低，不能用透析、超滤等物理方法除去抑制剂而恢复酶活力。抑制作用随着抑制剂浓度的增加而逐渐增加，当抑制剂的量大到足以和所有的酶结合，则酶的活性完全被抑制。

1. 非专一性不可逆抑制　抑制剂与酶分子中一类或几类基团作用，不论是否必需基团，皆进行共价结合，由于酶的必需基团也被抑制剂结合，故可使酶失活。

某些重金属离子(Pb^{2+}、Cu^{2+}、Hg^{2+})、有机砷化合物及对氯汞苯甲酸等能与酶分子的巯基进行不可逆结合，许多以巯基为必需基团的酶(称为巯基酶)会因此而被抑制，可用二巯基丙醇(BAL)或二巯基丁二酸钠等含巯基的化合物使酶复活。

$$\text{酶}(SH)_2 + Pb^{2+}(Hg^{2+}\text{或}Cu^{2+}) \longrightarrow \text{酶}{<}^{S}_{S}{>}Pb\ (\text{或}Hg^{2+}、Cu^{2+}) + 2H^+$$

$$\text{酶}{<}^{S}_{S}{>}Pb + \text{NaOOC—CH(SH)—CH(SH)—COONa} \longrightarrow \text{酶}(SH)_2 + \text{NaOOC—CH(S—)—CH(S—)—COONa}\ (\text{S,S—Pb})$$

二巯基丁二酸钠

2. 专一性不可逆抑制剂　抑制剂专一作用于酶的活性中心或其必需基团，进行共价结合，从而抑制酶的活性。有机磷杀虫剂专一作用于胆碱酯酶活性中心的丝氨酸残基，使其磷酰化而产生不可逆抑制作用，有机磷杀虫剂的结构与底物愈近似，其抑制愈快，有人称其为假底物。当胆碱酯酶被有机磷杀虫剂抑制后，乙酰胆碱不能及时分解，导致乙酰胆碱过多而产生一系列胆碱能神经过度兴奋症状。碘解磷定等药物可与有机磷杀虫剂结合，使酶与有机磷杀虫剂分离而复活。

$$(R_1O)(R_2O)P(=O)X + HO—E \longrightarrow (R_1O)(R_2O)P(=O)OE + HX$$

有机磷杀虫剂　胆碱酯酶　磷酰化胆碱酯酶

$$(R_1O)(R_2O)P(=O)OE + \text{(N-甲基吡啶-2-基)}—CH=NOH \longrightarrow \text{(N-甲基吡啶-2-基)}—CH=N—O—P(=O)(OR_1)(OR_2) + E—OH$$

磷酰化胆碱酯酶　解磷定(PAM)　磷酰化 PAM　胆碱酯酶

有些专一性不可逆抑制剂在与酶作用时，通过酶的催化作用，其中某一基团被活化，使抑制剂与酶发生共价结合从而抑制酶活性，如同酶的自杀，此类抑制剂称为自杀底物。例如新斯的明抑制胆碱酯酶时，先被胆碱酯酶水解，所产生的二甲氨基甲酰基可结合到酶活性中心的丝氨酸羟基而抑制酶活性，故有扩瞳作用。

$(CH_3)_2N^+$—C_6H_4—O—C(=O)—$N(CH_3)_2$ + E—OH ⟶

新斯的明　　　胆碱酯酶

E—O—C(=O)—$N(CH_3)_2$ + $(CH_3)_2$—N^+—C_6H_4—OH

二甲氨基甲酰胆碱酯酶

七、酶的活力测定与纯度分析

（一）酶的活力测定

酶在细胞内含量很少，直接测定其绝对量很难，一般是测定酶的活力。在一定条件下，酶活力与酶浓度成正比，所以酶的活力可代表酶的含量。酶活力测定的基本原理是：在一定条件下测定酶反应体系中单位时间内底物的消耗量或产物的生成量来反映酶的活性。

酶活力的高低用酶活力单位（U）来表示。所谓酶活力单位是指酶在最适条件下，单位时间内底物的减少量或产物的生成量。酶活力单位有习惯单位和国际单位两种表示方法。酶活力习惯单位是根据每种实验方法做出具体规定的。同一种酶，用不同方法测定，单位的标准也不相同。一般在单位前加上规定这一单位者的姓氏，如淀粉酶有温氏单位和苏木杰单位，它们之间是不同的，不能进行比较。

1961 年国际生物化学学会酶学委员会建议采用“国际单位”（International Unit，IU）来表示。IU 定义为“在 25 ℃，以最适底物浓度、最适缓冲液的离子强度以及最适 pH 等条件下，每分钟催化消耗 1 微摩尔（μmol）底物的酶量为一个酶活力单位，亦即国际单位”。1972 酶学委员会又推荐一个新的酶活力单位，即催量（Kat），1 Kat 单位定义为“在最适条件下，每秒钟可使 1 摩尔（mol/L）底物转化的酶量”。二者的换算关系为：$1\ \text{Kat}=6\times10^{7}\ \text{IU}$；$1\ \text{IU}=16.67\times10^{-9}\ \text{kat}$。

（二）酶的纯度分析

对于酶制剂产品来说，不仅在于得到一定量的酶，而且要求得到不含其他杂蛋白的酶制品，即既要产率，又要纯度。酶的纯度用比活力表示：

比活力＝酶活力单位数/毫克蛋白

此外，在酶制品的生产及分离纯化工作中往往还要计算纯化倍数和产率（即回收率）。

纯化倍数＝每次比活力/第一次比活力

回收率（产率）＝（每次总活力/第一次总活力）×100％

一个酶的纯化过程，常常需要经过多个步骤，往往步骤越多，则纯度越高、产率越低。确定一个纯化方案，须在纯度与产率间权衡考虑，并考虑产品的使用目的(纯度要求)。

案例分析

天冬酰胺酶纯化过程见表3-2。

表3-2　从 *E. coli* 中分离纯化天冬酰胺酶

纯化步骤	总蛋白	总活力/IU	比活力/(IU/mg)	回收率/%	纯化倍数
匀浆液	1.4×10^6	2.8×10^6	2	100	1
等电点沉淀	4×10^4	1.4×10^6	35	50	17.5
DEAE色谱	8×10^3	1×10^6	125	36	62.5
CM柱色谱	5×10^3	9×10^5	180	32	90

通过四个主要步骤，总蛋白逐渐减少，总活力也减少，但相比起来杂蛋白去除较多，因此纯度提高，比活力由2.0上升到180，纯化倍数为90倍。但在酶纯化时也损失不少，原来总活力为2.8×10^6，最后为9×10^5，回收率为32%。

如何计算分离纯化过程中的纯化倍数和回收率？

第五节　酶的调节与多样性

一、酶原及酶原激活

体内大多数酶合成后即有生物活性，但有些酶在细胞内初合成或初分泌时没有活性，这种无活性的酶的前体称为酶原(zymogen)，使酶原转变为有活性的酶的过程称为酶原激活(zymogen activation)。酶原激活的机制一般是通过某些蛋白酶的作用，水解一个或几个特定的肽键，使蛋白质分子构象发生变化，其实质是活性中心形成或者暴露，从而形成有活性的酶。

如胰蛋白酶原在激活过程中，其分子中赖氨酸-异亮氨酸之间的肽键被切断，失去一个六肽，断裂后的N端肽链的其余部分解脱张力的束缚，使它能像一个放松的弹簧一样卷起来，这样就使酶蛋白的构象发生变化，并由于把与催化作用有关的组氨酸$_{46}$、天冬氨酸$_{90}$带至丝氨酸$_{183}$附近，形成一个合适的排列而产生了活性中心。激活胰蛋白酶原的蛋白酶是肠激酶，而胰蛋白酶一旦生成后，也可自身激活(图3-13)。

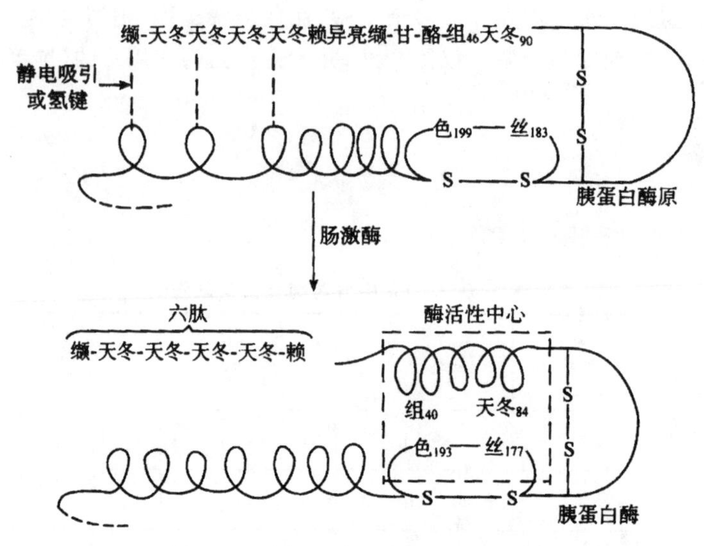

图 3-13 胰蛋白酶原激活过程示意图

除消化道的蛋白酶外，血液中有关凝血和纤维蛋白溶解的酶类，也都以酶原的形式存在。酶原激活的生理意义在于避免细胞产生的蛋白酶对细胞进行自身消化，并使酶在特定的部位和环境中发挥作用，保证体内代谢的正常进行。例如出血性胰腺炎的发生就是胰蛋白酶原在未进入小肠前就被激活而消化自身的胰腺细胞，导致胰腺破裂出血所致。

案例分析

某医院急诊室接收了一位重症患者。患者主诉暴食暴饮后，突发肚子痛，疼痛难忍，疼痛影响到左腰背部，继而出现呕吐，将胃的食物全部吐出。体检发现腹软，中上腹压痛，无反跳痛。

1. 该患者可能患什么疾病？
2. 产生急性胰腺炎的机制是什么？
3. 简述酶原存在的意义。
4. 简述酶原激活的过程及实质。

二、同工酶

同工酶(isozyme)是指能催化相同化学反应，但酶分子的组成、结构、理化性质乃至免疫学性质不同的一组酶。同工酶可以存在于同一种属或同一个体的不同组织或同一细胞的不同亚细胞结构中。同工酶属于寡聚酶，由两个或两个以上亚基组成。其分子结构的不同之处主要是所含的亚基组合情况不同，在非活性中心部分组成不同，但他们与酶活性有关的结构部分均相同。它是由不同基因编码或虽然基因相同，但基因转录产物 mRNA 或其翻译产物经不同的加工而产生的。

目前已知的同工酶有数百种，其中研究最多的是哺乳动物中的乳酸脱氢酶(lactate

dehydrogenase,LDH)。该酶相对分子质量约 140 000,是由 M 型亚基(骨骼肌型)和 H 型亚基(心肌型)组成的四聚体。两种亚基以不同比例组合成 $LDH_1(H_4)$、$LDH_2(H_3M)$、$LDH_3(H_2M_2)$、$LDH_4(HM_3)$、$LDH_5(M_4)$5 种同工酶,在电泳中显示 5 个区带。

同工酶虽然催化相同的化学反应,但在不同的组织中,其催化特性可不相同。例如 LDH_1～LDH_5 均可催化乳酸和丙酮酸之间的氧化还原反应,但实际上各酶对乳酸和丙酮酸的亲和力不同。心肌组织富含 LDH_1,对乳酸的亲和力特别强,促使乳酸氧化成丙酮酸,丙酮酸进一步氧化分解供应心肌能量,所以心肌中乳酸很少。骨骼肌中富含 LDH_5,对丙酮酸的亲和力强,促使丙酮还原成乳酸,所以剧烈运动后会感到肌肉酸痛(图 3-14)。

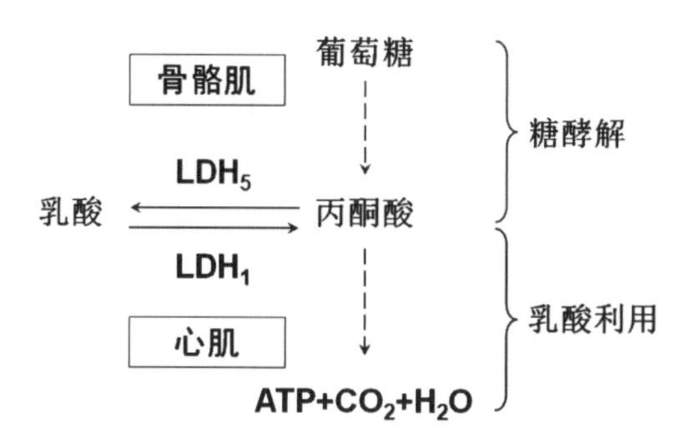

图 3-14 乳酸脱氢酶同工酶在骨骼肌和心肌中的作用

各种 LDH 同工酶在不同组织器官中的比例是不同的(表 3-3),其中 LDH_1 在心肌含量最高,而 LDH_5 在肝中含量最高。临床上可通过分析患者血清中 LDH 同工酶的电泳图谱来辅助诊断某些器官组织是否发生病变,如心肌梗死时患者血清 LDH_1 含量明显上升,而肝病患者血清 LDH_5 含量高于正常。

表 3-3 人体主要组织器官中 LDH 同工酶的分布

组织器官	同工酶百分比/%				
	LDH_1	LDH_2	LDH_3	LDH_4	LDH_5
心肌	67	29	4	<1	<1
肾	52	28	16	4	<1
肝	2	4	11	27	56
骨骼肌	4	7	21	27	41
血清	27	38	22	9	4

三、诱导酶

在生物体内有一类酶是天然存在的,含量也较稳定,受外界的影响很小,这类酶称为结构酶(structural enzyme)。诱导酶(induced enzyme)是相对结构酶而言的,是指当细胞中加入特定诱导物质而诱导产生的酶。它的含量在诱导物存在下显著增高,而在没有诱导物时,诱导酶一般不产生或含量很少，这种诱导物往往是该酶的底物类似物或底物本身。诱导酶在微生物中较为多见，例如大肠杆菌的 β 导半乳糖苷酶的生物合成需要有乳糖存在，乳糖即为 β 为半乳糖苷酶的诱导物。

许多药物能加强体内药物代谢酶的合成，因而能加速其本身或其他药物的代谢转化。研究药物代谢酶的诱导生成对于阐明许多药物的耐药性是重要的。如长期服用苯巴比妥催眠药的人，会因药物代谢酶的诱导生成而使苯巴比妥逐渐失效。

四、调节酶

调节酶(regulatory enzyme)是指对代谢途径的反应速度起调节作用的酶。通常位于一个或多个代谢途径内的关键部位，酶分子一般具有明显的活性部位和调节部位，可与调节剂结合而改变活性。调节酶一般可分为变构酶(allosteric enzyme)和共价修饰酶(covalent modification enzyme)。

(一)变构酶

变构酶又名别构酶，均为寡聚酶，含有两个或多个亚基。其分子中包括两个中心：一个是与底物结合、催化底物反应的活性中心；另一个是与调节物结合、调节反应速度的别构中心。调节物与酶分子中的别构中心结合可引起酶分子的构象发生改变，使酶活性中心对底物的结合与催化作用受到影响，从而调节酶促反应速度，这种效应称为酶的变构效应(allosteric effect)。因变构效应导致酶的激活称为变构激活效应，反之就称为变构抑制效应，对应的调节物分别称为变构激活剂和变构抑制剂。

各代谢途径中的关键酶大多是变构酶，对代谢调控起着重要作用。而代谢途径中酶作用的底物、终产物或某些中间产物以及 ATP、ADP、AMP 等一些小分子化合物，常可作为变构效应剂。例如磷酸果糖激酶-1 就是一种变构酶，催化 6-磷酸果糖生成 1,6-二磷酸果糖，在该酶促反应中，ATP 和柠檬酸是变构抑制剂，可防止产物过剩，而 ADP 和 AMP 是变构激活剂，促进 ATP 生产。

(二)共价修饰酶

共价修饰酶是一类可由其他酶对其结构进行可逆共价修饰，使其处于活性和非活性的互变状态，从而调节活性的酶。共价修饰酶一般都存在无活性(低活性)和有活性(高活性)两种形式，它们之间互变的正、逆向反应常由不同的酶催化。

常见的共价修饰类型有 6 种：磷酸化/去磷酸化、乙酰化/去乙酰化、甲基化/去甲基化、尿苷酰化/去尿苷酰化、腺苷酰化/去腺苷酰化和氧化型巯基(—S—S—)/还原型巯基(—SH)。其中磷酸化/去磷酸化是最常见的共价修饰类型，如糖原磷酸化酶即为典型的共价修饰酶。

五、核酶和抗体酶

(一)核酶

核酶(ribozyme)又称催化 RNA、核糖酶、酶性 RNA，是具有生物催化功能的 RNA 分子。核酶的底物是 RNA 分子,可催化 RNA 的切割和剪接。利用核酶剪接作用的高度专一性来治疗相应疾病具有良好的应用前景,目前核酶已广泛用于抗肝炎、抗人类免疫缺陷病毒Ⅰ型(HIV-Ⅰ)、抗肿瘤的研究。例如,针对艾滋病病毒(HIV)的 RNA 序列和结构,设计出专门裂解 HIV 病毒 RNA 的核酶,而这种核酶对正常细胞 RNA 没有影响。核酶是催化剂,可以反复作用,因此与反义 RNA 相比,核酶药物使用剂量较少,毒性也较小,而且核酶对病毒作用的靶向序列是专一的,因此病毒较难产生耐受性。

(二)抗体酶

抗体酶(abzyme)是既有抗体特性又具有催化功能的蛋白质,故又称为催化抗体。制备方法是根据酶与底物作用的过渡态结构设计并合成一些类似物作为半抗原,结合蛋白质成为结合抗原后免疫动物,以杂交瘤细胞技术生产针对人工合成半抗原的单克隆抗体。这些抗体除能使所催化的反应加速外,还具有酶的其他基本特性,如对底物的专一性、动力学行为符合米氏方程、催化活性依赖于 pH 及温度、可被抑制剂抑制等。

近年来,除用上述制备抗体酶的方法外,还陆续发展了其他新的方法。抗体酶催化反应的类型也更加广泛,除了催化水解反应外,还能催化酰基转移、酰胺键、碳碳键的形成以及氧化还原等反应。

抗体酶的成功制备有力地证明了过渡态理论的正确,加深了人们对酶作用原理的理解,进一步丰富了酶学的内容。创造出的新酶类也在临床医学及制药工业等方面有极好的应用前景。

第六节 酶在医药方面的应用

一、酶在疾病诊断上的应用

(一)许多疾病与酶的异常相关

1. **酶的先天性缺陷常引发先天性疾病** 现已发现多种先天性代谢缺陷,多由酶的先天性或遗传性缺损所致。例如,酪氨酸酶缺乏引起白化病;苯丙氨酸羟化酶缺乏使苯丙氨酸和苯丙酮酸在体内堆积,高浓度的苯丙氨酸可抑制 5-羟色胺的生成,导致精神幼稚化;肝细胞中葡萄糖-6-磷酸酶缺陷,可引起Ⅰa 型糖原贮积症。

2. **一些疾病可引起酶活性或量的异常** 许多疾病引起酶的异常,这种异常又使病情加重。例如,急性胰腺炎时,胰蛋白酶原在胰腺中被激活,造成胰腺组织被水解破坏。许多炎症都可以导致弹性蛋白酶从浸润的白细胞或巨噬细胞中释放,对组织产生破坏作用。激素代谢障碍或维生素缺乏可引起某些酶的异常,例如,维生素 K 缺乏时,凝血因子Ⅱ、Ⅶ、Ⅸ、Ⅹ的前体不能在肝内进一步羧化生成成熟的凝血因子,病人表现出因这些凝血因子质的异常所导致的临床病症。酶活性受到抑制多见于中毒性疾病,例如,有机磷农药中毒、重金属盐中毒以及氰化物中毒等都会抑制相关酶的活性。

(二)体液中酶的活性作为疾病的诊断指标

组织器官损伤可使其组织特异性的酶释放入血,有助于对组织器官疾病的诊断。如急性肝炎时血清谷丙转氨酶活性升高;急性胰腺炎时血、尿淀粉酶活性升高;前列腺癌患者血清酸性磷酸酶含量增高等。因此,临床上进行体液酶活性检查,可作为疾病诊断、病情监测、疗效观察、预后及预防的重要指标。表 3-4 为临床上常用于诊断疾病的部分血清酶。

表 3-4　临床上常用于诊断疾病的血清酶

酶	临床应用	酶的来源
丙氨酸氨基转移酶	肝病	肝、骨骼肌、心脏
天冬氨酸氨基转移酶	心肌梗死,肝、肌肉疾病	肝、骨骼肌、心脏
淀粉酶	胰腺疾病	胰腺、唾液腺
碱性磷酸酶	骨骼、肝、胆疾病	肝、骨、肠、肾
酸性磷酸酶	前列腺癌、骨病	前列腺、红细胞
乳酸脱氢酶	心肌梗死、溶血	心肌、肝、骨骼肌
γ-谷氨酰转肽酶	肝病、乙醇中毒	肝、肾
胰蛋白酶	胰腺疾病	胰腺

(三)酶法分析在临床生化检验中的应用

酶法分析是利用酶的作用特点,以酶作为分析工具或分析试剂的主要成分进行反应体系中底物、辅酶、抑制剂或激活剂等成分含量测定的方法。随着蛋白质纯化技术的发展和自动生化分析仪的普遍应用,许多临床生化检验项目都利用工具酶建立了酶学分析方法。例如可用己糖激酶法、葡萄糖氧化酶法或葡萄糖脱氢酶法来测定体液中葡萄糖含量,有助于对糖尿病患者的诊断。

二、酶在疾病治疗上的应用

(一)酶类药物

1. **消化酶类**　酶作为药物最早用于助消化,治疗消化功能失调,消化液分泌不足或其他原因引起所致的消化系统疾病,如胃蛋白酶、胰蛋白酶、纤维素酶、淀粉酶等。

2. **抗栓酶类**　链激酶、尿激酶及弹性蛋白酶等既有明显的降低血液黏度及血小板聚集、溶栓扩张血管、增加病灶血液供应、改善微循环的作用,又能促进胆固醇转变成胆酸,加速胆汁排泄,防止胆固醇在血管壁上沉积,对动脉硬化及血栓形成有预防及治疗作用。

3. **抗炎清创酶类**　在清洁化脓伤口的洗涤液中,加入胰蛋白酶、溶菌酶、纤溶酶、木瓜蛋白酶、菠萝蛋白酶等可加强伤口的净化、抗炎和防止浆膜粘连等。

4. **抗肿瘤酶类**　如天冬酰胺酶、谷氨酰胺酶及神经氨酸苷酶，它们的作用机制主要是干扰蛋白质的合成，从而抑制肿瘤细胞的生长。

5. **抗氧化酶类**　体内氧自由基产生过多或抗氧化体系出现障碍，会导致细胞损伤，引起心脏病、癌症和衰老等严重疾病。能清除氧自由基的酶有超氧化物歧化酶、过氧化氢酶等。

6. **其他药用酶类**　如透明质酸酶可用作药物扩散剂和治疗青光眼；胰激肽原酶可作为血管舒张药；青霉素酶能够分解青霉素分子中的β-内酰胺环，消除青霉素引发的过敏反应。

（二）通过抑制酶的活性治疗疾病

许多药物可通过抑制体内某些酶的活性来达到治疗疾病的目的。凡能抑制细菌重要代谢途径中的酶活性，即可达到抑菌或杀菌的目的，如磺胺类药物是细菌二氢叶酸合成酶的竞争性抑制剂而影响细菌核酸合成，氯霉素可抑制某些细菌肽酰转移酶活性来抑制其蛋白质合成。5-氟尿嘧啶、6-巯基嘌呤、氨甲蝶呤等是核酸代谢途径中相关酶的竞争性抑制剂，能阻断肿瘤细胞的核酸合成，抑制肿瘤生长。又如他汀类药物通过竞争性抑制 HMG-CoA 还原酶的活性，减少胆固醇合成；抗抑郁药通过抑制单胺氧化酶而减少儿茶酚胺的灭活，治疗抑郁症。

在线测试

思考题

1. 酶作为生物催化剂有哪些特点？
2. 辅基和辅酶有何不同？在酶催化反应中起什么作用？
3. 影响酶促反应速度的因素有哪些？用图表示并说明它们各有什么影响。
4. 何谓酶的竞争性和非竞争性抑制作用？
5. 举例说明不可逆抑制剂和可逆抑制剂。
6. 磺胺类药物抗菌作用的机制是什么？

本章小结

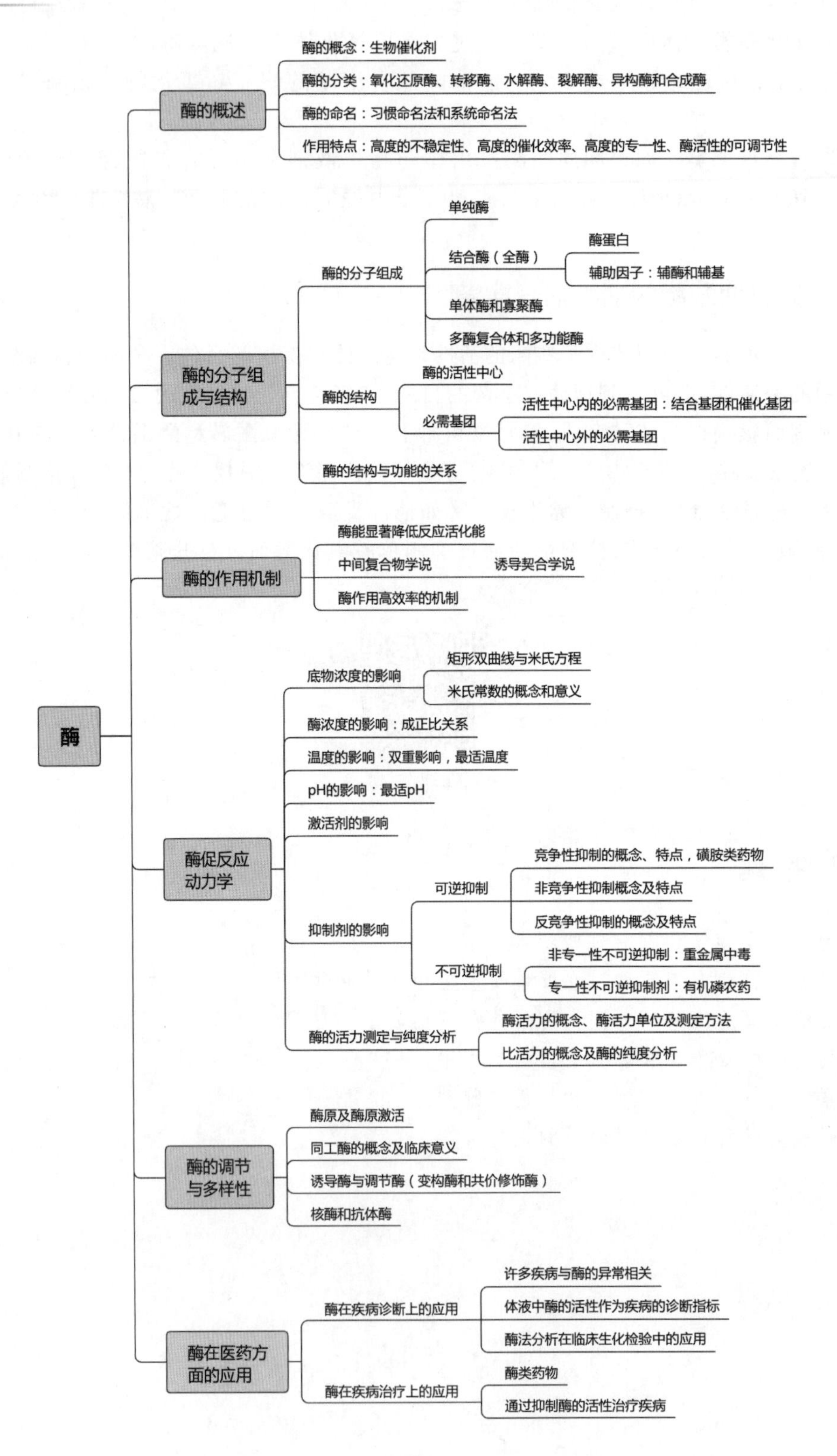
酶
酶的概述
酶的概念：生物催化剂
酶的分类：氧化还原酶、转移酶、水解酶、裂解酶、异构酶和合成酶
酶的命名：习惯命名法和系统命名法
作用特点：高度的不稳定性、高度的催化效率、高度的专一性、酶活性的可调节性
酶的分子组成与结构
酶的分子组成
单纯酶
结合酶（全酶）
酶蛋白
辅助因子：辅酶和辅基
单体酶和寡聚酶
多酶复合体和多功能酶
酶的结构
酶的活性中心
必需基团
活性中心内的必需基团：结合基团和催化基团
活性中心外的必需基团
酶的结构与功能的关系
酶的作用机制
酶能显著降低反应活化能
中间复合物学说
诱导契合学说
酶作用高效率的机制
酶促反应动力学
底物浓度的影响
矩形双曲线与米氏方程
米氏常数的概念和意义
酶浓度的影响：成正比关系
温度的影响：双重影响，最适温度
pH的影响：最适pH
激活剂的影响
抑制剂的影响
可逆抑制
竞争性抑制的概念、特点，磺胺类药物
非竞争性抑制概念及特点
反竞争性抑制的概念及特点
不可逆抑制
非专一性不可逆抑制：重金属中毒
专一性不可逆抑制剂：有机磷农药
酶的活力测定与纯度分析
酶活力的概念、酶活力单位及测定方法
比活力的概念及酶的纯度分析
酶的调节与多样性
酶原及酶原激活
同工酶的概念及临床意义
诱导酶与调节酶（变构酶和共价修饰酶）
核酶和抗体酶
酶在医药方面的应用
酶在疾病诊断上的应用
许多疾病与酶的异常相关
体液中酶的活性作为疾病的诊断指标
酶法分析在临床生化检验中的应用
酶在疾病治疗上的应用
酶类药物
通过抑制酶的活性治疗疾病

实验项目四　淀粉酶的提取及活力测定

【实验目的】

1. 学会从小麦种子中提取淀粉酶的方法。
2. 掌握测定淀粉酶(包括 α-淀粉酶和 β-淀粉酶)活力的原理和方法。

【实验原理】

淀粉是植物最主要的贮藏多糖,也是人和动物的重要食物和发酵工业的基本原料。淀粉经淀粉酶作用后生成葡萄糖、麦芽糖等小分子物质而被机体利用。淀粉酶主要包括 α-淀粉酶和 β-淀粉酶两种。α-淀粉酶可随机地作用于淀粉中的 α-1,4-糖苷键,生成葡萄糖、麦芽糖、麦芽三糖、糊精等还原糖,同时使淀粉的黏度降低,因此又称液化酶。β-淀粉酶可从淀粉的非还原性末端进行水解,每次水解一分子麦芽糖,又被称为糖化酶。淀粉酶催化产生的这些还原糖能使 3,5-二硝基水杨酸还原,生成棕红色的 3-氨基-5-硝基水杨酸,淀粉酶活力越高,这种棕红色越深,其反应如下:

COOH, OH, O_2N, NO_2 ＋还原糖 $\xrightarrow[\text{碱性}]{\text{加热}}$ COOH, OH, O_2N, NH_2 ＋糖酸

淀粉酶活力的大小与产生的还原糖的量成正比。用标准浓度的麦芽糖溶液制作标准曲线,用比色法测定淀粉酶作用于淀粉后生成的还原糖的量,以单位重量样品在一定时间内生成的麦芽糖的量表示酶活力。

淀粉酶存在于几乎所有植物中,特别是萌发 3～4 d 的小麦种子,淀粉酶活力最强,其中主要是 α-淀粉酶和 β-淀粉酶。两种淀粉酶特性不同,α-淀粉酶不耐酸,在 pH3.6 以下迅速钝化。β-淀粉酶不耐热,在 70 ℃下 15 min 钝化。根据它们的这种特性,在测定酶活力时钝化其中之一,就可测出另一种淀粉酶的活力。本实验采用加热的方法钝化 β-淀粉酶,测出 α-淀粉酶的活力。在非钝化条件下测定淀粉酶总活力(α-淀粉酶活力＋β-淀粉酶活力),再减去 α-淀粉酶的活力,就可求出 β-淀粉酶的活力。

【试剂与器材】

1. 试剂

(1)标准麦芽糖溶液(1 mg/ml):精确称取 100 mg 麦芽糖,用蒸馏水溶解并定容至 100 ml。

(2)3,5-二硝基水杨酸试剂:精确称取 3,5-二硝基水杨酸 1 g,溶于 20 ml 2 mol/L 的 NaOH 溶液中,加入 50 ml 蒸馏水,再加入 30 g 酒石酸钾钠,待溶解后用蒸馏水定容至 100 ml。盖紧瓶塞,勿使 CO_2 进入。若溶液混浊可过滤后使用。

(3)0.1 mol/L 柠檬酸缓冲液(pH5.6):

A 液(0.1 mol/L 柠檬酸):称取 $C_6H_8O_7 \cdot H_2O$ 21.01 g,用蒸馏水溶解并定容至 1 L。

B 液(0.1 mol/柠檬酸钠):称取 $Na_3C_6H_5O_7 \cdot 2H_2O$ 29.41 g,用蒸馏水溶解并定容至 1 L。

取 A 液 55 ml 与 B 液 145 ml 混匀,即为 0.1 mol/L 的柠檬酸缓冲液(pH5.6)。

(4)1%淀粉溶液:称取 1 g 淀粉溶于 100 ml 0.1 mol/L 的柠檬酸缓冲液(pH5.6)中。

(5)材料:萌发的小麦种子(芽长 1~1.5 cm)。

2.器材 离心机、离心管、研钵、电炉、容量瓶(50 ml×1、100 ml×1)、恒温水浴锅、20 ml 具塞刻度试管×13;试管架、刻度吸管(2 ml×3、1 ml×2、10 ml×1)、紫外-可见分光光度计等。

【实验方法及步骤】

1.淀粉酶液的制备 称取 1 g 25 ℃下萌发 3 d 的小麦种子(芽长约 1~1.5 cm),置于研钵中,加入少量石英砂和 2 ml 蒸馏水,研磨成匀浆后,将匀浆转入离心管中,用 6 ml 蒸馏水分次将残渣洗入离心管。提取液在室温下放置提取 15~20 min,每隔 2 分钟搅动 1 次,使其充分提取。然后在 3000 r/min 转速下离心 10 min,将上清液倒入 50 ml 容量瓶中,加蒸馏水定容至刻度,摇匀,即为淀粉酶原液,用于 α-淀粉酶活力的测定。吸取上述淀粉酶原液10 ml,放入 50 ml容量瓶中,用蒸馏水定容至刻度,摇匀,即为淀粉酶稀释液,用于淀粉酶总活力的测定。

取干燥种子或浸泡 2.5 h 后的小麦种子 1 g,进行淀粉酶的提取,提取方法同上。

2.麦芽糖标准曲线制作 取 7 支干净的具塞刻度试管,编号,按表 3-5 加入试剂。

表 3-5 麦芽糖标准曲线制作

试 剂	管 号						
	1	2	3	4	5	6	7
麦芽糖标准液/ml	0	0.2	0.4	0.8	1.2.	1.6	2.0
蒸馏水/ml	2.0	1.8	1.6	1.2	0.8	0.4	0
3,5-二硝基水杨酸/ml	2	2	2	2	2	2	2
麦芽糖含量/mg	0	0.2	0.4	0.8	1.2	1.6	2.0

摇匀,置沸水浴中煮沸 5 min。取出后流水冷却,加蒸馏水定容至 20 ml。以 1 号管作为空白调零点,在 540 nm 波长下测定吸光度值。以麦芽糖含量为横坐标,吸光度值为纵坐标,绘制标准曲线。

3.酶活力的测定 取 6 支干净的试管,编号,按表 3-6 进行操作。

表 3-6 酶活力的测定

操作项目	α-淀粉酶活力测定			淀粉酶总活力测定		
	Ⅰ-1	Ⅰ-2	Ⅰ-3	Ⅱ-4	Ⅱ-5	Ⅱ-6
淀粉酶原液/ml	1.0	1.0	1.0	0	0	0
钝化 β-淀粉酶	置 70 ℃水浴 15 min,冷却					

续表

操作项目	α-淀粉酶活力测定			淀粉酶总活力测定		
	Ⅰ-1	Ⅰ-2	Ⅰ-3	Ⅱ-4	Ⅱ-5	Ⅱ-6
淀粉酶稀释液/ml	0	0	0	1.0	1.0	1.0
3,5-二硝基水杨酸/ml	2.0	0	0	2.0	0	0
预保温	将各试管和1%淀粉溶液置于40 ℃恒温水浴中保温10 min					
1%淀粉溶液/ml	1.0	1.0	1.0	1.0	1.0	1.0
保温	在40 ℃恒温水浴中准确保温5 min					
3,5-二硝基水杨酸/ml	0	2.0	2.0	0	2.0	2.0

将各试管摇匀，后续操作同标准曲线，显色后在540 nm波长处测定吸光度值，记录测定结果。

4.结果计算　用Ⅰ-2、Ⅰ-3吸光度平均值与Ⅰ-1吸光度值之差，代入标准曲线方程计算出相应的麦芽糖含量(mg)，再按下式计算α-淀粉酶的活力(A_α)：

$$A_\alpha = C_\alpha \cdot V_t/(W \cdot T \cdot V_1)$$

用Ⅱ-2、Ⅱ-3吸光度平均值与Ⅱ-1吸光度值之差，代入标准曲线方程计算出相应的麦芽糖含量(mg)，按下式计算(α+β)-淀粉酶总活力A_T：

$$A_T = C_T \cdot V_t/(W \cdot T \cdot V_1)$$

式中，A为淀粉酶活力，以每克样品中的酶在单位时间内水解1%淀粉产生的麦芽糖的量为1个活力单位，用mg/(g・min)表示，其中，A_α为α-淀粉酶的活力，A_T为淀粉酶总活力，即α、β淀粉酶活力之和；C_α为α-淀粉酶水解淀粉生成的麦芽糖量；C_T为(α+β)-淀粉酶共同水解淀粉生成的麦芽糖量；V_t为淀粉酶液总体积(α-淀粉酶为50 ml，α+β淀粉酶为250 ml)；V_1为显色所用酶液体积(ml)；T为酶作用时间(min)；W为样品鲜重(g)。

【注意事项】

1.样品提取液的定容体积和酶液稀释倍数可根据不同材料酶活性的大小而定。

2.为了确保酶促反应时间准确，在进行保温这一步骤时，可以将各试管每隔一定时间依次放入恒温水浴，准确记录时间，到达5 min时取出试管，立即加入3,5-二硝基水杨酸以终止酶反应，以便尽量减小因各试管保温时间不同而引起的误差。同时恒温水浴温度变化应不超过±0.5 ℃。

3.如果条件允许，各实验小组可采用不同材料，例如萌发1 d、2 d、3 d、4 d的小麦种子，比较测定结果，以了解萌发过程中这两种淀粉酶活性的变化。

【思考题】

1.为什么要将Ⅰ-1、Ⅰ-2、Ⅰ-3号试管中的淀粉酶原液置70 ℃水浴中保温15 min?

2.为什么要将各试管中的淀粉酶原液和1%淀粉溶液分别置于40 ℃水浴中保温?

实验项目五　影响酶促反应速率的因素

【实验目的】

1. 掌握 pH、温度、抑制剂对酶活力的影响。
2. 了解影响酶活力的其他因素。

【实验原理】

酶作为生物催化剂，与一般催化剂一样呈现温度效应。酶促反应开始时，反应速度随温度升高增快，达到最大反应速度时的温度称为此酶的最适温度。由于绝大多数酶是有活性的蛋白质，当达到最适温度后，继续升高温度，引起蛋白质变性，酶促反应速度反而逐步下降，以致完全停止。酶的最适温度不是一个常数，它与作用时间长短有关。测定酶活性均在酶促反应最适温度下进行。大多数动物来源的酶最适温度为 37～40 ℃，植物来源的酶最适温度为 50～60 ℃。

酶的催化活性与环境 pH 有密切关系，通常各种酶只在一定 pH 范围内才具有活性。酶活性最高时的 pH，称为酶的最适 pH。高于或低于此 pH 时酶的活性逐渐降低。酶的最适 pH 不是一个特征物理常数，对于同一个酶，其最适 pH 因缓冲液和底物的性质不同而有差异。

在酶促反应过程中，酶的抑制剂可以降低酶的活性使酶促反应速度降低。抑制剂对酶的抑制作用可分为可逆抑制和不可逆抑制，可逆抑制根据抑制剂和底物的关系分为三种类型：竞争性抑制、非竞争性抑制和反竞争性抑制。

在本实验中，胰蛋白酶的最适温度为 37 ℃，最适 pH 为 8.1，胰蛋白酶的抑制剂为苯甲脒，其抑制方式为竞争性抑制。

【试剂与器材】

1. 试剂

(1)5%三氯醋酸溶液。

(2)1 mmol/L 苯甲脒溶液：称取 19.25 g 苯甲脒，用少量水溶解，定容至 100 ml。

(3)1%酪蛋白溶液：取 1 g 酪蛋白，加 0.1 mol/L 氢氧化钠溶液 10 ml、水 40 ml，置60 ℃水浴加热至溶解，放置室温后，加水稀释成 100 ml，并调 pH 至 8.0。

(4)0.1mol/L 硼酸缓冲液：

A 液[0.1 mol/L 硼酸(H_3BO_3)]：称取 6.18 g H_3BO_3 溶于 1000 ml 水中。

B 液[0.025 mol/L 硼砂($Na_2B_4O_7 \cdot 10H_2O$)]：称取 9.54 g 硼砂($Na_2B_4O_7 \cdot 10H_2O$)溶于 1000 ml 水中。

pH 7.4 硼酸缓冲液：90 ml A 液+10 ml B 液。

pH 8.0 硼酸缓冲液：70 ml A 液+30 ml B 液。

pH 9.0 硼酸缓冲液：20 ml A 液+80 ml B 液。

(5)胰蛋白酶溶液(50～200 μg/ml):用0.1 mol/L硼酸缓冲液(pH 8.0)配制,可用粗提的猪胰蛋白酶,用量根据实际测的比活值而定。

2.器材　试管、吸量管、量筒、恒温水浴锅、白瓷板、胶头滴管。

【实验方法及步骤】

1.温度对酶活力的影响　取3支试管,按表3-7操作。

表3-7　试剂添加(一)

操作项目	管号		
	1	2	3
胰蛋白酶溶液/ml	0.2	0.2	0.2
蒸馏水/ml	0.8	0.8	0.8
预处理温度(5 min)/℃	0	37	70
1%酪蛋白酶溶液/ml	1.0	1.0	1.0
混匀后,置各相应温度保温10 min,加入3.0 ml 5%三氯醋酸溶液终止反应			
A_{253}			

空白管:先在试管中加入1.0 ml 1%酪蛋白溶液和3.0 ml 5%三氯醋酸溶液,摇匀后,再加入0.2 ml酶液、0.8 ml蒸馏水,在37 ℃保温10 min。

将样品管和空白管分别离心,取上清液于280 nm处测定各管的吸光度值,并比较之。

2.pH对酶活力的影响　取3支试管,按表3-8操作。

表3-8　试剂添加(二)

操作项目	管号		
	1	2	3
胰蛋白酶溶液/ml	0.2	0.2	0.2
pH 7.4硼酸缓冲液/ml	0.8	0	0
pH 8.0硼酸缓冲液/ml	0	0.8	0
pH 9.0硼酸缓冲液/ml	0	0	0.8
混匀,37 ℃水浴中保温2 min			
1%酪蛋白溶液/ml	1.0	1.0	1.0
迅速混匀,37 ℃水浴中继续保温10 min,加入3.0 ml 5%三氯醋酸溶液终止反应			
A_{253}			

空白管:先在试管中加入1.0 ml 1%酪蛋白溶液和3.0 ml 5%三氯醋酸溶液,摇匀后,再加入0.2 ml酶液、0.8 ml蒸馏水,在37 ℃保温10 min。

将样品管和空白管分别离心,取上清液于280 nm处测定各管的吸光度值,并比较之。

3. **抑制剂对酶活力的影响** 取3支试管，按表3-9操作。

表3-9 试剂添加(三)

操作项目	管号	
	1	2
1%酪蛋白溶液/ml	1.0	1.0
1 mmol/L 苯甲脒溶液/ml	0	0.1
蒸馏水/ml	0.8	0.7
混匀，37 ℃水浴中保温 2 min		
胰蛋白酶溶液/ml	0.2	0.2
迅速混匀，37 ℃水浴中继续保温 10 min，加入 3.0 ml 5%三氯醋酸溶液终止反应		
A_{253}		

空白管：先在试管中加入1.0 ml 1%酪蛋白溶液和3.0 ml 5%三氯醋酸溶液，摇匀后，再加入0.2 ml 酶液、0.8 ml 蒸馏水，在37 ℃保温10 min。

将样品管和空白管分别离心，取上清液于280 nm处测定各管的吸光度值，并比较之。

【注意事项】

1. 由于胰蛋白酶活力不同，因此实验1、2、3应随时检查反应进行情况。如反应进行太快、应适当稀释酶液；反之，则应减少酶溶液的稀释倍数。

2. 注意不要在检查反应程度时使各管溶液混杂。

【思考题】

1. 何谓酶的最适温度和最适pH?

2. 说明温度、pH和抑制剂对酶反应速度的影响。

第四章　维生素

学习目标

知识目标

1. 掌握：维生素的概念、活性形式、生化功能及相应缺乏症。
2. 熟悉：维生素的分类和命名，维生素类药物。
3. 了解：各种维生素的来源、化学本质、性质及导致其缺乏的原因。

能力目标

1. 能正确理解维生素的生化功能及其与辅酶之间的关系。
2. 能运用所学知识，预防和判断维生素的缺乏或中毒，并分析其原因。

维生素

第一节　维生素概述

一、维生素的概念与特点

维生素是维持机体生理功能所必需的一类小分子有机化合物。若食物中长期缺乏维生素，就会导致相应的维生素缺乏病。维生素种类很多，结构、来源不同，功能各异，具有下列特点：①在体内既不是构成组织的原料，也不是供应能量的物质，但却是动物生长与健康所必需的物质；②人体对维生素的需要量很少，每日需要量一般在毫克(mg)或微克(μg)水平，但由于它们在体内不能合成或合成量不足，且维生素本身也在不断地进行代谢，所以必须由食物供给；③许多维生素是构成辅酶(或辅基)的基本成分，有的参与特殊蛋白质的合成，或是激素的前体，在体内物质代谢过程中发挥着重要作用。不过，若维生素使用不当或长期过量服用，也可出现中毒症状。

二、维生素的命名与分类

1. 维生素的命名　维生素是由 vitamin 一词翻译而来，其名称一般是按发现的先后，以

“维生素”之后加上 A、B、C、D 等英文字母来命名。对同一族的几种维生素，便在英文字母右下方注以 1、2、3 等数字加以区别，例如维生素 B_1、B_2、B_6 及 B_{12} 等；也有根据它们的化学结构特点而命名，如维生素 B_1，因其分子结构中既含硫又含有氨基，故又名硫胺素；还有根据其生理功能而命名的，如维生素 PP 又名抗糙皮病维生素。此外，还有一些化合物最初发现时被认为是维生素，而后经大量的研究证明并非维生素，因此，目前维生素的命名不论是从字母顺序，或是按阿拉伯数字排列来看，都是不连贯的。

2. 维生素的分类 至今已知有 60 多种维生素，它们的化学结构已经清楚，有脂肪族、芳香族、杂环和甾类等，皆为低分子的有机化合物。按溶解性质分为水溶性维生素（B 族维生素和维生素 C）及脂溶性维生素（维生素 A、维生素 D、维生素 E、维生素 K）两大类。

知识链接

维生素的发现

15 至 16 世纪，坏血病波及整个欧洲，大量的船员死于该病。直到 18 世纪末，英国医生伦达发现，柠檬可以治疗坏血病。但此时人们并不知道柠檬中的什么物质对“坏血病”有治疗作用。1886 年，荷兰医生 Christian Eijkman 在调查脚气病的致病原因时发现，未经碾磨的糙米能治疗脚气病，并且发现可治疗脚气病的物质能用水或酒精提取，这一发现为维生素的研究奠定了基础。因此，Christian Eijkman 获得 1929 年诺贝尔生理学或医学奖。

1911 年，波兰化学家 Casimir Funk 从米糠中得到了一种胺类结晶，认为这就是可以治疗脚气病的成分，并命名为 vitamin，即“生命胺”。1928—1933 年，匈牙利生理学家 Albert Szent-Gyorgyi 等人从生物中分离出维生素 C，并证明其为抗坏血酸。他也因研究维生素 C 和延胡索酸催化作用的成就而获得了 1937 年诺贝尔生理学或医学奖。1933—1934 年，英国化学家 Norman Haworth 等研究维生素 C 的结构式并成功合成维生素 C，Norman Haworth 也因糖类化学和维生素方面的研究成就而获得了 1937 年诺贝尔化学奖。

随着人们对维生素的认识逐渐加深，发现的维生素种类越来越多，对其功能的认识也越来越清楚。维生素的发现被认为是 20 世纪的伟大发现之一。

三、维生素缺乏症及原因

维生素在体内不断代谢失活或直接排出体外，当维生素供应不足或需要量增加时，可引起机体代谢失调，严重者可危及生命，称为维生素缺乏症。人体每天对维生素有一定需要量，摄取过多或者过少都会导致疾病，必须合理使用。引起维生素不足或缺乏的常见原因如下。

1. 摄取不足 膳食调配不合理或有偏食习惯，长期食欲不好等都会造成摄取不足；另外，食物的贮存及烹饪方法不科学也可造成维生素的大量破坏与丢失。如小麦加工过精，稀饭加碱蒸煮等会损失维生素 B_1；蔬菜储存过久、先切后洗或烹饪时间过长会使维生素 C 大量破坏。

2. 吸收障碍 尽管食入足量的维生素，但吸收障碍（如长期腹泻、肝胆系统疾病等）也可造成维生素的缺乏。

3.**需要量增加**　生长期儿童、妊娠及哺乳期妇女对维生素 A、维生素 D、维生素 C 的需要量增加。重体力劳动、长期高热和慢性消耗性疾病患者对维生素 A、维生素 B_1、维生素 B_2、维生素 C、维生素 D 及维生素 PP 等的需要量增加，故必须额外增加摄入。

4.**服用某些药物**　体内肠道细菌可合成维生素 K、维生素 B_6、泛酸、叶酸等供人体需要。若长期服用抗菌药物，可抑制肠道细菌的生长，导致某些维生素的缺乏。有些药物是维生素的拮抗剂，如一些肿瘤化疗药是叶酸拮抗剂，治疗结核病的异烟肼是烟酰胺拮抗剂，都会引起相应维生素的不足。

5.**其他**　一些特异性的缺陷也可引起维生素缺乏病，如缺乏内源因子影响维生素 B_{12} 的吸收；慢性肝、肾疾病，影响维生素 D 的羟化，导致活性维生素 D 的不足。

四、维生素中毒

维生素对维持机体生理功能非常重要，不可缺乏，但并非越多越好，如长期过量摄入则会导致维生素中毒。一般来讲，水溶性维生素在体内达饱和后可以随尿液排出体外，不易引起机体中毒。脂溶性维生素摄入过多，常因不易排出体外而蓄积，易引起中毒。

第二节　脂溶性维生素

一、维生素 A

1.**结构与性质**　维生素 A 化学名称为视黄醇，有 A_1、A_2 两种结构，皆为含 β-白芷酮环(β-ionone)的不饱和一元醇。分子中环的支链由两个 2-甲基丁二烯(1,3)和一个醇基组成，整个支链为 C_9 的不饱和醇。维生素 A 的化学性质活泼，遇热和光易氧化，加热或日光曝晒食品可使维生素 A 大量破坏。

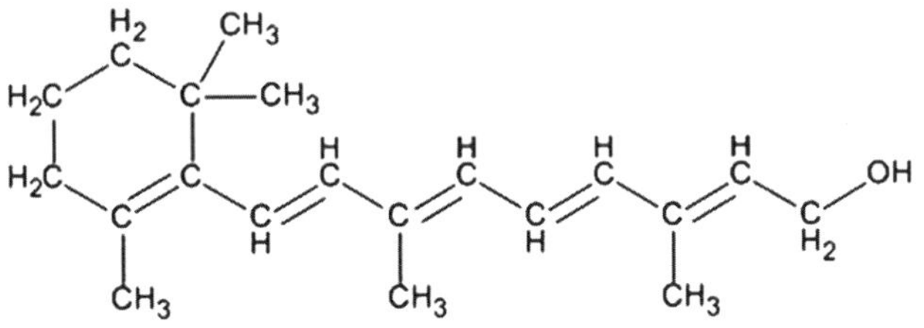

维生素 A_1

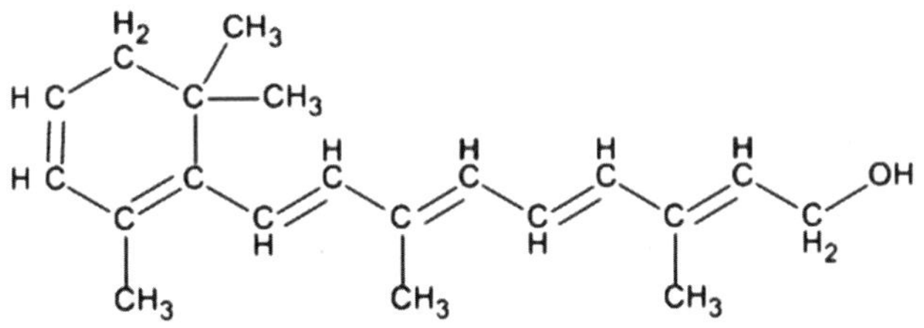

维生素 A_2

2.来源 维生素A只存在于动物性食物中，其中鱼肝油中含量最多，且维生素 A_1 和 A_2 的来源不同，前者主要存在于咸水鱼的肝脏中，而后者主要存在于淡水鱼的肝脏中。一般哺乳动物，除食入大量维生素 A_2 外，其肝脏中不会有维生素 A_2 存在，奶类、蛋类和肉类亦含有维生素 A_1。动物性食物还含有维生素A原，即β-胡萝卜素(β-carotene)。植物性食物不含维生素A，但含有β-胡萝卜素，食入后可在动物肠黏膜内转化为维生素A。

3.生化功能及缺乏症 维生素A除与其他维生素一样能促进年幼动物生长外，其主要功能为维持上皮组织的健康及正常视觉。

(1)维持上皮组织结构的完整性：维生素A为维持上皮组织结构完整及功能的必需因素，有预防眼结膜、泪腺、鼻腔及皮脂腺等黏膜变质、干燥及角质化的功能。当维生素A缺乏时，上述器官的组织结构即会变质而失去分泌功能，因此对外界微生物侵蚀的防御力降低甚至完全丧失，容易感染疾病。

(2)构成视觉细胞内的感光物质：视网膜内的感光物质即视紫红质(rhodopsin)，也称视紫质，由11-顺视黄醛与视蛋白结合而成。在弱光下，视紫红质感光，使11-顺视黄醛异构化，转变为全反视黄醛，而与视蛋白分离，出现褪色反应，造成胞外 Ca^{2+} 内流，使杆状细胞的膜电位发生变化，激发神经冲动，经传导至大脑而产生暗视觉。维生素A供应不足时，能导致视紫红质合成延缓，暗适应延长，甚至出现暗视觉障碍，即夜盲症。

(3)其他功能：维生素A还有助于机体的生长发育，对肾上腺皮质类固醇的生物合成、黏多糖的生物合成、核酸代谢和电子传递都有促进作用。此外，维生素A还具有抗癌和抗氧化的作用。

二、维生素D

1.结构与性质 维生素D又名抗软骨病维生素，已知有维生素 D_2、D_3、D_4 及 D_5 等4种相似结构，均为类固醇化合物，含有环戊氢烯菲环结构，以维生素 D_2(麦角钙化醇)及维生素 D_3(胆钙化醇)最重要。维生素D性质比较稳定，不易被热、碱和氧破坏。

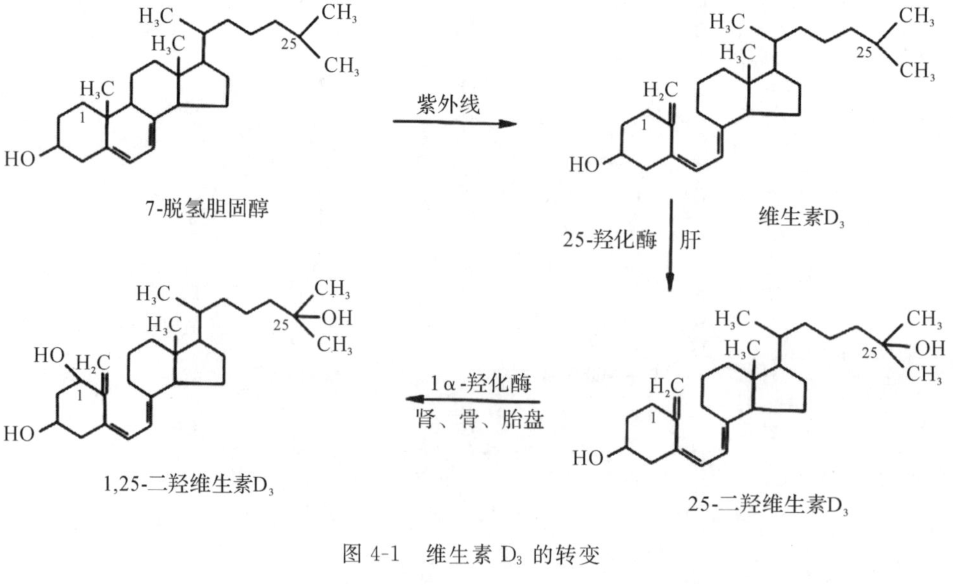

7-脱氢胆固醇 → 紫外线 → 维生素D_3

维生素D_3 → 25-羟化酶 肝 → 25-二羟维生素D_3

25-二羟维生素D_3 → 1α-羟化酶 肾、骨、胎盘 → 1,25-二羟维生素D_3

图4-1 维生素 D_3 的转变

2. 来源　维生素 D 只存在于动物体内，其中鱼肝油含量最丰富，蛋黄、牛奶、肝、肾、脑及皮肤组织也都含有维生素 D。动植物组织含有可以转化为维生素 D 的固醇类物质，称为维生素 D 原，经紫外光照射可变为维生素 D。

目前尚不能用人工方法合成维生素 D，只能用紫外光照射维生素 D 原的方法来制造。自然界存在的维生素 D 原至少有 10 种，其中植物中的麦角固（甾）醇，人及动物体内的 7-脱氢胆固醇是典型的维生素 D 原。

3. 生化功能及缺乏症　维生素 D 的主要功能是调节钙、磷代谢，维持血液钙、磷浓度正常，从而促进钙化，使牙齿、骨骼正常发育。维生素 D 之所以能促进钙化，主要是因其能促进磷、钙在肠内的吸收。血浆磷酸离子及钙离子浓度的乘积超过溶解度时，即产生磷酸钙沉积的钙化现象。当维生素 D 缺乏时，儿童可导致佝偻病，成年人则引起软骨病。

血浆中的钙离子还有促进血液凝固及维持神经肌肉正常敏感性的作用。缺乏钙质的人和动物，血液不易凝固，神经易受刺激。维生素 D 能保持血钙的正常含量，间接有防止失血和保护神经肌肉系统的功用。

三、维生素 E

1. 结构与性质　维生素 E 又称生育酚（tocopherol），为苯并二氢吡喃的衍生物。天然存在的维生素 E 有多种不同的分子结构，根据其苯环上取代基的数目和位置不同，可将维生素 E 分为 α、β、γ、δ、η 等数种。维生素 E 在无氧条件下对热稳定，对酸碱也有一定的抵抗力，但对氧敏感而易被氧化，从而可保护其他物质不被氧化，故具有抗氧化作用。维生素 E 可被紫外线破坏，它与酸结合生成的酯类是较稳定的形式，也是临床上的药用形式。

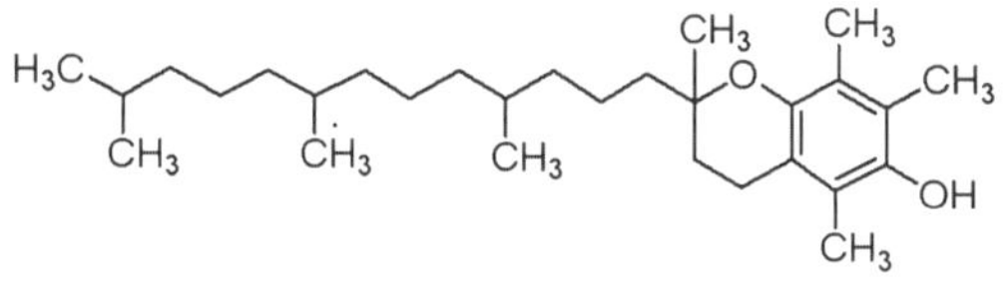

维生素 E

2. 来源　维生素 E 分布甚广，以动植物油，尤其是麦胚油、玉米油、花生油及棉籽油含量较多。此外，蛋黄、牛奶、水果、莴苣叶等都含有。植物的绿叶能合成维生素 E，而动物不能，因此动物组织（包括奶、蛋黄）中的维生素 E 都是从食物中获取的。

3. 生化功能及缺乏症　维生素 E 在一般食品中含量充足且在体内保存时间长，故一般不易缺乏，其主要生化功能如下。

（1）抗氧化作用：维生素 E 能防止生物膜的不饱和脂酸被氧化成脂褐色素（lipofuscin），从而保护细胞膜的结构与功能。维生素 E 与维生素 C、谷胱甘肽、硒等抗氧化剂协同作用，可更有效地清除自由基，故有一定的抗衰老作用。当维生素 E 缺乏时，红细胞膜容易被氧化破坏而发生溶血。

（2）影响生育功能：实验证明，维生素 E 缺乏可导致动物生殖器官发育不良，甚至不育，但对人类生殖功能的影响尚不明确。

（3）促进血红素代谢：维生素 E 能提高血红素合成过程中的关键酶 ALA 合酶和 ALA

脱水酶的活性，从而促进血红素的合成。新生儿缺乏维生素 E 可引起轻度溶血性贫血，可能与此有关。

(4)其他作用：维生素 E 具有调节信号转导和基因表达的作用，具有抗炎、维持正常免疫功能和抑制细胞增殖、降低血浆低密度脂蛋白浓度等作用，在预防和治疗冠心病、肿瘤以及延缓衰老等方面有一定作用。

四、维生素 K

1.结构与性质 维生素 K 是一类能促血液凝固的萘醌衍生物，于 1929 年被 H. Dam 所发现，具有凝血活性，故又称凝血维生素。维生素 K 的化学结构是 2-甲基-1，4-萘醌的衍生物，其化学性质稳定，耐酸耐热，但易被光和碱破坏，故应避光保存。天然存在的有维生素 K_1 和 K_2 两种结构。

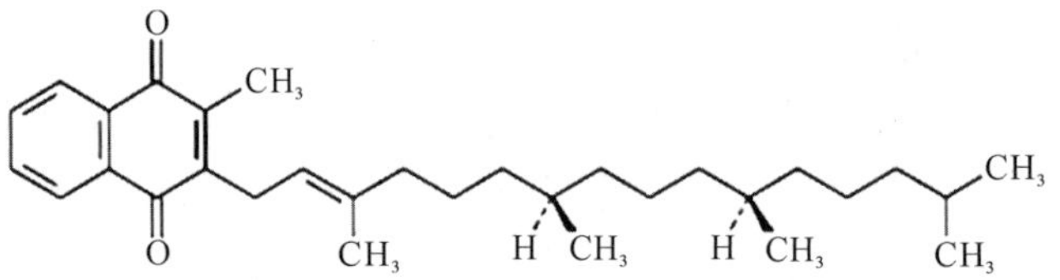

维生素 K_1

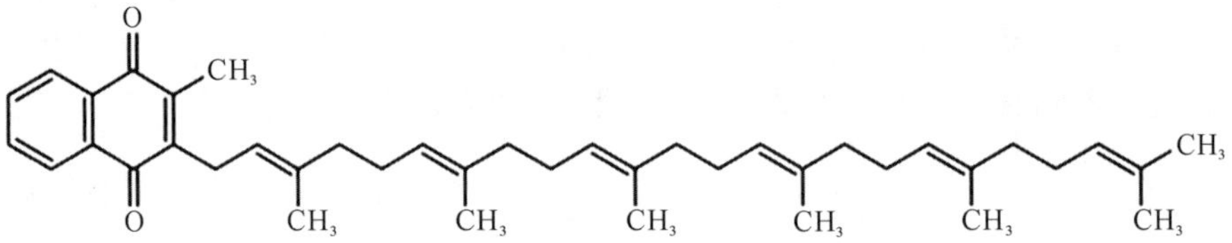

维生素 K_2

2.来源 猪肝、蛋黄、苜蓿、白菜、花椰菜(菜花)、菠菜、甘蓝和其他绿色蔬菜都含丰富的维生素 K；肉类和家禽含维生素 K_2 最多，人和动物肠内的细菌能合成维生素 K_2。

3.生化功能及缺乏症 维生素 K 的主要作用是促进血液凝固，因维生素 K 是促进肝合成凝血酶原及几种其他凝血因子(Ⅶ、Ⅸ、Ⅹ)的重要因素，当维生素 K 缺乏时，血中这几种凝血因子均减少，凝血时间延长，易发生皮下、肌肉及胃肠道出血。新生儿肠道无细菌合成维生素 K，故孕妇产前或早产儿常给予维生素 K，以预防新生儿出血。

此外，维生素 K 还能解除平滑肌痉挛而具有解痉止喘和解痉止痛作用。

一般较少见维生素 K 的缺乏症，但严重肝、胆疾患或长期使用抗菌药物抑制了肠道细菌，可产生维生素 K 缺乏病。香豆素类药物是维生素 K 的拮抗剂，维生素 K 在参与凝血因子谷氨酸残基的羧化反应过程中，本身由具有活性的氢醌型转变成为环氧化物而失活，后者需在环氧化物还原酶的催化下重新活化为氢醌型。在结构上香豆素类药物与维生素 K 极为相似，能竞争性地抑制环氧化物还原酶，从而拮抗维生素 K 的作用。

第三节　水溶性维生素

一、维生素 B_1

维生素 B_1 为抗神经炎维生素，又称硫胺素，在体内它以焦磷酸硫胺素(TPP)形式存在。

1.结构与性质　维生素 B_1 由含硫噻唑环及含氨基的嘧啶环以亚甲基相连，故又称硫胺素(thiamine)。维生素 B_1 为白色结晶，在中性及碱性溶液中遇热极易被破坏，而在酸性溶液中则可耐受 120 ℃高温，氧化剂或还原剂都可以使其失活。

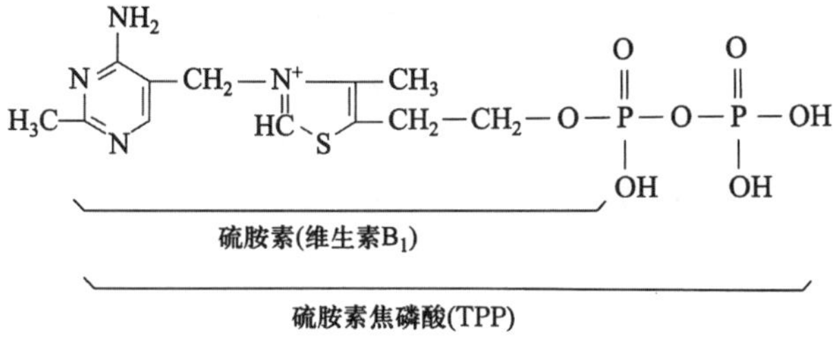

硫胺素(维生素B_1)

硫胺素焦磷酸(TPP)

维生素 B_1(硫胺素)及其活性形式 TPP

2.来源　酵母中含维生素 B_1 最多，其他食物中虽然普遍含有维生素 B_1，但含量不高。其中五谷类含量较高，多集中在胚芽及皮层中，瘦肉、核果和蛋类的含量也较多。总的来说蔬菜及水果含维生素 B_1 的量都很少。

3.生化功能及缺乏症　维生素 B_1 的主要功能是以辅酶方式参加糖的分解代谢。硫胺素在体内可转变其活性形式硫胺素焦磷酸(TPP)，后者是 α-酮酸氧化脱羧酶如丙酮酸脱氢酶系和 α-酮戊二酸脱氢酶系的辅酶，分别参加丙酮酸和 α-酮戊二酸的氧化脱羧作用。维生素 B_1 乏时，α-酮酸的氧化受阻，造成丙酮酸和乳酸的堆积，使能量供应不足，影响心肌、骨骼肌和神经系统的功能。临床表现为健忘、易怒、肢端麻木、共济失调、眼肌麻痹、肌肉萎缩、心力衰竭等脚气病症状。

TPP 也是转酮醇酶的辅酶，在磷酸戊糖途径中发挥着重要作用。当维生素 B_1 缺乏时，可使体内核苷酸合成及神经髓鞘中的鞘磷脂合成受阻，导致末梢神经炎和其他神经病变，因此临床上维生素 B_1 广泛应用于辅助治疗神经痛、腰痛、面神经麻痹及视神经炎等疾病。此外，维生素 B_1 还可抑制胆碱酯酶的活性，当维生素 B_1 缺乏时，乙酰胆碱分解增多，使胆碱能神经受到影响，表现为胃肠道蠕动变慢、消化液分泌减少、食欲缺乏、消化不良等。临床上维生素 B_1 可用于消化不良的辅助治疗。

二、维生素 B_2

1.结构与性质　维生素 B_2 是 7,8-二甲基-异咯嗪与 *D*-核糖醇的缩合物，其水溶液呈黄绿色荧光，故又称核黄素(riboflavin)。维生素 B_2 耐热，在中性或酸性溶液中稳定，但易被碱和紫外线破坏。

维生素 B_2(核黄素)

2.**来源**　维生素 B_2 的分布较广。酵母、肝脏、乳类、瘦肉、蛋黄、花生、糙米、全粒小麦、黄豆等含量较多;蔬菜及水果也略含有。人体不能合成维生素 B_2,某些微生物如人体肠道细菌能合成一部分。

3.**生化功能及缺乏症**　维生素 B_2 主要功能是参加组成氧化还原酶的两种重要辅酶:黄素单核苷酸(FMN)和黄素腺嘌呤二核苷酸(FAD),这是维生素 B_2 的两种活性形式。在细胞氧化反应中,FMN 和 FAD 能起递氢体的作用,广泛参与体内的各种氧化还原反应。

维生素 B_2 对维持皮肤、黏膜和视觉的正常机能均有一定作用。维生素 B_2 缺乏时,组织呼吸减弱,代谢强度降低,主要症状表现为口角炎、舌炎、结膜炎、视觉模糊、脂溢性皮炎等。

三、维生素 PP

1.**结构与性质**　维生素 PP 包括烟酸(又叫尼克酸)和烟酰胺(又叫尼克酰胺)两种结构形式,都是吡啶的衍生物,二者在体内可以相互转化。维生素 PP 为白色结晶,性质稳定,不易被酸、碱和热破坏,是维生素中性质最稳定的一种。

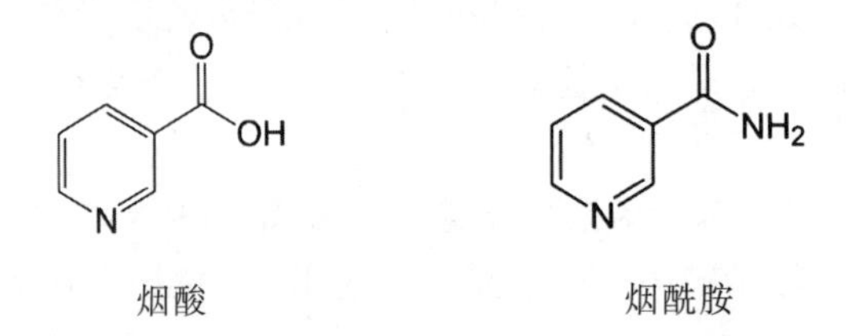

烟酸　　　　烟酰胺

2.**来源**　维生素 PP 在自然界中广泛存在,以酵母、肝、瘦肉、牛乳、花生、黄豆等含量较多;谷类皮层及胚物示芽中含量亦富,动物肠道细菌可用色氨酸合成少量的维生素 PP。

3.**生化功能及缺乏症**　在细胞内,维生素 PP 参与组成两种重要的辅酶:烟酰胺腺嘌呤二核苷酸(NAD^+,辅酶Ⅰ)和烟酰胺腺嘌呤二核苷酸磷酸($NADP^+$,辅酶Ⅱ)。二者是维生素 PP 的活性形式,在体内生物氧化过程中起传递氢的作用,广泛参与体内各种代谢,如糖代谢、脂类代谢和氨基酸代谢等。维生素 PP 缺乏时可引起糙皮病,主要表现为皮炎、腹泻及痴呆。

玉米中维生素 PP 和色氨酸贫乏,长期单食玉米可引起维生素 PP 缺乏症。抗结核药异烟肼与维生素 PP 的结构相似,是维生素 PP 的拮抗剂,长期使用时应注意补充维生素 PP。

四、泛酸

1. 结构与性质　泛酸又称遍多酸，是由二甲基羟丁酸与β-丙氨酸的缩合而成的一种酸性化合物。泛酸为淡黄色油状物，在中性环境中对热稳定，在酸性、碱性环境中加热易被分解破坏。

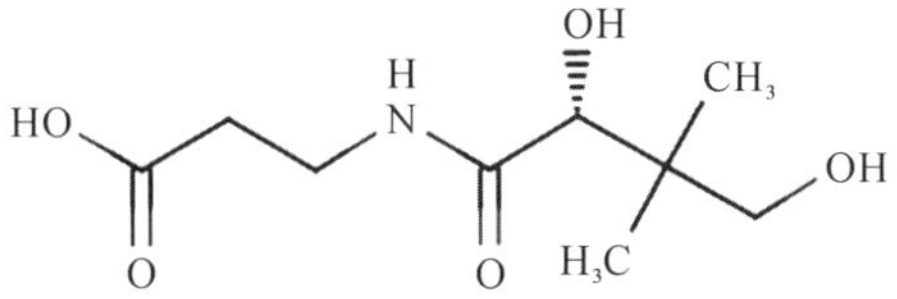

泛酸

2. 来源　泛酸因广泛存在于自然界中而得名，在酵母、肝、肾、蛋、小麦、米糠、花生、豌豆中含量丰富，在蜂王浆中含量最多。

3. 生化功能及缺乏症　在细胞中，泛酸与磷酸和巯基乙胺结合生成4-磷酸泛酰巯基乙胺，后者是辅酶A(CoA)和酰基载体蛋白(ACP)的组成成分。CoA和ACP是泛酸在体内的活性形式，构成酰基转移酶的辅酶，在代谢中起传递酰基的作用，广泛参与糖、脂类和蛋白质的代谢及肝的生物转化作用。肠内细菌也能合成泛酸，故单纯的泛酸缺乏症极为罕见。

五、维生素 B_6

1. 结构与性质　维生素 B_6 为吡啶衍生物，包括吡哆醇(pyridoxine)、吡哆醛(pyridoxal)和吡哆胺(pyridoxamine)三种，其中吡哆醇可转变成为吡哆醛，吡哆醛和吡哆胺则可互相转变。维生素 B_6 在酸性环境中稳定，对光、碱和热均敏感，高温下迅速破坏。

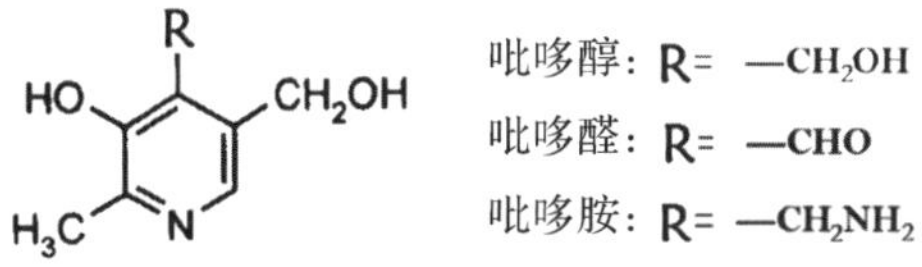

吡哆醇：R= $—CH_2OH$
吡哆醛：R= —CHO
吡哆胺：R= $—CH_2NH_2$

2. 来源　维生素 B_6 在动植物中分布很广，蜂王浆、麦胚芽、米糠、大豆、酵母、蛋黄、肝、肾、肉、鱼中含量丰富。肠道细菌能少量合成，人体一般不易缺乏维生素 B_6。

3. 生化功能及缺乏症　吡哆醇、吡哆醛和吡哆胺在体内可被磷酸化生成磷酸吡哆醇、磷酸吡哆醛和磷酸吡哆胺，后两者是维生素 B_6 的活性形式。维生素 B_6 的功能主要是作为氨基酸转氨酶、氨基酸脱羧酶和ALA合成酶的辅酶，参与氨基酸的转氨、脱羧反应和血红素的合成。维生素 B_6 还是同型半胱氨酸分解代谢酶的辅酶，缺乏时因同型半胱氨酸分解受阻，可引起高同型半胱氨酸血症，进而导致心脑血管疾病，如高血压、血栓形成和动脉粥样硬化等。

人类未发现典型的维生素 B_6 缺乏病，但吡哆醛可与抗结核药异烟肼结合而失活，故长期使用异烟肼需补充维生素 B_6。

六、生物素

1. 结构与性质 生物素为含硫维生素，又称维生素 H、维生素 B_7，是由带戊酸侧链的噻吩环和尿素结合形成的双环化合物。自然界中至少存在两种生物素，即 α-生物素和 β-生物素。生物素为无色针状结晶体，在酸性环境中稳定，在碱性溶液中易被破坏，氧化剂和高温可使其失活。

α-生物素　　　　β-生物素

2. 来源 生物素在动、植物界分布很广，如肝、肾、蛋黄、酵母、蔬菜、谷类中都有。许多生物都能自身合成生物素，牛、羊的合成能力最强，人体肠道细菌也能合成部分生物素。

3. 生化功能及缺乏症 生物素的主要功能是作为体内多种羧化酶(丙酮酸羧化酶、乙酰 CoA 羧化酶及丙酰 CoA 羧化酶等)的辅酶或辅基参与细胞内 CO_2 的固定和羧化反应，在糖、脂肪、蛋白质和核苷酸的代谢中起重要作用。近年来的研究表明，生物素还参与细胞信号转导和基因表达过程，影响细胞周期、转录和 DNA 损伤的修复。

生物素在体内很少出现缺乏。未熟的鸡蛋清中有一种抗生物素的蛋白，能与生物素结合而使生物素不能为肠壁吸收，因此吃鸡蛋清过多或长期口服抗生素易患生物素缺乏症，主要症状有疲乏、恶心、呕吐、食欲缺乏、皮炎和毛发脱落。

七、叶酸

1. 结构与性质 叶酸又称蝶酰谷氨酸(PGA)，因叶酸缺乏能引起贫血，故又称抗贫血维生素。叶酸是由 2-氨基-4-羟基-6-甲基蝶啶、对氨基苯甲酸和 *L*-谷氨酸连接而成。叶酸为黄色结晶，在中性及碱性环境中耐热，但在酸性环境中不稳定，加热或光照易被分解破坏。

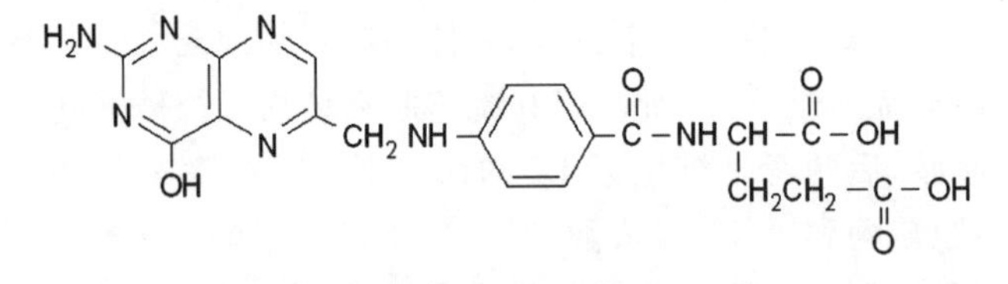

叶酸

2. 来源 叶酸分布较广，绿叶、肝、肾、菜花、酵母中含量较多，其次为牛肉、麦粒，人体肠道细菌也能合成。

3. 生化功能及缺乏症 在肠壁、肝、骨髓等组织中，经叶酸还原酶(folic acid reductase)催化，并有维生素 C 和 NADPH＋H^+ 参与，叶酸首先还原为 5,6-二氢叶酸，再进一步还原生成 5,6,7,8-四氢叶酸(THFA 或 FH_4),四氢叶酸是叶酸的活性形式。

四氢叶酸是一碳单位转移酶系的辅酶,其分子中的 N^5 和 N^{10} 能与甲基、甲烯基、甲炔基、甲酰基、亚氨甲基等一碳单位结合而传递一碳单位,在嘌呤、嘧啶的合成中起重要作用。叶酸缺乏时,DNA 的合成受到抑制,可导致细胞周期停止在 S 期,红细胞的发育成熟受到影响,出现巨幼细胞贫血。

叶酸缺乏多见于需要量增加但未及时补充的人群,如妊娠期及哺乳期妇女等,这类人群因代谢较旺盛,因适当补充叶酸。抗癌药物氨基蝶呤、氨甲蝶呤与叶酸的结构相似,均为叶酸还原酶的竞争性抑制剂,在应用时,需注意叶酸的补充。

八、维生素 B_{12}

1.结构与性质　维生素 B_{12} 的结构复杂,是一种与卟啉环结构相似的咕啉环衍生物,分子中含有钴(Co^{2+})和氰基(—CN),故又称钴胺素或氰钴胺素,是体内唯一含有金属元素的维生素。维生素 B_{12} 在弱酸性条件下稳定、耐热,但易被光、氧化剂及还原剂破坏,尤其在强酸强碱环境下更易被破坏。

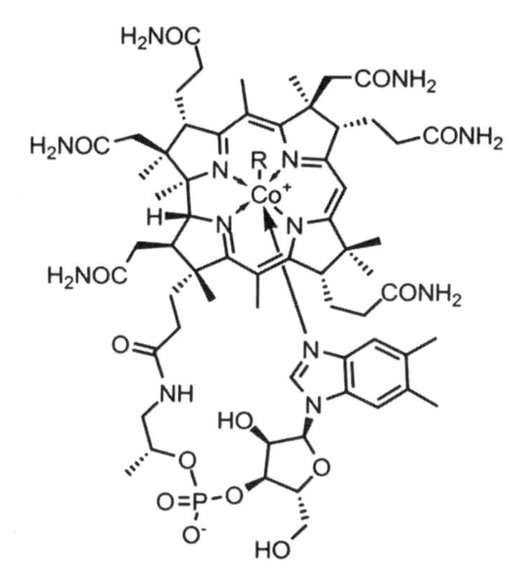

维生素 B_{12}

2.来源　维生素 B_{12} 广泛存在于动物食品中,其中肝脏为最佳来源,其次为奶、肉、蛋、鱼、蚌、心、肾等,植物不含维生素 B_{12},肠道细菌也能合成维生素 B_{12}。

3.生化功能及缺乏症　维生素 B_{12} 作为辅酶的主要结构形式是 5-脱氧腺苷钴胺素,称为辅酶维生素 B_{12},是 *L*-甲基丙二酰 CoA 变位酶的辅酶,催化生成琥珀酰 CoA 进入三羧酸循环。若缺乏维生素 B_{12},可引起 *L*-甲基丙二酰 CoA 大量堆积,其结构与丙二酰 CoA 相似,影响脂肪酸的正常合成。脂肪酸的合成障碍会影响髓鞘质的转换,引起髓鞘质变性退化,进而造成进行性脱髓鞘。因此,维生素 B_{12} 缺乏还会导致神经髓鞘变形退化、智力衰退等表现。

维生素 B_{12} 的另一种辅酶形式为甲基钴胺素,称为甲基维生素 B_{12},它是转甲基酶的辅酶,参与生物合成中的甲基化作用,如胆碱、甲硫氨酸等化合物的生物合成。若缺乏维生素 B_{12},会影响甲硫氨酸的代谢,导致胆碱、肌酸等重要物质的合成障碍。因此,维生素 B_{12} 对神经功能有特殊的重要性，可用于治疗神经炎、神经萎缩、烟毒性弱视等病症。

维生素 B_{12} 对红细胞的成熟起重要作用，可能和维生素 B_{12} 参与 DNA 的合成有关。缺少维生素 B_{12} 时，会造成体内游离的四氢叶酸缺乏，巨红细胞的 DNA 合成受到阻碍，不能进行细胞分裂，因而不能分化成红细胞，产生巨幼细胞贫血。故临床上常将维生素 B_{12} 和叶酸合用治疗巨幼细胞贫血。

九、维生素 C

1. 结构与性质　维生素 C 是一种已糖酸内酯，显酸性，又因能防治坏血病，故得名抗坏血酸。维生素 C 有 *L*-及 *D*-型两种异构体，只有 *L*-型有生理功能，还原型和氧化型都有生物活性。其分子中第 2、3 位 C 原子上的两个烯醇式羟基极易解离出质子（H^+），也可以脱掉氢原子生成脱氢维生素 C。维生素 C 为无色晶体，味酸，溶于水及乙醇，不耐热，在碱性溶液中极不稳定，日光照射后易被氧化破坏，有微量铜、铁等重金属离子存在时更易氧化分解，干燥条件下较为稳定。故维生素 C 制剂应放在干燥、低温和避光处保存；在烹调蔬菜时，不宜烧煮过度并应避免接触碱和铜器。

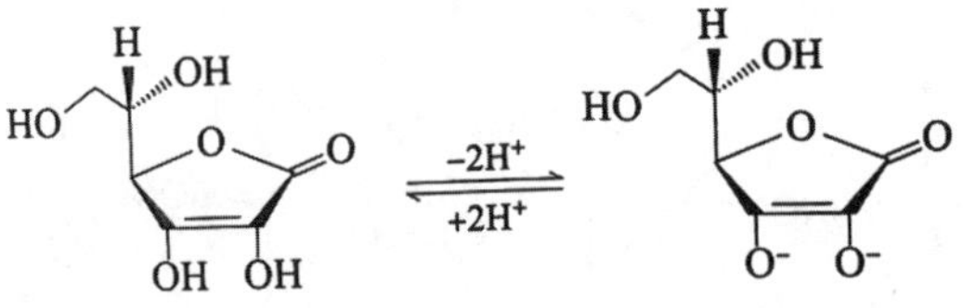

$-2H^+$ / $+2H^+$

还原型抗坏血酸　　　　氧化型抗坏血酸

2. 来源　植物、微生物能够合成维生素 C，人和灵长类动物自身不能合成，须靠食物供给。维生素 C 主要存在于新鲜水果及蔬菜中。水果中以猕猴桃含量最多，在柠檬、橘子和橙子中含量也非常丰富；蔬菜以辣椒中的含量最丰富，在番茄、甘蓝、萝卜、青菜中含量也十分丰富；野生植物以刺梨中的含量最丰富，有"维生素 C 王"之称。

3. 化功能及缺乏症

(1)参与体内羟化反应：人体内很多物质代谢，如胶原蛋白的合成、胆固醇的转化、芳香族氨基酸的代谢、肉碱的合成及非营养物质的转化等过程都需要经过羟化酶催化，维生素 C 作为羟化酶的辅酶参与其中。例如，维生素 C 是胶原蛋白合成中脯氨酸羟化酶和赖氨酸羟化酶的辅助因子，可促进胶原蛋白的合成。维生素 C 缺乏时，胶原蛋白合成不足，可出现毛细血管通透性和脆性增加，易破裂出血，导致牙龈出血、牙齿松动、骨折和创伤不易愈合等症状，称为维生素 C 缺乏症，也称为坏血病。

(2)参与体内氧化还原反应：维生素 C 具有较强的还原性，可通过氧化自身来维持谷胱甘肽的还原性，可将 Fe^{3+} 还原成 Fe^{2+}，促进体内铁的吸收，恢复血红蛋白的输氧功能，还可以保护维生素 A、维生素 E 及 B 族维生素免遭氧化，并能促进叶酸还原而转变成其活性形式 FH_4。

(3)增强机体免疫力：维生素 C 能促进淋巴细胞的增殖和趋化作用，促进免疫球蛋白的合成，提高吞噬细胞的吞噬能力，从而提高机体免疫力。临床上可用于心血管疾病、病毒性疾病等的支持治疗。

案例分析

15世纪初至17世纪末，欧洲人开始大规模地扬帆远航，发现了之前未知的大片陆地和水域。大航海时代的大部分船员是被坏血病给夺走生命的。18世纪，英国的一个海军医生林德(Lind)，做了一个有趣的实验，两组病人每天吃基本相同的食物，但其中一组每天再多吃两个橘子和一个柠檬，后面的结果大家也许猜到了，多吃橘子和柠檬的病人很快康复了。

1. 为什么在陆地上生活的人很少患坏血病，而航海的船员容易患呢？

2. 为什么多吃橘子和柠檬的病人很快康复？

第四节　维生素类药物

维生素有预防性应用和治疗性应用，两者是截然不同的概念。预防是对体内维生素缺乏的营养补充，而治疗则针对于疾病，其剂量和疗程也不同，因此用于预防的产品应与用于治疗的制剂区分开来。现有维生素提纯及合成制品中，有单项成分的，也有不同成分组合的复方制剂。

维生素与其他药品一样，同样遵循“量变到质变”和“具有双重性”的规律。剂量过大，在体内不易吸收，甚至有害，出现典型不良反应。在患有长期的慢性疾病（如肺炎、心肌炎、肾炎）时，适当补充水溶性维生素，将会提高患者的免疫功能，预防维生素缺乏。但不宜将维生素视为“补药”，以防中毒，对儿童应用的维生素D、维生素A的剂量要严格掌握，以防止出现不良反应。

临床常用的维生素类药物有维生素A、维生素B族、维生素C、维生素D、维生素E等。主要用于补充维生素和特殊需要，也可作为某些疾病的辅助用药。临床维生素类药物用药监护需注意：区分维生素的预防性与治疗性应用，合理掌握维生素剂量，注意联合用药对维生素吸收和代谢的影响，选择适宜的服用时间。不应把维生素视为营养品而不加限制地使用，过量服用维生素可引起不良反应或产生潜在的毒性。只有合理运用才能治疗和预防疾病，减少药物不良反应。常见的维生素类药物如表4-1所示。

表4-1　常见的维生素类药物

名称	来源	缺乏症	国家基本药物（剂型）	OTC药物（剂型）
维生素A	动物性食物（如肝脏、蛋黄），有色蔬菜（含有维生素A原）	夜盲症、干眼病	—	复方制剂、糖丸、胶丸
维生素D	动物性食物（肝、奶、蛋等）	佝偻病（儿童），软骨病（成年人）	口服常释剂型、注射剂	复方制剂、咀嚼片、散剂

续表

名称	来源	缺乏症	国家基本药物（剂型）	OTC 药物(剂型)
维生素 E	植物油、油性种子和蔬菜、豆类	未发现典型缺乏症，临床用于防治不育症及先兆流产等疾病	—	复方制剂、胶丸、片剂、乳膏剂
维生素 K	深绿色蔬菜，肠道细菌合成	凝血障碍、出血倾向	注射剂	复方制剂
维生素 B_1	种子的外皮和胚芽、米糠、麸皮、酵母	脚气病、末梢神经炎、消化功能障碍	注射剂	复方制剂、片剂
维生素 B_2	鸡蛋、牛奶、肉类、酵母	口角炎、舌炎、唇炎、阴囊炎、脂溢性皮炎、眼角膜炎、眼干燥等疾病	口服常释剂型	复方制剂、片剂
维生素 PP	广泛存在于动、植物中	癞皮病	—	复方制剂、片剂
维生素 B_6	动、植物食物，如种子、谷类、肝、酵母、鱼、肉等	未发现典型缺乏症	注射剂	复方制剂、缓释片、软膏
泛酸	动植物食物、肠道细菌合成	未发现典型缺乏症	—	复方制剂、片剂
生物素	动植物食物、肠道细菌合成	未发现典型缺乏症	—	复方制剂
叶酸	酵母、肝、水果、绿色蔬菜	未发现典型缺乏症	—	复方制剂、片剂
维生素 B_{12}	动物性食物，如肝、肾、瘦肉、鱼、蛋等，酵母	巨幼红细胞贫血	注射剂	复方制剂、片剂
维生素 C	新鲜蔬菜及水果	坏血病	注射剂	复方制剂、颗粒剂、片剂、口含片、咀嚼片、泡腾片

在线测试

思考题

1. 什么是维生素？有哪些种类？

2. 简述B族维生素的种类、活性形式及主要生化功能。
3. 试简述维生素C的生理意义。
4. 试简述脂溶性维生素的生化功能。
5. 体内缺乏哪些维生素可以导致巨幼红细胞性贫血？为什么？

本章小结

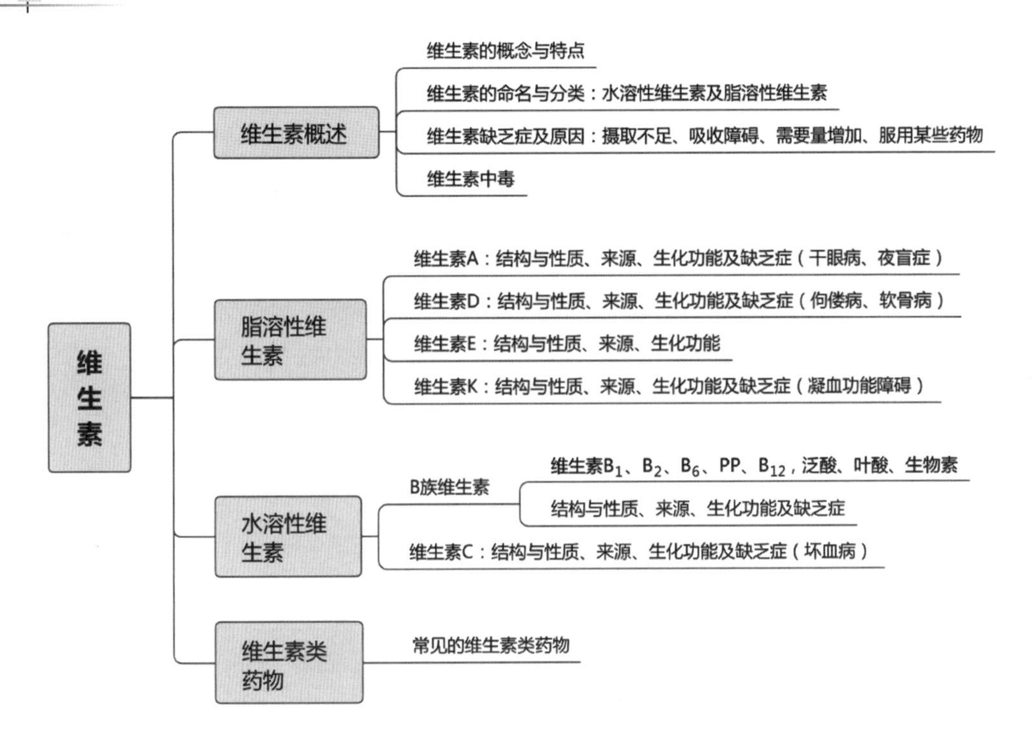

实验项目六　果蔬中维生素C的含量测定

【实验目的】

1. 学习定量测定维生素C的原理和方法。
2. 掌握滴定法的基本操作技术。

【实验原理】

维生素C是人类营养中最重要的维生素之一，缺乏时会产生坏血病，因此又称为抗坏血酸。它对物质代谢的调节具有重要的作用。近年来，研究发现它还有增强机体对肿瘤的抵抗力，并具有化学致癌物的阻断作用。

维生素C具有很强的还原性，它可分为还原型和脱氢型。还原型抗坏血酸能还原染料2,6-二氯酚靛酚(DCPIP)，本身则氧化为脱氢型。在酸性溶液中，2,6-二氯酚靛酚呈红色，还原后变为无色。因此，当用此染料滴定含有维生素C的酸性溶液时，维生素C尚未全部被氧化前，则滴下的染料立即被还原成无色。一旦溶液中的维生素C已全部被氧化，则滴下的染料就立即使溶液变成粉红色。所以，当溶液从无色变成微红色时即表示溶液中的维生素C刚好全部被氧化，此时即为滴定终点。如无其他杂质干扰，样品提取液所还原的标准染料量与样品中所含还原型抗坏血酸量成正比。

【试剂、材料和器材】

1.试剂

(1)2%草酸溶液：草酸 2 g 溶于 100 ml 蒸馏水中。

(2)1%草酸溶液：草酸 1 g 溶于 100 ml 蒸馏水中。

(3)标准抗坏血酸溶液(1 mg/ml)：准确称取 100 mg 纯抗坏血酸(应为洁白色，如变为黄色则不能用)溶于 1%草酸溶液中，并稀释至 100 ml，储于棕色瓶中，冷藏。(最好临用前配制)

(4)0.1% 2,6-二氯酚靛酚溶液：250 mg 2,6-二氯酚靛酚溶于 150 ml 含有 52 mg $NaHCO_3$ 的热水中，冷却后加水稀释至 250 ml，储于棕色瓶中冷藏(4 ℃)，约可保存一周。每次临用时，以标准抗坏血酸溶液标定。

2.材料 松针、新鲜蔬菜、新鲜水果。

3.器材 锥形瓶、吸量管、容量瓶、微量滴定管、研钵、漏斗、纱布。

【实验方法及步骤】

1.提取 水洗干净整株新鲜蔬菜或整个新鲜水果，用纱布或吸水纸吸干表面水分。然后称取 20 g，加入 20 ml 2%草酸，用研钵研磨，4 层纱布过滤，滤液备用。纱布可用少量 2%草酸洗几次，合并滤液，滤液总体积定容至 50 ml。

2.标准液滴定 准确吸取标准抗坏血酸溶液 1 ml 置于 100 ml 维形瓶中，加 9 ml 1%草酸，用微量滴定管以 0.1% 2,6-二氯酚靛酚溶液滴定至淡红色，并保持 15 s 不褪色，即达终点。由所用染料的体积计算出 1 ml 染料相当于多少毫克抗坏血酸(取 10 ml 1%草酸作空白对照，按以上方法滴定)。

3.样品滴定 准确吸取滤液 2 份，每份 10 ml，分别放入 2 个锥形瓶内，滴定方法同前。另取 10 ml 1%草酸作空白对照滴定。

4.计算

$$\text{维生素C含量(mg/100 g)}=\frac{(V_A-V_B)\times C\times T\times 100}{D\times W}$$

式中，V_A 为滴定样品所耗用的染料的平均体积(ml)；V_B 为滴定空白对照所耗用的染料的平均体积(ml)；C 为样品提取液的总体积(ml)；D 为滴定时所取的样品提取液体积(ml)；T 为 1 ml 染料能氧化抗坏血酸的质量(mg)；W 为待测样品的质量(g)。

【注意事项】

1.某些水果和蔬菜(如橘子、西红柿等)浆状物泡沫太多，可加数滴丁醇或辛醇。

2. 整个操作过程要迅速，防止还原型抗坏血酸被氧化。滴定过程一般不超过 2 min。滴定所用的染料不应小于 1 ml 或多于 4 ml；如果样品含维生素 C 的量太高或太低，可酌情增减样液用量或改变提取液稀释度。

3. 提取的浆状物如不易过滤，亦可离心，留取上清液进行滴定。

【思考题】

1. 为了准确测定维生素 C 含量，实验过程中应注意哪些操作步骤？为什么？

2. 维生素 C 含量的测定方法还有哪些？

第五章　糖类化学与糖类代谢

学习目标

知识目标

1. 掌握:糖类各种代谢途径的概念、反应部位、主要过程、关键酶及生理意义;血糖的来源和去路。

2. 熟悉:糖的生理功能;糖代谢异常及常见降血糖药物。

3. 了解:糖的概念、分类、化学结构及消化吸收;血糖的调节;糖类药物。

能力目标

1. 学会计算糖的无氧酵解和有氧分解过程中所产生的能量。

2. 能运用所学知识,联系临床实际,说明常见糖代谢紊乱的原因、机制。

糖类化学与糖类代谢

第一节　糖的化学与功能

糖(carbohydrates)是自然界中存在数量最多、分布最广且具有重要生理功能的有机化合物,几乎存在于所有生物体内。其中,以植物体中糖的含量最为丰富,主要以淀粉和纤维素的形式存在。人和动物组织中的糖主要以葡萄糖或糖原的形式存在。微生物体内的糖主要与蛋白质或脂类结合以复合糖的形式存在。在人体内糖的含量虽少,但却是人体生命活动中不可或缺的能源物质和碳源。

一、糖的概念与分类

糖是指多羟基醛、多羟基酮及其衍生物或聚合物的统称,主要由碳、氢、氧三种元素组成。它的另一个名称是"碳水化合物",这是因为在一些糖分子中氢原子和氧原子间的比例是2∶1,刚好与水分子中氢和氧的比例相同,它们的分子式可用 $C_n(H_2O)_m$ 表示,故以为糖类是碳和水的化合物,但是后来的发现证明了有些糖类并不符合上述分子式,如鼠李糖($C_6H_{12}O_5$)、脱氧核糖($C_5H_{10}O_4$);而有些物质符合上述分子式但并非糖类,如甲醛(CH_2O)、乙酸[$(CH_2O)_2$]、乳酸[$(CH_2O)_3$]等。但是，现在人们有时还是习惯称糖类为碳水化合物。

根据糖类物质能否水解以及水解以后产物的不同，可以将其分为以下几类：

(一)单糖

单糖是指不能被水解成更小分子的糖。单糖是糖类中最简单的一种，是组成糖类物质的基本结构单位。根据单糖所含碳数目的不同，可分为丙糖、丁糖、戊糖、己糖和庚糖。其中，丙糖是最简单的单糖，只有两种，即甘油醛和二羟丙酮，它们是糖代谢的中间产物。戊糖中最重要的是核糖和脱氧核糖，它们分别是RNA和DNA的组成成分。己糖在自然界中分布最广，数量最多，与机体的营养代谢也最为密切，重要的己糖有葡萄糖、果糖和半乳糖，其中，葡萄糖是人体最重要的单糖，它是体内糖主要的运输和利用形式。

(二)寡糖

寡糖是由单糖缩合而成的短链结构的糖(一般含2～6个单糖分子)，根据其所含单糖数目可分为双糖、三糖、四糖等。自然界中存在最为广泛，也最为重要的寡糖是双糖，为两分子单糖以糖苷键连接而成。常见的双糖有蔗糖、麦芽糖和乳糖，是人体食物中糖的重要来源。

(三)多糖

多糖是由许多单糖分子通过糖苷键缩合而成的高分子化合物。根据来源不同可分为动物多糖、植物多糖、微生物多糖、海洋生物多糖。多糖按其组成成分，则可以分为以下几类：

1. **同聚多糖**　又称为均一多糖，是由同一种单糖缩合而成，如淀粉、糖原、纤维素、木糖胶、阿拉伯糖胶、几丁质等。

2. **杂聚多糖**　又称为不均一多糖，是由不同类型的单糖缩合而成，如肝素、透明质酸和许多来源于植物中的多糖如波叶大黄多糖、当归多糖、茶叶多糖等。

3. **黏多糖**　又称为糖胺聚糖，是一类含氮的不均一多糖，其化学组成通常为糖醛酸及氨基己糖或其衍生物，有的还含有硫酸，如透明质酸、肝素、硫酸软骨素、硫酸角质素等。

(四)结合糖

结合糖又称为复合糖或糖复合物，是指糖与蛋白质、脂类等非糖物质结合而成的复合分子，其中的糖链一般是杂聚寡糖或杂聚多糖。常见的结合糖有糖蛋白、蛋白聚糖、糖脂和脂多糖等。糖蛋白和蛋白聚糖均是由糖与蛋白质结合形成的复合物，前者糖含量占2%～10%，后者糖含量占50%以上。常见的糖蛋白包括人红细胞膜糖蛋白、血浆糖蛋白、黏液糖蛋白以及一些酶、载体蛋白、凝血因子等；蛋白聚糖则是构成动物结缔组织、软骨、角膜等的主要成分之一。糖脂和脂多糖均是由糖与脂类结合形成的复合物，前者以脂质为主，后者以糖为主体成分。

二、糖的生物学功能

1. **氧化供能和储能**　提供能量是糖最主要的生理功能，糖也是人和动物的主要能源物质，通常人体生命活动所需能量的50%～70%来自糖的氧化分解。糖原是糖在体内的重要储存形式。在能量充足时，糖以糖原的形式储存起来，需要能量时，糖原可以快速分解，释放出葡萄糖，有效地维持正常的血糖浓度，保证生命活动所需。

2.**参与构成组织细胞** 糖是构成人体组织细胞结构的重要成分。糖类可与蛋白质、脂质等结合，形成糖蛋白、蛋白聚糖、糖脂等分子，进一步参与构成某些组织细胞。如蛋白聚糖和糖蛋白是结缔组织、软骨和骨基质的构成成分；糖蛋白和糖脂均参与神经组织和生物膜的组成。

3.**提供碳源** 糖代谢过程产生的一些中间产物可为体内其他含碳化合物的合成提供原料，如糖在体内可转变为脂肪酸和 α-磷酸甘油，进而合成脂肪；可转变为某些非必需氨基酸，参与组织蛋白质合成。

4.**其他功能** 糖可以参与构成体内多种重要的生物活性物质，如 NAD^+、FAD、ATP 等是糖的磷酸衍生物；核糖、脱氧核糖可分别参与 RNA 和 DNA 的组成；某些血浆蛋白质、免疫球蛋白、酶、激素和多种凝血因子等分子中也含有糖；可转变为葡糖醛酸参与机体的生物转化作用。此外，部分膜糖蛋白还与细胞间信息的传递、细胞的免疫、细胞的识别作用有关。

三、常见的多糖类物质

（一）淀粉

淀粉是由葡萄糖分子聚合而成的，它是细胞中碳水化合物最普遍的储藏形式。天然淀粉由直链淀粉和支链淀粉组成，前者葡萄糖残基以 α-1，4-糖苷键首尾相连而成无分支的螺旋结构；后者以 24～30 个葡萄糖残基以 α-1，4-糖苷键首尾相连而成，在支链处为 α-1，6-糖苷键。直链淀粉遇碘呈蓝色，支链淀粉遇碘呈紫红色。酸或酶可水解淀粉产生葡萄糖，中间产物为长度不等的糊精。

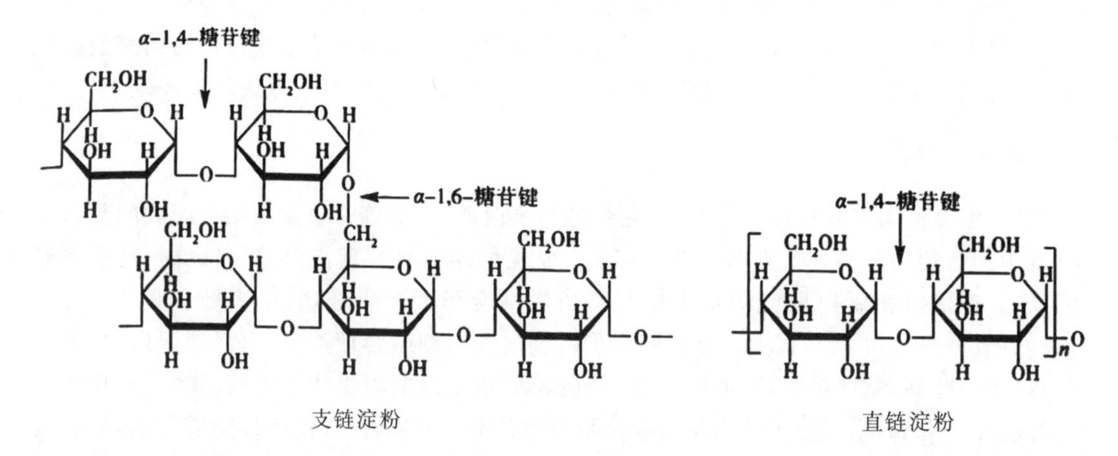

支链淀粉　　　　直链淀粉

（二）糖原

糖原又称动物淀粉，是动物的贮备多糖，常贮存在动物肝脏与肌肉中，分别称为肝糖原和肌糖原。在糖原分子中，葡萄糖以 α-1，4-糖苷键结合形成直链结构，又以 α-1，6-糖苷键连接形成支链结构，整体糖原分子呈树枝状。纯净的糖原为白色、无定型颗粒，易溶于热水，遇碘产生红色。

(三)纤维素

纤维素由β-葡萄糖以β-1,4-糖苷键组成,是自然界中储量最丰富的有机化合物。棉花的纤维素含量92%~98%,为天然的最纯纤维素来源,木材中纤维素平均含量约为50%。纤维素是白色物质,不溶于水及一般有机溶剂。人类虽然不能消化食物纤维,但肠道细菌能分解部分纤维素,得到的部分产物和利用纤维素合成的维生素等物质可被人体吸收利用。

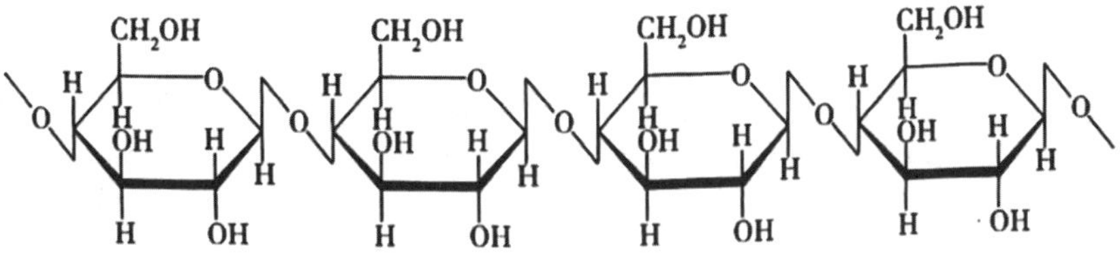

纤维素

(四)壳多糖

壳多糖又称几丁质、甲壳质,是由*N*-乙酰葡糖胺通过β-1,4-糖苷键连接而成的同聚多糖。壳多糖的量仅次于纤维素,是虾、蟹和昆虫甲壳的主要成分。此外,低等植物、菌类和藻类的细胞膜,高等植物的细胞壁等也含有壳多糖。

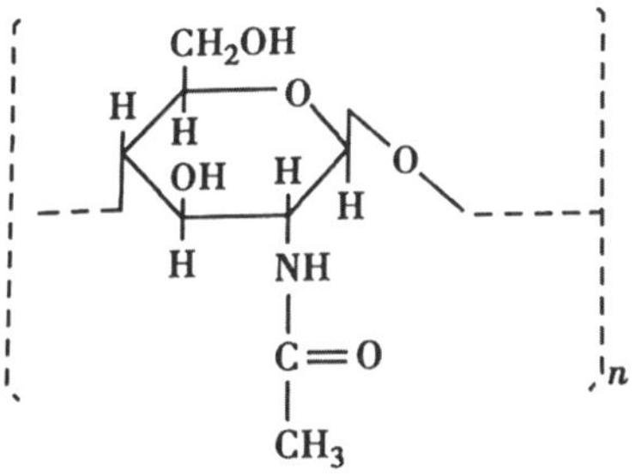

壳多糖

(五)透明质酸

透明质酸是一种酸性黏多糖,是由葡糖醛酸和*N*-乙酰葡糖胺通过β-1,3-糖苷键和β-1,4-糖苷键反复交替连接而成的同聚多糖链接而成的糖胺聚糖。透明质酸广泛存在于人和脊椎动物体内,是组成结缔组织的细胞外基质、眼球玻璃体、脐带和关节液的重要成分之一,在人的皮肤真皮层和关节滑液中含量最多,某些细菌细胞壁及恶性肿瘤中也含有。它与水易形成黏稠凝胶,有润滑和保护细胞的作用,尤为重要的是,透明质酸具有特殊的保水作用,是目前发现的自然界中保湿性最好的物质,被称为理想的天然保湿因子。

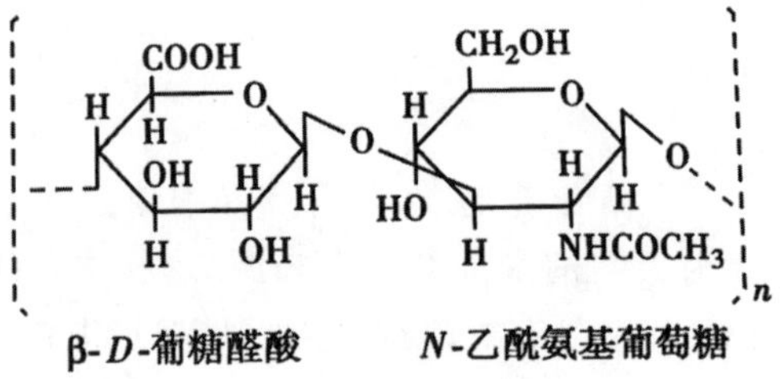

β-*D*-葡糖醛酸　*N*-乙酰氨基葡萄糖

透明质酸

(六)肝素

肝素最初从肝脏发现而得名，是由 *D*-葡萄糖胺、*L*-艾杜糖醛酸、*N*-乙酰葡萄糖胺和*D*-葡萄糖醛酸交替组成的黏多糖硫酸脂，广泛存在于动物的肝、肺、肾、脾、胸腺、肠、肌肉、血管等组织及肥大细胞中。肝素具有阻止血液凝固的特性，是动物体内的天然抗凝物质，对凝血的各个环节均有影响。临床上采血时以肝素为抗凝剂，肝素也常用于防止血栓形成。

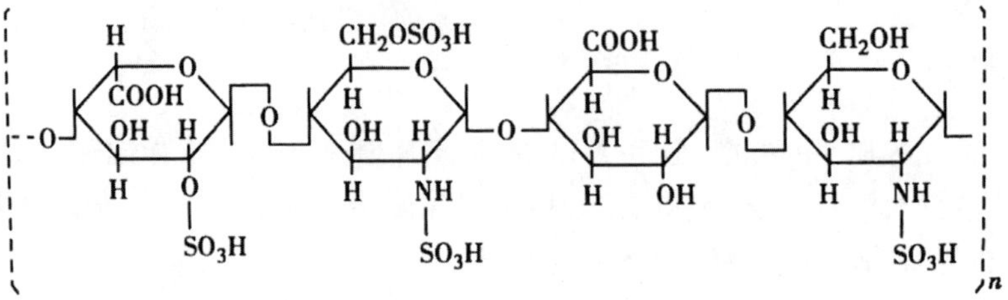

肝素

第二节　糖的消化、吸收与糖代谢概况

一、糖的消化

糖是人体能量的主要来源，每日摄入的糖一般比脂肪和蛋白质为多，通常占摄入量的一半以上。人类食物中的糖主要有植物淀粉和动物糖原及麦芽糖、蔗糖、乳糖、葡萄糖等，食物中的糖一般以淀粉为主。人体摄取的淀粉是大分子物质，不能直接通过消化道黏膜吸收，故需要经过消化水解成小分子糖类后方可吸收入血。

食物淀粉的消化始于口腔，完成于小肠。唾液中含有唾液淀粉酶(α-淀粉酶)，可催化水解淀粉分子内的 α-1，4-糖苷键，该酶作用发挥的程度与食物在口腔中被咀嚼的程度和停留的时间有关。由于食物在口腔中停留时间较短，唾液淀粉酶仅对淀粉进行初步消化，而胃液 pH 较低，可使淀粉酶失活，故淀粉在胃内几乎不消化，因而小肠成为淀粉消化的主要部位。胰腺可分泌胰液进入小肠，内含大量的 α-淀粉酶，可将淀粉水解成麦芽糖、麦芽三糖、异麦芽糖和 α-糊精等，再经小肠黏膜细胞内的酶进一步水解生成葡萄糖、果糖等单糖。此外，肠黏膜细胞内还含有 β-葡萄糖苷酶类(包括蔗糖酶和乳糖酶)，可水解蔗糖和乳糖。

二、糖的吸收

糖消化水解后生成的小分子单糖主要是葡萄糖，这也是糖类吸收的主要形式。葡萄糖主要在小肠上段经肠黏膜细胞吸收入血，小肠黏膜细胞对葡萄糖的摄入是一个依赖特定载体转运的、主动耗能的过程，在吸收过程中同时伴有 Na^+ 离子转运和 ATP 的消耗。这类葡萄糖转运体被称为 Na^+ 依赖型葡萄糖转运体（Na^+-dependent glucose transporter，SGLT），它们主要存在于小肠黏膜细胞和肾小管上皮细胞。此外，部分单糖可进行被动扩散入血。

知识链接

乳糖不耐受症

乳糖不耐受症，是指人体由于乳糖酶先天缺乏或分泌减少，不能完全分解母乳或牛乳中的乳糖导致乳糖消化不良或乳糖吸收不良而产生的疾病症状，又称为乳糖酶缺乏症。在乳糖酶缺乏或不足的情况下，人体摄入的乳糖不能被消化吸收进入血液，而是滞留在肠道。肠道细菌可将乳糖发酵分解变成乳酸，从而破坏肠道的碱性环境，使肠道分泌出大量的碱性消化液来中和乳酸，又因为肠道内部的渗透压升高，阻止水分吸收进入体内，所以容易导致腹泻。同时，在发酵过程中会产生大量气体，造成腹胀。乳糖不耐受的人不宜空腹饮奶，且应选择低乳糖奶及奶制品，如酸奶、奶酪等。

三、糖在体内的代谢概况

糖代谢主要是指葡萄糖在体内的一系列复杂的化学反应，包括分解代谢和合成代谢。葡萄糖经小肠黏膜吸收入血后，经门静脉入肝，其中一部分转变为肝糖原储存，另一部分经人体血液循环运输至全身各组织细胞加以利用。葡萄糖在不同类型细胞中的代谢途径有所不同，其分解代谢方式还在很大程度上受到氧供应情况的影响。糖的分解代谢途径主要包括糖的无氧分解、有氧氧化和磷酸戊糖途径三条；糖的合成代谢途径主要包括糖原合成和糖异生。

第三节　糖的分解代谢

葡萄糖进入组织细胞后，根据机体生理需要在不同组织细胞内可进行不同形式的分解代谢，发挥不同的生理功能。根据反应条件和反应途径的不同，葡萄糖的分解代谢可分为三种：糖的无氧分解、糖的有氧氧化和磷酸戊糖途径。

一、糖的无氧分解

在缺氧条件下，葡萄糖或糖原分解为乳酸并产生少量 ATP 的过程称为糖的无氧分解。由于该过程与酵母菌使糖生醇的发酵过程类似，又名糖酵解（glycolysis）。催化此途径的所有酶均分布于细胞质中，因此糖酵解的全部反应都是在细胞质中进行的。

（一）糖酵解的反应过程

糖酵解

糖酵解途径由葡萄糖生成乳酸共包括 11 步反应。整个过程可分为两个阶段：第一阶段是葡萄糖分解为丙酮酸，第二阶段为丙酮酸还原生成乳酸。

1. 葡萄糖分解成丙酮酸

（1）葡萄糖磷酸化生成 6-磷酸葡萄糖：葡萄糖在细胞内发生酵解作用的第一步是葡萄糖分子在第 6 位的磷酸化，生成 6-磷酸葡萄糖（glucose-6-phosphate，G-6-P）。催化此反应的酶是己糖激酶（hexokinase，HK），这个反应必须有 Mg^{2+} 的参与，在己糖激酶的作用下，ATP 分子中的 γ-磷酸基团转移到葡萄糖分子上，因此消耗了 1 分子 ATP。激酶（kinase）是一种催化磷酸基团从高能磷酸盐供体分子（通常是 ATP）转移到特定底物分子的酶，激酶催化的过程称为磷酸化，其目的是“激活”或“能化”底物分子。

这一步反应基本上是不可逆的，这是糖酵解过程中的第一个限速步骤。该反应的意义在于：葡萄糖磷酸化后形成相对较活泼的产物，容易参与后续的代谢反应；且生成的 6-磷酸葡萄糖因带有负电荷的磷酸基团而不能自由通过细胞膜而逸出细胞，是细胞的一种保糖机制。

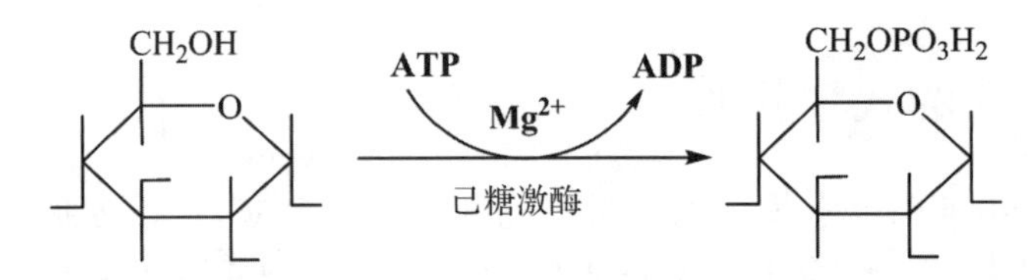

（2）6-磷酸葡萄糖异构化变为 6-磷酸果糖：这是由磷酸己糖异构酶（phosphohexose isomerase）催化的己醛糖和己酮糖之间的异构反应，使 6-磷酸葡萄糖转变为 6-磷酸果糖（fructose-6-phosphate，F-6-P），是需要 Mg^{2+} 参与的可逆反应。

$CH_2OPO_3H_2$ 磷酸己糖异构酶 $H_2O_3PO-CH_2$ CH_2OH

（3）6-磷酸果糖再磷酸化生成 1，6-二磷酸果糖：这是第二次磷酸化反应，在 6-磷酸果糖的第 1 位再次磷酸化，生成 1，6-二磷酸果糖（fructose-1，6-biphosphate，F-1，6-BP 或 FBP），是由磷酸果糖激酶-1（phosphofructokinase，PFK1）催化的，需要 Mg^{2+} 参与和 ATP 提供磷酸基团，消耗 1 分子 ATP。该反应不可逆，是糖酵解的第二个限速步骤。

$$\text{H}_2\text{O}_3\text{PO-CH}_2\text{(果糖环)CH}_2\text{OH} \xrightarrow[\text{磷酸果糖激酶-1}]{\text{ATP}\ \ \text{Mg}^{2+}\ \ \text{ADP}} \text{H}_2\text{O}_3\text{PO-CH}_2\text{(果糖环)CH}_2\text{OPO}_3\text{H}_2$$

(4)1,6-二磷酸果糖裂解为两分子磷酸丙糖：在醛缩酶(aldolase)的作用下，1,6-二磷酸果糖裂解为两个磷酸丙糖分子，即磷酸二羟丙酮(dihydroxyacetone phosphate)和3-磷酸甘油醛(glyceraldehyde-3-phosphate)。该反应是可逆的，其逆反应是一个醛缩反应。

$$\text{H}_2\text{O}_3\text{PO-CH}_2\text{(果糖环)CH}_2\text{OPO}_3\text{H}_2 \xrightleftharpoons{\text{醛缩酶}} \text{CH}_2\text{OPO}_3\text{H}_2\text{-C=O-CH}_2\text{OH} + \text{CHO-CHOH-CH}_2\text{OPO}_3\text{H}_2$$

(5)磷酸二羟丙酮转变为3-磷酸甘油醛：磷酸二羟丙酮和3-磷酸甘油醛是同分异构体，在磷酸丙糖异构酶(triose phosphate isomerase)的催化下可以相互转变。当3-磷酸甘油醛在下一步反应中消耗后，磷酸二羟丙酮迅速转变为3-磷酸甘油醛，因此反应向右进行，其结果相当于1分子1,6-二磷酸果转变为2分子3-磷酸甘油醛。

$$\text{CH}_2\text{OPO}_3\text{H}_2\text{-C=O-CH}_2\text{OH} \xrightleftharpoons{\text{磷酸丙糖异构酶}} \text{CHO-CHOH-CH}_2\text{OPO}_3\text{H}_2$$

前5步反应为糖酵解的耗能阶段，1分子葡萄糖经过两次磷酸化反应消耗了2分子ATP，并进一步裂解和异构化生成了2分子3-磷酸甘油醛。之后的5步反应是产生ATP的过程，为产能阶段。

(6)3-磷酸甘油醛氧化成1,3-二磷酸甘油酸：该反应中3-磷酸甘油醛的醛基氧化为羧基以及羧基的磷酸化均由3-磷酸甘油醛脱氢酶(glyceraldehyde-3-phosphate dehydrogenase, GAPDH)催化，生成含有1个高能磷酸键的1,3-二磷酸甘油酸，反应需要NAD^+和无机磷酸(Pi)参与。3-磷酸甘油醛脱氢酶是一种巯基酶，烷化剂如碘乙酸能强烈抑制该酶活性，造成3-磷酸甘油醛的累积，阻断糖酵解过程。

$$\text{CHO-CHOH-CH}_2\text{OPO}_3\text{H}_2 \xrightleftharpoons[\text{3-磷酸甘油醛脱氢酶}]{\text{NAD}^+\text{+Pi}\ \ \text{Mg}^{2+}\ \ \text{NADH+H}^+} \text{C(=O)O}\sim\text{PO}_3\text{H}_2\text{-CHOH-CH}_2\text{OPO}_3\text{H}_2$$

(7)1,3-二磷酸甘油酸转变成3-磷酸甘油酸：1,3-二磷酸甘油酸含有酰基磷酸，是具有高能磷酸基团转移势能的化合物。在Mg^{2+}存在下，磷酸甘油酸激酶(phosphoglycerate kinase, PGK)催化1,3-二磷酸甘油酸将其分子内的高能磷酸基团转移到ADP，生成3-磷酸甘油酸和ATP。该反应是糖酵解途径中第一次生成ATP的反应，这种由高能磷酸化合物水解其磷酸基团并转移至ADP生成ATP的作用，称为底物水平磷酸化(substrate-level phosphorylation)。

$$
\begin{array}{l} O \\ \| \\ CO\sim PO_3H_2 \\ | \\ CHOH \\ | \\ CH_2OPO_3H_2 \end{array}
\xrightleftharpoons[\text{磷酸甘油酸激酶}]{ADP \quad Mg^{2+} \quad ATP}
\begin{array}{l} COOH \\ | \\ CHOH \\ | \\ CH_2OPO_3H_2 \end{array}
$$

(8) 3-磷酸甘油酸转变为 2-磷酸甘油酸:由磷酸甘油酸变位酶(phosphoglycerate mutase)催化磷酸基团从 3-磷酸甘油酸的 3 位碳上转移到 2 位碳上生成 2-磷酸甘油酸,也是需要 Mg^{2+} 参与的可逆反应。

$$
\begin{array}{l} COOH \\ | \\ CHOH \\ | \\ CH_2OPO_3H_2 \end{array}
\xrightleftharpoons{\text{磷酸甘油酸变位酶}}
\begin{array}{l} COOH \\ | \\ CHOPO_3H_2 \\ | \\ CH_2OH \end{array}
$$

(9)2-磷酸甘油酸脱水生成磷酸烯醇式丙酮酸:此反应由烯醇化酶(enolase)催化,2-磷酸甘油酸在脱水的同时,分子内部能量重新分布并集中于 2 位碳上的磷酸酯键上,生成具有高能磷酸键的磷酸烯醇式丙酮酸(phosphoenolpyruvate,PEP)。氟化物能强烈抑制烯醇化酶的活性而抑制糖酵解。

$$
\begin{array}{l} COOH \\ | \\ CHOPO_3H_2 \\ | \\ CH_2OH \end{array}
\xrightleftharpoons[Mg^{2+}]{\text{烯醇化酶}}
\begin{array}{l} COOH \\ | \\ CO\sim PO_3H_2 \\ \| \\ CH_2 \end{array} + H_2O
$$

(10)磷酸烯醇式丙酮酸转变为丙酮酸:这是糖酵解途径中第二次底物水平磷酸化生成 ATP 的反应,由丙酮酸激酶(pyruvate kinase,PK)催化,需要 Mg^{2+} 及 K^+ 激活。磷酸基团由磷酸烯醇式丙酮酸转移到 ADP 上生成 ATP 和烯醇式丙酮酸,后者经分子重排迅速转变为丙酮酸。此反应不可逆,是糖酵解途径中的第三个限速步骤。

$$
\begin{array}{l} COOH \\ | \\ CO\sim PO_3H_2 \\ \| \\ CH_2 \end{array}
\xrightarrow[\text{丙酮酸激酶}]{ADP \quad Mg^{2+} \quad ATP}
\begin{array}{l} COOH \\ | \\ C{=}O \\ | \\ CH_3 \end{array}
$$

在糖酵解产能阶段的 5 步反应中,2 分子 3-磷酸甘油醛经历两次底物水平磷酸化转变为 2 分子丙酮酸,总共生成 4 分子 ATP。所以,1 分子葡萄糖分解为 2 分子丙酮酸的总反应式如下:

$$\text{葡萄糖} + 2Pi + 2ADP + 2NAD^+ \longrightarrow 2\times\text{丙酮酸} + 2ATP + 2(NADH + H^+)$$

2.丙酮酸还原为乳酸　由乳酸脱氢酶催化,丙酮酸加氢还原成乳酸所需要的氢原子由 $NADH+H^+$ 提供,后者来自上述第 6 步反应中的 3-磷酸甘油醛的脱氢反应。该反应是可逆的,在缺氧的情况下,这对氢用于还原丙酮酸生成乳酸,使 $NADH+H^+$ 重新转变为 NAD^+,后者可继续接受 3-磷酸甘油醛脱下的氢,从而使糖酵解能持续进行。

$$\begin{matrix}COOH\\|\\C{=}O\\|\\CH_3\end{matrix}\quad\underset{\text{乳酸脱氢酶}}{\overset{NADH+H^+\quad\quad NAD^+}{\rightleftharpoons}}\quad\begin{matrix}COOH\\|\\CHOH\\|\\CH_3\end{matrix}$$

糖酵解的最终产物是乳酸和少量能量，此过程的全部反应归纳如图 5-1 所示。1 分子葡萄糖通过糖酵解生成 2 分子乳酸，同时净产生 2 分子 ATP，其总反应式如下：

$$葡萄糖+2Pi+2ADP \rightarrow 2\times乳酸+2ATP$$

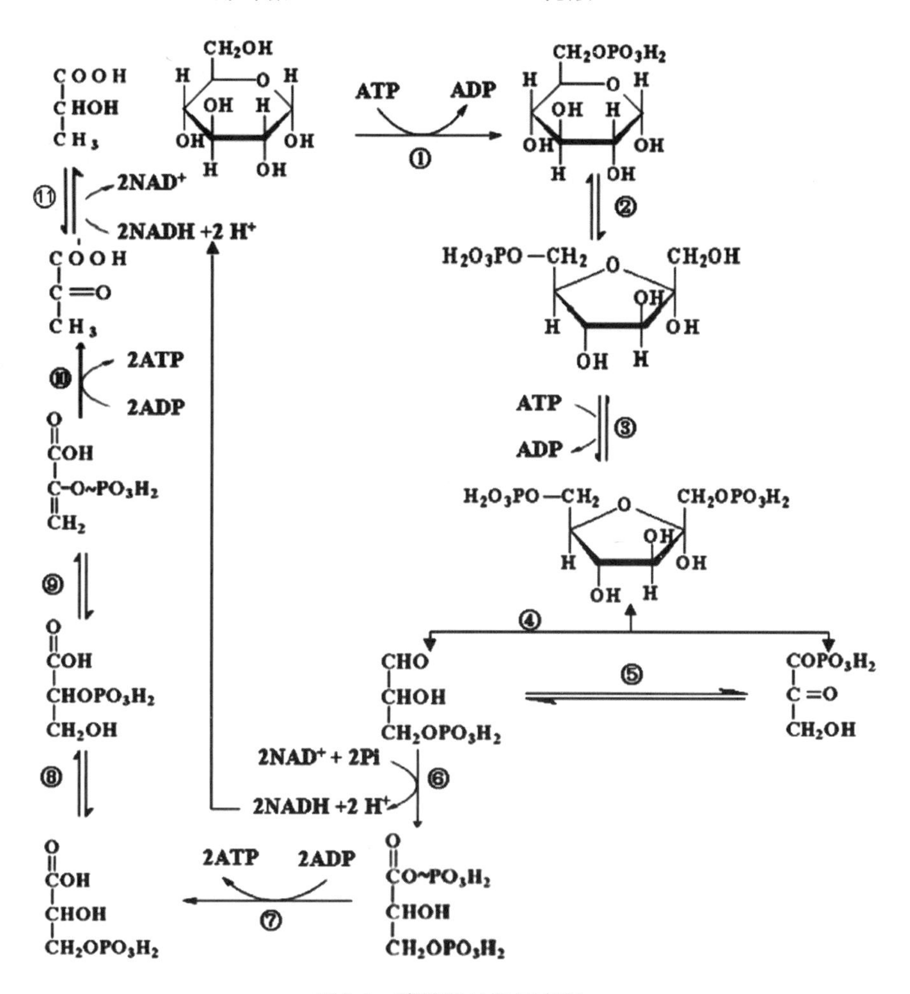

图 5-1　糖酵解过程示意图

①己糖激酶；②磷酸己糖异构酶；③磷酸果糖激酶-1；④醛缩酶；⑤磷酸丙糖异构酶；⑥3-磷酸甘油醛脱氢酶；⑦磷酸甘油酸激酶；⑧磷酸甘油酸变位酶；⑨烯醇化酶；⑩丙酮酸激酶；⑪乳酸脱氢酶

（二）糖酵解的生理意义

1. 糖酵解最主要的生理功能在于为机体迅速提供能量　这对肌收缩更为重要，因为肌内 ATP 含量甚微，静息状态下约为 4 mmol/L，肌收缩几秒钟即可耗尽。此时，即使不缺氧，葡萄糖通过有氧氧化供能的反应过程和所需时间相对较长，不能及时满足生理需求，而通过糖酵解则可迅速获得 ATP。

2. 成熟红细胞没有线粒体，完全依赖糖酵解提供能量 少数组织如视网膜、肾髓质、皮肤、睾丸等，即便在有氧条件下，也主要依靠糖酵解供能。此外，神经、白细胞、骨髓等代谢极为活跃，即使不缺氧，也常由糖酵解提供部分能量。

3. 糖酵解是在特殊情况下机体应激供能的有效方式 当机体缺氧或剧烈运动造成肌肉局部血流不足时，能量主要通过糖酵解获得。某些病理情况下，例如严重贫血、失血、休克、呼吸障碍、心功能不全等，因供氧不足而使糖酵解加强，以获取能量。

（三）糖酵解作用的调节

糖酵解中的大多数反应是可逆的，这些可逆反应的方向和速率由产物和底物的浓度决定，催化这些反应的酶的活性变化并不能决定反应的方向。

但是在糖酵解途径中有 3 个反应是不可逆的，分别由己糖激酶、磷酸果糖激酶-1 和丙酮酸激酶催化，是控制糖酵解流量的 3 个关键酶，因此都具有调节糖酵解途径的作用，其活性受到变构效应和激素的调节。

1. 磷酸果糖激酶-1 的调节 磷酸果糖激酶-1 是一种变构酶（allosteric enzyme），它的催化效率很低，糖酵解的速率严格地依赖该酶的活力水平，因此该酶被认为是糖酵解途径中最重要的调节点。磷酸果糖激酶-1 是四聚体，受多种变构效应剂的影响。ATP 是该酶的底物，因此需要一定的能量才能使糖酵解进行，但 ATP 又是该酶的变构抑制剂，较高浓度的 ATP 可结合到该酶的变构结合部位上，从而使酶丧失活性，可见当细胞内 ATP 含量丰富和能量足够时可使糖酵解减弱。柠檬酸是该酶的另一种变构抑制剂，是通过加强 ATP 的抑制效应来抑制磷酸果糖激酶-1 的活性。而 AMP、ADP、1，6-二磷酸果糖和 2，6-二磷酸果糖是磷酸果糖激酶-1 的变构激活剂。AMP 可与 ATP 竞争结合酶的变构结合部位，抵消 ATP 的抑制作用。2，6-二磷酸果糖是磷酸果糖激酶-1 最强的变构激活剂，其作用是与 AMP 一起取消 ATP、柠檬酸对磷酸果糖激酶-1 的变构抑制作用。2，6-二磷酸果糖是由磷酸果糖激酶-2（phosphofructokinase 2，PFK2）催化 6-磷酸果糖，使其在 C_2 位磷酸化而生成的。

2. 丙酮酸激酶的调节 丙酮酸激酶是糖酵解途径中第二个重要的调节点。1，6-二磷酸果糖是丙酮酸激酶的变构激活剂，而 ATP 对其有抑制作用而使糖酵解过程减慢。此外，肝内丙氨酸对该酶也有变构抑制作用。丙酮酸激酶还受共价修饰方式调节。蛋白激酶 A 和依赖 Ca^{2+}、钙调蛋白的蛋白激酶均可使丙酮酸激酶磷酸化而导致其失活，胰高血糖素可通过激活蛋白激酶 A 而抑制该酶活性。

3. 己糖激酶的调节作用 该调节点不及前两者重要。己糖激酶受其反应产物 6-磷酸葡萄糖的反馈抑制，受 ADP 的变构抑制。葡萄糖激酶由于其分子内不存在 6-磷酸葡萄糖的变构部位，所以不受 6-磷酸葡萄糖的影响。长链酯酰 CoA 对其有变构抑制作用，这对饥饿时减少肝和其他组织分解葡萄糖有一定意义。胰岛素可诱导葡萄糖激酶基因的转录，促进该酶的合成。

二、糖的有氧分解

葡萄糖在有氧条件下彻底氧化分解生成 CO_2 和 H_2O 的过程称为糖的有氧氧化（aerobic

oxidation)。有氧氧化是体内糖分解供能的主要方式，绝大多数细胞都通过这条途径来获取能量。肌肉组织中通过糖酵解生成的乳酸，也需要在有氧的条件下彻底氧化成 CO_2 和 H_2O 才能获得更多能量。

（一）糖有氧氧化的过程

糖的有氧氧化

糖的有氧氧化分三个阶段进行（图 5-2）：第一阶段，葡萄糖经酵解途径分解为丙酮酸，在细胞质中进行；第二阶段，丙酮酸进入线粒体，并氧化脱羧生成乙酰辅酶 A（简称乙酰 CoA）；第三阶段，乙酰 CoA 彻底氧化成 CO_2 和 H_2O，包括三羧酸循环及氧化磷酸化。

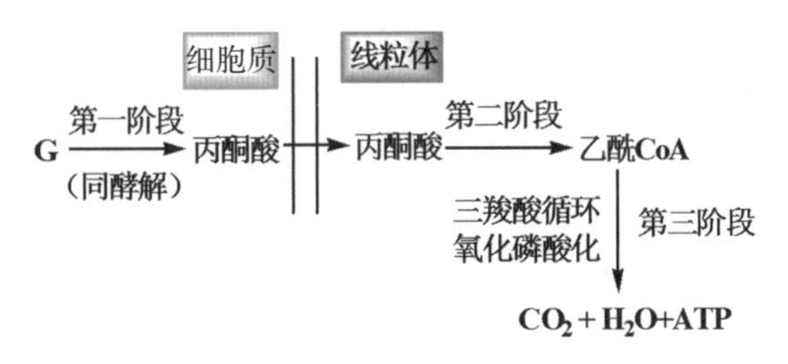

图 5-2　葡萄糖有氧氧化概况

1. 丙酮酸的生成　此阶段由葡萄糖生成丙酮酸，反应过程与糖酵解的第一阶段相同。不同之处在于，在有氧条件下，糖酵解第 6 个反应中由 3-磷酸甘油醛脱下的氢（$NADH+H^+$）并非用于还原丙酮酸，而是穿梭进入线粒体内相应的呼吸链中（穿梭方式详见第六章），并获得 ATP。

2. 丙酮酸的氧化脱羧　胞质中生成的丙酮酸，经线粒体内膜上的丙酮酸载体转运到线粒体内，在丙酮酸脱氢酶复合体（pyruvate dehydrogenase complex）的催化下，氧化脱羧生成乙酰 CoA，该反应总体是不可逆的，其总反应如下：

$$\mathrm{CH_3{-}CO{-}COOH} + \mathrm{HSCoA} \xrightarrow[\text{丙酮酸脱氢酶复合体}]{\mathrm{NAD^+} \rightarrow \mathrm{NADH+H^+}} \mathrm{CH_3{-}CO{\sim}SCoA} + \mathrm{CO_2}$$

丙酮酸脱氢酶复合体存在细胞的线粒体内，由 3 种酶和 6 种辅助因子组成：丙酮酸脱氢酶[辅酶为焦磷酸硫胺素（TPP），需 Mg^{2+} 参与反应]、二氢硫辛酰胺转乙酰酶（辅酶为硫辛酸和 HSCoA）和二氢硫辛酰胺脱氢酶（辅基为 FAD，需线粒体基质中的 NAD^+ 参与反应）。三种酶按一定比例组合成多酶复合体，形成一个有序的整体。在哺乳动物细胞中，该酶复合体由 60 个二氢硫辛酰胺转乙酰酶组成核心，周围排列着 12 个丙酮酸脱氢酶和 6 个二氢硫辛酰胺脱氢酶，形成一个紧密的连锁反应体系，具有极高的催化效率。

3. 三羧酸循环　三羧酸循环（tricarboxylic acid cycle，TAC）是指从乙酰 CoA 和草酰乙酸缩合成含有 3 个羧基的柠檬酸开始，经过 4 次脱氢和 2 次脱羧反应后，又重新生成草酰乙酸，由此形成的循环过程，又称为柠檬酸循环。该反应过程是由德国科学家 Hans Krebs 最早提出的，故又称为 Krebs 循环。三羧酸循环包括了 8 个反应步骤。

（1）乙酰 CoA 与草酰乙酸缩合成柠檬酸：在柠檬酸合酶（citrate synthase）催化下，乙酰

CoA 分子内的硫酯键，具有足够能量使 2 碳化合物顺利地加合到草酰乙酸的羰基上，生成柠檬酰 CoA 中间体，然后高能硫酯键水解放出游离的柠檬酸，推动反应不可逆地向右进行，这是三羧酸循环的第一个限速步骤。乙酰 CoA 失去乙酰基变为 HSCoA 后，又可以参与丙酮酸的氧化脱羧反应。

$$CH_3-CO\sim SCoA + HOOC-C(=O)-CH_2COOH + H_2O \xrightarrow{\text{柠檬酸合酶}} HO-C(CH_2-COOH)_2-COOH + HSCoA$$

(2)柠檬酸异构化生成异柠檬酸：在顺乌头酸酶(aconitase)催化下，柠檬酸先脱水生成顺乌头酸，再加水变为异柠檬酸，反应中产生的中间产物顺乌头酸与酶结合在一起，以复合物的形式存在。

$$HO-C(CH_2-COOH)_2-COOH \underset{\text{顺乌头酸酶}}{\overset{-H_2O}{\rightleftharpoons}} CH_2(COOH)-C(COOH)=CH-COOH \underset{\text{顺乌头酸酶}}{\overset{+H_2O}{\rightleftharpoons}} CH_2COOH-HC(COOH)-CH(OH)-COOH$$

(3)异柠檬酸氧化脱羧生成 α-酮戊二酸：在异柠檬酸脱氢酶(isocitrate dehydrogenase)催化下，异柠檬酸氧化脱羧生成 α-酮戊二酸和 CO_2，脱下的氢由 NAD^+ 接受，生成 $NADH+H^+$。这是三羧酸循环中的第一次氧化脱羧反应，此反应是不可逆的，是三羧酸循环的第二个限速步骤。

$$CH_2COOH-HC(COOH)-CH(OH)-COOH \xrightarrow[\text{异柠檬酸脱氢酶}]{NAD^+ \to NADH+H^+,\ CO_2} CH_2(COOH)-CH_2-C(=O)-COOH$$

(4)α-酮戊二酸氧化脱羧生成琥珀酰 CoA：在 α-酮戊二酸脱氢酶复合体作用下，α-酮戊二酸再次氧化脱羧生成琥珀酰 CoA 和 CO_2，脱下的氢由 NAD^+ 接受，生成 $NADH+H^+$。α-酮戊二酸脱氢酶复合体与丙酮酸脱氢酶复合体的组成与作用机制相似，也是由 3 种酶(α-酮戊二酸脱氢酶、二氢硫辛酸琥珀酰转移酶和二氢硫辛酸脱氢酶)和 6 种辅酶因子(TPP、硫辛酸、HSCoA、NAD^+、FAD 及 Mg^{2+})组成。此反应不可逆，是三羧酸循环中的第二次氧化脱羧反应和第三个限速步骤。

$$CH_2(COOH)-CH_2-C(=O)-COOH + HSCoA \xrightarrow[\alpha\text{-酮戊二酸脱氢酶复合体}]{NAD^+ \to NADH+H^+,\ CO_2} CH_2(COOH)-CH_2-CO\sim SCoA$$

(5)底物水平磷酸化生成琥珀酸：琥珀酰 CoA 分子中含有高能硫酯键，在 GDP、无机磷酸和 Mg^{2+} 参与下，由琥珀酰 CoA 合成酶(succinyl-CoA synthetase)催化其高能硫酯键水解并释放能量，驱动 GDP 磷酸化生成 GTP。这是三羧酸循环中唯一的一次底物水平磷酸化反应，生成的 GTP 可在二磷酸核苷激酶催化下，将磷酸基团转移给 ADP 而生成 ATP。

$$\begin{matrix} CH_2-COOH \\ | \\ CH_2 \\ | \\ CO\sim SCoA \end{matrix} \xrightleftharpoons[\text{琥珀酰CoA合成酶}]{GDP+Pi \quad GTP} \begin{matrix} COOH \\ | \\ CH_2 \\ | \\ CH_2 \\ | \\ COOH \end{matrix} + HSCoA$$

(6)琥珀酸脱氢生成延胡索酸：琥珀酸脱氢酶(succinate dehydrogenase)催化琥珀酸脱氢氧化为延胡索酸，该酶结合在线粒体内膜上，是三羧酸循环中唯一存在于线粒体内膜上的酶，其他酶则都存在于线粒体基质中。反应脱下的氢转移给 FAD，使之还原为 $FADH_2$，然后经琥珀酸氧化呼吸链氧化生成 H_2O。丙二酸是琥珀酸的类似物，是琥珀酸脱氢酶强有力的竞争性抑制物，故可阻断三羧酸循环。

$$\begin{matrix} COOH \\ | \\ CH_2 \\ | \\ CH_2 \\ | \\ COOH \end{matrix} \xrightleftharpoons[\text{琥珀酰脱氢酶}]{FAD \quad FADH_2} \begin{matrix} COOH \\ | \\ CH \\ \| \\ CH \\ | \\ COOH \end{matrix}$$

(7)延胡索酸水化生成苹果酸：该反应由延胡索酸酶(fumarate hydratase)催化生成苹果酸。该酶具有高度的立体异构专一性，仅对延胡索酸(反丁烯二酸)起作用，而对马来酸(顺丁烯二酸)无催化作用，且生成的产物只能是 *L*-苹果酸。

$$\begin{matrix} COOH \\ | \\ CH \\ \| \\ CH \\ | \\ COOH \end{matrix} + H_2O \xrightleftharpoons{\text{延胡索酸酶}} \begin{matrix} COOH \\ | \\ HO-C-H \\ | \\ CH_2 \\ | \\ COOH \end{matrix}$$

(8)苹果酸脱氢再生成草酰乙酸：三羧酸循环的最后一个反应是 *L*-苹果酸脱氢酶(malate dehydrogenase)催化苹果酸脱氢生成草酰乙酸，脱下的氢由 NAD^+ 接受，生成 $NADH+H^+$。在细胞内，草酰乙酸不断地被用于柠檬酸的合成，因此有利于该可逆反应向生成草酰乙酸的方向进行。

$$\begin{matrix} COOH \\ | \\ HO-C-H \\ | \\ CH_2 \\ | \\ COOH \end{matrix} \xrightleftharpoons{L\text{-苹果酸脱氢酶}} \begin{matrix} COOH \\ | \\ C=O \\ | \\ CH_2COOH \end{matrix}$$

三羧酸循环的上述 8 步反应可归纳总结如图 5-3 所示。其主要特点是：①三羧酸循环从 2 个碳原子的乙酰 CoA 与 4 个碳原子的草酰乙酸缩合成 6 个碳原子的柠檬酸开始反复地脱氢氧化。脱氢反应共有 4 次，其中 3 次由 NAD^+ 接受生成 3 分子 $NADH+H^+$，1 次由 FAD 接受生成 1 分子 $FADH_2$。脱下的氢经相应的呼吸链将电子传递给氧并偶联生成 ATP。②1 分子乙酰 CoA 进入三羧酸循环后通过两次脱羧的方式共生成 2 分子 CO_2，这是

体内 CO_2 的主要来源。③三羧酸循环每进行一轮，底物水平磷酸化只发生 1 次，生成 1 分子 ATP，故不是线粒体内生成 ATP 的主要方式。三羧酸循环的总反应为：

$$\text{乙酰 CoA} + 3\ NAD^+ + FAD + GDP + Pi + H_2O \longrightarrow 2\ CO_2 + 3(NADH + H^+) + FADH_2 + CoA\text{—}SH + GTP$$

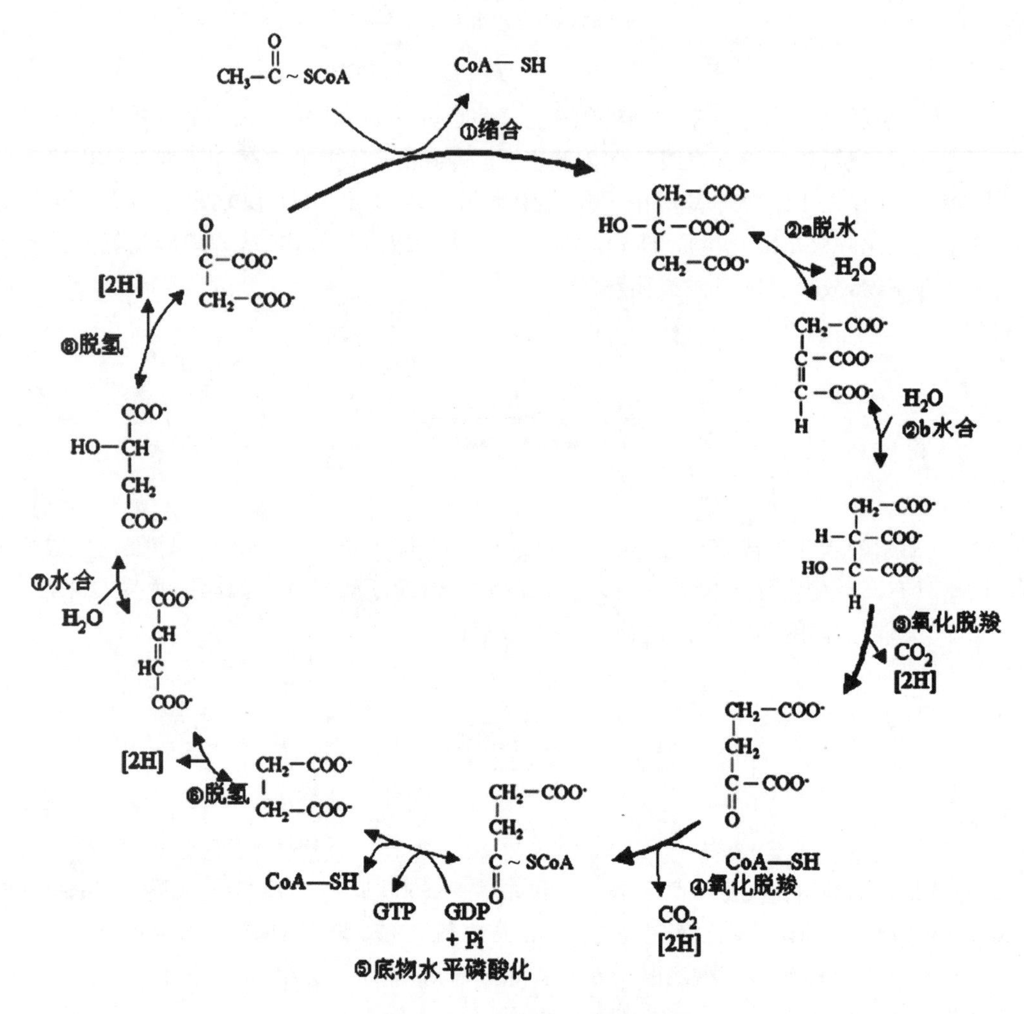

图 5-3 三羧酸循环示意图

①柠檬酸合酶；②顺乌头酸酶；③异柠檬酸脱氢酶；④α-酮戊二酸脱氢酶系；⑤琥珀酰辅酶 A 合成酶；⑥琥珀酸脱氢酶；⑦延胡索酸酶；⑧*L*-苹果酸脱氢酶

4. 三羧酸循环的生理意义

(1)三羧酸循环是三大营养物质氧化分解的共同途径：三大营养物质（糖、脂肪和蛋白质）在体内进行生物氧化均可产生乙酰 CoA 或三羧酸循环的中间产物（如草酰乙酸、α-酮戊二酸等），然后经三羧酸循环彻底分解成 CO_2 和 H_2O，并产生大量 ATP，故三羧酸循环是这些营养物质的共同代谢通路。

(2)三羧酸循环是糖、脂肪和氨基酸代谢联系的枢纽：糖、脂肪和氨基酸均可生成三羧酸循环的中间产物，可通过三羧酸循环相互转变、相互联系。例如，糖和甘油可以通过代谢生成草酰乙酸等三羧酸循环的中间产物，合成非必需氨基酸；许多氨基酸的碳骨架是三羧酸循环的中间产物,通过草酰乙酸等可转变为葡萄糖。

(3)三羧酸循环提供生物合成的前体:三羧酸循环的中间产物琥珀酰 CoA 可与甘氨酸合成血红素;草酰乙酸、α-酮戊二酸可分别用于合成天冬氨酸、谷氨酸;乙酰 CoA 又是合成脂肪的原料。因此,三羧酸循环在提供生物合成的前体中起着重要作用。

(二)糖有氧氧化的能量计算

糖有氧氧化是机体获取能量的主要途径。在第三阶段的三羧酸循环中有 4 次脱氢反应共产生 3 分子 NADH 和 1 分子 $FADH_2$。在线粒体内,每分子 NADH 经氧化呼吸链可生成 2.5 分子 ATP;每分子 $FADH_2$ 只能生成 1.5 分子 ATP;再加上底物水平磷酸化反应生成的 1 分子 ATP,因此,1 分子乙酰 CoA 经三羧酸循环彻底氧化,共产生 $2.5\times3+1.5+1=10$ 分子 ATP。在第二阶段中,1 分子丙酮酸氧化脱羧生成乙酰 CoA 的同时产生 1 分子 NADH,经氧化呼吸链可生成 2.5 分子 ATP。因此从丙酮酸开始经过一次三羧酸循环共产生 12.5 分子 ATP。1 分子葡萄糖可生成 2 分子丙酮酸,故从葡萄糖生成 2 分子丙酮酸开始,经三羧酸循环共产生 $12.5\times2=25$ 分子 ATP。在第一阶段中,糖酵解除了在反应中直接净生成 2 分子 ATP 外,其第 6 步反应中产生的 2 分子 NADH 在氧供应充足时也进入线粒体内,在不同的组织中可分别产生 2×2.5 或 2×1.5 分子 APT(见第六章)。综上所述,1 分子葡萄糖在不同组织中被彻底氧化时可生成 32 或 30 分子 ATP(见表 5-1)。

表 5-1　葡萄糖有氧氧化生成的 ATP

细胞定位	反应阶段	反应	辅酶	ATP
细胞质	第一阶段	葡萄糖→6-磷酸葡萄糖		−1
		6-磷酸果糖→1,6-二磷酸果糖		−1
		3-磷酸甘油醛→1,3-二磷酸甘油酸	NAD^+	2×2.5 或 2×1.5*
		1,3-二磷酸甘油酸→3-磷酸甘油酸		2×1
		磷酸烯醇式丙酮酸→丙酮酸		2×1
线粒体	第二阶段	丙酮酸→乙酰 CoA	NAD^+	2×2.5
	第三阶段	异柠檬酸→α-酮戊二酸	NAD^+	2×2.5
		α-酮戊二酸→琥珀酰-CoA	NAD^+	2×2.5
		琥珀酰 CoA→琥珀酸		2×1
		琥珀酸→延胡索酸	FAD	2×1.5
		苹果酸→草酰乙酸	NAD^+	2×2.5
合计(净生成数)				32 或 30

注:* 获得 ATP 的数量取决于细胞质中 $NADH+H^+$ 进入线粒体的穿梭机制。

(三)糖有氧氧化的调节

糖有氧氧化的调节是为了适应机体或不同器官对能量的需要,体现在有氧氧化的各个阶段。其中,第一阶段由葡萄糖生成丙酮酸的调节在糖酵解已经阐述,这里主要讨论第二、三阶段中由丙酮酸氧化脱羧生成乙酰 CoA 并进入三羧酸循环的一系列反应的调节。丙酮酸脱氢酶复合体、柠檬酸合酶、异柠檬酸脱氢酶和 α-酮戊二酸脱氢酶复合体是这两个阶段的限速酶。

1.**丙酮酸脱氢酶复合体的调节** 丙酮酸脱氢酶复合体可通过变构效应和共价修饰两种方式影响其酶活性来进行快速调节。丙酸酸脱氢复合体的反应产物乙酰 CoA 和 $NADH+H^+$ 对酶有反馈抑制作用,当乙酰 CoA/HSCoA 比例升高时,酶活性被抑制,$NADH/NAD^+$ 比例升高也有同样的作用。当人体饥饿时,糖的有氧氧化被抑制,机体大量动员脂肪作为能量来源以确保脑等对葡萄糖的需要。ATP 对丙酮酸脱氢酶复合体有抑制作用,AMP 则可激活该酶。丙酮酸脱氢酶复合体可被丙酮酸脱氢酶激酶磷酸化,当其丝氨酸被磷酸化后,酶蛋白变构而失去活性,丙酮酸脱氢酶磷酸酶则使其去磷酸化而恢复活性。胰岛素可促进丙酮酸脱氢酶的去磷酸化,增强酶的活性而促进糖的氧化分解。

2.**三羧酸循环的调节** 三羧酸循环的速率和流量受到多种因素的调控。三羧酸循环中有三个不可逆反应,分别由柠檬酸合酶、异柠檬酸脱氢酶和 α-酮戊二酸脱氢酶复合体催化。其中后两者所催化的反应被认为是三羧酸循环的主要调节点(图 5-4)。

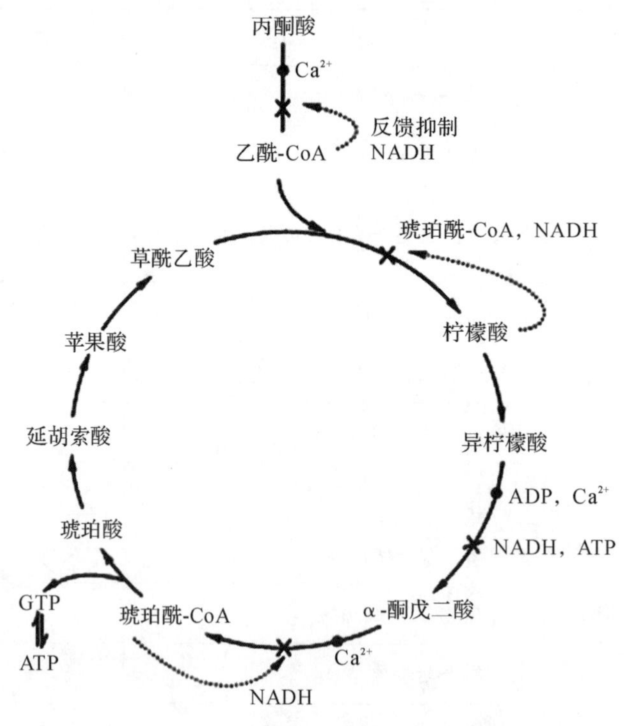

图 5-4 三羧酸循环中的调控部位

·代表激活部位;× 代表抑制部位;┈┈▸代表反馈抑制

当 ATP/ADP 和 $NADH/NAD^+$ 两者的比值升高时，异柠檬酸脱氢酶和 α-酮戊二酸脱氢酶复合体被反馈抑制，三羧酸循环的反应速率降低；反之，ATP/ADP 的比值下降时可激活两种酶的活性。此外，其他一些代谢产物对酶的活性也有影响，如柠檬酸能抑制柠檬酸合酶的活性，而琥珀酰 CoA 可抑制 α-酮戊二酸脱氢酶复合体的活性。

当线粒体内 Ca^{2+} 浓度升高时，Ca^{2+} 既可与异柠檬酸脱氢酶和 α-酮戊二酸脱氢酶复合体结合，降低其对底物的 K_m 值而使酶激活，又可激活丙酮酸脱氢酶复合体，从而促进三羧酸循环和有氧氧化的进行。

三、磷酸戊糖途径

糖酵解和糖的有氧氧化是体内糖分解代谢的主要途径，除此之外，在肝脏、脂肪组织、哺乳期乳腺、红细胞、肾上腺皮质、性腺和骨髓等组织尚存在一条磷酸戊糖途径（pentose phosphate pathway）。磷酸戊糖途径是指从 6-磷酸葡萄糖开始形成旁路，在 6-磷酸葡萄糖脱氢酶催化下生成 6-磷酸葡萄糖酸进而代谢生成磷酸戊糖为中间代谢物的过程，故又称为磷酸己糖旁路。它在细胞质中进行，是葡萄糖分解的另外一种机制，其特点在于能生成磷酸核糖和 NADPH 两种重要产物，但不能直接产生 ATP。

（一）磷酸戊糖途径的反应过程

磷酸戊糖途径

磷酸戊糖途径由 6-磷酸葡萄糖开始，其过程可分为两个阶段：第一阶段是氧化阶段，经过氧化分解后产生磷酸戊糖、NADPH 和 CO_2；第二阶段是基团转移阶段，通过一系列的基团转移最终生成 6-磷酸果糖和 3-磷酸甘油醛。反应过程如图 5-5 所示。

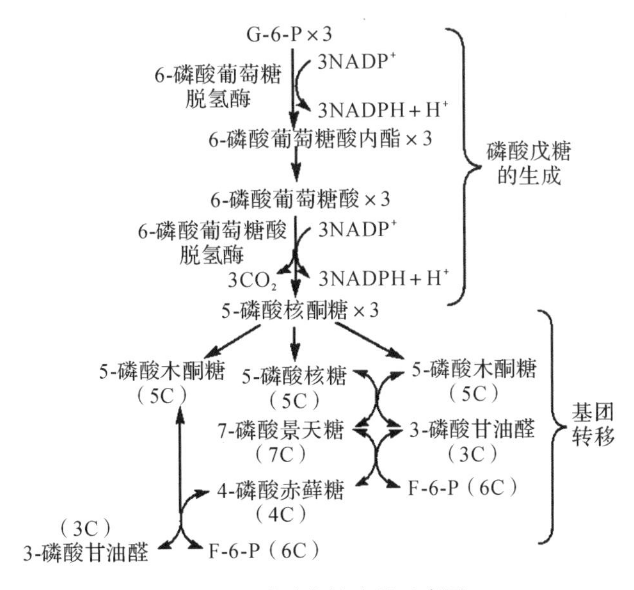

图 5-5 磷酸戊糖途径示意图

1.氧化阶段 氧化阶段的反应过程包括:①6-磷酸葡萄糖在6-磷酸葡萄糖脱氢酶的作用下氧化生成6-磷酸葡萄糖酸内酯,脱下的氢由 $NADP^+$ 接受而生成 $NADPH+H^+$。②6-磷酸葡萄糖酸内酯在内酯酶(lactonase)作用下水解生成6-磷酸葡萄糖酸。③6-磷酸葡萄糖酸在6-磷酸葡萄糖酸脱氢酶作用下氧化脱羧生成5-磷酸核酮糖,同时生成 $NADPH+H^+$ 和 CO_2。④5-磷酸核酮糖经异构酶催化转变为5-磷酸核糖,或者在差向异构酶作用下转变为5-磷酸木酮糖。这些磷酸戊糖之间的相互转变均为可逆反应。

2.基团转移阶段 这一阶段通过一系列基团转移反应,磷酸戊糖转变成6-磷酸果糖和3-磷酸甘油醛,从而进入糖酵解途径。反应过程包括:①5-磷酸木酮糖经转酮酶的作用,将2碳单位转移到5-磷酸核糖上,自身转变为3-磷酸甘油醛,同时形成另外一个七碳产物,即7-磷酸景天糖。②7-磷酸景天糖与3-磷酸甘油醛之间发生转醛基反应,生成6-磷酸果糖和4-磷酸赤藓糖。③4-磷酸赤藓糖与5-磷酸木酮糖之间发生转酮反应,生成糖酵解的两个中间产物:6-磷酸果糖和3-磷酸甘油醛。

磷酸戊糖途径的总反应为:

$$3\times 6\text{-磷酸葡萄糖}+6\ NADP^+ \longrightarrow 2\times 6\text{-磷酸果糖}+3\text{-磷酸甘油醛}+6(NADPH+H^+)+3CO_2$$

(二)磷酸戊糖途径的生理意义

磷酸戊糖途径的主要生理意义是产生5-磷酸核糖和NADPH。

1.提供5-磷酸核糖作为核酸合成的原料 磷酸戊糖途径是机体利用葡萄糖生成5-磷酸核糖的唯一途径。5-磷酸核糖是核苷酸的组成成分,也是合成核苷酸类辅酶及核酸的主要原料。体内的5-磷酸核糖并不依赖从食物中摄入,而是通过磷酸戊糖途径产生。

2.提供NADPH作为供氢体参与多种代谢反应 NADPH与NADH不同,它携带的氢并不是通过电子传递链氧化提供ATP分子,而是作为供氢体参与许多代谢反应。

(1)NADPH是许多合成代谢的供氢体:脂肪酸、胆固醇和类固醇激素的生物合成,都需要大量的NADPH,因此磷酸戊糖途径在脂肪酸、固醇类合成活跃的组织如肝、肾上腺、性腺等中特别旺盛。

(2)NADPH参与体内羟化反应:体内需要NADPH的羟化反应主要体现在两个方面:①合成代谢,如从鲨烯合成胆固醇,再进一步合成胆汁酸、类固醇激素等;②生物转化,NADPH为肝脏单加氧酶体系的组成成分,参与激素、药物、毒物的生物转化过程。

(3)NADPH用于维持还原型谷胱甘肽(GSH)的还原状态:NADPH是谷胱甘肽还原酶的辅酶,这对维持细胞中GSH的正常含量起着重要作用。红细胞需要大量的GSH来保护其细胞膜上含巯基的蛋白质和酶,以维持膜的完整性和酶活性,GSH还可以清除细胞内的 H_2O_2,这对维持红细胞膜的完整和防止溶血起着非常重要的作用。因遗传缺陷导致6-磷酸葡萄糖脱氢酶缺乏的患者,磷酸戊糖途径不能正常进行,致使体内NADPH浓度达不到需求,GSH含量不足,使红细胞膜容易破坏而发生溶血性贫血症、黄疸。新鲜蚕豆是很强的氧化剂,患者常因食用蚕豆而诱发此病,故称蚕豆病。

知识链接

蚕豆病

蚕豆病是6-磷酸葡萄糖脱氢酶(G-6-PD)缺乏者进食新鲜蚕豆或接触蚕豆花粉或服用抗疟疾或磺胺类药物等引起的急性溶血性贫血。它是一种性染色体隐性遗传，意思是女性的1对X性染色体都带有疾病基因才会发病，而男性只有1个X染色体，所以只要这个X染色体异常就会发病。只有1个异常X染色体的女性没有症状，但是他们所生的男孩如果得到这个异常的X染色体，就会发病。临床表现以贫血、黄疸、血红蛋白尿(浓茶色或酱油样)为主。本病常起病急，自然归转，一般呈良性经过。本病以3岁以下小儿多见，也有成年人发病者，男性显著多于女性。

(三)磷酸戊糖途径的调节

6-磷酸葡萄糖可进入体内多种代谢途径，而6-磷酸葡萄糖脱氢酶是磷酸戊糖途径的第一个酶，也是限速酶，因此，其活性决定了6-磷酸葡萄糖进入此途径的流量。NADPH对6-磷酸葡萄糖脱氢酶有强烈的抑制作用，因此该酶活性受 $NADPH/NADP^{+}$ 比值的调节，比值升高，磷酸戊糖途径被抑制，反之则被激活。当机体摄取高糖饮食，尤其是在饥饿后进食时，肝内6-磷酸葡萄糖脱氢酶的含量明显增加，以提供脂肪酸合成时所必需的NADPH。总之，磷酸戊糖途径的流量取决于对NADPH的需求。

第四节　糖异生作用

糖异生作用(gluconeogenesis)指的是以非糖物质作为前体合成葡萄糖或糖原的作用，是饥饿等情况下维持血糖浓度相对恒定的重要因素。这些非糖物质主要包括乳酸、丙酮酸、甘油及生糖氨基酸等。乳酸主要来自肌糖原的酵解，甘油主要来自脂肪，氨基酸来自食物及蛋白质的分解代谢。体内进行糖异生的主要器官是肝，其次是肾。肾在正常情况下糖异生能力只有肝的1/10，但在长期饥饿和酸中毒时肾脏中的糖异生作用可大为增强。

一、糖异生途径

糖异生途径

糖异生作用的途径是指从丙酮酸生成葡萄糖的过程，基本上是糖酵解的逆过程。糖酵解通路中大多数反应是可逆的，但是由于己糖激酶、磷酸果糖激酶-1和丙酮酸激酶三个限速酶所催化的这3个反应是不可逆的，称之为“能障”。因此，糖异生途径必须绕过这三个“能障”才能完成，所需要的酶就是糖异生途径中的关键酶。

1.**丙酮酸通过草酰乙酸生成磷酸烯醇式丙酮酸** 这一过程分两个反应进行，分别由两个关键酶催化。第一个反应由丙酮酸羧化酶（pyruvate carboxylase）催化，该酶含有一个以共价键结合的生物素（biotin）作为辅基。CO_2 先与生物素结合，需消耗 1 分子 ATP，然后活化的 CO_2 再转移给丙酮酸生成草酰乙酸。第二个反应由磷酸烯醇式丙酮酸羧激酶（phosphoenolpyruvate carboxykinase，PEPCK）催化，草酰乙酸脱羧并消耗 1 分子 GTP 生成磷酸烯醇式丙酮酸。上述 2 个反应共消耗 2 分子 ATP。

$$\begin{matrix}COOH\\|\\C=O\\|\\CH_3\end{matrix}\xrightarrow[\text{丙酮酸羧化酶}]{CO_2\quad ATP\quad ADP}\begin{matrix}COOH\\|\\C=O\\|\\CH_2COOH\end{matrix}\xrightarrow[\text{磷酸烯醇式丙酮酸羧激酶}]{GTP\quad GDP\quad CO_2}\begin{matrix}COOH\\|\\CO\sim PO_3H_2\\\|\\CH_2\end{matrix}$$

丙酮酸羧化酶是一种线粒体酶，仅存在于线粒体内，故细胞质中的丙酮酸必须进入线粒体内，才能羧化成草酰乙酸。而磷酸烯醇式丙酮酸羧激酶在线粒体和细胞质中都存在，因此草酰乙酸转变为磷酸烯醇式丙酮酸的反应可在线粒体发生，也可以将草酰乙酸先转运至细胞质后再发生，这就涉及草酰乙酸从线粒体内到细胞质的转运过程。细胞内不存在直接使草酰乙酸跨膜的转运蛋白，需借助两种方式进行转运：①经苹果酸转运：草酰乙酸在线粒体内由苹果酸脱氢酶还原为苹果酸，跨过线粒体膜后，再由细胞质中的苹果酸脱氢酶氧化重新生成草酰乙酸；②经天冬氨酸转运：草酰乙酸在线粒体内由谷草转氨酶催化转变为天冬氨酸并运出线粒体，再经细胞质中的谷草转氨酶催化而重新转变为草酰乙酸。

2.**1,6-二磷酸果糖水解为 6-磷酸果糖** 由果糖二磷酸酶-1 催化，1,6-二磷酸果糖将其 C_1 位上的磷酸酯键水解生成 6-磷酸果糖。

$$H_2O_3PO-CH_2\ (\text{呋喃环})\ CH_2OPO_3H_2\xrightarrow[\text{果糖二磷酸酶-1}]{H_2O\quad Pi}H_2O_3PO-CH_2\ (\text{呋喃环})\ CH_2OH$$

3.**6-磷酸葡萄糖水解为葡萄糖** 由葡萄糖-6-磷酸酶催化生成葡萄糖，也是将磷酸酯键水解。

$$CH_2OPO_3H_2\ (\text{吡喃环})\xrightarrow[\text{葡萄糖-6-磷酸酶}]{H_2O\quad Pi}CH_2OH\ (\text{吡喃环})$$

糖异生作用的途径可归纳为图 5-6。

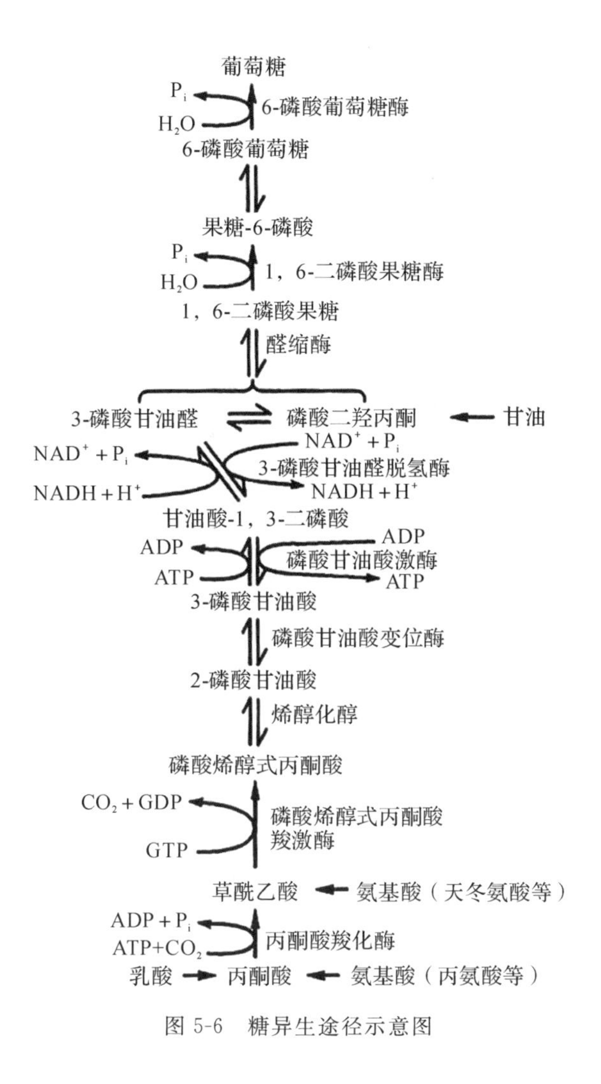

图 5-6　糖异生途径示意图

二、糖异生作用的生理意义

1.维持血糖浓度恒定　脑组织主要依赖葡萄糖供应能量；成熟红细胞没有线粒体，完全通过糖酵解获得能量；骨髓、神经等组织由于代谢活跃，经常进行糖酵解。机体必须将血糖维持在一定的水平上，才能使这些组织器官及时得到葡萄糖的供应。在空腹或饥饿时，尤其在肝糖原消耗殆尽后，机体主要依赖糖异生来维持血糖浓度的恒定，这对主要利用葡萄糖供能的脑组织来说具有重要意义。

2.乳酸再利用　在剧烈运动或缺氧时，肌肉组织通过糖酵解产生大量乳酸，通过细胞膜弥散进入血液再运输至肝，在肝中通过糖异生作用合成肝糖原或葡萄糖，后者再释入血液中补充血糖，又可被肌肉摄取利用，这就构成了一个循环，称为乳酸循环，也叫 Cori 循环，如图 5-7 所示。乳酸循环的形成是肝和肌组织中酶的特点所致。肝内含有葡萄糖-6-磷酸酶，因而可水解 6-磷酸葡萄糖释出葡萄糖而进行糖异生；而肌肉除了糖异生活性低外，又不存在葡萄糖-6-磷酸酶，因此，肌肉中产生的乳酸不能异生成糖，更不能释出葡萄糖。显然，乳酸循环有利于乳酸的再利用，也有助于防止乳酸堆积而导致的酸中毒。

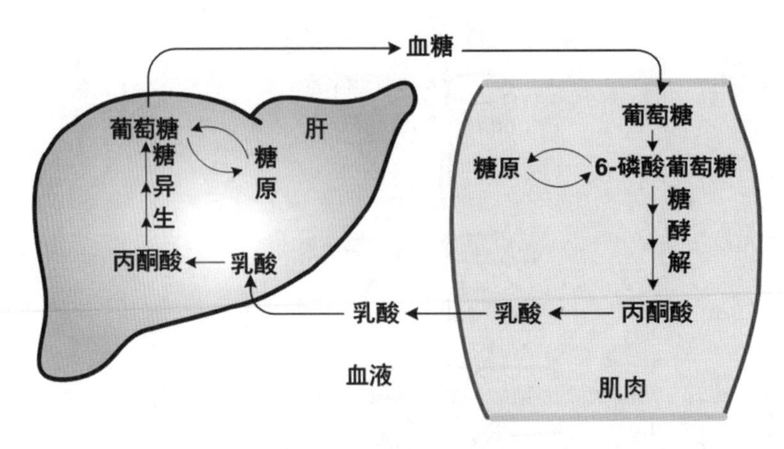

图 5-7　乳酸循环示意图

3.**补充肝糖原**　糖异生的产物既包括葡萄糖又包括糖原，它是肝补充或恢复糖原的重要途径，这在饥饿后进食更为重要。实验证明：在肝脏中，摄入的相当一部分葡萄糖先分解成丙酮酸、乳酸等三碳化合物，然后再异生成糖原。合成糖原的这条途径称为三碳途径，也有学者称之为间接途径。相应的葡萄糖经 UDPG 途径合成糖原的过程称为直接途径。

4.**调节酸碱平衡**　长期饥饿时，肾糖异生作用增强，有利于维持酸碱平衡。原因可能是长期饥饿造成代谢性酸中毒，使体液 pH 降低，促进肾小管中磷酸烯醇式丙酮酸羧激酶的合成，从而使糖异生作用增强。另外，由于肾脏中的 α-酮戊二酸因异生成糖而减少，可促进谷氨酰胺及谷氨酸的脱氨作用，肾小管细胞将 NH_3 分泌入管腔中，与原尿中 H^+ 结合，降低原尿 H^+ 的浓度，有利于排氢保钠作用的进行，对于防止酸中毒有重要作用。

三、糖异生作用的调节

糖异生作用与糖酵解途径是方向相反的两条代谢途径。如果要进行有效的糖异生作用，就必须抑制糖酵解途径，以防止葡萄糖再转变为丙酮酸；反之亦然。这种协调主要由两条途径中酶的活性和浓度进行调节。

1.**己糖激酶和葡萄糖-6-磷酸酶的调节**　高浓度的 6-磷酸葡萄糖抑制己糖激酶，而活化葡萄糖-6-磷酸酶，从而抑制糖酵解，而促进糖异生。

2.**磷酸果糖激酶-1 和果糖二磷酸酶-1 的调节**　磷酸果糖激酶-1 和果糖二磷酸酶-1 分别是糖酵解和糖异生的关键调控酶。AMP 和 2,6-二磷酸果糖对磷酸果糖激酶-1 有激活作用，同时抑制果糖二磷酸酶-1，使反应向糖酵解方向进行；ATP、柠檬酸和乙酰 CoA 的作用正好相反，激活果糖二磷酸酶-1 而抑制磷酸果糖激酶-1，促进糖异生作用。

3.**丙酮酸激酶、丙酮酸羧化酶和磷酸烯醇式丙酮酸羧激酶的调节**　丙酮酸到磷酸烯醇式丙酮酸的转化在糖异生中是由丙酮酸羧化酶调节，而在糖酵解中则是被丙酮酸激酶调节。在肝脏中丙酮酸激酶受 ATP 和丙氨酸的抑制，从而抑制糖酵解作用；乙酰 CoA 可激活丙酮酸羧化酶从而促进糖异生作用；而 ADP 则可同时抑制丙酮酸羧化酶和磷酸烯醇式丙酮酸羧激酶从而抑制糖异生作用。

第五节　糖原的合成与分解

摄入的糖类除满足供能外，大部分转变成脂肪（甘油三酯）储存于脂肪组织，还有一小部分用于合成糖原。当机体需要葡萄糖时可以迅速动用糖原以供急需，而动用脂肪的速度则较慢。肝和肌肉是储存糖原的主要组织器官，人体肝糖原总量为70～100 g，肌糖原为180～300 g。但二者的生理功能有很大不同，肌糖原主要供肌肉收缩时能量的需要，肝糖原则是血糖的重要来源。糖原分子具有一个还原性末端和多个非还原性末端（分支），糖原的合成和分解都是从非还原末端开始的，故糖原分支越多，其合成与分解的速度就越快。

一、糖原的合成

糖原合成与分解

由单糖（主要是葡萄糖）合成糖原的过程称为糖原合成（glycogenesis），主要发生在肝和骨骼肌。糖原合成的过程是在细胞质中进行的，包括下列几个反应。

1.葡萄糖磷酸化生成6-磷酸葡萄糖　催化这步反应的酶是己糖激酶或葡萄糖激酶。此反应与糖酵解第一步反应相同，是不可逆反应。

$$葡萄糖+ATP \longrightarrow 6\text{-}磷酸葡萄糖+ADP$$

2.6-磷酸葡萄糖转变为1-磷酸葡萄糖　在磷酸葡萄糖变位酶催化下，6-磷酸葡萄糖转移其磷酸基团至C_1位生成1-磷酸葡萄糖。该反应是为葡萄糖与糖原分子连接时形成α-1，4-糖苷键做准备。

$$6\text{-}磷酸葡萄糖 \longrightarrow 1\text{-}磷酸葡萄糖$$

3.尿苷二磷酸葡萄糖（UDPG）的生成　在尿苷二磷酸葡萄糖焦磷酸化酶（UDPG pyrophosphorylase）催化下，1-磷酸葡萄糖与尿苷三磷酸（UTP）反应生成尿苷二磷酸葡萄糖（UDPG）和焦磷酸。由于焦磷酸被焦磷酸酶迅速水解为2分子的无机磷酸（Pi），推动可逆反应向糖原合成的方向进行。UDPG是活化形式的葡萄糖，作为糖原合成过程中的葡萄糖供体。

$$1\text{-}磷酸葡萄糖+UTP \rightleftharpoons UDPG+PPi$$

4.以α-1，4-糖苷键连接形成葡萄糖聚合物　糖原合成反应不能以游离葡萄糖作为起始分子来接受UDPG的葡萄糖基，而是需要含一定数量葡萄糖残基的小片段糖原分子作为引物（primer）与UDPG反应。在糖原合酶（glycogen synthase）催化下，UDPG上的葡萄糖基C_1与糖原引物非还原末端C_4形成α-1，4-糖苷链，从而使糖原增加一个葡萄糖单位。该反应反复进行，可使糖原的糖链不断延长，且该反应是糖原合成过程中的限速步骤。

$$UDPG+(葡萄糖)_n \longrightarrow (葡萄糖)_{n+1}+UDP$$

5.糖原分支链的合成　糖原合酶的催化只能使糖链延长，但是不能催化形成糖原支链。当糖原合酶以α-1，4-糖苷键延伸糖链长度至少11个葡萄糖基时，分支酶（branching enzyme）可从该糖链的非还原末端将6～7个葡萄糖基转移至邻近的糖链上，以α-1，6-糖苷键连接，形成分支，如图5-8所示。糖原分支的形成不仅可增加其水溶性，更重要的是可增加非还原末端的数量，以便磷酸化酶迅速分解糖原。

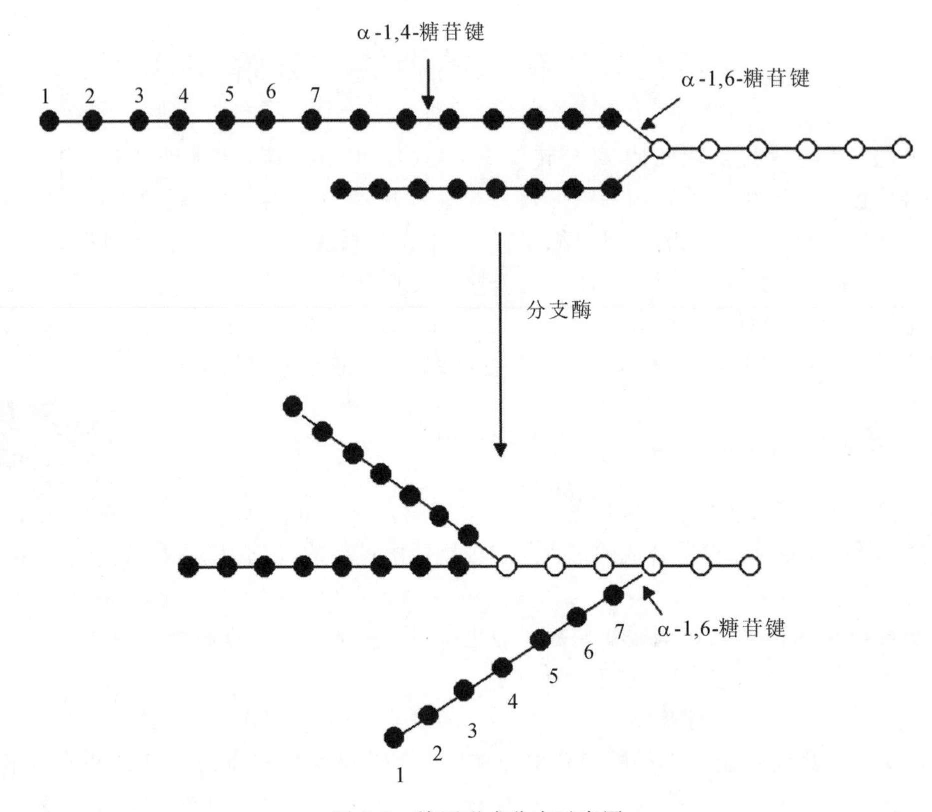

图 5-8 糖原形成分支示意图

二、糖原的分解

糖原分解(glycogenolysis)是指糖原分解成葡萄糖的过程,一般是指肝糖原的分解。糖原分解不是糖原合成的逆反应,包括以下步骤。

1.糖原磷酸解为 1-磷酸葡萄糖 在磷酸化酶催化下,糖原分子非还原性末端的 α-1,4-糖苷键被磷酸解生成 1-磷酸葡萄糖和比原先少了 1 分子葡萄糖的糖原。磷酸化酶是糖原分解过程中的限速酶,其辅酶是磷酸吡哆醛,该酶只能水解糖原分子中的 α-1,4-糖苷键,而不能催化 α-1,6-糖苷键断裂。

2.1-磷酸葡萄糖转变为 6-磷酸葡萄糖 催化该反应的酶是磷酸葡萄糖变位酶。

$$1\text{-磷酸葡萄糖} \longrightarrow 6\text{-磷酸葡萄糖}$$

3.6-磷酸葡萄糖水解为葡萄糖 该反应由葡萄糖-6-磷酸酶催化,该酶只存在于肝和肾中,而不存在于肌肉中。因此,肝糖原可直接分解为葡萄糖而补充血糖,肌糖原却不能分解为葡萄糖。

$$6\text{-磷酸葡萄糖} + H_2O \longrightarrow \text{葡萄糖} + Pi$$

4.糖原脱支反应 当糖原分支上的糖链被磷酸化分解到距离分支点约 4 个葡萄糖残基时,磷酸化酶由于位阻效应不能继续发挥作用。这时就需要有脱支酶(debranching enzyme)的参与才可将糖原进一步完全分解。脱支酶是一种双功能酶,它能催化糖原脱支的两个反应。第一种功能是 4-α-葡聚糖基转移酶(4-α-D-glucanotrnsferase)活性,可以将糖原上四葡聚糖分支链上的三葡聚糖基转移到同一糖原分子或相邻糖原分子末端并以 α-1,4-糖苷键连接,其结果是使糖原直链延长了 3 个葡萄糖残基,而分支点处只留下 1 个葡萄糖残基从而暴露出 α-1,6-糖苷键。脱支酶的另一种功能是 α-1,6-葡萄糖苷酶活性,可将分支点处暴露出的 α-1,6-糖苷键水解,释放出游离的葡萄糖。在磷酸化酶与脱支酶的协同和反复作用下,糖原可以完全磷酸解和水解,如图 5-9 所示。

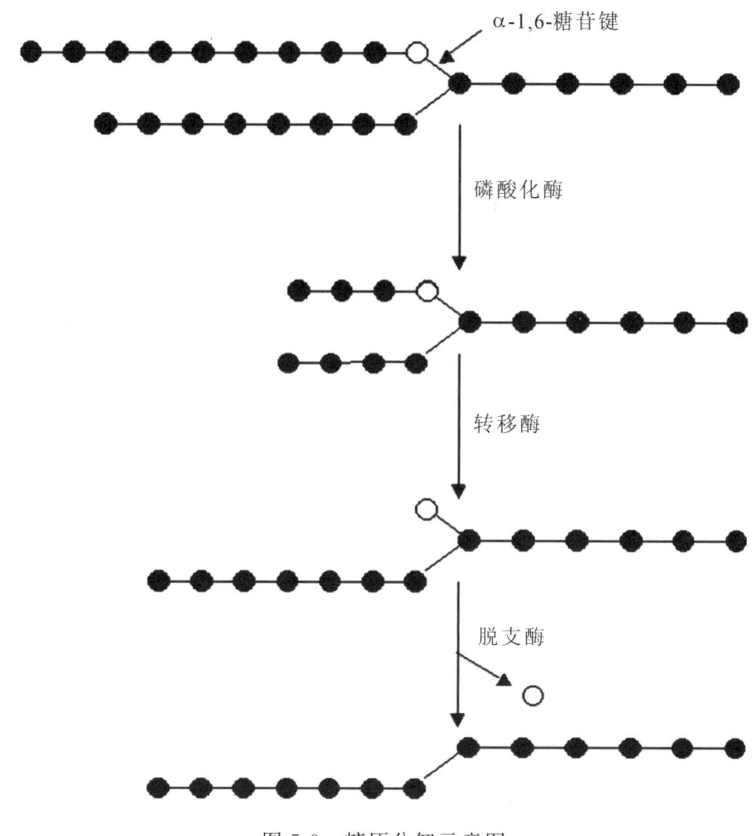

图 5-9　糖原分解示意图

三、糖原合成与分解的生理意义

糖原合成与分解的生理意义在于储存葡萄糖和调节血糖浓度。在正常生理情况下机体需要维持血糖浓度相对恒定,以保证依赖葡萄糖供能的组织(如脑、红细胞等)的能量供给,而糖原是葡萄糖在体内的高效储能形式。当机体内糖供应丰富(如饱食状态)和能量充足时,充足的葡萄糖会在肝和肌肉中合成糖原并储存起来,以免血糖浓度过高;当糖供应不足(如空腹)或能量缺乏时,肝糖原直接分解为葡萄糖以维持血糖浓度。所以糖原的合成与分解代谢对于维持血糖浓度的恒定有重要意义。

四、糖原代谢的调节

糖原的合成与分解是两条代谢途径,分别进行调控并相互制约。当糖原合成途径活跃时,糖原分解被抑制,反之亦然。这种合成与分解代谢通过两条途径进行独立的、反向的精细调节,是生物体内普遍存在的规律。糖原合酶与磷酸化酶分别是糖原合成与分解代谢中的限速酶,它们受到共价修饰调节和变构调节。

(一)共价修饰调节

磷酸化酶和糖原合酶的活性均受磷酸化和去磷酸化的共价修饰调节,这种调节方式是可逆的,两种酶磷酸化及去磷酸化的方式相似,但其效果相反(图 5-10)。

1. 磷酸化酶　糖原磷酸化酶有磷酸化(a 型,活性型)和去磷酸化(b 型,无活性型)两种形式。当该酶分子中第 14 位丝氨酸残基在磷酸化酶 b 激酶作用下磷酸化时,原来活性很低的磷酸化酶 b 转变为活性强的磷酸化酶 a,而磷酸化酶 a 的去磷酸化则由磷蛋白磷酸酶-1 催化,再重新转变为磷酸化酶 b。

2. 糖原合酶　糖原合酶也有两种形式:磷酸化(b 型,无活性型)和去磷酸化(a 型,活性型)。糖原合酶 a 有活性,磷酸化后转变为无活性的糖原合酶 b,该磷酸化过程由多种激酶催化。糖原合酶 b 的去磷酸化过程也是由磷蛋白磷酸酶-1 催化,再重新转变为糖原合酶 a。

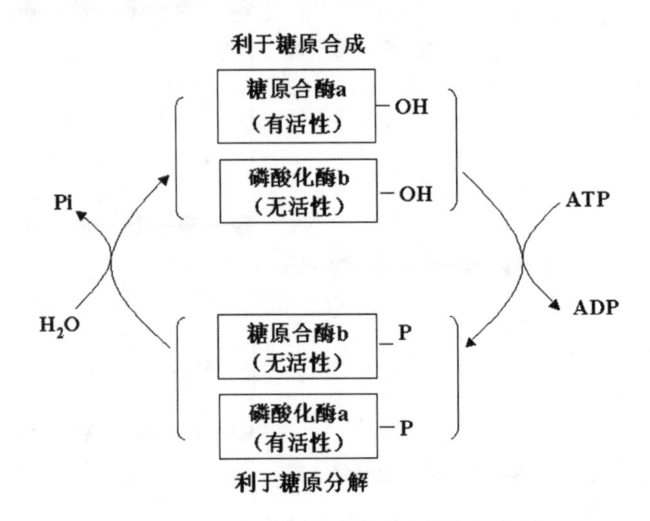

图 5-10　糖原合酶与磷酸化酶的协调控制

(二)变构调节

磷酸化酶和糖原合酶的活性还受变构效应剂的变构调节。6-磷酸葡萄糖可变构激活糖原合酶,促进肝糖原和肌糖原的合成,但肝和肌内的磷酸化酶则分别由不同的变构剂调节,这与肝糖原和肌糖原的不同功能是相适应的。

葡萄糖是肝糖原磷酸化酶最主要的变构抑制剂,可避免在血糖充足时分解肝糖原。葡萄糖与磷酸化酶 a 的变构部位结合,引起构象改变而暴露出磷酸化的第 14 位丝氨酸,在磷蛋白磷酸酶-1 的催化下使之去磷酸化而失活。1,6-二磷酸果糖与 1-磷酸果糖也可变构抑制肝糖原磷酸化酶。

肌糖原磷酸化酶的变构调节主要有两种机制:一种调节机制取决于细胞内的能量状态,AMP 使磷酸化酶激活,ATP 和 6-磷酸葡萄糖则抑制其活性;另一种调节机制与肌收缩引起的 Ca^{2+} 浓度升高有关,当 Ca^{2+} 与磷酸化酶 b 激酶的变构部位(δ 亚基)结合,即可激活磷酸化酶 b 激酶，促进磷酸化酶 b 转变为有活性的磷酸化酶 a，加速糖原分解，为肌收缩供能。

第六节　血糖的调节与糖代谢紊乱

血糖(blood sugar)主要是指血液中的葡萄糖。正常成人空腹血糖含量相当恒定，始终维持在 3.89～6.11 mmol/L，这是机体对血糖的来源和去路进行精细调节，使二者维持动态平衡的结果。

一、血糖的来源和去路

(一)血糖的来源

1. **食物中糖的消化吸收**　食物中的糖经消化吸收，进入血液，这是血糖的主要来源。

2. **肝糖原分解**　空腹时机体血糖浓度下降，肝糖原可大量分解成葡萄糖进入血液，这是空腹时血糖的直接来源。

3. **糖异生作用**　长期饥饿时，储备的肝糖原已不足以维持血糖的恒定，此时糖异生作用增强，将大量的非糖物质转变成葡萄糖以维持血糖浓度。因此，糖异生作用是空腹和饥饿时血糖的重要来源。

(二)血糖的去路

1. **氧化供能**　糖在各组织细胞中发生氧化分解并提供能量，这是血糖的最主要去路。

2. **合成糖原**　当机体糖供应充足时，葡萄糖可在肝和肌肉中合成糖原储存。

3. **转变成其他物质**　血糖可转变成脂肪、多种有机酸和某些非必需氨基酸等非糖物质，也可以转变成其他糖类或其衍生物，如核糖、脱氧核糖、葡糖醛酸、氨基糖、唾液酸等。

4. **随尿排出**　当血糖浓度高于 8.9～10.0 mmol/L(此血糖值称为肾糖阈)时，超过肾小管的最大重吸收能力，糖就会从尿液中排出，出现糖尿现象。尿排糖是血糖的非正常去路，常在病理情况下出现，如糖尿病患者。

血糖的来源和去路见图 5-11。

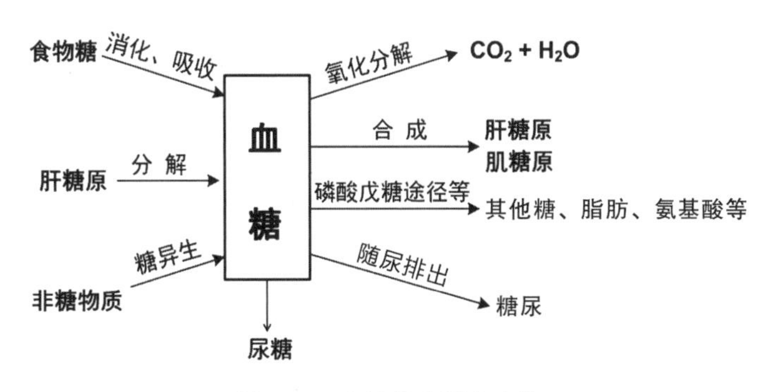

图 5-11　血糖的来源和去路

二、血糖浓度的调节

(一)肝脏对血糖的调节

肝脏对血糖浓度的变化极为敏感，是调节血糖浓度的主要器官，可通过糖原的合成、分解和糖异生等多种糖代谢途径来实现调节作用。比如，当餐后血糖浓度升高时，肝糖原合成增加，使血糖浓度下降；当空腹血糖浓度降低时，肝糖原分解为葡萄糖用于维持血糖水平；当禁食或长期饥饿时，肝中糖异生作用增强，以维持血糖的恒定。除肝脏外，肾脏、肌肉和肠道等也可调节血糖浓度。

(二)激素对血糖的调节

调节血糖的激素可分为两类：一类是降低血糖的激素，即胰岛素；另一类是升高血糖的激素，包括胰岛素、胰高血糖素、糖皮质激素、肾上腺素等。这两类激素相互协调、相互制约，共同维持血糖的正常水平。

1.**胰岛素**　胰岛素是体内唯一的能降低血糖的激素，同时促进糖原、脂肪、蛋白质的合成。胰岛素的分泌受血糖浓度的控制，进食后血糖浓度升高立即引起胰岛素分泌，血糖浓度降低，胰岛素分泌即减少。胰岛素降血糖的机制是多方面的，主要包括：①促进肌肉、脂肪组织等的细胞膜葡萄糖载体将葡萄糖转运入细胞内；②激活磷酸二酯酶使细胞内 cAMP 降低，使糖原合酶被活化，磷酸化酶被抑制，结果是加速糖原合成而抑制糖原分解；③激活丙酮酸脱氢酶，加速丙酮酸氧化为乙酰 CoA，促进糖的有氧氧化；④抑制肝内糖异生；⑤抑制脂肪组织内的激素敏感性脂肪酶，可减缓脂肪动员的速率，从而促使肌肉、心肌等组织利用葡萄糖。

2.**胰高血糖素**　胰高血糖素是体内升高血糖的主要激素。血糖浓度降低或血中氨基酸升高可刺激胰高血糖素的分泌。其升高血糖的机制包括：①激活依赖 cAMP 的蛋白激酶，从而抑制糖原合酶和激活磷酸化酶，使肝糖原迅速分解，血糖升高；②抑制磷酸果糖激酶-2 和激活果糖二磷酸酶-2，使 2,6-二磷酸果糖的量减少，故糖酵解被抑制而糖异生则加速；③诱导肝内磷酸烯醇式丙酮酸激酶的合成，同时抑制肝内丙酮酸激酶，使糖异生加强；④与胰岛素作用相反，加速脂肪动员，间接升高血糖水平。

3.**糖皮质激素**　糖皮质激素可引起血糖升高，肝糖原增加。其作用机制有两方面：①促进肌肉中蛋白质分解生成氨基酸并转移到肝进行糖异生；②抑制丙酮酸脱氢酶复合体的活性，使肝外组织摄取和利用葡萄糖减少，升高血糖浓度。此外，糖皮质激素还可协同增强其他激素促进脂肪动员的效应，促进机体利用脂肪酸供能。

4.**肾上腺素**　肾上腺素是强有力的升高血糖的激素。其作用机制主要是引发肝和肌细胞内依赖 cAMP 的磷酸化级联反应，加速糖原分解，直接或间接升高血糖。肾上腺素主要在应急状态下发挥调节作用。

(三)神经系统对血糖的调节

糖代谢还受到神经系统的整体调节，通过调节激素的分泌量来完成调节作用。血糖浓度较低时，会促使机体交感神经兴奋，肾上腺素分泌增加，血糖升高，而迷走神经兴奋时，胰岛素分泌增加，则血糖浓度降低。

三、糖代谢紊乱

许多因素都可影响糖代谢，如神经系统功能紊乱、内分泌失调、某些酶的先天性缺陷、肝或肾功能障碍等均可引起糖代谢紊乱。

（一）低血糖

血糖浓度低于 2.8 mmol/L 时称为低血糖（hypoglycemia）。脑组织主要依赖葡萄糖氧化供能，因而对低血糖比较敏感。当血糖浓度过低时，脑组织因缺乏能量而影响其正常功能，出现头昏、倦怠无力、心悸、饥饿感及出冷汗等，严重时发生昏迷，一般称为“低血糖休克”。临床上遇到这种情况时，只需及时给病人静脉注入葡萄糖溶液，症状就会得到缓解，否则可能会导致死亡。长期饥饿、空腹饮酒或持续剧烈体力活动时，外源性糖来源受阻而内源性肝糖原已经耗竭，因而容易造成生理性低血糖。出现病理性低血糖的病因则包括：①胰性疾病（胰岛 β 细胞功能亢进、胰腺 α 细胞功能低下等）；②严重肝脏疾病（如肝癌、糖原累积症等）；③内分泌异常（如垂体功能低下、肾上腺皮质功能低下等）；④胃癌等肿瘤。

（二）高血糖和糖尿

空腹血糖浓度高于 7.0 mmol/L 时称为高血糖（hyperglycemia）。如果血糖浓度高于肾糖阈值，就会形成糖尿。在生理情况下也会出现高血糖和糖尿，如情绪激动时交感神经兴奋，使肾上腺素分泌增加，肝糖原大量分解，导致高血糖和糖尿；又如临床上静脉输入大量葡萄糖或滴注速度过快，使血糖浓度迅速升高而引起高血糖甚至糖尿。病理性高血糖常见于：①遗传性胰岛素受体缺陷，胰岛素分泌障碍或升高血糖的激素分泌亢进；②某些慢性肾炎、肾病综合征等引起肾对糖的重吸收障碍而出现糖尿，称为肾性糖尿。肾性糖尿是肾糖阈下降引起的，患者的糖代谢并未发生紊乱，因此临床上遇到高血糖或糖尿现象时，须全面检查和综合分析，才能得出正确的诊断结论。

（三）糖尿病

糖尿病是一组以高血糖为特征的慢性、复杂的代谢性疾病。其特征是因糖代谢紊乱出现的持续性高血糖和糖尿，特别是空腹血糖和糖耐量曲线高于正常范围。其主要病因是部分或完全胰岛素缺失、胰岛素抵抗（细胞胰岛素受体减少或受体敏感性降低，导致对胰岛素的调节作用不敏感）。临床上将糖尿病主要分为四型：胰岛素依赖型（1 型）、非胰岛素依赖型（2 型）、妊娠糖尿病（3 型）和特殊类型糖尿病（4 型）。1 型糖尿病多发生于青少年，因自身免疫使胰腺 β 细胞功能缺陷，导致胰岛素分泌不足。2 型糖尿病与肥胖关系密切，可能是细胞膜上胰岛素受体功能缺陷所致。

患糖尿病时，机体糖代谢紊乱，组织细胞利用血糖的能力下降，糖原合成减弱而分解加强，糖异生增强。这些代谢变化导致出现持续性高血糖和糖尿，患者表现出多食、多饮、多尿、体重减少的“三多一少”症状。糖尿病时长期存在的高血糖，可导致各种组织，特别是眼、肾、心脏、血管、神经的慢性损害、功能障碍，因此严重的糖尿病患者常伴有多种并发症，如糖尿病视网膜病变、糖尿病周围血管病变、糖尿病肾病等。这些并发症的严重程度、血糖水平升高的程度和病史的长短有关,可见治疗糖尿病的关键在于控制血糖浓度。当糖尿病患者经过饮食和运动治疗以及糖尿病保健教育后,血糖的控制仍不能达到治疗目标时,就需用降血糖药物治疗来降低和控制患者血糖浓度。

案例分析

某患者,男性,55 岁。平时好饮酒、吸烟,喜欢食用肉、动物内脏等高热量饮食,体重一度增至 100 kg。近年来,该患者感觉自己越来越不耐饥饿,常有乏力、疲惫之感,体重下降明显,出现小便量及次数增加、口渴、多饮、多食等症状。经查空腹血糖浓度 8.9 mmol/L,餐后两小时血糖达到 18 mmol/L。血胰岛素水平低于正常值下限。

1.该患者患有何种疾病?诊断依据是什么?

2.为什么患者出现了多食症状,体重反而会下降?

3.临床上可以用什么药物进行治疗?

第七节　糖类药物

目前已发现许多糖类及其衍生物具有很高的药用价值,特别是多糖类,在抗凝、降血脂、提高机体免疫力和抗肿瘤、抗辐射等方面具有显著的药理作用与疗效。

一、糖类药物的分类及作用

(一)糖类药物的分类

1.单糖类药物及其衍生物　单糖类药物包括葡萄糖、果糖、氨基葡萄糖等;6-磷酸葡萄糖、1,6-二磷酸果糖、磷酸肌酸等单糖衍生物也作为药物应用于临床。

2.寡糖类药物　寡糖类药物包括麦芽糖、乳糖、乳果糖等。

3.多糖类药物　多糖类药物是目前研究最多的糖类药物,按其来源又可以分为:

(1)植物来源的多糖:指从植物,尤其是从中药材中提取的水溶性多糖,如当归多糖、枸杞多糖、艾叶多糖、大黄多糖等。这类多糖大多数都没有细胞毒性,而且质量通过化学手段容易控制,目前已成为新药研究的发展方向之一。

(2)动物来源的多糖:指从动物的组织、器官及体液中分离、纯化得到的多糖,这类多糖大多数是水溶性的黏多糖,也是最早用作药物的多糖,如肝素、硫酸软骨素、透明质酸等。

(3)微生物来源的多糖:指来源于微生物的多糖,如右旋糖酐是以细菌发酵法制得的一种葡聚糖。近年来发现真菌能产生多种有生物活性的多糖,如香菇多糖、茯苓多糖、猪苓多糖、芸芝多糖、银耳多糖等,这类多糖主要用于肿瘤的治疗及机体免疫功能的增强。

(4)海洋生物来源的多糖:指从海洋、湖泊生物体内分离、纯化得到的多糖,如几丁质(壳多糖、甲壳素)、螺旋藻多糖、刺身多糖等,这类多糖具有广泛的生物学效应。

(二)糖类药物的作用

1. **调节免疫功能**　主要表现为影响补体活性，促进淋巴细胞增生，激活或提高吞噬细胞的功能，增强机体的抗炎、抗氧化和抗衰老能力。如香菇多糖是一种具有免疫调节作用的抗肿瘤辅助药物，可提高病人免疫功能。

2. **抗感染作用**　可提高机体组织细胞对细菌、病毒、真菌及原虫感染的抵抗能力。如甲壳素等对皮下肿胀有治疗作用，对皮肤伤口有愈合作用。

3. **抗辐射损伤作用**　紫菜多糖、茯苓多糖、透明质酸等可以对抗^{60}Co、γ射线的损伤，有抗氧化、抗辐射的作用。

4. **抗凝血作用**　肝素为天然抗凝剂，可用于防治血栓栓塞性疾病、心绞痛、充血性心力衰竭等，也可用于肿瘤的辅助治疗。甲壳素、黑木耳多糖、芦荟多糖等也具有类似的抗凝作用。

5. **降血脂、抗动脉粥样硬化作用**　硫酸软骨素、小分子肝素等具有降血脂、降胆固醇和抗动脉粥样硬化的作用，可用于动脉硬化和冠心病的防治。

6. **其他作用**　糖类药物除上述作用外，还具有其他多方面的活性作用，如右旋糖酐可以代替血浆蛋白以维持血液渗透压，起到抗休克、改善微循环等作用；海藻酸钠等能增加血容量，使血压恢复正常；有些多糖还能促进细胞 DNA、蛋白质的合成，从而促进细胞的增殖和生长。

二、常见多糖类药物

1. **肝素**　肝素为抗凝血药，在体内、体外均有强大的抗凝作用，可使多种凝血因子灭活。此外，肝素还可以抑制血小板聚集，抑制血管平滑肌细胞增生和抗血管内膜增生，还具有调血脂、抗炎、抗过敏等作用。临床上肝素广泛用于血栓栓塞性疾病的治疗，如深静脉血栓、肺栓塞等；也可用作各种外科手术前后防治血栓形成和栓塞，输血时预防血液凝固和作为保存新鲜血液的抗凝剂；还可用于各种原因引起的弥散性血管内凝血(DIC)的早期治疗及心导管检查、体外循环、血液透析等；对于急性心肌梗死患者，可用肝素预防病人发生静脉血栓栓塞性疾病，并可预防大块的前壁透壁性心肌梗死病人发生动脉栓塞等；小剂量肝素用于防治高脂血症与动脉粥样硬化。另外，肝素软膏在皮肤病及化妆品中也已广泛应用。

2. **右旋糖酐**　右旋糖酐为葡萄糖的聚合物，按聚合的葡萄糖分子数目不同，可分为中相对分子质量(相对分子质量约为 75000)、低相对分子质量(平均相对分子质量 20000～40000)和小相对分子质量(平均相对分子质量 10000)。右旋糖酐为血浆代用品，其相对分子质量较大，静滴后不易渗出血管，能提高血浆胶体渗透压，从而扩充血容量，维持血压，其作用强度随相对分子质量减小而降低。低、小分子右旋糖酐能阻止红细胞及血小板聚集，降低血液黏滞性，从而有改善微循环的作用，可预防或消除血管内红细胞聚集和血栓形成等，亦可扩充血容量，但作用较中分子右旋糖酐短暂。低、小分子右旋糖酐流经肾小管时，能形成管腔高渗，水重吸收减少而产生利尿作用。临床上中分子右旋糖酐主要用作血浆代用品，用于防治低血容量休克，如出血性休克、手术中休克、创伤性休克及烧伤性休克等。低、小分子右旋糖酐主要用于各种休克所致的微循环障碍、弥漫性血管内凝血、心绞痛、急性心肌梗死及其他周围血管疾病等，也可用于防治急性肾功能衰竭。

3.**硫酸软骨素** 硫酸软骨素是从动物组织中提取制得的酸性黏多糖，对维持细胞环境的相对稳定性和正常功能具有重要作用。

硫酸软骨素具有广泛的药理作用，能加速伤口愈合，减少瘢痕组织的产生，可作为外伤口的愈合剂；可通过促进基质的生成，为细胞的迁移提供架构，有利于角膜上皮细胞的迁移，从而促进角膜创伤愈合，制备成滴眼液可用于治疗角膜炎、角膜溃疡、角膜损伤等，也可用于治疗眼疲劳、眼干燥症等；具有促进软骨再生、改善关节功能、减少关节肿胀和积液等功效，能够减少骨关节炎患者疼痛，故常用于治疗关节疾病；此外，还可用于抗炎、抗凝血、防治冠心病和防治动脉粥样硬化。

4.**透明质酸** 透明质酸具有润滑关节，调节血管壁的通透性，调节蛋白质，水、电解质扩散及运转，促进创伤愈合等功能。透明质酸具有较高临床价值，广泛应用于各类眼科手术，如晶状体植入、角膜移植和抗青光眼手术等，还可用于治疗关节炎和加速伤口愈合。透明质酸在化妆品中的应用更加广泛，能起到独特的皮肤保护作用，可保持皮肤滋润光滑、细腻柔嫩、富有弹性，具有防皱、抗皱、美容保健和恢复皮肤生理功能的作用。同时还是良好的透皮吸收促进剂，与其他营养成分配合使用，可以起到促进营养吸收的理想效果。

在线测试

思考题

1.说明糖酵解途径的主要过程及其生理意义。
2.写出三羧酸循环的反应历程及催化各反应的酶。
3.简述三羧酸循环的生理意义。
4.简述磷酸戊糖途径的生理意义。
5.什么叫糖异生作用？哪些代谢物可以在体内转变为糖？
6.糖原合成与分解是如何协调控制的？
7.简述血糖水平异常的两种常见类型。

本章小结

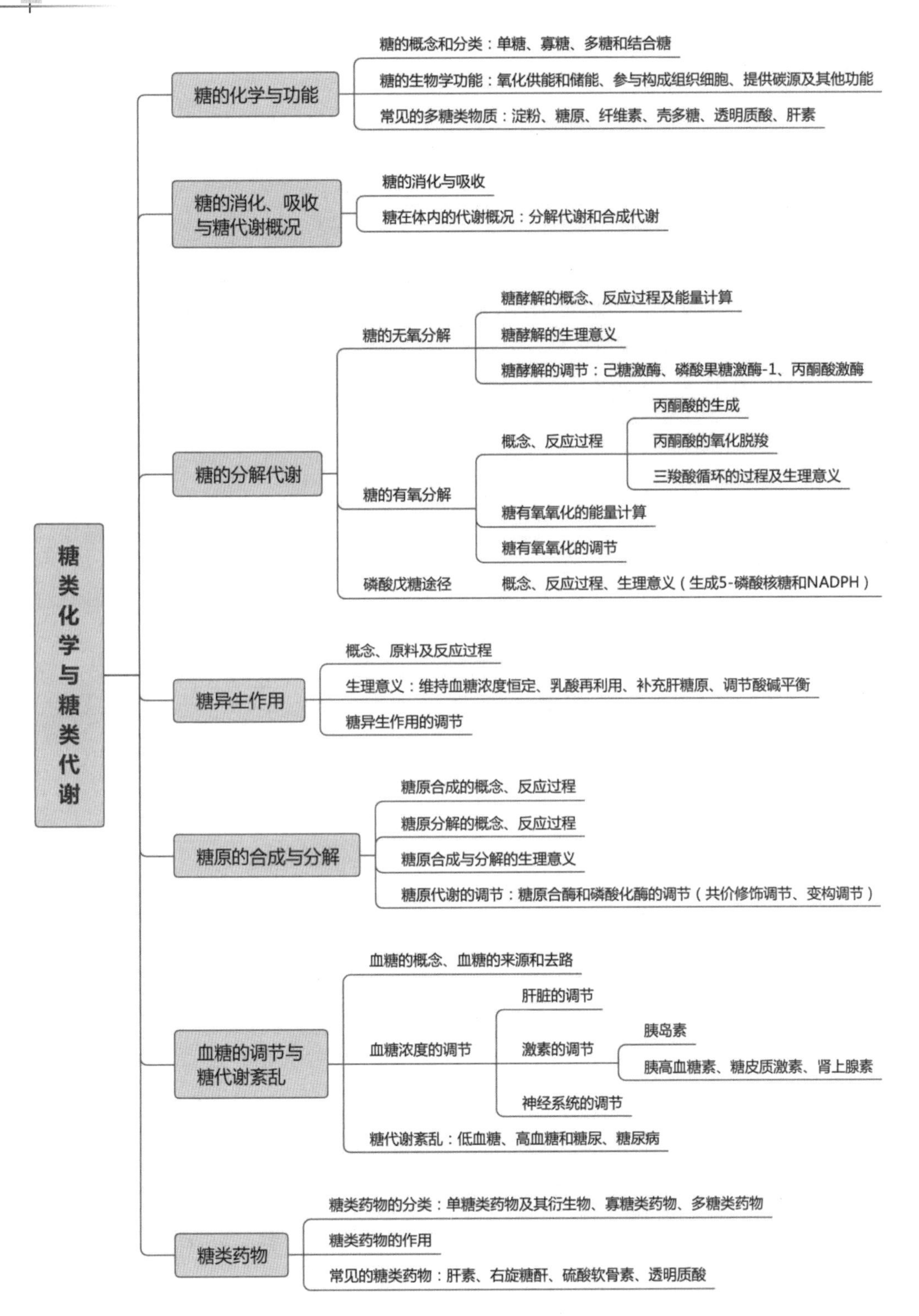
糖类化学与糖类代谢
糖的化学与功能
糖的概念和分类：单糖、寡糖、多糖和结合糖
糖的生物学功能：氧化供能和储能、参与构成组织细胞、提供碳源及其他功能
常见的多糖类物质：淀粉、糖原、纤维素、壳多糖、透明质酸、肝素
糖的消化、吸收与糖代谢概况
糖的消化与吸收
糖在体内的代谢概况：分解代谢和合成代谢
糖的分解代谢
糖的无氧分解
糖酵解的概念、反应过程及能量计算
糖酵解的生理意义
糖酵解的调节：己糖激酶、磷酸果糖激酶-1、丙酮酸激酶
糖的有氧分解
概念、反应过程
丙酮酸的生成
丙酮酸的氧化脱羧
三羧酸循环的过程及生理意义
糖有氧氧化的能量计算
糖有氧氧化的调节
磷酸戊糖途径
概念、反应过程、生理意义（生成5-磷酸核糖和NADPH）
糖异生作用
概念、原料及反应过程
生理意义：维持血糖浓度恒定、乳酸再利用、补充肝糖原、调节酸碱平衡
糖异生作用的调节
糖原的合成与分解
糖原合成的概念、反应过程
糖原分解的概念、反应过程
糖原合成与分解的生理意义
糖原代谢的调节：糖原合酶和磷酸化酶的调节（共价修饰调节、变构调节）
血糖的调节与糖代谢紊乱
血糖的概念、血糖的来源和去路
血糖浓度的调节
肝脏的调节
激素的调节
胰岛素
胰高血糖素、糖皮质激素、肾上腺素
神经系统的调节
糖代谢紊乱：低血糖、高血糖和糖尿、糖尿病
糖类药物
糖类药物的分类：单糖类药物及其衍生物、寡糖类药物、多糖类药物
糖类药物的作用
常见的糖类药物：肝素、右旋糖酐、硫酸软骨素、透明质酸

实验项目七　糖酵解中间产物的鉴定

【实验目的】

1. 了解糖酵解过程的中间步骤及利用抑制剂来研究中间代谢的方法。
2. 加深对糖酵解过程的感性认识。

【实验原理】

利用碘乙酸对糖酵解过程中3-磷酸甘油醛脱氢酶的抑制作用，使3-磷酸甘油醛不再进一步反应而积累。硫酸肼作为稳定剂，用来保护3-磷酸甘油醛使其不自发分解。然后用2,4-二硝基苯肼与3-磷酸甘油醛在碱性条件下形成2,4-硝基苯肼-丙糖的棕色复合物，其棕色程度与3-磷酸甘油醛含量成正比。

【试剂、材料和器材】

1. 试剂

(1)2,4-二硝基苯肼溶液：0.1 g 2,4-二硝基苯肼溶于100 ml 2 mol/L盐酸溶液中，储于棕色瓶备用。

(2)0.56mol/L硫酸肼溶液：称取7.28 g硫酸肼溶于50 ml水中，这是不易全部溶解，当加入NaOH使pH达7.4时则完全溶解。此液也可用水合肼溶液配制，可按其分子浓度稀释至0.56 mol/L，此时溶液呈碱性，可用浓硫酸调pH至7.4即可。

(3)5%葡萄糖溶液；10%三氯乙酸；0.75 mol/L NaOH溶液；0.002 mol/L碘乙酸。

2. 材料　酵母。

3. 器材　试管、吸量管、烧杯、玻璃漏斗、恒温水浴锅。

【实验方法及步骤】

1. 取小烧杯3只，分别加入新鲜酵母0.3 g，并按表5-2分别加入各试剂，混匀。

表5-2　试剂添加(一)

杯号	5%葡萄糖/ml	10%三氯乙酸/ml	碘乙酸/ml	硫酸肼/ml	发酵时气泡多少
1	10	2	1	1	
2	10	0	1	1	
3	10	0	0	0	

将各杯混合物分别导入编号相同的发酵管内，放入37 ℃保温1.5 h，观察发酵管产生气泡的量有何不同。

2.把发酵管中发酵液倾倒入同号小烧杯中，并在2号和3号杯中按下表补加各试剂，摇匀并放置10 min后和1号烧杯中的内容物一起分别过滤，取滤液进行测定(表5-3)。

表5-3　试剂添加(二)

杯号	10%三氯乙酸/ml	碘乙酸/ml	硫酸肼/ml
2	2	0	0
3	2	1	1

3.取3支试管，分别加入上述滤液0.5 ml，并按表5-4加入试剂和处理，观察各管颜色的变化。

表5-4　试剂添加(三)

管号	1	2	3
滤液/ml	0.5	0.5	0.5
0.75 mol/L NaOH/ml	0.5	0.5	0.5
室温放置10 min			
2,4-二硝基苯肼/ml	0.5	0.5	0.5
37 ℃水浴保温10 min			
0.75 mol/L NaOH/ml	3.5	3.5	3.5
观察并记录结果			

【思考题】

1 实验中三氯乙酸、碘乙酸、硫酸肼这三种试剂分别起什么作用?

2.实验中哪一发酵管生成的气泡最多? 哪一管最后生成的颜色反应最深? 为什么?

实验项目八　胰岛素和肾上腺素对血糖浓度的影响

【实验目的】

1.掌握葡萄糖氧化酶法测定血糖浓度的原理和方法。

2.观察胰岛素和肾上腺素对血糖浓度的影响。

【实验原理】

激素是调节血糖浓度的重要因素，其中胰岛素能降低血糖，肾上腺素等激素能升高血糖。本实验将胰岛素或肾上腺素分别注射入两只健康的家兔体内，通过测定注射前后家兔体内的血糖含量变化，观察胰岛素和肾上腺素对血糖浓度的影响。

本实验采用葡萄糖氧化酶法测定血清葡萄糖含量。其原理是葡萄糖氧化酶（GOD）利用氧和水将葡萄糖氧化为葡萄糖酸，并释放出过氧化氢。然后过氧化物酶（POD）在色素原性氧受体存在下将释放出的过氧化氢分解为水和氧，同时使色素原性氧受体4-氨基安替比林和酚去氢缩合为红色醌类化合物（苯醌亚胺非那腙），其颜色深浅在一定范围内与葡萄糖浓度成正比。其反应方程式如下：

$$\beta\text{-}D\text{-葡萄糖} + O_2 + H_2O \xrightarrow{\text{葡萄糖氧化酶}} D\text{-葡萄糖酸} + H_2O_2$$

$$H_2O_2 + 4\text{-氨基安替比林} + \text{苯酚} \xrightarrow{\text{过氧化物酶}} H_2O + \text{红色醌式物质}$$

【试剂、动物与器材】

1.试剂

(1)0.1 mol/L 磷酸盐缓冲液（pH 7.0）：称取无水磷酸氢二钠 8.67 g 及无水磷酸二氢钾 5.3 g，溶于蒸馏水 800 ml 中，用 1 mol/L NaOH（或 1 mol/L HCl）调 pH 至 7.0，用蒸馏水定容至 1 L。

(2)酶试剂：称取过氧化物酶 1200 U，葡萄糖氧化酶 1200 U，4-氨基安替比林 10 mg，叠氮化钠 100 mg，溶于磷酸盐缓冲液 80 ml 中，用 1 mol/L NaOH 调 pH 至 7.0，用磷酸盐缓冲液定容至 100 ml，置 4 ℃保存，可稳定存放 3 个月。

(3)酚溶液：称取重蒸馏酚 100 mg，溶于蒸馏水 100 ml 中，用棕色瓶储存。

(4)酶酚混合试剂：酶试剂与酚溶液等量混合，置 4 ℃保存，可存放 1 个月。

(5)12 mmol/L 苯甲酸溶液：称取苯甲酸 1.4 g，溶于蒸馏水约 800 ml 中，加热助溶，冷却后用蒸馏水定容至 1 L。

(6)100 mmol/L 葡萄糖标准储存液：称取已干燥至恒重的无水葡萄糖 1.802 g，溶于 12 mmol/L苯甲酸溶液约 70 ml 中，再用 12 mmol/L 苯甲酸溶液定容至 100 ml。2 h 后方可使用。

(7)5 mmol/L 葡萄糖标准应用液：吸取葡萄糖标准储存液 5.0 ml 至 100 ml 容量瓶中，用 12 mmol/L 苯甲酸溶液定容至 100 ml。

2.动物　健康家兔两只，体重 2～3 kg。

3.器材　手术刀片、二甲苯、剪刀、干棉球、注射器、试管及试管架、微量加样器、数显恒温水浴锅、紫外可见分光光度计、离心机。

【实验方法及步骤】

1.动物准备　取健康家兔两只，实验前预先饥饿 16 h，称体重。

2.注射激素前取血　一般多从耳缘静脉取血：先剪去外耳静脉周围的兔毛，用二甲苯擦拭兔耳，使其血管充血，再用干棉球擦干，于放血部位涂一薄层凡士林，然后用手术刀片或粗针头刺破静脉放血。将静脉血收集于干净试管中，静置至血清析出。取血完毕后，用干棉球压迫血管止血。

3.注射激素　一只家兔注射胰岛素：皮下注射，剂量为 1.0 U/kg。另一只家兔注射肾上腺素：皮下注射，剂量为 0.4 mg/kg。分别记录注射时间，30 min 后取第二次血，取血方法同前。

4. 血糖测定 分别测定各血样中的葡萄糖含量:取试管 7 支,其中空白管 1 支,标准管 1 支,测定管 4 支,按表 5-5 操作。

表 5-5 试剂添加(四)

加入物/ml	空白管	标准管	测定管
血清	—	—	0.02
葡萄糖标准应用液	—	0.02	—
蒸馏水	0.02	—	—
酶酚混合试剂	3.0	3.0	3.0

混匀,置 37 ℃水浴中,保温 15 min,在波长 505 nm 处比色,以空白管调零,读取标准管及各测定管的吸光度值。

5. 计算及分析 读取标准管及测定管的吸光度值,代入下列公式计算出各血样中的葡萄糖含量。

$$\text{血清葡萄糖(mmol/L)}=\frac{\text{测定管吸光度}}{\text{标准管吸光度}}\times 5$$

然后,将计算出来的血糖浓度与正常血糖浓度进行比较,计算注射胰岛素后血糖浓度降低和注射肾上腺素后血糖浓度增高的百分率。

$$\text{血糖改变百分率(\%)}=\frac{\Delta BS}{\text{注射前 BS}}\times 100\%$$

式中,BS 为血糖,ΔBS=注射后 BS-注射前 BS。计算所得结果,正值表示 BS 升高;负值表示 BS 降低。

【注意事项】

1. 剪家兔耳毛时,先用水润湿后再剪,要求耳缘静脉四周要剪干净,否则取血时容易引起溶血。

2. 选用腹部皮肤做胰岛素和肾上腺素皮下注射,一只手轻轻提起腹部皮肤,另一只手持注射器以 45°进针,针头不要刺入腹腔,更不要穿破皮肤注射到体外。

3. 考虑到饥饿后再注射胰岛素,可能使家兔血糖过低引起痉挛,发生胰岛素性休克(低血糖休克),因此,从注射胰岛素的家兔取血后,宜立即向家兔皮下注射 40%的葡萄糖溶液 10 ml。

4. 采血后应及时将血清与血细胞分离,以免血清中葡萄糖被细胞利用而降低。

5. 血糖测定应在 2 h 内完成,血液放置过久,糖容易氧化分解,致使含量降低。

6. 因用血量甚微,操作中应直接加样本至试剂中,再吸试剂反复冲洗吸管,以保证结果可靠。

【思考题】

1. 通过实验结果分析,胰岛素和肾上腺素对血糖浓度有何影响?

2. 还可以利用哪些酶来测定血糖浓度?

第六章　生物氧化

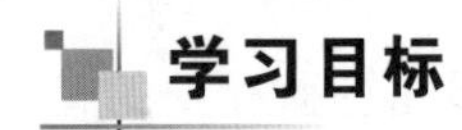

学习目标

知识目标

1. 掌握：线粒体氧化体系中呼吸链的主要组成、功能、氧化磷酸化机制。
2. 熟悉：氧化磷酸化的解偶联作用。
3. 了解：非线粒体氧化体系的生理意义及主要酶的功能。

能力目标

1. 能根据氧化磷酸化机制计算糖类及脂类代谢过程中 ATP 的生成量。
2. 学会分析一氧化碳、氰化物中毒的生化机制。

第一节　生物氧化概述

一、生物氧化的概念

生物氧化

新陈代谢是机体生命活动的基本特征之一，表现为机体与环境之间不断进行的物质交换及自我更新过程。物质代谢包括合成代谢和分解代谢，体内所有的代谢反应，不论是合成反应还是分解反应，均需要酶来催化，物质代谢过程中伴有能量的释放、贮存和利用。物质在生物体内的氧化分解称为生物氧化(biological oxidation)，依细胞定位和功能又分为线粒体氧化体系和非线粒体氧化体系。

人体的各种生理活动都需要利用能量，食物中的糖、脂肪和蛋白质是能量的主要来源，这些物质分子中贮存着大量的化学能，在氧化过程中碳氢键断裂，生成 CO_2 和 H_2O，同时释放出能量，这类氧化分解反应过程主要发生在线粒体内，表现为细胞内 O_2 的消耗和 CO_2 的释放，并伴有 ATP 的生成，也称为细胞呼吸。发生在线粒体外，如内质网、过氧化酶体(微粒体)等的非线粒体氧化体系，则主要和代谢物或药物、毒物的生物转化有关。

二、生物氧化的特点

有机物在生物体内完全氧化与在体外燃烧而被彻底氧化，在化学本质上是相同的，即都是消耗氧，使有机物氧化，最终生成二氧化碳和水，释放出的总能量也相等。例如 1 mmol 葡萄糖在体内氧化和在体外燃烧最终都产生 CO_2 和 H_2O，释放的总能量均为 2867.5 kJ。与体外直接氧化相比，生物氧化具有以下特殊性。

(1)反应在体内温和、多水、pH 近中性的活细胞内进行，反应环境温和。

(2)生物氧化需要一系列酶、辅酶和传递体的参与，能量分阶段释放并受到调控，而且释放出来的能量得到最有效的利用。例如人体可利用的热量，大于50%的能量以热能形式释放，维持体温，余下的能量以高能磷酸键的形式贮存。最主要的高能化合物是 ATP，它可以转换成各种形式的能量，以供机体生命活动的需要，因此 ATP 相当于生物体内能量的"贮存库"和"转运站"。

(3)有机物在体内氧化时，糖、脂肪、蛋白质氧化分解的中间产物是有机酸，有机酸经脱羧反应而生成 CO_2，有机物分子中的氢，则是在多种酶的作用下，经一系列氢或电子体传递，最终与分子氧结合生成 H_2O。

第二节　线粒体氧化体系

食物中糖、脂肪、蛋白质的生物氧化过程可分为三个阶段：第一阶段是糖、脂肪及蛋白质在不同酶的催化下分解为葡萄糖、甘油和脂肪酸、氨基酸等基本组成单位，此阶段放能较少，仅相当于该物质所能释放总能量的 1%以下；第二阶段是葡萄糖、脂肪酸和甘油、氨基酸经一系列反应生成乙酰 CoA，这阶段释出总能量的 1/3；第三阶段是三羧酸循环，乙酰 CoA 在循环中有多次脱羧、脱氢反应，脱羧反应直接释放 CO_2，脱氢中的电子经线粒体中的呼吸链传递给氧，最后 H^+ 与氧结合生成 H_2O，同时释放出大量能量，其中相当一部分能量以高能磷酸键贮存于 ATP 分子中(图 6-1)。

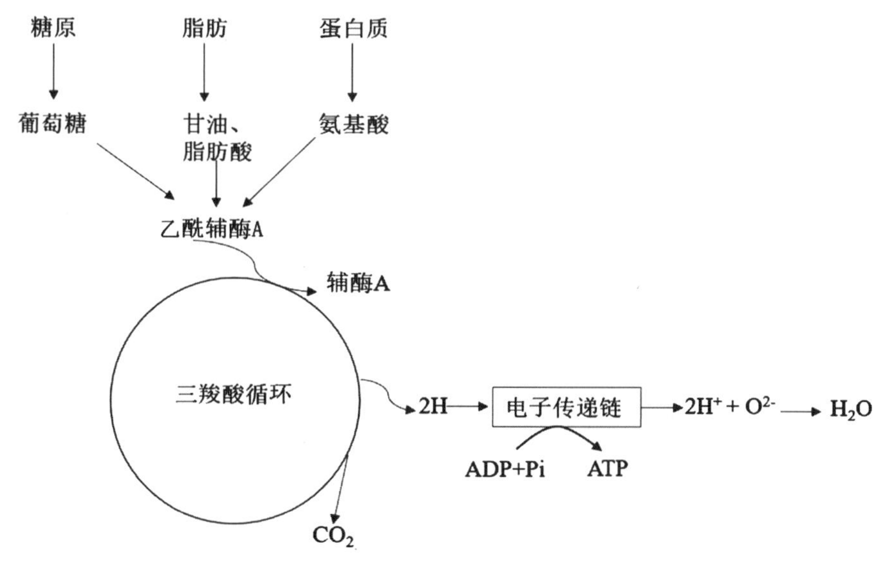

图 6-1　糖、脂肪、蛋白质氧化分解放能的三个阶段

一、呼吸链的组成成分

线粒体内膜上起传递氢或电子作用的酶或辅酶称为电子传递体,它们按一定的顺序排列在线粒体内膜上,组成递氢和递电子体系,称为电子传递链。该体系进行的一系列反应是与细胞摄取氧的呼吸作用相关,故又称为呼吸链(respiratory chain)。只传递电子的酶和辅酶称为递电子体,既传递电子又传递质子的酶和辅酶称为递氢体。现已发现组成呼吸链的成分有 20 多种,依具体功能不同又可分为递氢体和递电子体。

(一)递氢体

电子传递链

在呼吸链中既可接受氢又可把所接受的氢传递给另一种物质的成分叫作递氢体。它们包括:

1. NAD^+ 或 $NADP^+$ 为辅酶的脱氢酶类 重要的脱氢辅酶有两种,一种是烟酰胺腺嘌呤二核苷酸(nicotinamide adenine dinucleotide,NAD^+),又称为辅酶Ⅰ(CoⅠ);另一种是烟酰胺腺嘌呤二核苷酸磷酸(nicotinamide adenine dinucleotide phosphate,$NADP^+$),也称为辅酶Ⅱ(CoⅡ)。它与 NAD^+ 的不同之处在于,它是腺苷酸部分中核糖的2′位碳上羟基的氢被磷酸基取代而成。NAD^+ 和 $NADP^+$ 是多种脱氢酶的辅酶。当脱氢酶催化代谢物脱氢时,NAD^+ 或 $NADP^+$ 与代谢物脱下的氢结合而还原成 NADH 或 NADPH。上述反应可简化表示如下:

$$NAD^+ + 2H \rightleftharpoons NADH + H^+$$

$$NADP^+ + 2H \rightleftharpoons NADPH + H^+$$

2. 黄素蛋白(flavoproteins,FP) 黄素蛋白种类很多,其辅基有两种:黄素单核苷酸(FMN)和黄素腺嘌呤二核苷酸(FAD)。黄素蛋白的作用是催化代谢物脱氢或传递氢,FMN 或 FAD 可以接受一对氢原子而变为还原型 $FMNH_2$ 或 $FADH_2$,后者又可脱氢再转变为氧化型,其氧化还原过程的反应式如下:

$$FMN(FAD) + 2H \rightleftharpoons FMNH_2(FADH_2)$$

参与呼吸链电子传递的黄素蛋白有多种,例如,以 FMN 为辅基的黄素蛋白与铁硫蛋白结合的复合物称为内 NADH 脱氢酶,催化线粒体内的 NADH 脱氢,并将氢传递给泛醌。以 FAD 为辅基的黄素蛋白有琥珀酸脱氢酶、外 NADH 脱氢酶和磷酸甘油脱氢酶。

3. 泛醌(ubiquinone,UQ 或 Q) 亦称辅酶 Q(coenzyme Q,CoQ),因广布于生物界并具有醌的结构而得名。UQ 分子中含有一条由多个异戊二烯单位构成的侧链,不同生物体的泛醌其异戊二烯单位的数目不同,在哺乳类动物组织中最多见的泛醌其侧链由 10 个异戊二烯单位组成。

泛醌(氧化型)接受一个电子和一个质子还原成半醌(半还原型),再接受一个电子和质子则还原成二氢泛醌(还原型),后者又可脱去电子和质子而被氧化恢复为泛醌。三者之间的相互转变过程如下(下列结构式中的 R 为聚异戊二烯侧链):

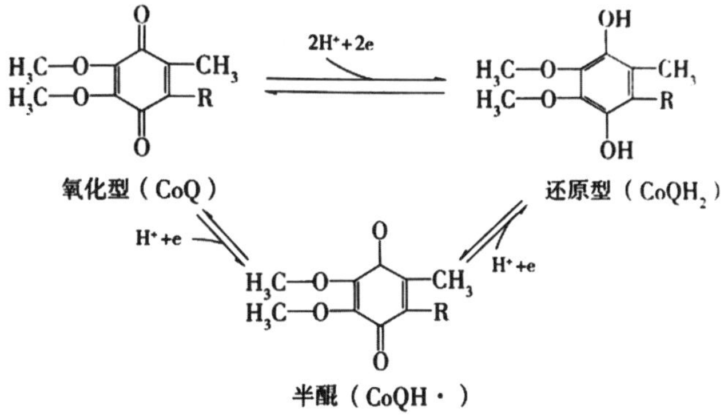

氧化型（CoQ）　　$\xrightleftharpoons{2H^{+}+2e}$　　还原型（$CoQH_2$）

半醌（CoQH·）

泛醌与蛋白质相比分子小，呈脂溶性，它可以在线粒体内膜的磷脂双分子层的疏水区自由扩散，往返于比较固定的蛋白质类的电子传递体之间进行电子传递。泛醌处于呼吸链电子传递途径的中心位置，它可接受来自于NADH脱氢酶、琥珀酸脱氢酶和磷酸甘油脱氢酶等提供的电子，其中有的来自膜内侧，有的来自膜外侧。

（二）递电子体

既能接受电子又能将电子传递出去的物质叫作递电子体。呼吸链中的递电子体包括两类。

1.**铁硫蛋白**(iron sulfur proteins，Fe-S)　它含有非血红素铁和对酸不稳定的硫，分子中所含的铁和硫构成活性中心，称为铁硫中心，各种铁硫蛋白含Fe-S的数目不同。目前发现的铁硫蛋白有9种，有些铁硫蛋白含有2个铁原子和2个硫原子(Fe_2S_2)，有些铁硫蛋白含有4个铁原子和4个硫原子(Fe_4S_4)，还有FeS、Fe_3S_3、Fe_5S_5、Fe_6S_6、Fe_7S_7、Fe_8S_8等。铁硫蛋白中的铁可以呈两价（还原型），也可呈三价（氧化型），由于铁的氧化、还原而达到传递电子作用。其氧化型和还原型之间的相互转变示意如下：

$$Fe^{3+}+e^{-}\rightleftharpoons Fe^{2+}$$

2.**细胞色素类**(Cytchrome，Cyt)　细胞色素是一类含有铁卟啉（血红素铁）辅基的色蛋白。其血红素铁呈Fe^{3+}时为氧化型，接受一个电子呈Fe^{2+}时为还原型，因此，细胞色素在呼吸链中作为单电子传递体。

各种细胞色素的氧化型和还原型有不同的吸收光谱。还原型细胞色素一般呈现α、β、γ三个吸收峰，根据这三个吸收峰位置的不同，将细胞色素分为a、b、c三类。三类细胞色素的辅基结构以及辅基部分与蛋白质部分的结合方式有所不同。每一类有新发现的细胞色素则注明数字下标（如a_3）或注明α-峰的波长(nm)（如b_{560}）。

现在已经知道的细胞色素有30多种。从高等动物细胞的线粒体内膜上至少分离出5种细胞色素，包括细胞色素a、a_3、b、c、c_1等。在典型的线粒体呼吸链中，其传递顺序是$b\rightarrow c_1\rightarrow c\rightarrow aa_3\rightarrow O_2$。其中Cyt c为可溶性蛋白质，它以静电作用结合在线粒体内膜的外表面，其他4种细胞色素都结合在内膜中。在呼吸链的电子传递过程中，Cyt b接受来自辅酶Q的电子，还原型的Cyt b将电子经铁硫蛋白传递给Cyt c_1，Cyt c_1又将电子传递给Cyt c，Cyt c再将接受的电子传递给Cyt aa_3。Cyt a和a_3现在还不能分开，可能两者结合在一起形成寡聚体，但各具有特征的吸收光谱，把a和a_3合称为细胞色素氧化酶，由于细胞色素氧化酶是呼吸链中最后一个电子传递体，处于呼吸链的最末端，故又称为末端氧化酶。细胞色素氧化酶含有2个血红素A、2个铜原子和6～13个蛋白质亚基。Cyt a接受来自于还原型Cyt c的电子，依靠铜原子化合价的变化把电子传递给Cyt a_3，最后Cyt a_3将接受的电子传递给分子氧，使分子氧还原成水。

二、呼吸链中传递体的排列顺序

通过实验测定呼吸链各组分的氧化还原电位、有氧条件下氧化反应达到平衡时各种传递体的还原程度及使用特异的抑制剂阻断不同部位的电子传递等方法，可以推断出代谢物氧化后脱下的质子及电子通过以上呼吸链四个复合体的传递顺序为：从复合体Ⅰ或复合体Ⅱ开始，经辅酶Q到复合体Ⅲ，然后复合体Ⅳ从还原型细胞色素c转移电子到氧(图6-2)。

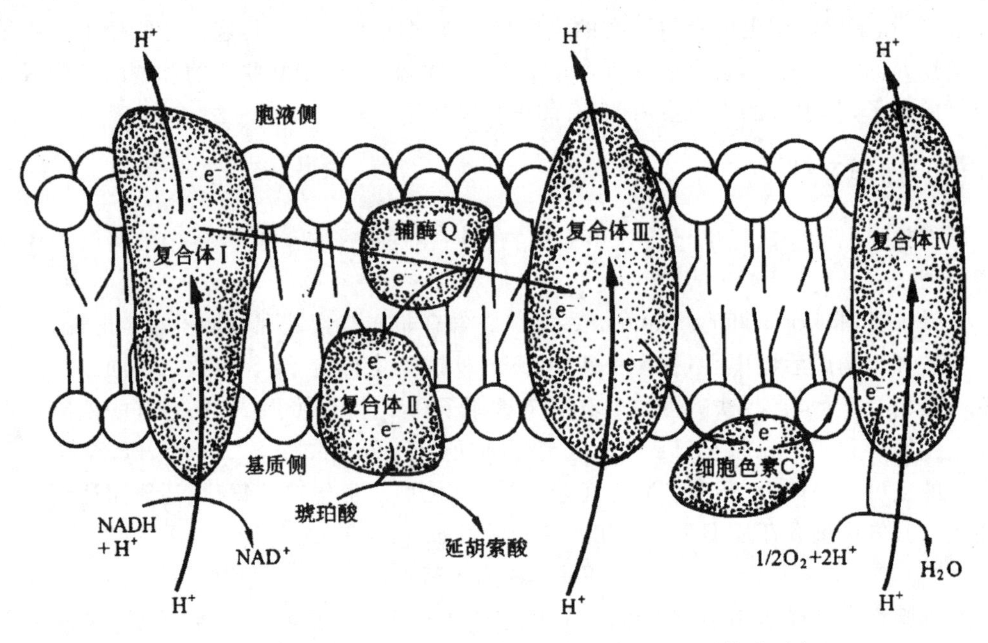

图6-2 呼吸链各复合体在线粒体内膜中的位置及电子传递顺序

(一)复合体Ⅰ

复合体Ⅰ包括呼吸链中从NAD^+到辅酶Q间(泛醌)的组分又称NADH-CoQ还原酶，为一巨大的黄素蛋白复合物。它主要含辅基FMN和6个铁硫中心，整个复合体横跨线粒体内膜，含有NADH和CoQ结合位点，其NADH结合面朝向线粒体基质，这样就能与基质内经脱氢酶催化产生的$NADH+H^+$氧化，使CoQ还原，NADH脱下的氢经复合体Ⅰ中FMN、铁硫蛋白等传递给CoQ，与此同时伴有质子从线粒体基质转移到线粒体膜间隙，所以复合体Ⅰ还有质子泵功能。

(二)复合体Ⅱ

复合体Ⅱ又称琥珀酸-CoQ还原酶，主要含辅基FAD和3个铁硫中心。它是三羧酸循环中唯一的膜结合蛋白质，含有琥珀酸和CoQ结合位点，能催化琥珀酸氧化和CoQ还原，以 FAD 为辅基的黄素蛋白有琥珀酸脱氢酶、NADH 脱氢酶和磷酸甘油脱氢酶。

(三)复合体Ⅲ

复合体Ⅲ主要包括辅酶 Q 到细胞色素 c 间的呼吸链组分，亦称 CoQ-细胞色素 c 还原酶，含有细胞色素 b、细胞色素 c_1、铁硫蛋白以及其他多种蛋白质。复合体含有细胞色素 c 结合位点，复合物Ⅲ在 CoQ 和细胞色素 c 之间传递电子，催化 CoQ 氧化和细胞色素 c 还原，与此同时伴有质子从线粒体基质转移到线粒体膜间隙，所以复合体Ⅲ也具有质子泵功能。

(四)复合体Ⅳ

复合体Ⅳ包括细胞色素 aa_3 和铜原子，又称细胞色素 c 氧化酶。电子从细胞色素 c 通过复合体Ⅳ传递给 O_2 生成，氧气接受电子被还为 O^{2-} 形式分子氧，复合体Ⅳ在传递电子的同时将 H^+ 从线粒体基质转移到线粒体膜间隙。

三、主要的呼吸链

根据呼吸链各组分的排列顺序和氢的原初受体不同，发现线粒体内膜上主要有两条呼吸链。

(一)NADH 呼吸链

这是细胞内的主要呼吸链，因为生物氧化过程中大多数脱氢酶都是以 NAD^+ 为辅酶，如丙酮酸脱羧酶、异柠檬酸脱氢酶、α-酮戊二酸脱氢酶和苹果酸脱氢酶等，这些酶催化底物脱氢，氧化型辅酶 NAD^+ 转变为还原型辅酶 $NADH+H^+$。NADH 经 FMN-黄素蛋白、铁硫蛋白、辅酶 Q 和各种细胞色素将电子传递给氧，NADH 呼吸链各组分的排列顺序见图 6-3。

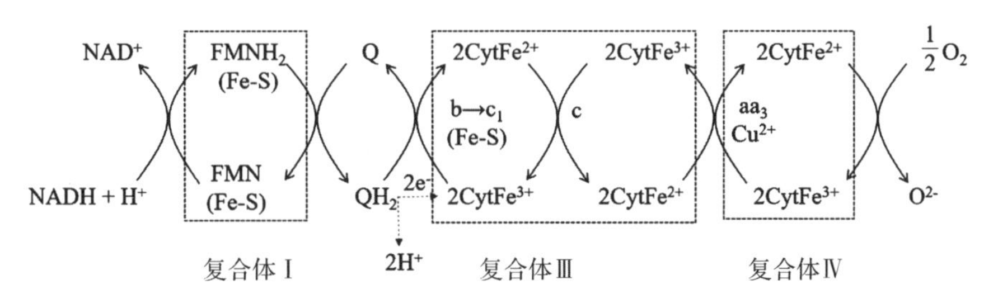

图 6-3　NADH 呼吸链

如图 6-3 所示，底物在相应酶的催化下脱氢，脱下来的氢由 NAD^+ 接受，NAD^+ 接受氢还原成 $NADH+H^+$；FMN 是 NADH 脱氢酶的辅基，FMN 接受 $NADH+H^+$ 的氢，还原为 $FMNH_2$；$FMNH_2$ 将 $2H^+$ 传递给辅酶 Q 而生成还原型辅酶 Q（QH_2）；QH_2 将电子传递给细胞色素体系，而质子游离在线粒体介质中。电子传递的顺序由氧化还原电位较低的细胞色素 b，经过 Cyt c_1、Cyt c、Cyt aa_3 的传递，最后 Cyt taa_3 将电子传给氧，使氧活化，活化的氧（O^{2-}）和介质中的 $2H^+$ 结合生成水。

(二)$FADH_2$ 呼吸链

由于 FAD-黄素蛋白固定在内膜上,其还原型 $FADH_2$-黄素蛋白的电子来自琥珀酸,因此琥珀酸才是这条呼吸链的电子最初供体,故又称为琥珀酸呼吸链。$FADH_2$ 的电子经铁硫蛋白、泛醌和各种细胞色素最后传递给分子氧。$FADH_2$ 呼吸链各组分的排列顺序见图 6-4。

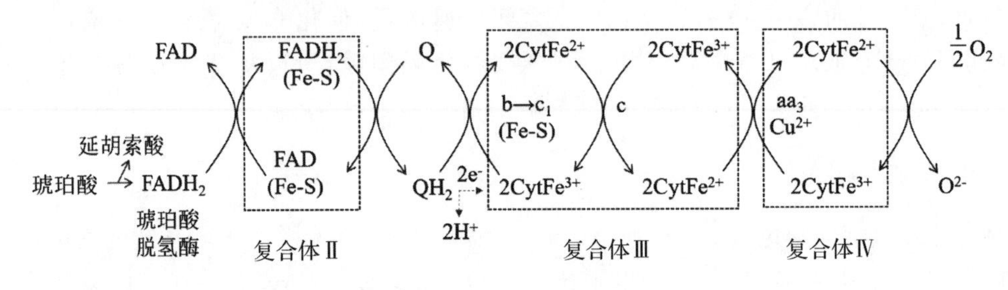

图 6-4 $FADH_2$ 呼吸链

四、ATP 的生成、储存与利用

在标准条件下(pH 7.0,25 ℃,1 mol/L)发生水解时,可释放出大量自由能的化合物,称为高能化合物(high-energy compound)。生物体内的高能化合物有焦磷酸化合物、酰基磷酸化合物、烯醇磷酸化合物、硫酯化合物等。含有高能磷酸键的化合物又称高能磷酸化合物(high-energy phosphate compound),ATP 是高能磷酸化合物的代表,ATP 水解一个高能磷酸键变成了 ADP,同时释放出能量;而 ADP 又能接受代谢物质中所形成的一些高能化合物的一个磷酸基团和一部分能量转变为 ATP。有机体的肌肉收缩、物质的运输、腺体的分泌及生物大分子的合成等都是耗能过程,它们的能量主要来源于 ATP。人体生物氧化过程中释放的能量大约 50%以化学能的形式储存于 ATP 的高能磷酸键中。

(一)ATP 的生成

体内形成 ATP 的方式主要有底物水平磷酸化和氧化磷酸化。

1. **底物水平磷酸化**(substrate-level phosphorylation) 有些物质在代谢过程中,因脱氢、脱水等作用使能量在分子内部重新分布而形成高能磷酸化合物,能将高能磷酸基团转移给 ADP 形成 ATP,这种合成 ATP 的方式称为底物水平磷酸化。通过底物水平磷酸化形成的 ATP 在体内所占比例很小,其余 ATP 均是通过氧化磷酸化产生的,如 1 mol 葡萄糖彻底氧化产生 30(或 32) mol ATP 中只有 4 或 6 mol 由底物水平磷酸化产生。

以下三个反应就是通过底物水平磷酸化产生 ATP。

$$\text{1,3-二磷酸甘油酸} + \text{ADP} \xrightleftharpoons{\text{3-磷酸甘油酸激酶}} \text{3-磷酸甘油酸} + \text{ATP}$$

$$\text{磷酸烯醇式丙酮酸} + \text{ADP} \xrightarrow{\text{丙酮酸激酶}} \text{丙酮酸} + \text{ATP}$$

$$\text{琥珀酸单酰CoA} + H_3PO_4 + \text{GDP} \xrightleftharpoons{\text{琥珀酸单酰CoA 合成酶}} \text{丙酮酸} + \text{ATP}$$

2. **氧化磷酸化**(oxidative phosphorylation) 脱氢经呼吸链传递给氧生成水的同时,释放的能量用于使 ADP 磷酸化生成 ATP，这种代谢物的氧化和 ADP 磷酸化的偶联作用称为氧化磷酸化。氧化磷酸化是体内生成 ATP 的主要方式，在糖、脂等物质的氧化分解代谢中除少数外，几乎全部都通过氧化磷酸化生成 ATP。

（二）氧化磷酸化的偶联机制

氧化磷酸化

1. 氧化磷酸化的偶联部位 电子在呼吸链中按顺序逐步传递同时释放自由能，其中释放自由能较多足以用来形成 ATP 的电子传递部位称为偶联部位。利用电子传递抑制剂阻断呼吸链中的特定环节后测定 NADH 经呼吸链氧化产生 ATP 的数目，通过化学计算能量释放等方法证明，呼吸链的四个复合物中，复合物Ⅰ、Ⅲ、Ⅳ是偶联部位，复合物Ⅱ不是偶联部位。每 2 个电子经呼吸链传递给分子氧的过程中，伴随 ADP 磷酸化所消耗的无机磷酸的磷原子数与消耗的分子氧原子数之比，称为磷氧比（P/O 比）。P/O 比也就是 $ATP/2e^-$ 比，指每 2 个电子经呼吸链传递给分子氧时所生成的 ATP 分子数。线粒体内的 $NADH+H^+$ 经呼吸链氧化，其 P/O 比为 2.5；$FADH_2$ 经呼吸链氧化，其 P/O 比为 1.5。

2. ATP 合酶复合体的结构与组成 在氧化磷酸化过程中与 ATP 的合成起偶联作用的是线粒体内膜上的 ATP 合酶（ATP synthase），而它又是由被称为 F_0 F_1 偶联因子（F_0 F_1 coupling factor）组成的，F_0 和 F_1 组合在一起才能催化 ATP 合成，所以称为 ATP 合酶复合体（ATP synthase complex）（图 6-5）。

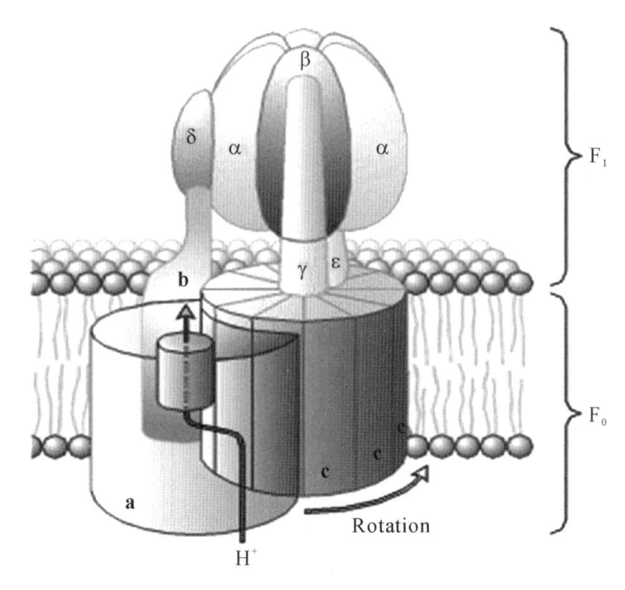

图 6-5 ATP 合酶复合体

F_1 是复合体的头部呈球状，由五种类型的 9 个亚基组成，分别为 $\alpha_3\beta_3\gamma\delta\varepsilon$，3α 个亚基和 3 个 β 亚基交替排列构成 ATP 合酶的头部，每个 F_1 含有 3 个 ATP 合成催化位点，分别位于 β 亚基上。γ 亚基从 F_1 顶端到 F_0 穿过 ATP 合酶的中心形成中央柄，ε 亚基协助 γ 亚基附着到 F_0 基部形成“转子”，δ 亚基是 F_0F_1 相连接所必需的。F_0 由 a、b、c 三种亚基以 ab_2c_{12} 的方式组成，还有几个功能不明的多肽，12 个 c 亚基构成一个可动的环状结构的，a、b 亚基二聚体排列在 c 亚基环状结构的外侧，并且 b 亚基二聚体和 F_1 头部的 δ 亚基组成外周柄，就像一个“定子”将 α/β 亚基位置固定。F_1 是催化 ADP 与 Pi 合成 ATP 的部位，F_0 镶嵌在线粒体内膜中，不仅将 F_1 和内膜连接在一起，而且还是质子由膜间隙流向 F_1 的通道。F_0 和 F_1 通过“转子”和“定子”联系在一起，在合成 ATP 的过程中，“转子”在通过 F_0 的质子流驱动下，在 $\alpha_3\beta_3$ 的中央旋转，依次与 3 个 β 亚基相互作用，使 ATP 合酶催化部位的构象发生变化，催化 ATP 的合成。

3.**化学渗透偶联假说** 关于氧化磷酸化的机制，英国化学家 PD Mitchell 于 1961 年创立的化学渗透偶联假说(chemiosmotic coupling theory)日前已被普遍接受，其机制如图 6-6 所示。这一过程可综合表述如下：NADH 或 $FADH_2$ 提供一对电子，经电子传递链被 O_2 接受；电子传递链同时起 H^+ 泵的作用，在传递电子的同时，伴随着 H^+ 从线粒体基质到膜间隙的转移；线粒体内膜是脂双层膜，对 H^+ 和 OH^- 具有不透性，因此 H^+ 在膜间隙中积累，造成线粒体内膜两侧的质子浓度差，形成跨膜电位差，这种电化学梯度可看作能量的贮存；线粒体膜间隙中的 H^+ 有顺浓度梯度返回基质的趋势，借助膜电位差的势能，所释放的自由能驱动 ATP 酶复合体合成 ATP。

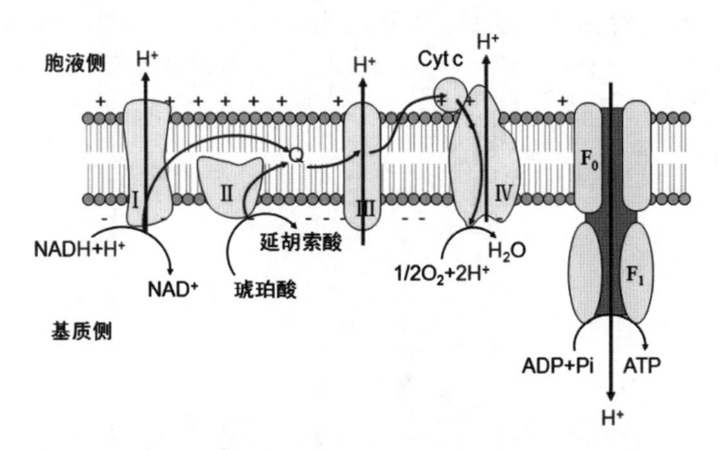

图 6-6 氧化磷酸化机制——化学渗透偶联假说

(三)氧化磷酸化抑制剂

1.**电子传递抑制剂** 使氧化受阻则偶联的磷酸化也无法进行，电子传递抑制剂按其作用部位不同可分为下列三种类型：

(1)鱼藤酮(rotenone)、安密妥(amytal)和杀蝶素 A(piericidin)：鱼藤酮是一种极毒的植物物质，可用作杀虫剂；安密妥可作为麻醉药；杀蝶素 A 的结构类似辅酶 Q，可与辅酶 Q 竞争。这几种化合物都是抑制 NADH 脱氢酶，阻断电子由 NADH 脱氢酶的铁-硫中心向辅酶 Q 的传递。

(2)抗霉素 A(antimycin)：它是从链霉素分离出来的抗生素，能阻断电子由细胞色素 b 向细胞色素 c_1 传递。

(3)氰化物、一氧化碳、硫化氢和叠氮化合物：这类化合物能与细胞色素 aa_3 卟啉铁保留的一个配位键结合形成复合物，抑制细胞色素氧化酶的活力，阻断电子由细胞色素 aa_3 向分子氧的传递。

图 6-7 表示出呼吸链的电子传递被上述抑制剂所阻断的部位。

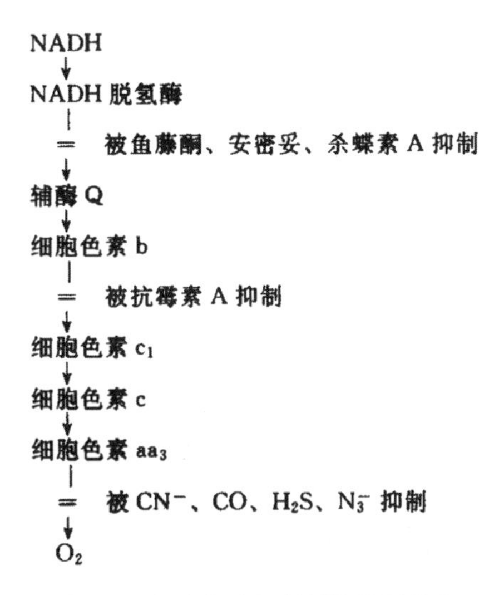

图 6-7　电子传递抑制剂的作用部位

案例分析

无机和有机氰化物在工农业生产中应用广泛，尤其是电镀工业常用氰化物，故易获得，常被用于自杀或他杀。民间常有食用大量处理不当或未经处理的苦杏仁、木薯而致意外中毒者。

1. 为什么食用苦杏仁、木薯可能会出现中毒？
2. 氰化物进入机体后抑制的是什么？
3. 为什么吸入大量的氰化物会快速停止心跳？

2. **解偶联剂**　使氧化与磷酸化脱离，虽然氧化照常进行，但不能生成 ATP。解偶联剂中最常见的有 2,4-二硝基苯酚(2,4-dinitrophenol,DNP)。其作用在于分裂氧化与磷酸化过程。因 DNP 为脂溶性，能透过膜的磷脂双分子层，在不同 pH 环境中可结合 H^+ 和释放 H^+，把膜外质子转移到膜内，起着消除质子浓度梯度的作用，故不能生成 ATP。解偶联剂常用于呼吸代谢和氧化磷酸化的研究。在某些环境条件下或生长发育阶段，生物体内的解偶联蛋白也发生解偶联作用，如冬眠动物、耐寒的哺乳动物和新出生的温血动物通过解偶联产生热以维持体温。

(四)ATP 的转移、储存和利用

氧化磷酸化所需的 ADP 和 Pi 是从细胞质输出到线粒体基质中，合成的 ATP 要输往线粒体外为生命活动供能。线粒体内膜具有高度不透过性，ATP 转移到线粒体外需要依靠专门的结构。线粒体内膜上有一些转运蛋白参与 ATP 转移到线粒体外。腺苷酸转移酶能利用内膜外膜两侧质子浓度差把 ADP 和 Pi 运时线粒体基质，而把 ATP 运往线粒体外。腺苷酸转移酶 1 作为哺乳动物心脏内能量利用和线粒体产能的重要纽带，可通过转运 ATP 为细

胞提供能量。

当 ATP 生成较多时，ATP 能将高能磷酸基转移给肌酸生成磷酸肌酸，这是体内的贮能物质。肌酸激酶通常存在于动物的心脏、肌肉以及脑等组织的细胞质和线粒体中，它可逆地催化肌酸与 ATP 之间的转磷酰基反应。心肌梗死时，肌酸激酶在起病 6 h 内升高，24 h 达高峰，3～4 日恢复正常。肌酸激酶的同工酶在临床诊断中有十分重要的意义。

人的一切生命活动都需要消耗能量。食物中的糖、脂肪及蛋白质是满足人体能量需要的能源物质，但必须在体内转化成 ATP 才能被机体利用。ATP 是人体及各种生物所有生命活动的直接供能物质。

$$ATP + H_2O \xrightarrow{\text{ATP 水解酶}} ADP + Pi + \text{能量}$$

ATP 也可将高能磷酸基转移给其他相应的二磷酸核苷形成三磷酸核苷，如 UTP、CTP、GTP 等分别用于糖原、磷脂、蛋白质等的合成。

五、细胞质中 NADH 的转运与氧化

线粒体内生成的 NADH 和 $FADH_2$ 可直接参加氧化磷酸化过程，但在胞浆中生成的 NADH 不能自由透过线粒体内膜，故线粒体外的脱氢必须通过某种转运机制才能进入线粒体，然后再经过呼吸链进行氧化磷酸化过程。这种转运机制主要有苹果酸-天冬氨酸穿梭作用和甘油-3-磷酸穿梭作用。

1. 苹果酸-天冬氨酸穿梭(malate-aspartate shuttle)　在苹果酸脱氢酶的作用下，胞液中的 NADH 使草酰乙酸还原为苹果酸，后者可通过线粒体内膜上的载体进入线粒体，又在线粒体内苹果酸脱氢酶的作用下重新生成草酰乙酸和 NADH(图 6-8)。

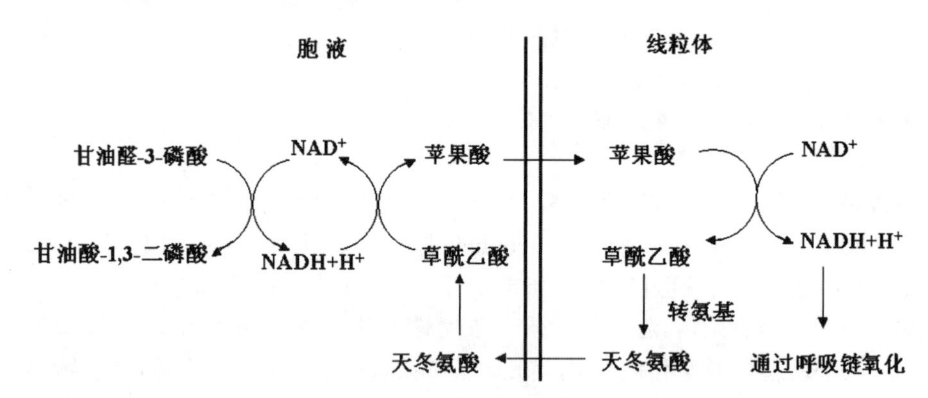

图 6-8　苹果酸-天冬氨酸穿梭

NADH 进入电子传递链，生成 2.5 个 ATP 分子。线粒体内生成的草酰乙酸经谷草转氨酶作用生成天冬氨酸，后者可通过线粒体内膜上的载体运出线粒体，再转变为草酰乙酸，以继续穿梭作用。此穿梭机制主要存在于肝和心肌等组织，故在这些组织中糖酵解过程中产生的 $NADH+H^+$ 可通过苹果酸-天冬氨酸穿梭进入线粒体中，因此 1 分子葡萄糖彻底氧化可生成 32 分子 ATP。

2. **甘油-3-磷酸穿梭**(glycerol-α-phosphate shuttle)　线粒体外的 NADH 在胞液中的磷酸甘油脱氢酶催化下,使磷酸二羟丙酮还原成甘油-3-磷酸,后者进入线粒体,再经位于线粒体内膜近外侧部的磷酸甘油脱氢酶催化氧化生成磷酸二羟丙酮和 $FADH_2$。二羟丙酮磷酸可穿出线粒体到胞液,继续穿梭作用(图 6-9)。$FADH_2$ 进入电子传递链,生成 1.5 分子 ATP。这种穿梭机制主要存在于脑及骨骼肌中,因此在这些组织中糖酵解过程中产生的 $NADH+H^+$ 可通过甘油-3-磷酸穿梭进入线粒体,故 1 分子葡萄糖彻底氧化可生成 30 分子 ATP。

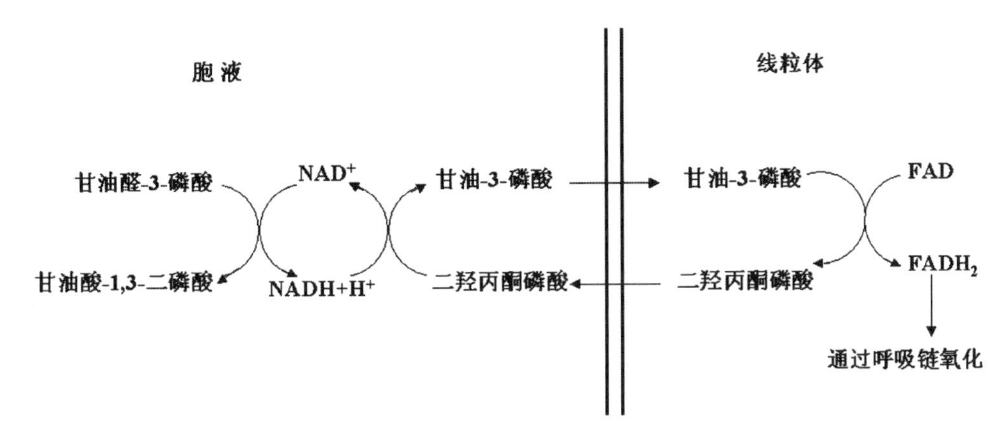

图 6-9　甘油-3-磷酸穿梭

第三节　非线粒体氧化体系

线粒体氧化体系是一切动物、植物的主要氧化途径。此外,还有一类与 ATP 的生成无关,但具有其他重要生理功能的非线粒体氧化体系,如微粒体氧化体系、过氧化体氧化体系等。

一、微粒体氧化体系

微粒体不是细胞内固有的细胞器。在对细胞进行匀浆分离过程中,由破损的内质网碎片所形成的小型密闭囊泡,有颗粒型和光滑型两种微粒体。微粒体氧化体系存在于细胞的光滑内质网上,与内质网解毒功能密切相关的氧化反应电子传递体系主要由细胞色素 P450、NADPH-细胞色素 P450 还原酶、细胞色素 b_5、NADH-细胞色素 b_5 还原酶、NADPH-细胞色素 c 还原酶等构成。在微粒体中存在一类加氧酶(oxygenase)所催化的氧化反应是将氧直接加到底物的分子上。根据催化底物加氧反应情况不同,可分为单加氧酶和双加氧酶两种。

1. **单加氧酶**　单加氧酶(monooxygenase)催化在底物分子中加 1 个氧原子的反应。单加氧酶的特点是它催化氧中 2 个氧原子分别进行不同的反应,一个氧原子加到底物分子上,而另一个氧原子则与还原型辅酶Ⅱ上的两个质子作用生成水,单加氧酶又称为羟化酶(hydroxylase),或称混合功能氧化酶(mixed function oxidase),其催化反应可表示如下:

$$RH+NADPH+H^+ +O_2 \longrightarrow ROH+NADP+H_2O$$

单加氧酶系由 $NADPH+H^+$、NADPH-细胞色素 P450 还原酶、细胞色素 P450 及铁氧还蛋白组成。细胞色素 P450 是一种含铁卟啉辅基的 b 族细胞色素,因其还原态与一氧化碳结合后，在 450nm 波长处有最大吸收峰而命名为细胞色素 P450。NADPH-细胞色素 P450 还原酶，其辅基是 FAD，催化 NADPH 和细胞色素 P450 之间的电子传递。P450 羟化酶能够通过活化氧气分子，进而把氧气分子中的一个氧原子转移到底物分子上，是生物体内一种重要的单加氧酶。

单加氧酶系与 ATP 的生成无关，但也具有多种功能。诸如肾上腺皮质类固醇的羟化、类固醇激素的合成、维生素 D_3 的羟化以及胆酸生成中环核的羧化等反应都与其有关；不饱和脂肪酸生成中双键的引入；药物、致癌物和毒物的氧化解毒等也都需要有单加氧酶催化的羟化反应。应当指出，生物体内某些羟化酶虽也催化单加氧反应，但与含 P450 的单加氧酶有本质的差别，例如苯丙氨酸羟化酶的辅因子是二氢生物蝶呤，多巴胺 β-羟化酶的供氢体是还原型抗坏血酸。

2. **双加氧酶** 双加氧酶(dioxygenase)又叫转氧酶。催化 2 个氧原子直接加到底物分子特定的双键上，使该底物分子分解成两部分。其催化反应的通式可表示为：

$$R=R'+O_2 \longrightarrow R=O+R'=O$$

例如，色氨酸双加氧酶、β-胡萝卜素双加氧酶等催化 2 个氧原子分别加到构成双键的两个碳原子上。

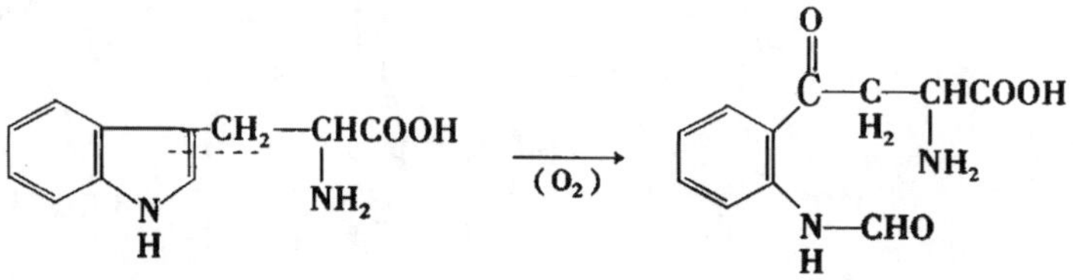

色氨酸 $\xrightarrow{(O_2)}$ 甲酰犬尿酸原

知识链接

细胞解毒作用

肝脏是机体中内、外源性毒物及药物分解的主要器官，在肝脏细胞中经过氧化、还原、水解、甲基化和结合等方式，一方面使毒物和药物的毒性被钝化或破坏，另一方面羟化作用能增强化合物的极性，使之更易于排泄。这个过程主要由肝脏的滑面内质网来完成。

二、过氧化物酶体氧化体系

过氧化物酶体存在于动物组织的肝、肾、中性粒细胞和小肠黏膜细胞中，过氧化物酶体膜具有较高的通透性，不仅可允许氨基酸、蔗糖、乳酸等小分子物质的自由通过，在一定条件下甚至允许一些大分子物质的非吞噬性穿膜转运。过氧化物酶体中含有多种催化生成过氧化氢的酶，同时含有分解过氧化氢的酶，能氧化氨基酸、脂肪酸等多种底物。迄今为止，已经鉴定的过氧化物酶多达数十种。根据不同酶的作用性质，过氧化物酶大致分为氧化酶类、过氧化氢酶类和过氧化物酶类。

1.**过氧化氢酶**　动物组织中过氧化氢酶主要存在于过氧化物酶体中，有 4 个亚基各含 1 个血红素辅基，是催化 H_2O_2 分解的重要酶。反应如下：

$$H_2O_2 + H_2O_2 \xrightarrow{\text{过氧化氢酶}} 2H_2O + O_2$$

2.**过氧化物酶**　过氧化物酶存在于红细胞、白细胞和乳汁中，辅基为血红素，此酶可催化 H_2O_2 分解生成 H_2O，并释放出氧原子直接氧化酚类和胺类物质。

$$RO_2 + H_2O_2 \xrightarrow{\text{过氧化物酶}} R + 2H_2O$$

$$R + H_2O_2 \xrightarrow{\text{过氧化物酶}} RO + H_2O$$

红细胞等组织中还有一种含硒的谷胱甘肽过氧化物酶，具有保护生物膜及血红蛋白免受损伤的作用。谷胱甘肽过氧化物酶催化的反应如下：

$$H_2O_2 + 2GSH \longrightarrow 2H_2O + GS\text{—}SG$$

或

$$2GSH + R\text{—}O\text{—}OH \longrightarrow GS\text{—}SG + H_2O + R\text{—}OH$$

反应生成的氧化型谷胱甘肽(GS—SG)，可被谷胱甘肽还原酶再转变成还原型谷胱甘肽。

H_2O_2 在体内有一定的生理作用，如中性粒细胞产生的 H_2O_2 可用于杀死吞噬的细菌；甲状腺中产生的 H_2O_2 为合成甲状腺素所必需。但对大多数组织来说，H_2O_2 若堆积过多，则会对细胞有毒性作用。

三、超氧化物歧化酶

反应活性氧类(ROS)主要指 O_2 的单电子还原产物，是一类强氧化剂。机体内生成的超氧阴离子($O_2^- \cdot$)、羟基自由基($\cdot OH$)和过氧化氢(H_2O_2)统称为反应活性氧(ROS)。线粒体呼吸链是 ROS 产生的主要部位，细胞内 95%以上活性氧来自线粒体。

$$O_2 + e^- \longrightarrow O_2^- \cdot$$

$$O_2^- \cdot + 2H^+ + e^- \longrightarrow H_2O_2$$

$$H_2O_2 + H^+ + e^- \longrightarrow \cdot OH$$

$$\cdot OH + H^+ + e^- \longrightarrow H_2O$$

ROS 的强氧化性极易引起蛋白质、酶、脂质、DNA 等细胞成分的损伤，甚至破坏细胞的正常结构和功能。正常细胞线粒体内外都存在清除 ROS 的各种氧化还原酶体系，共同参与氧化还原调控 ROS 的产生和代谢清除，维持动态平衡。正常细胞内超氧阴离子($O_2^- \cdot$)水平维持在 $10^{-11} \sim 10^{-10}$ mol/L，过氧化氢(H_2O_2)水平为 10^{-9} mol/L 的生理安全浓度。

超氧化物歧化酶(superoxide dismutase，SOD)是一类含金属的酶，哺乳动物细胞有 3 种 SOD 同工酶，按所含金属不同分为：Cu/Zn-SOD、Mn-SOD，胞外、胞浆中的 SOD 为活性中心含有 Cu^{2+}/Zn^{2+} 的 Cu/Zn-SOD；线粒体的 SOD 为活性中心含 Mn^{2+} 的 Mn-SOD。SOD 是人体防御内、外环境中超氧离子损伤的重要酶。Fe-SOD 存在于原核生物中。超氧化物歧化酶催化的反应如下：

$$2O^{2-} + 2H^+ \xrightarrow{\text{SOD}} H_2O_2 + O_2$$

体内 SOD 活性下降或含量减少，会引起超氧离子的堆积从而引起许多疾病，但若及时补充 SOD，则可避免或减轻疾病的出现。

思考题

1. 与体外氧化相比，体内生物氧化的特点有哪些？
2. 简述 NADH 和 $FADH_2$ 呼吸链的组成以及氧化磷酸化的偶联部位。
3. 简述线粒体氧化磷酸化的机制。
4. 底物水平磷酸化与氧化磷酸化有何区别？
5. 电子传递链的抑制剂有哪些？
6. 简述过氧化物酶存在的生理意义。

本章小结

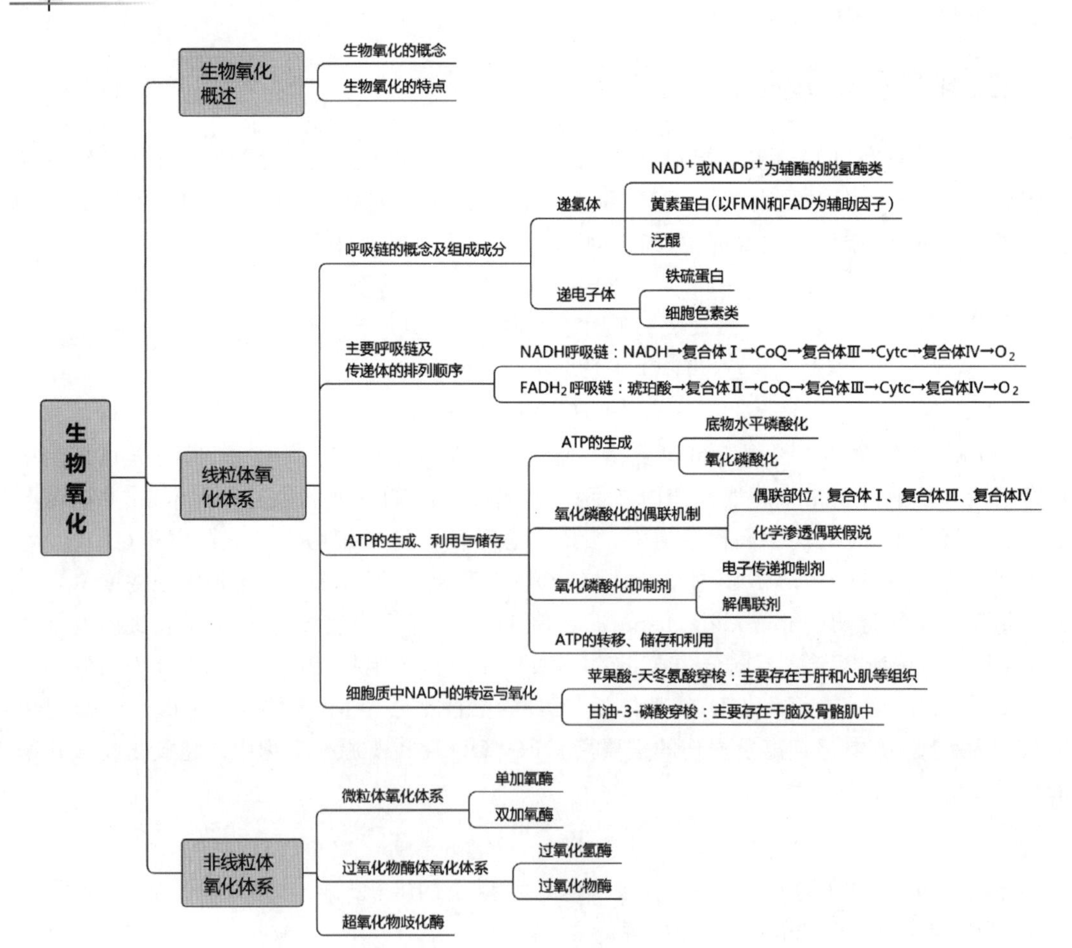

第七章　脂类化学与脂类代谢

学习目标

知识目标

1. 掌握：脂类代谢各种途径的概念、过程及生理意义；血浆脂蛋白的分类、组成与生理功能。

2. 熟悉：脂类的结构与生理功能；血脂的来源和去路；脂类代谢调节与紊乱。

3. 了解：脂类的概念、分类、消化吸收与转运；脂类药物。

能力目标

脂类化学与脂类代谢

1. 学会计算脂肪酸的β氧化过程中所产生的能量。

2. 认识脂类代谢在生命过程中的重要性及体内代谢的相互联系。

3. 能运用所学知识，联系临床实际，说明常见脂类代谢紊乱的原因、机制。

第一节　脂类的化学与功能

脂类(lipids)又称脂质或类脂，是生物体内一大类重要的有机化合物，如动物的猪油、牛油、鱼油等，植物的豆油、花生油、菜籽油等。脂类分子在生物体中其化学组成、化学结构和生理功能有着较大的差异，且不由基因编码，但脂类在生命活动以及疾病的发生发展中具有特殊的重要性。

一、脂类的概念和分类

脂类的结构与功能

脂类是一类难溶于水而易溶于有机溶剂(如乙醚、氯仿、丙酮等)并能为机体所利用的生物有机分子，其化学本质是脂肪酸和醇所形成的酯类及其衍生物，其中脂肪酸多为4碳以上的长链一元羧酸，醇包括甘油、鞘氨醇、高级一元醇和固醇。对于大多数脂类而言，均含有碳、氢、氧元素，有些还含有氮、磷及硫。

脂类是根据溶解性定义的一类生物分子，在化学组成上变化较大，因此给其分类造成了一定困难，大体上可分为三大类：

1. **单纯脂类(simple lipid)**　单纯脂类是由脂肪酸和醇(甘油醇、高级一元醇)所形成的酯，包括脂肪和蜡。

2. **复合脂类(compound lipid)**　除含脂肪酸和醇外，还有其他非脂分子的成分。非脂成分是磷酸和含氮碱的称为磷脂；非脂成分是糖分子的称为糖脂。

3. **衍生脂类(derived lipid)**　指由单纯脂类和复合脂类衍生而来或与之关系密切，但也具有脂类一般性质的物质，如固醇类(性激素、肾上腺皮质激素)、萜(胡萝卜素、香精油)、维生素、类二十碳烷(前列腺素)等。

此外，根据脂类能否被碱水解而产生皂(脂肪酸盐)，可将其分成可皂化脂类和不可皂化脂类，类固醇和萜是两类主要的不可皂化脂类。也可根据脂类在水中和水界面上的行为不同，把它们分为极性(polar)和非极性(nonpolar)两大类。

二、脂类的生物学功能

脂类广泛存在于动植物体内，其生物学功能主要由以下几个方面。

1. **氧化供能和贮存能量**　脂肪是机体重要供能和储能物质。1 g 脂肪完全氧化可产生 38 kJ 能量，而 1 g 糖或蛋白质只能产生 17 kJ 能量。而且脂肪不溶于水，在细胞内易于聚集、贮存。生物体有专门储存脂肪的组织——脂肪组织，肥胖者的脂肪组织中积储的脂肪可达 15～20 kg，足够机体一个月所需的能量；而人体以糖原形式贮存的能量不够一天的需要，所以脂肪是细胞内的能量贮备物质。此外，蜡是海洋浮游生物代谢燃料的主要贮存形式。

2. **细胞膜的主要构成成分**　细胞的质膜、核膜和各种细胞器的膜总称为生物膜。磷脂、糖脂和固醇是构成生物膜脂质双层结构的基本物质，保证了细胞膜系统的完整性，对维持细胞正常的结构和功能起到了重要的作用。

3. **保护作用和御寒作用**　有些动物贮存在皮下的三酰甘油不仅可作为能储，而且可作为抗低温的绝缘层，如冬眠动物。人和动物的皮下和肠系膜脂肪组织还起到防震的填充物作用。某些动物的皮肤腺分泌蜡来保护毛发和皮肤使之达到柔韧、润滑并防水的特性，如水禽从它们的尾羽腺分泌蜡使羽毛能防水。冬青等许多热带植物的叶覆盖着一层蜡以防寄生物侵袭和水分过度蒸发。

4. **提供生物活性物质**　脂质可为动物机体提供溶解于其中的必需脂肪酸和脂溶性维生素；糖脂作为细胞膜的表面物质，与细胞识别、组织免疫等有密切关系；单脂是构成某些维生素与激素(维生素 A、维生素 D、前列腺素等)的成分，具有营养、代谢及调节功能。

5. **协助脂溶性维生素的吸收**　脂溶性维生素 A、维生素 D、维生素 E、维生素 K 和胡萝卜素可溶于食物的脂肪中，并随同脂肪一起被吸收。

三、脂类的化学

(一)脂肪酸

脂肪酸(fatty acid,FA)是脂类的基本组成成分,在生物体内大部分脂肪酸都以结合形式如脂肪、磷脂、糖脂等存在,但也有少量以游离状态存在于组织和细胞中。

脂肪酸是由一条长的烃链和一个末端羧基组成的羧酸。烃链多数是线形的,分支或含环的很少。烃链不含双键和三键的为饱和脂肪酸,含一个或多个双键的为不饱和脂肪酸。不同脂肪酸之间的主要区别在于烃链的长度、不饱和键的数目和位置。自然界存在的脂肪酸绝大多数含偶数碳原子,天然不饱和脂肪酸的碳-碳双键都是顺式构型。

人体内脂肪酸主要是软脂酸、硬脂酸、油酸、亚油酸、亚麻酸和花生四烯酸。因人体缺乏 Δ^9 以上的去饱和酶,因此无法合成亚油酸、亚麻酸和花生四烯酸等多不饱和脂肪酸。这类脂肪酸对于维持人类正常生理功能是必不可少的,但人体自身又不能合成,必须从膳食(主要是植物源性食物)中获取,因此称为必需脂肪酸(essential fatty acid)。

知识链接

反式脂肪酸

反式脂肪酸,属于不饱和脂肪酸,主要在植物油的氢化过程中形成。植物油中的脂肪酸分子结构在氢化过程中会改变,令氢化的油可延长保质期,并提升以这种油生产的食品的口感。天然的不饱和脂肪酸几乎都是顺式键,所以动物所能代谢的大多为顺式链的脂肪。反式脂肪酸是自然界中几乎不存有的,人体也难以处理此类不饱和脂肪,若进入人体中,就大都滞留于人体。反式脂肪对健康并无益处,也不是人体所需要的营养素。食用反式脂肪可令“坏”的低密度脂蛋白胆固醇上升,提高罹患冠状动脉心脏病的概率,可能还会面临不孕的风险。食物包装上一般食物标签列出成分如称为“代可可脂”、“氢化植物油”、“氢化脂肪”、“氢化菜油”、“固体菜油”、“酥油”、“雪白奶油”或“起酥油”即含有反式脂肪。世界各地的健康管理机构建议将反式脂肪的摄取量降至最低。

(二)脂肪

1. 脂肪的结构　脂肪(fat)是由 1 分子甘油与 3 分子脂肪酸组成的甘油三酯(triglyceride,TG),又称三酰甘油。所含脂肪酸可以相同也可以不同,相同者为单纯甘油酯,不同的为混合甘油酯。通常将熔点较低、在室温下呈液态的脂肪称为油,其脂肪酸的烃基多数是不饱和的;将熔点较高、在室温下呈固态的脂肪称为脂,其脂肪酸的烃基多数是饱和的。

$$\begin{matrix}CH_2-OH\\ CH-OH\\ CH_2-OH\end{matrix} + \begin{matrix}HO-\overset{O}{\overset{\|}{C}}-R^1\\ HO-\overset{O}{\overset{\|}{C}}-R^2\\ HO-\overset{O}{\overset{\|}{C}}-R^3\end{matrix} \longrightarrow R^2-\overbrace{\overset{O}{\overset{\|}{C}}-O}^{\text{酯键}}-\begin{matrix}CH_2-O-\overset{O}{\overset{\|}{C}}-R^1\\ CH\\ CH_2-O-\overset{O}{\overset{\|}{C}}-R^3\end{matrix}$$

甘油　　脂肪酸　　甘油三酯

2.脂肪的化学性质

(1)水解与皂化:脂肪可以由酸、碱或酶催化水解为脂肪酸和甘油。若由碱催化水解,生成脂肪酸盐(即肥皂)和甘油,这一反应称为皂化反应。皂化 1 g 脂肪所需的 KOH 毫克数称为皂化值(saponification number)。皂化值越大表示脂肪中脂肪酸的平均相对分子质量越小。

(2)氢化与碘化:脂肪中不饱和脂肪酸的碳-碳双键在催化剂存在下可以与氢发生加成反应称为氢化。不饱和脂肪与卤素中的溴或碘发生加成反应称为卤化,通常将 100 g 脂肪通过加成反应所消耗碘的克数称为碘值(iodine number)。脂肪所含的不饱和脂肪酸越多,不饱和程度越高,其碘值越大。氢化反应可以将液态植物油转变成固态的脂,在食品工业中被用于制造人造奶油。

(3)酸败作用:脂肪长期暴露在空气中会产生难闻的气味,这种现象称为酸败。其原因主要是脂肪的不饱和成分发生自动氧化,产生过氧化物进而降解成挥发性醛、酮、酸等物质。其次是微生物的作用,把脂肪分解为游离的脂肪酸和甘油,一些低级脂肪酸本身就有臭味,而且脂肪酸经系列酶促反应也产生挥发性的低级酮,甘油可被氧化成具有异臭的 1,2-环氧丙醛。中和 1 g脂肪中游离脂肪酸所需 KOH 的毫克数称为酸值(acid number),可用来表示酸败程度。

(三)类脂

1.磷脂(phospholipid)　磷脂是含有磷酸基的复合脂类,可分为甘油磷脂和鞘磷脂两大类,主要参与细胞膜系统的组成。

(1)甘油磷脂:又称磷酸甘油酯,其结构特点是甘油的 2 个羟基被脂肪酸酯化,3 位羟基被磷酸酯化形成磷脂酸,其中 1 位羟基常被饱和脂肪酸酯化,2 位羟基常被不饱和脂肪酸酯化。磷脂酸的磷酸羟基再被氨基醇(如胆碱、丝氨酸或乙醇胺)或肌醇取代,形成不同的磷脂。体内以磷脂酰胆碱(卵磷脂)、磷脂酰乙醇胺(脑磷脂)含量最多,约占总磷脂的 75%。卵磷脂是各种生物膜的主要成分,参与各种生命活动,包括协助脂类运输。肝脏合成磷脂酰胆碱不足是造成脂肪肝的原因之一,所以磷脂酰胆碱具有抗脂肪肝的作用。脑磷脂在脑和神经组织中含量较多,它与血液凝固有关,血小板的脑磷脂可能是凝血酶原激活剂的辅基。

$$R_2-\overset{O}{\overset{\|}{C}}-O-\begin{matrix}{}^1CH_2-O-\overset{O}{\overset{\|}{C}}-R_1\\ {}^2CH\\ {}^3CH_2-O-\overset{O}{\overset{\|}{P}}-OH\\ \quad\quad\quad\quad\quad |\\ \quad\quad\quad\quad\quad OH\end{matrix}$$

L-磷脂酸

$$R_2-\overset{O}{\overset{\|}{C}}-O-\begin{matrix}{}^1CH_2-O-\overset{O}{\overset{\|}{C}}-R_1\\ {}^2CH\\ {}^3CH_2-O-\overset{O}{\overset{\|}{P}}-O-X\\ \quad\quad\quad\quad\quad |\\ \quad\quad\quad\quad\quad OH\end{matrix}$$

L-甘油磷脂

(2)鞘磷脂:又称神经鞘磷脂,由鞘氨醇、脂肪酸和磷酰胆碱组成。在脑和神经组织中的含量较多,是某些神经细胞髓鞘的主要成分。鞘氨醇为不饱和的十八碳氨基二元醇,它以酰胺键与脂肪酸结合生成 *N*-脂酰鞘氨醇,即神经酰胺,后者再进一步通过磷酸酯键与磷酸胆碱或磷酸乙醇胺结合,形成鞘磷脂。

2.糖脂(glycolipid)　糖脂是指糖通过其半缩醛羟基以糖苷键与脂质连接的化合物。糖脂是细胞的结构成分,也是构成血型物质及细胞膜抗原的重要成分,在脑和神经髓鞘含量最多。

(1)鞘糖脂:鞘糖脂是神经酰胺的1-位羟基被糖基化形成的糖苷化合物,包括脑苷脂和神经节苷脂。鞘糖脂的疏水尾部伸入膜的脂双层,极性糖基露在细胞表面,它们不仅参与细胞间的通信,而且是血型的抗原决定簇。

糖基部分含有唾液酸的鞘糖脂,常称神经节苷脂。它是一类最重要且最复杂的鞘糖脂,在神经系统特别是神经末梢中含量丰富,是突触的重要组成成分,参与神经传导过程。神经节苷脂参与细胞免疫和细胞间识别,在组织生长、分化甚至癌变中扮演重要角色。

(2)甘油糖脂:甘油糖脂由二酰甘油与糖基以糖苷键连接而成,主要存在于植物界和微生物中,植物的叶绿体和微生物的质膜含有大量的甘油糖脂。

3.类固醇　类固醇也称甾类(steroid),包括固醇和固醇衍生物,是广泛存在于动植物体且具有重要生理活性的天然产物。这类化合物的结构以环戊烷多氢菲为基本骨架。其中胆固醇(cholesterol)为最主要的成分,胆固醇酯、维生素 D_3 原、胆汁酸和类固醇激素等固醇衍生物几乎都是它在体内的转化产物。

(1)胆固醇:胆固醇是脊椎动物细胞膜的重要组成成分,在脑和神经组织中含量较多,除人体自身合成外,也可从膳食中获取。胆固醇是生理必需物质,但过多又会引起某些疾病,例如胆结石症的胆石几乎都是胆固醇的晶体,冠心病和动脉粥样硬化症的粥样斑块是胆固醇等脂质沉积而成的。胆固醇结构中 C_3 上有一个—OH,C_5～C_6 之间有双键,C_{17}上有一个含8个碳原子的烃链。胆固醇为无色或略带黄色结晶,难溶于水,易溶于热乙醇、乙醚和三氯甲烷等有机溶剂。胆固醇的三氯甲烷溶液与乙酸酐及浓硫酸作用,呈现红色→紫色→褐色→绿色的系列颜色变化,可用来测定胆固醇的含量。

(2)胆汁酸:胆汁酸(bile acid)是由肝内胆固醇直接转化而来的,是胆固醇的主要代谢产物。胆汁酸是水溶性物质,胆囊分泌的胆汁是胆汁酸的水溶液。在胆汁中,大部分胆汁酸形成钾盐或钠盐,称为胆盐,是很强的去污剂,能溶于油-水界面处,以其疏水面与脂相接近,亲水面与水相接触,使油脂乳化,形成微团,便于水溶性脂酶发挥作用,从而促进肠道中油脂及脂溶性维生素的消化吸收。

第二节　脂类的消化、吸收与转运

一、脂肪的消化和吸收

膳食中的脂类主要为脂肪,此外还有少量磷脂及胆固醇等。脂肪的消化开始于胃中的胃脂肪酶,彻底消化是在小肠内由胰分泌的胰脂肪酶催化完成的,水解生成2-单酰甘油和脂肪酸。由于脂肪不溶于水，所以脂肪必须先乳化才能进行消化。胆汁中的胆盐在脂类消化中起到了重要作用，可使脂肪乳化形成分散的细小微滴，增加脂肪酶与脂肪的接触面，有助于消化。此外，胆盐也能激活胰脂肪酶，以促进脂肪的水解。

脂肪消化产物主要在十二指肠下段及空肠上段被吸收，并通过门静脉进入血液循环。低于 12 个碳原子的短链脂肪酸可直接被小肠黏膜内壁吸收；长链脂肪酸及单酰甘油吸收入肠黏膜细胞后，在细胞内再合成脂肪，与载脂蛋白结合以乳糜微粒形式进入血液循环，被其他细胞所利用。

二、类脂的消化和吸收

食物中的甘油磷脂由多种磷脂酶(phospholipase)分别作用于不同酯键而被水解，生成脂肪酸、甘油、磷酸及胆碱、胆胺等，然后被吸收进入体内，小部分磷脂可不经过水解而包含在乳糜微粒中完整地被吸收。如卵磷脂的水解见图 7-1。其中胰腺分泌磷脂酶 A_2 原，受胰蛋白酶激活成磷脂酶 A_2，在胆盐和 Ca^{2+} 存在下，磷脂酶 A_2 作用于 2 位，水解出一分子脂肪酸(R_2COOH)，生成溶血卵磷脂，具有溶血作用。毒蛇的毒液中也含有此酶，故被毒蛇咬伤后，毒液进入人体血液内可引起严重的溶血症状。

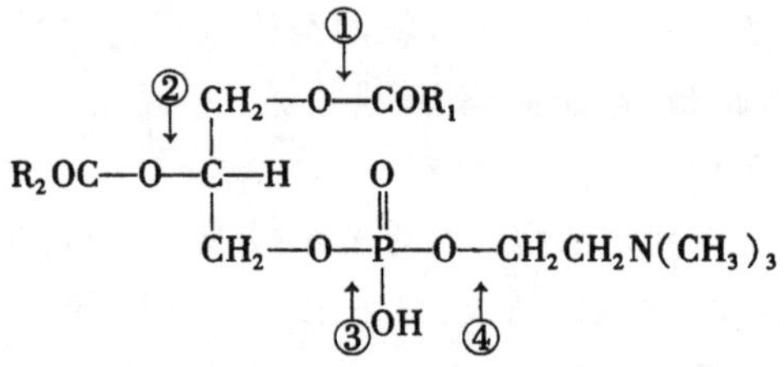

①
② $CH_2—O—COR_1$
$R_2OC—O—C—H$ O
$CH_2—O—P—O—CH_2CH_2N(CH_3)_3$
OH
③ ④

图 7-1　卵磷脂的消化

①磷脂酶 A_1；②磷脂酶 A_2；③磷脂酶 C；④磷脂酶 D

案例分析

2013 年秋，陕西多地出现胡蜂蜇人夺命事件，累计蜇伤 1600 多人，死亡 40 多人。

1. 胡蜂为何能蜇伤、蜇死人？

2. 被胡蜂蛰咬后要怎么办？

食物所含的胆固醇，一部分与脂肪酸结合形成胆固醇酯，另一部分以游离状态存在，是主要的存在形式。胆固醇作为脂溶性物质故必须借助胆盐的乳化作用才能在肠内被吸收。吸收后的胆固醇约有 1/3 在肠黏膜细胞内，经酶的催化而又重新酯化合成胆固醇酯。然后，胆固醇酯、磷脂、脂肪和载脂蛋白结合形成乳糜微粒，经淋巴进入血液循环，这是血脂的来源之一。胆固醇在肠道的吸收率不高，一般仅占食物中含量的 20%～30%，未被吸收的食物胆固醇在肠腔内被细菌还原为粪固醇排出体外。

三、脂类的储存和动员

脂肪的主要贮存场所是脂肪组织，以皮下、肾周围、肠系膜等处最多，称为脂库。脂肪从脂库中释放出来，被分解为甘油和脂肪酸并释放进入血液，以供给全身各组织氧化利用的过程称为脂肪的动员。正常情况下，脂肪的贮存和动员处于动态平衡状态并受营养状况、运动、神经和激素等多种因素的调节控制。脂肪酸不溶于水，需与血浆清蛋白结合成为脂肪酸-清蛋白复合物而运输，主要被心脏、肝脏和骨骼肌等组织摄取利用。甘油溶于水，可直接由血液运输到肝、肾、肠等组织。脂肪的贮存、动员和运输见图 7-2。

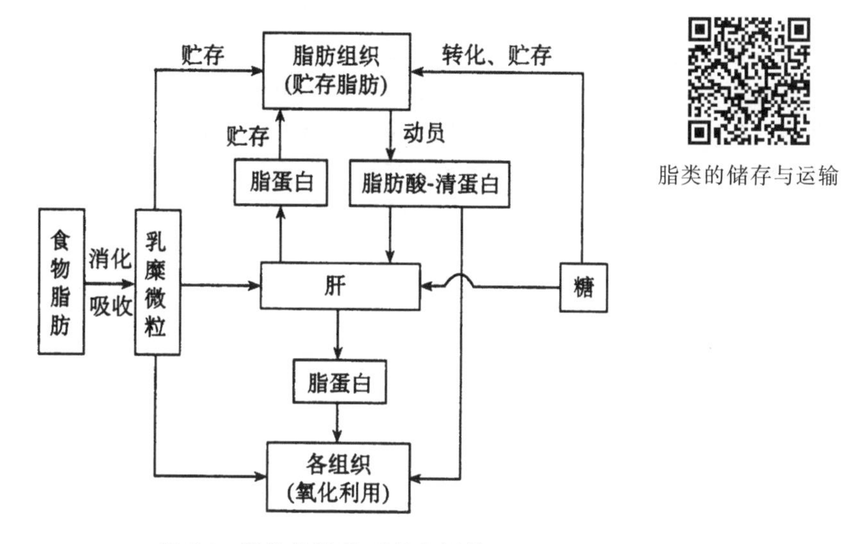

图 7-2　脂肪的储存、动员和运输

脂类的储存与运输

四、血脂与血浆脂蛋白

(一)血脂

血浆中所含的脂类统称为血脂，主要包括甘油三酯、磷脂、胆固醇和胆固醇酯以及游离脂肪酸等。血脂的含量受膳食、种族、年龄、性别、生理状态及激素水平等多种因素影响，波动范围较大。血脂含量测定是临床生化检验的常规项目，广泛应用于高脂血症、动脉粥样硬化和冠心病等疾病的诊断。我国正常人空腹时血脂含量(参考值)见表 7-1。

表 7-1　正常成人空腹血脂含量参考值

脂类名称	正常参考值/[mmol/L (mg/dl)]	脂类名称	正常参考值/[mmol/L (mg/dl)]
三酯酰甘油	1.1～1.7(100～150)	游离胆固醇	1.0～1.8(40～70)
总胆固醇	2.6～6.5(100～250)	磷脂	48.4～80.7(150～250)
胆固醇酯	1.8～5.2(70～200)	游离脂肪酸	0.195～0.805(5～20)

血浆中脂类的含量虽然受到多种因素的影响，但健康成人血脂的含量在 4.0～7.0 g/L 波动。这是因为血脂的来源和去路维持着动态平衡。血脂的主要来源有：①外源性，即食物中消化吸收的脂类；②内源性，包括脂库动员释放的脂类，由肝脏等组织合成的脂类，由糖或某些氨基酸转变来的脂类。血脂的去路主要有：氧化分解提供能量、进入脂库贮存、构成生物膜、转变为其他物质等。

（二）血浆脂蛋白

脂类物质的分子极性小，故血脂难溶于水，常以蛋白质作为运输载体。血浆中的脂类与蛋白质结合形成水溶性的脂蛋白复合物，称为血浆脂蛋白（lipoprotein），是脂类在血浆中的存在与运输形式。

血浆脂蛋白呈球状，由脂类和蛋白质两类成分组成。血浆脂蛋白中的蛋白质部分称为载脂蛋白（apolipoprotein，Apo）。不同的血浆脂蛋白中载脂蛋白的种类和含量均有较大的差异，载脂蛋白的主要功能是结合和转运脂质，还具有某些特殊功能，如激活某些与脂蛋白代谢相关的酶、参与脂蛋白受体的识别等。

（三）血浆脂蛋白的分类

因血浆脂蛋白所含脂类和蛋白质的量不同，血浆脂蛋白种类很多，通常用电泳法和超速离心法可分成 4 种。

1. 电泳法 由于血浆脂蛋白所含蛋白质的组成不同，颗粒大小和表面电荷存在差异，故在电场中的迁移率也不同。经电泳后用脂类染色剂染色，可分为 4 个区带（图 7-3），依次分别为：乳糜微粒（CM）、β-脂蛋白、前 β-脂蛋白和 α-脂蛋白。其中，CM 停留在原点，空腹时难以检出，仅在进食后出现；β-脂蛋白含量最多，占血浆脂蛋白的 48%～68%。

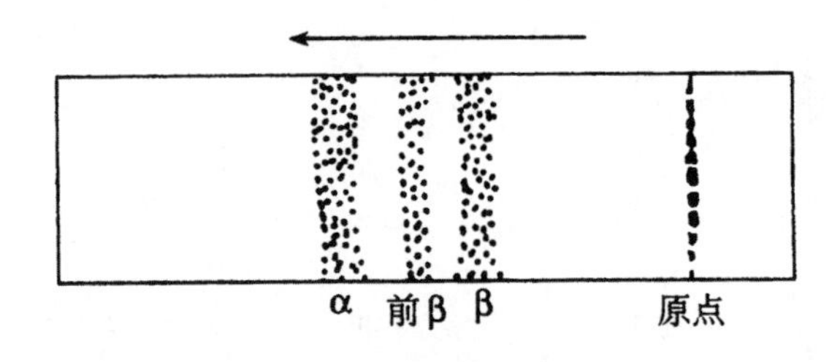

图 7-3 血浆脂蛋白电泳图谱

2. 超速离心法（密度分离法） 各类血浆脂蛋白中蛋白质与脂类的比例不同，因而密度各不相同。若脂蛋白组成中脂类含量高，蛋白含量少，则密度相对低；反之，密度高。血浆在一定密度的蔗糖溶液中进行超速离心（50000 rpm）时，各种脂蛋白沉降速度的不同，可得到 4 个密度范围不同的组成部分，即乳糜微粒（CM）、极低密度脂蛋白（VLDL）、低密度脂蛋白（LDL）及高密度脂蛋白（HDL）。

（四）血浆脂蛋白的组成及功能

1. 乳糜微粒（CM） CM 是由小肠黏膜细胞吸收食物中脂质后形成的脂蛋白，经淋巴入血，是运输外源性三酰甘油的主要形式。其特点是含有大量三酰甘油（占 80%～95%）而蛋白质含量很少。CM 的颗粒半径较大，能使光散射而呈乳浊，这就是在饱餐后血清混浊的原因。正常人 CM 在血浆中半衰期为 5～15 min，因此，空腹血浆中测不到 CM。新生 CM 经淋巴管进入血液，形成成熟 CM。然后在肌肉、脂肪组织等处毛细血管内皮细胞表面的脂蛋白脂肪酶(LPL)作用下，三酰甘油水解成甘油和脂肪酸，被组织吸收利用。CM 颗粒逐渐变小，CM 残余颗粒进入肝细胞降解。

2. 极低密度脂蛋白(VLDL) VLDL 在肝内合成，含有 50%～70%三酰甘油，是运输内源性三酰甘油的主要形式。肝细胞可利用葡萄糖为原料合成三酰甘油，也可利用食物来源以及脂肪动员的脂肪酸作为原料合成的三酰甘油，再与磷脂、胆固醇及载脂蛋白等形成新生 VLDL。新生 VLDL 进入血中形成成熟 VLDL，然后被 LPL 水解释放出甘油和脂肪酸，为组织吸收利用。VLDL 颗粒逐渐变小，同时胆固醇含量及载脂蛋白含量相对增加，密度逐渐增大，形成中间密度脂蛋白(IDL)。部分 IDL 被肝细胞摄取代谢，剩下的 IDL 中的三酰甘油继续被 LPL 水解变成 LDL。

3. 低密度脂蛋白(LDL) LDL 由 VLDL 在血浆中转变而来，是正常成人空腹血浆中的主要脂蛋白，约占血浆脂蛋白总量的 2/3。其特点是胆固醇的含量约占 50%，其中 2/3 左右为胆固醇酯，其功能是将胆固醇从肝细胞转运至肝外组织。LDL 结构不稳定时，其中的胆固醇很易在血管壁沉着而形成斑块，这就是动脉粥样硬化的病理基础，由此而诱发一系列心血管系统疾病。血浆中的 LDL 与特异受体结合后进入细胞内，并在溶酶体内被水解，释放出游离胆固醇被利用。

4. 高密度脂蛋白(HDL) HDL 主要是在肝脏合成，在小肠亦可合成。正常人空腹血浆中 HDL 含量约占脂蛋白总量的 1/3，其组成中除蛋白质含量最多外，胆固醇(约 20%)和磷脂(25%)的含量也较高，其功能是将胆固醇从肝外组织逆向转运至肝脏代谢。HDL 如果减少，可能会影响血浆脂蛋白的清除，因此在某些疾病中，它是临床上颇受重视的指标。

在血浆中的卵磷脂胆固醇脂酰转移酶(LCAT)的催化下，新生 HDL 表面的卵磷脂第 2 位脂酰基转移至游离胆固醇的羟基上，生成溶血卵磷脂和胆固醇酯。疏水的胆固醇酯进入 HDL 的核心部位，使其体积逐渐增大，转变为成熟 HDL。成熟 HDL 主要被肝细胞摄取，其中的胆固醇可合成胆汁酸盐或通过胆汁直接排出体外。

各种脂蛋白的组成和功能如表 7-2 所示。

表 7-2 各种脂蛋白的组成和功能

密度分类法	电泳相当的位置	密度	颗粒大小/nm	化学组成/%				主要生理功能
				蛋白质	三酰甘油	胆固醇	磷脂	
CM	原点	<0.96	80～500	0.8～2.5	80～95	2～7	6～9	转运外源性脂肪
VLDL	前β	0.96～1.006	25～80	5～10	50～70	10～15	10～15	转运内源性脂肪
LDL	β	1.006～1.063	20～25	25	10	45	20	转运胆固醇

续表

密度分类法	电泳相当的位置	密度	颗粒大小/nm	化学组成/%				主要生理功能
				蛋白质	三酰甘油	胆固醇	磷脂	
HDL	α	1.063～1.210	6.5～25	45～50	5	20	25	转运胆固醇和磷脂

第三节　脂肪的代谢

体内的脂肪不断地进行分解，除从食物补充外，亦可由糖类等化合物合成。各组织中的脂肪也不断地进行代谢，脂肪的合成与分解在正常情况下处于动态平衡。

一、脂肪的分解代谢

脂肪的分解代谢是机体能量来源的重要手段，同样重量的脂肪和糖，在完全氧化生成 CO_2 和 H_2O 时，脂肪所释放的能量比糖的多。脂肪的氧化必须有充分的氧供应才能进行。

体内各组织细胞除了成熟的红细胞外，几乎都有氧化脂肪及其分解产物的能力。一般情况下，脂肪在体内氧化时，先在脂肪酶的催化下生成脂肪酸和甘油，然后再分别进行氧化分解。其中甘油三酯脂肪酶是脂肪分解的限速酶。

脂肪的分解代谢

（一）甘油的氧化分解

甘油溶于水，可直接由血液运输到肝、肾和小肠黏膜等组织细胞。肌肉和脂肪组织因甘油激酶活性很低，故不能很好地利用甘油，只有通过血液循环运至肝脏才能在甘油激酶催化下生成甘油-3-磷酸，再脱氢生成磷酸二羟丙酮后，进入糖代谢途径，继续氧化分解生成 CO_2 和 H_2O，并能释放能量。当血糖浓度低时，也可异生为葡萄糖和糖原。甘油的分解过程如下：

CH_2OH–$CH(OH)$–CH_2OH （甘油）—（ATP → ADP；甘油激酶（肝、肾、肠））→ CH_2OH–$CH(OH)$–CH_2O–Ⓟ （甘油-3-磷酸）⇌（NAD^+ → $NADH+H^+$；甘油-3-磷酸脱氢酶）CH_2OH–$C{=}O$–CH_2O–Ⓟ （磷酸二羟丙酮）—糖酵解→ 乳酸；—糖异生→ 糖或糖原

甘油-3-磷酸脱氢酶催化的反应是可逆的，故糖代谢的中间产物磷酸二羟丙酮也能还原成甘油-3-磷酸，但在胞浆中的甘油-3-磷酸脱氢酶与线粒体中的不同，其辅酶是 NAD^+。由于甘油只占整个脂肪分子中很小部分，所以脂肪氧化提供的能量主要来自脂肪酸部分。

（二）脂肪酸的氧化分解

游离脂肪酸可与清蛋白结合由血液运输到全身各组织。在供氧充足的条件下，脂肪酸在体内可分解成 CO_2 和 H_2O 水并释放出大量能量。除脑组织和成熟红细胞外，大多数组织

都能氧化利用脂肪酸，但以肝脏和肌肉组织最活跃。

1. 脂肪酸的β氧化　脂肪酸氧化的途径是Knoop在1904年首先提出来的，即脂肪酸的氧化分解始发于羧基端的第二位(β-位)的碳原子，在这一处断裂切掉两个碳原子单元，也因此被命名为β氧化。β氧化作用是在线粒体基质中进行的。

(1)脂肪酸的活化——脂酰CoA：脂肪酸氧化前必须先转变为脂酰CoA，这一过程称为脂肪酸的活化。活化是在线粒体外进行的，位于内质网及线粒体外膜上的脂酰CoA合成酶(acyl-CoA-synthetase)在ATP、CoA—SH、Mg^{2+}存在的条件下，催化脂肪酸活化生成脂酰CoA。生成的脂酰CoA不仅含有高能硫酯键，而且增加了水溶性，从而使脂肪酸的代谢活性明显提高。反应过程中生成的焦磷酸(PPi)立即被细胞内的焦磷酸酶水解为两分子的Pi，阻止了逆向反应的进行。故1分子脂肪酸活化，虽然仅消耗了1分子ATP，但实际上消耗了2个高能磷酸键。

$$RCH_2CH_2COOH + CoASH + ATP \xrightarrow[Mg^{2+}]{\text{脂酰 CoA 合成酶}} RCH_2CH_2CO—SCoA + AMP + PPi$$

(2)脂酰CoA进入线粒体：脂肪酸的活化在细胞质中进行的，而催化脂肪酸氧化的酶系则存在于线粒体基质内，故活化的脂酰CoA必须进入线粒体内才能进行氧化分解。脂酰CoA是通过一种特殊的转运载体肉碱(carnitine)转运至线粒体内膜。

肉碱可通过其羟基与脂肪酸连接成酯，生成的脂酰肉碱很容易通过线粒体内膜。首先在线粒体内膜外侧肉碱和脂酰CoA在肉碱脂酰移位酶Ⅰ的催化下生成脂酰肉碱，后者借助线粒体内膜的肉碱/脂酰肉碱移位酶的作用，通过线粒体内膜进入线粒体基质。再在肉碱脂酰移位酶Ⅱ催化下脱去肉碱，又生成脂酰CoA。脂酰CoA进入线粒体的过程如图7-4所示。

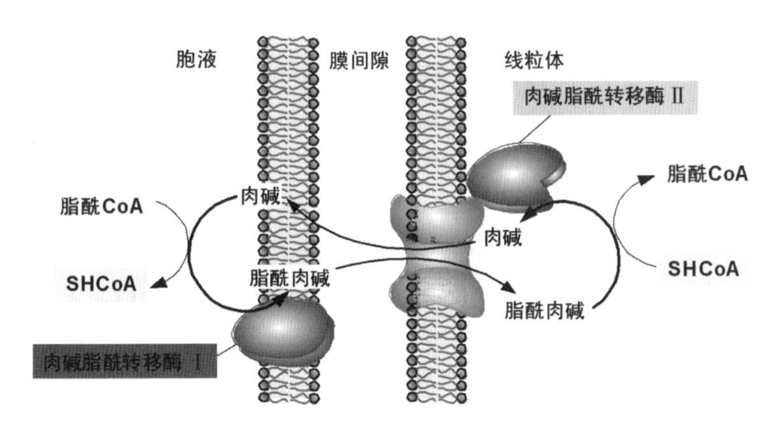

图7-4　脂酰CoA进入线粒体的过程

(3)脂肪酸的β氧化：脂酰CoA在线粒体脂肪酸氧化酶系作用下进行β氧化，从脂酰基的β碳原子开始，经过脱氢、加水、再脱氢、硫解4步连续反应，生成1分子乙酰CoA以及1分子比原来少2个碳原子的脂酰CoA。乙酰CoA经TCA循环完全氧化成CO_2和H_2O，并释放出大量的能量。偶数碳原子的脂肪酸β-氧化，最终全部生成乙酰CoA。

脂酰CoA氧化的反应过程如下：

1)脱氢。脂酰CoA经脂酰CoA脱氢酶催化，在其α-和β-碳原子上各脱去1个氢原子，生成Δ^2-反-烯脂酰CoA，此酶的辅基为FAD。

$$RCH_2CH_2COSCoA+FAD \longrightarrow RC(H){=}C(H)\text{-}COSCoA+FADH_2$$

2)水合。Δ^2 反烯脂酰 CoA 在烯脂酰 CoA 水化酶的催化下，在双键上加水生成 *L*-β-羟脂酰 CoA，此酶具有立体专一性。

$$RC(H){=}C(H)COSCoA+H_2O \longrightarrow R\text{-}C(OH)(H)\text{-}CH_2COSCoA$$

3)再脱氢。*L*-β-羟脂酰 CoA 在 *L*-β-羟脂酰 CoA 脱氢酶的催化下，脱去 β-碳原子与羟基上的氢原子生成 β-酮脂酰 CoA，此酶的辅酶为 NAD^+。

$$R—CH(OH)—CH_2—COSCoA \rightarrow R—COSCoA + NADH + H^+$$

4)硫解。在 β-酮脂酰 CoA 硫解酶的催化下，β-酮脂酰 CoA 与 1 分子 CoA 作用，硫解断链产生 1 分子乙酰 CoA 和 1 分子比原来减少了 2 个碳原子的脂酰 CoA。

$$R\text{-}C({=}O)\text{-}CH_2COSCoA+HSCoA \longrightarrow CH_3COSCoA+RCOSCoA$$

综上所述，1 分子脂酰 CoA 通过脱氢、水合、再脱氢和硫解等 4 步反应（为一次 β-氧化）后生成 1 分子乙酰 CoA 和 1 分子减少了 2 个碳原子的脂酰 CoA。新生成的脂酰 CoA 可继续重复上述 4 步反应直至完全分解为乙酰 CoA 为止。脂肪酸 β-氧化过程见图 7-5。

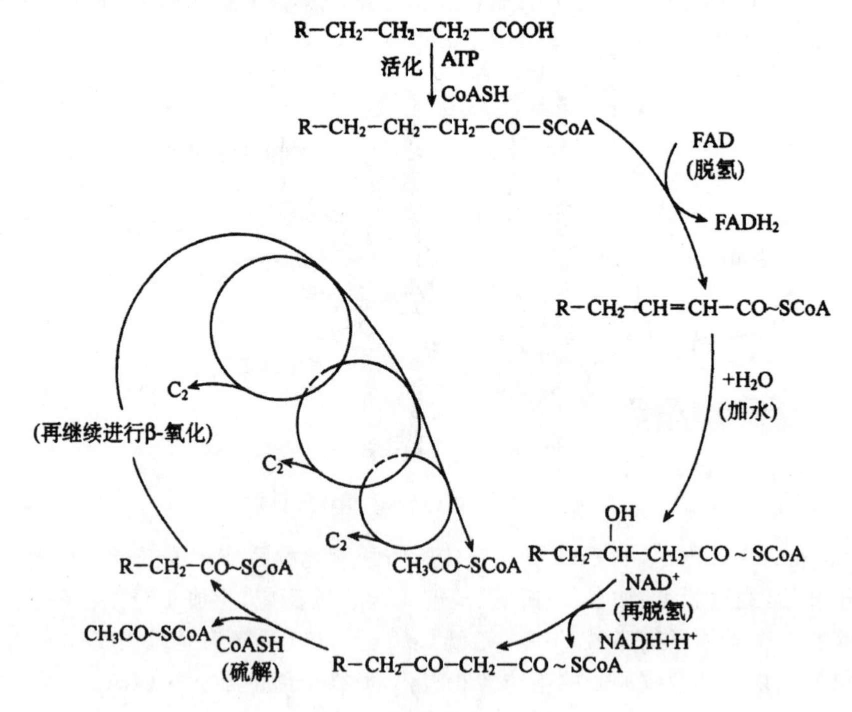

图 7-5　脂肪酸 β 氧化过程

脂肪酸β氧化产生的乙酰CoA通过TCA循环彻底氧化成CO_2和H_2O并释放能量。现以16个碳原子的软脂酸为例计算其完全氧化所生成的ATP分子数。软脂酸为十六碳酸，需经7次β氧化循环，共生成8分子乙酰CoA。一次β氧化有2步脱氢反应分别生成$FADH_2$和NADH，$FADH_2$可通过呼吸链产生1.5分子ATP，NADH可通过呼吸链产生2.5分子ATP，所以一次β氧化可生成4分子ATP。每分子乙酰CoA经TCA循环还可产生10分子ATP。脂肪酸在活化为脂酰CoA时，消耗ATP分子中2个高能磷酸基团可视为消耗2分子ATP，所以1分子软脂酸完全氧化成二氧化碳和水生成的ATP分子数是：

共经7次β氧化，产生7×4=28分子ATP；

共产生8分子乙酰CoA，产生8×10=80分子ATP；

再减去开始活化时消耗的2分子ATP，一共生成28+80−2=106分子ATP。由此可见，脂肪酸可为机体提供大量的能量。

脂肪酸除了进行β氧化作用外，还有少量可进行其他方式的氧化，如α氧化和ω氧化作用。

2.奇数碳原子脂肪酸的氧化 人体内含有极少量奇数碳原子的脂肪酸，经β-氧化后除生成乙酰CoA外，最后还生成1分子丙酰CoA。丙酰CoA经丙酰CoA羧化酶、异构酶及甲基丙二酸单酰CoA变位酶催化生成琥珀酰CoA，然后进入TCA循环彻底氧化分解或经糖异生途径转变成糖。

3.不饱和脂肪酸的氧化 不饱和脂肪酸的氧化途径和饱和脂肪酸的氧化途径基本相似，但还需要另外两个酶，即异构酶和差向异构酶。单不饱和脂肪酸的氧化需要Δ^3-顺Δ^2-反烯脂酰CoA异构酶的作用，多不饱和脂肪酸如亚油酸、亚麻酸等，除上述异构酶外还需要另一个差向异构酶使β-羟脂酰CoA从*D*型转变成*L*型结构。不饱和脂肪酸的氧化途径和饱和脂肪酸的氧化途径基本相似，也是发生在线粒体中。不饱和脂肪酸的活化和跨越线粒体内膜都与饱和脂肪酸相同，也是经β氧化而降解，但还需要另外两个酶，即异构酶和还原酶。其不同之处在于，饱和脂肪酸β氧化中生成的烯脂酰CoA为Δ^2-反式-烯脂酰CoA，而天然不饱和脂肪酸分子中的双键均为顺式，在β氧化过程中生成Δ^3-顺式烯脂酰CoA，若要继续进行β氧化，必须转化为Δ^2-反式构型。线粒体内存在有特异的Δ^3-顺式→Δ^2-反式-烯脂酰CoA异构酶，能够催化Δ^3-顺式转化为Δ^2-反式构型，继而再进行β氧化。

(三)酮体的生成和利用

酮体(ketone body)是脂肪酸在肝中氧化分解时形成的特有中间代谢产物，包括乙酰乙酸、β-羟丁酸、丙酮三种有机物。其中以β-羟丁酸最多，约占酮体总量的70%，乙酰乙酸占30%，而丙酮含量极微。

1.酮体的生成 肝是分解脂肪酸最活跃的器官之一。脂肪酸在肝内经β氧化生成大量的乙酰CoA，大大超出了自身需要。由于肝内有非常活跃的生成酮体的酶，过剩的乙酰CoA主要去合成酮体。酮体在肝细胞线粒体内合成，其过程分三步进行(图7-6)。

酮体的生成与利用

(1)乙酰乙酰 CoA 的生成:2 分子乙酰 CoA 在硫解酶的作用下缩合成乙酰乙酰 CoA,并释放出 1 分子 CoA。

(2)HMG-CoA 的生成:乙酰乙酰 CoA 在 β-羟-β-甲基戊二酸单酰辅酶 A (HMG-CoA)合成酶的催化下,再与 1 分子乙酰 CoA 缩合生成 HMG-CoA,并释放出 1 分子 CoA。

(3)酮体的生成:HMG-CoA 在 HMG-CoA 裂解酶的作用下,裂解生成乙酰乙酸和乙酰 CoA;乙酰乙酸在 β-羟丁酸脱氢酶催化下还原生成 β-羟丁酸;乙酰乙酸也可脱羧生成丙酮。

肝细胞线粒体内含有丰富的 HMG-CoA 合成酶和 HMG-CoA 裂解酶等,因此酮体合成是肝特有的功能。但肝又缺乏氧化酮体的酶,所以不能利用酮体。HMG-CoA 也是合成胆固醇的中间产物,由于上述反应都是可逆的,所以,HMG-CoA 是脂肪酸、酮体及胆固醇代谢的共同中间产物,故在脂类代谢中具有重要意义。

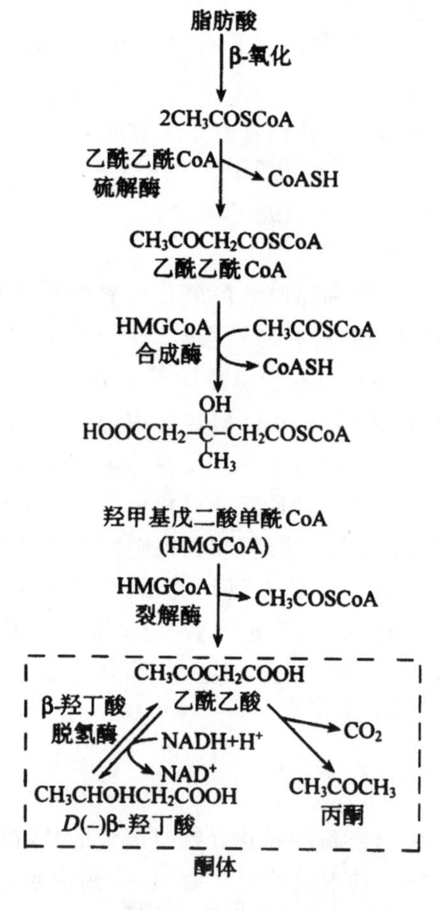

图 7-6 酮体的生成

2.酮体的利用 由于肝内缺乏氧化利用酮体的酶,不能氧化酮体,肝产生的酮体必须透过细胞膜进入血液循环,运输到肝外组织进一步氧化分解利用(图 7-7)。肝外许多组织,特别是心肌、骨骼肌及脑和肾等组织具有活性很强的利用酮体的酶系,如琥珀酰 CoA 转硫酶、乙酰乙酸硫激酶及乙酰乙酰 CoA 硫解酶。在这些酶的作用下,乙酰乙酸被活化为乙酰乙酰

CoA，然后在硫解酶作用下分解成2分子乙酰CoA，后者进入三羧酸循环彻底氧化。β-羟丁酸在β-羟丁酸脱氢酶的作用下，脱氢生成乙酰乙酸在进一步氧化分解。丙酮含量很少，易挥发，可随尿或经肺排出。此外，部分丙酮可在一系列酶作用下转变成丙酮酸或乳酸，进而异生成糖，这是脂肪酸的碳原子转变为糖的一个途径。

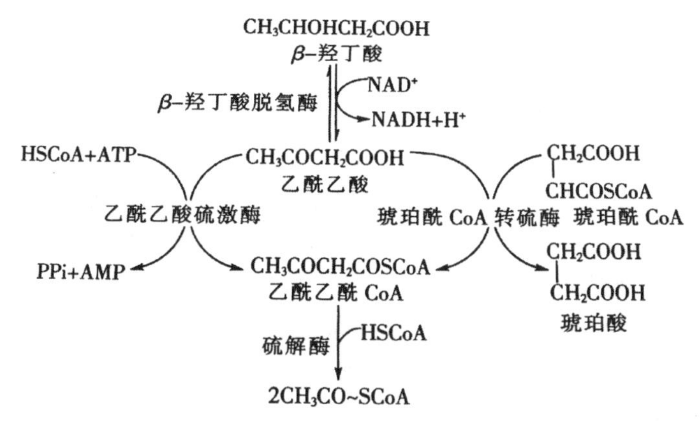

图7-7 酮体的氧化利用

3.**酮体生成的生理意义** 肝是生成酮体的器官，但不能利用酮体；肝外组织不能生成酮体，却可以利用酮体。因此，体内脂肪氧化供能的过程中酮体是联系肝与肝外组织之间的一种特殊运输形式。酮体生成的意义在于：

(1)酮体是脂肪在肝内正常的中间代谢产物，是肝脏输出能源的一种形式。

(2)酮体溶于水，分子小，能通过血脑屏障及肌肉毛细血管壁，是肌肉尤其是脑组织的重要能源。体内糖供应不足(如血糖降低)时，大脑不能氧化脂肪酸，这时酮体是脑的主要能源物质。

(3)酮体利用的增加可减少糖的利用，有利于维持血糖水平恒定，节省蛋白质的消耗。

酮体生成增多常见于饥饿、妊娠中毒症、糖尿病等情况下，低糖高脂饮食也可使酮体生成增多。当肝内酮体的生成量超过肝外组织的利用能力时，可使血中酮体升高，引起酮血症、酮尿症和酮症酸中毒。

知识链接

酮体症

人体中酮体的产生和酮体利用失去相对平衡时，肝产生过多的酮体，超过肝外组织氧化利用酮体的能力。即生成量大于利用量时，血液中酮体浓度增高，并由尿中排出，这种情况称为酮体症，包括酮血症和酮尿症。乙酰乙酸和β-羟丁酸都是较强的有机酸，当血中酮体过高时，易使血液pH下降，导致酸中毒。其处理方法是除了给予纠正酸碱平衡的药物外，还应针对病因采取减少脂肪酸过多分解的措施。

二、脂肪的合成代谢

脂肪的合成有两种途径：一种是将食物中的脂肪转化成为人体的脂肪，但这种脂肪的来源较少；另一种是将糖类物质转化成脂肪，这是体内脂肪的主要来源。肝、脂肪组织和小肠是体内合成脂肪的主要部位，以肝的合成能力最强。脂肪的合成代谢是在细胞质中进行的，合成脂肪的原料是甘油-3-磷酸和脂肪酸。

（一）甘油-3-磷酸的合成

脂肪的合成代谢

甘油-3-磷酸的合成途径有两条：一条是由糖代谢提供，糖代谢中的磷酸二羟丙酮可通过甘油-3-磷酸脱氢酶催化生成甘油-3-磷酸，这是合成甘油-3-磷酸的主要途径。

另一条途径是甘油再利用。在肝、肾、肠黏膜等组织中含有丰富的甘油激酶，能利用游离甘油磷酸化生成甘油-3-磷酸。但脂肪细胞中缺乏甘油激酶，故不能利用甘油合成脂肪。

$$\underset{\text{葡萄糖}}{C_6H_{12}O_6} \rightarrow\rightarrow \underset{\text{磷酸二羟丙酮}}{\begin{matrix}CH_2O\text{-}PO_3H_2\\ |\\ C{=}O\\ |\\ CH_2OH\end{matrix}} \xrightarrow[\alpha\text{-磷酸甘油脱氢酶}]{NADH+H^+ \quad NAD^+} \underset{\alpha\text{-磷酸甘油}}{\begin{matrix}CH_2O\text{-}PO_3H_2\\ |\\ HO{-}C{-}H\\ |\\ CH_2OH\end{matrix}} \xleftarrow[\text{甘油激酶}]{ADP \quad ATP} \underset{\text{甘油}}{\begin{matrix}CH_2OH\\ |\\ HOC{-}H\\ |\\ CH_2OH\end{matrix}}$$

（二）脂肪酸的合成

1.脂肪酸生物合成的部位和原料 脂肪酸主要在肝、肾、脑、肺、分泌期的乳腺、脂肪组织的细胞质中合成，而饱和脂肪酸碳链的延长（十六碳酸以上）则在线粒体和微粒体中进行。肝脏是人体合成脂肪酸最活跃的部位。脂肪组织是储存脂肪的场所，它本身虽能以葡萄糖作为原料合成脂肪酸和脂肪，但主要靠摄取并储存小肠吸收的食物中的脂肪酸以及肝脏合成的脂肪酸。

生物合成脂肪酸的直接原料是乙酰 CoA，凡是在体内能分解生成乙酰 CoA 的物质都能用于合成脂肪酸，其中糖的分解是最主要来源。乙酰 CoA 在线粒体内生成，而合成脂肪酸的酶系存在于细胞质中，乙酰 CoA 又不能自由透过线粒体内膜，因此需要其他物质转运才能通过线粒体膜进入细胞质成为合成脂肪酸的原料。乙酰 CoA 由线粒体转入到细胞质主要通过柠檬酸-丙酮酸循环完成，如图 7-8 所示。脂肪酸的合成除需要乙酰 CoA 外，还需 ATP 供能、$NADPH+H^+$ 供氢，前者可来自葡萄糖的氧化分解供能，后者主要来自磷酸戊糖途径。

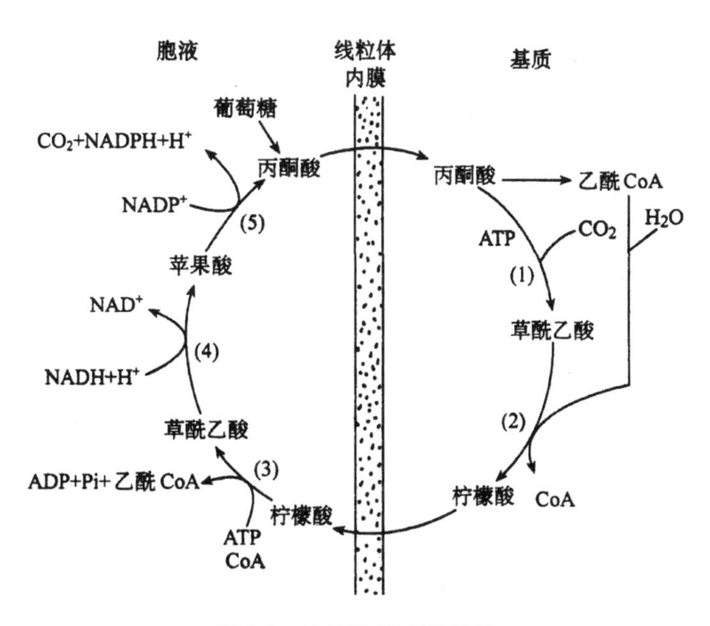

图 7-8　柠檬酸-丙酮酸循环

(1)丙酮酸羧化酶;(2)柠檬酸合成酶;(3)ATP-柠檬酸裂解酶;(4)苹果酸脱氢酶;(5)苹果酸酶

2.脂肪酸的合成过程

(1)丙二酸单酰 CoA 的合成:乙酰 CoA 羧化成丙二酸单酰 CoA 是脂肪酸合成的第一步反应,此反应不可逆,由乙酰 CoA 羧化酶(acetyl-CoA carboxylase)催化。这步反应为脂肪酸合成的关键步骤,故乙酰 CoA 羧化酶是脂肪酸合成酶系中的限速酶,辅酶为生物素,Mn^{2+} 为激活剂。

$$CH_3COCoA+CO_2+ATP \xrightarrow[\text{生物素、}Mn^{2+}]{\text{乙酰 CoA 羧化酶}} CH_2\begin{cases}COOH\\ CO\,CoA\end{cases} + ADP+Pi$$

(2)软脂酸的合成:催化脂肪酸合成的酶是脂肪酸合成酶系,具有脂肪酸合成所需的 6 种酶的活性和脂酰基载体蛋白(acyl carrier protein,ACP)。从乙酰 CoA 及丙二酸单酰 CoA 合成长链脂肪酸,实际上是一个重复加成的过程,每次延长 2 个碳原子(图 7-9)。这两种物质的乙酰基和丙二酸单酰基分别从 CoA 转移到 ACP,生成乙酰 ACP 和丙二酸单酰 ACP,反应分别由脂肪酸合成酶系的乙酰 CoA-ACP 转酰基酶和丙二酸单酰 CoA-ACP 转酰基酶催化,乙酰 ACP 的酰基再转移到 β-酮脂酰合成酶的半胱氨酸残基上,然后通过 4 步反应延长碳链。

1)缩合反应。β-酮脂酰合成酶所结合的乙酰基转移到 ACP 上的丙二酸单酰 ACP 的第二个碳原子上,由 β-酮脂酰合成酶催化缩合,脱去 CO_2,生成乙酰乙酰 ACP。

2)第一次还原反应。乙酰乙酰 ACP 在 β-酮脂酰 ACP 还原酶的催化下,由 NADPH 提供氢还原成 β-羟丁酰 ACP。

3)脱水反应。β-羟丁酰 ACP 由 β-羟脂酰 ACP 脱水酶催化脱水,生成 α,β-反式-丁烯酰 ACP。

4)第二次还原反应。α,β-反式-丁烯酰 ACP 由烯脂酰 ACP 还原酶催化,同样由

NADPH 提供氢，还原成丁酰 ACP。

生成的丁酰 ACP 比开始的乙酰 ACP 增加了 2 个碳原子，然后丁酰基再从 ACP 转移到 β-酮脂酰合成酶的巯基上，此时再重复缩合、还原、脱水、再还原的 4 步反应，丁酰基又转移到丙二酸单酰 ACP 的第二个碳上，同时脱去 CO_2，这样每重复一次增加 2 个碳原子，经过 7 次重复合成软脂酰 ACP，再经硫酯酶作用脱去 ACP 生成软脂酸。

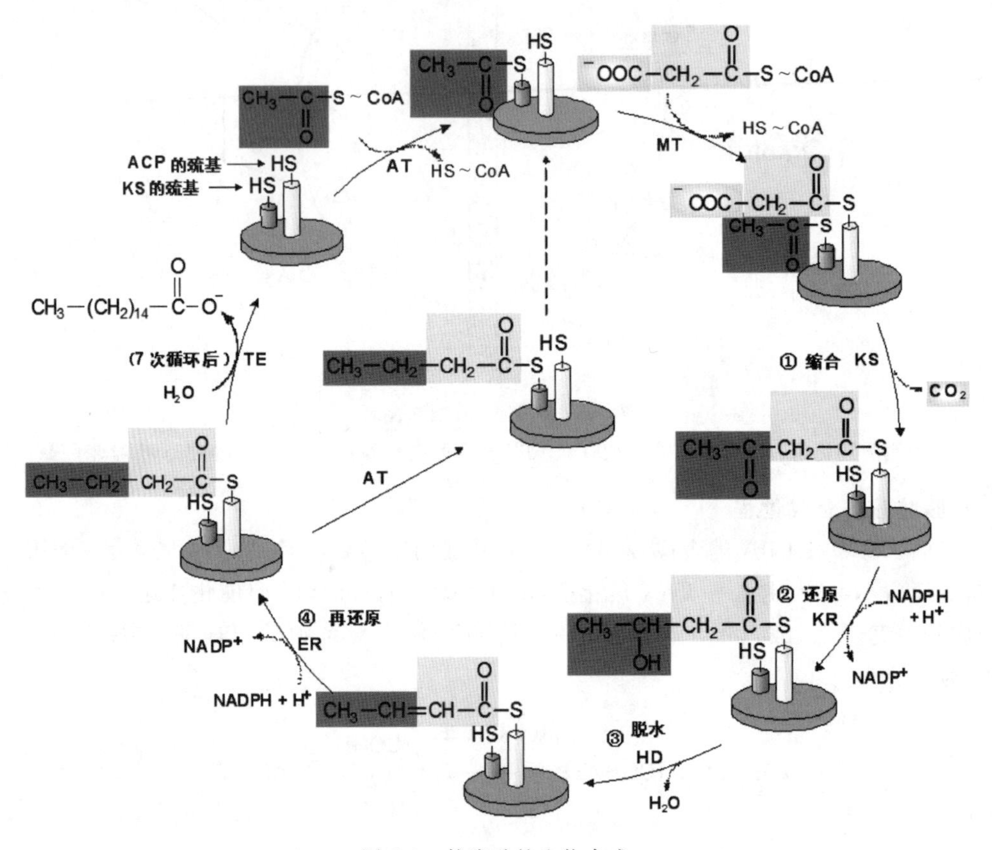

图 7-9　软脂酸的生物合成

合成软脂酸的总反应可表示如下：

$$乙酰\ CoA+7\ 丙二酸单酰\ CoA+14NADPH+14H^+ \longrightarrow 软脂酸+$$
$$7CO_2+8HS\sim CoA+14NADP^+ +6H_2O$$

(3)脂肪酸碳链的延长：脂肪酸合成酶系只能合成到 16 碳的软脂酸，但人体内需要长短不一的脂肪酸，对软脂酸加工或延长需在肝细胞的内质网或线粒体中进行。可由两个酶系经两条途径完成：一条是由线粒体中的酶系将脂肪酸延长，一般可延长脂肪酸碳链至 24 或 26 个碳原子。另一条是由粗糙内质网中的酶系将脂肪酸延长，这是主要的方式，一般可将脂肪酸碳链延长至 24 碳，但以 18 碳的硬脂酸为最多。

(4)不饱和脂肪酸的合成：人体内含有的单不饱和脂肪(酸棕榈油酸和油酸)可由人体在去饱和酶(desaturase)的催化下自身合成，而多不饱和脂肪酸，如亚油酸、亚麻酸和花生四烯酸等，必须从食物摄取。不过脊椎动物可以亚油酸为原料合成其他的多不饱和脂肪酸，如 γ-亚油酸和花生四烯酸等。

(三)脂肪的生物合成

脂肪在体内的合成并非其水解的逆过程,而是 2 分子脂酰 CoA 与 1 分子甘油-3-磷酸在酰基转移酶的催化下,将 2 个脂酰基转移到甘油-3-磷酸分子上,生成磷脂酸,然后经水解脱去磷酸,再与另一分子脂酰 CoA 缩合生成三酰甘油(图 7-10)。

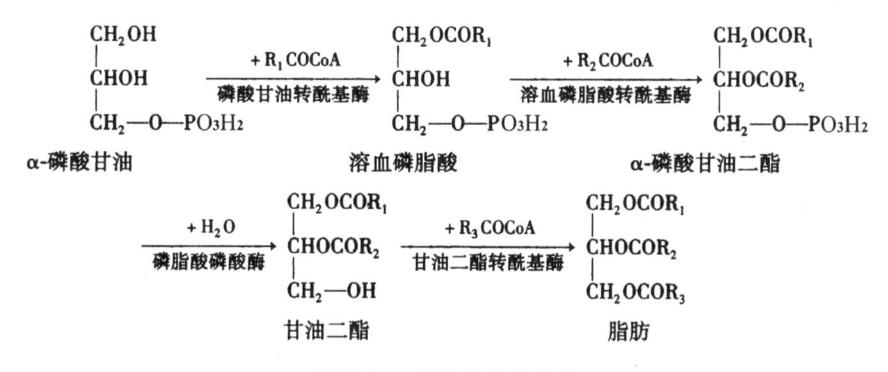

图 7-10　脂肪的生物合成

脂肪的生物合成主要在肝和脂肪组织中进行,其中脂肪酸主要是软脂酸、硬脂酸、棕榈油酸和油酸,均可由糖为原料转变而来,而所需的甘油-3-磷酸也同样主要来自糖的分解。在能源物质供应充裕的条件下,机体主要以糖为原料合成脂肪并将其储存起来,以备需要时动用,具有重要生理意义。

第四节　类脂的代谢

存在于动物及人体内的类脂种类很多,本节简要叙述重要的磷脂与胆固醇的代谢。

一、磷脂的代谢

磷脂是构成生物膜等的重要成分,对调节细胞膜的透过性起着重要作用,在三酰甘油和胆固醇的消化吸收中也有促进乳化作用,增加其在水中的溶解度,因而有利于这些脂类的消化吸收。

(一)磷脂的分解代谢

参与磷脂水解的酶主要有磷脂酶 A、B、C 和 D 等,它们能分别特异地作用于磷脂分子内部的特定酯键,产生不同的产物。一般认为卵磷脂在体内经磷脂酶 A 和 B 的作用生成脂肪酸和磷酸、甘油、胆碱,胆碱可转变成胆胺,胆胺可在体内完全氧化。胆碱可经氧化和脱甲基生成甘氨酸,脱下的甲基可用于其他化合物的合成。磷脂的分解代谢不一定进行到底,中间产物常可再酯化又形成新的磷脂分子。

(二)磷脂的生物合成

1. 合成的部位　全身各组织细胞内质网中均有合成磷脂的酶系,因此均能合成甘油磷脂，但以肝、肾及肠等组织最为活跃。

2.合成的原料 合成甘油磷脂的原料脂肪酸和甘油主要由糖转变而来。胆碱、胆胺可从食物中获得，也可由丝氨酸脱羧生成胆胺，再由 S-腺苷甲硫氨酸获得甲基转变为胆碱，另外还需要 ATP 和 CTP。

3.合成的基本过程 甘油磷脂生物合成的两条途径中，有一个共同的关键化合物，就是 CTP，它既是合成中间产物的必要组成，又为合成反应提供所需的能量。

(1)二酰甘油合成途径：卵磷脂和脑磷脂主要通过此途径合成(图 7-11)。胆碱或胆胺首先受相应的激酶作用消耗 ATP，生成磷酸胆碱或磷酸胆胺，然后与 CTP 作用，生成 CDP-胆碱或 CDP-胆胺，再与二酰甘油缩合生成卵磷脂或脑磷脂。

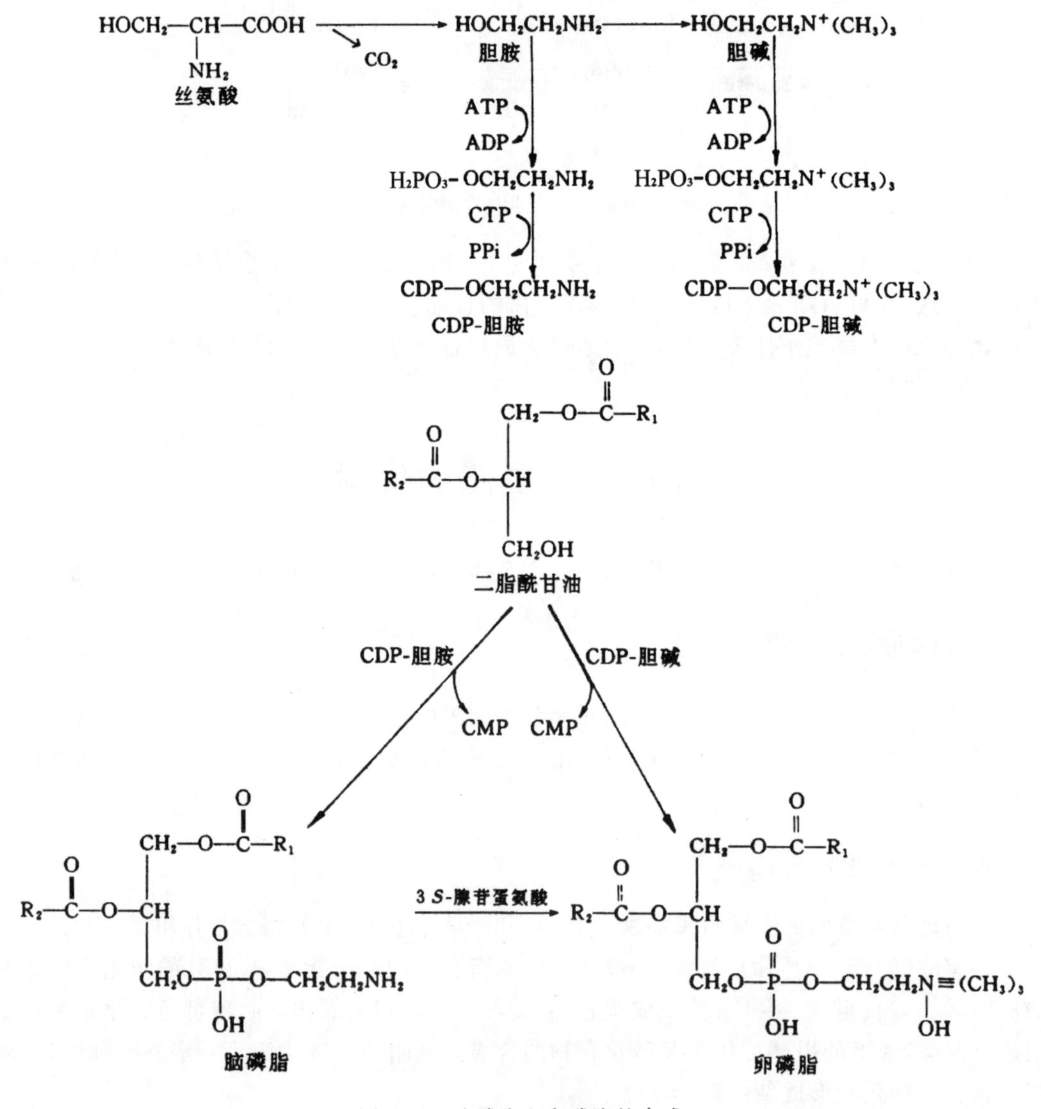

图 7-11 脑磷脂和卵磷脂的合成

(2)CDP-二酰甘油合成途径：磷脂酰丝氨酸、磷脂酰肌醇及心磷脂由此途径合成(图 7-12)。由葡萄糖生成磷脂酸，再由 CTP 提供能量，在磷脂酰胞苷转移酶的催化下，生成活化的

CDP-二酰甘油。CDP -二酰甘油是合成这类磷脂的直接前体和重要中间物。在相应合成酶的催化下与丝氨酸、肌醇或磷脂酰甘油缩合，分别生成磷脂酰丝氨酸、磷脂酰肌醇及心磷脂（二磷脂酰甘油）。

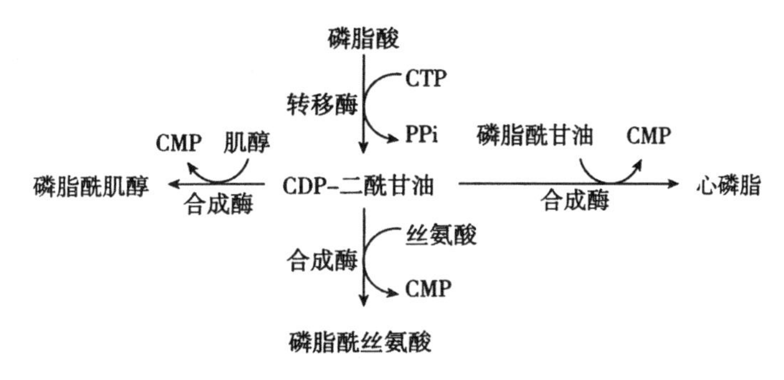

图 7-12 CDP-二酰甘油合成途径

二、胆固醇的代谢

(一)胆固醇的生物合成

人体内的胆固醇一部分来自动物性食物，称为外源性的胆固醇；另一部分由体内各组织细胞合成，称为内源性胆固醇，这是体内胆固醇的主要来源。

1.合成的部位 除脑组织及成熟红细胞外，几乎全身各组织均可合成胆固醇，主要在细胞质和内质网中进行。肝是合成胆固醇的主要场所，其次是小肠。

2.合成的原料 乙酰 CoA 是合成胆固醇的原料，同时还需要 NADPH＋H^+ 供氢，ATP 供能。乙酰 CoA 及 ATP 主要来自糖的有氧氧化及脂肪酸的 β-氧化，而 NADPH＋H^+ 主要来自戊糖磷酸途径。

3.合成的基本过程 胆固醇的合成过程较复杂，主要分为三个阶段(图 7-13)。

(1)甲羟戊酸(MVA)的合成：乙酰乙酰 CoA 与乙酰 CoA 在 HMG-CoA 合成酶催化下缩合成 HMG-CoA，此过程与酮体生成相同。HMG-CoA 是合成胆固醇和酮体的共同中间产物。合成酮体的 HMG-CoA 在肝线粒体内转化为乙酰乙酸，而此过程的 HMG-CoA 是在内质网中经 HMG-CoA 还原酶催化，由 NADPH＋H^+ 提供氢，还原生成甲羟戊酸。此步反应是合成胆固醇的限速反应，HMG-CoA 还原酶是胆固醇合成的限速酶。

(2)鲨烯的合成：甲羟戊酸在细胞质一系列酶的催化下，由 ATP 提供能量，经磷酸化、脱羧、脱羟基等作用生成活泼的 5 碳化合物异戊烯焦磷酸及其异构物二甲基丙烯焦磷酸，然后 3 分子活泼的 5 碳化合物进一步缩合成 15 碳的焦磷酸法尼酯。2 分子的焦磷酸法尼酯在内质网鲨烯合成酶的催化下，经缩合还原生成 30 碳的鲨烯。

(3)胆固醇的合成：鲨烯结合在细胞质中固醇载体蛋白上，经内质网单加氧酶和环化酶等作用，使固醇核环化闭合形成羊毛脂固醇，后者再经一系列的氧化、脱羧和还原等反应，脱去 3 分子 CO_2，最后生成 27 个碳的胆固醇。

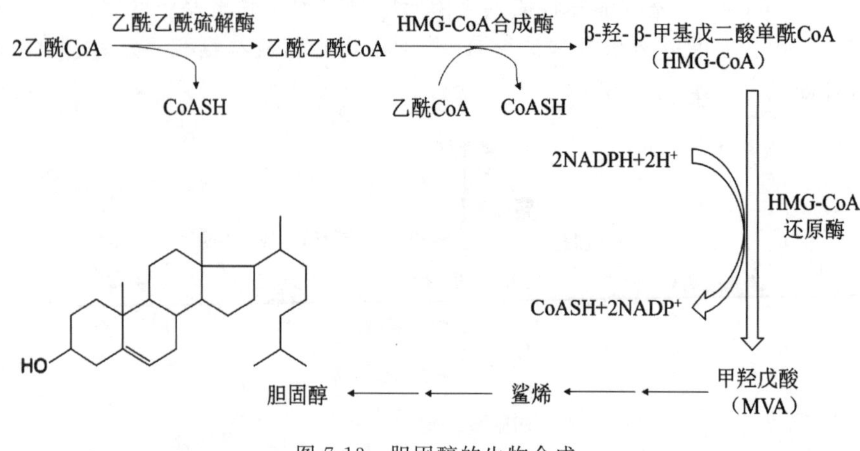

图 7-13　胆固醇的生物合成

(二)胆固醇的转化

胆固醇在人体内不能分解成 CO_2 和 H_2O,也不能作为能源物质,除了构成生物膜和血浆脂蛋白的成分外,主要的代谢去路是转化成为一系列具有重要生理活性的物质,调节代谢反应或随胆汁排出体外。

1.转变成胆汁酸　胆固醇的主要去路是在肝中转变成胆汁酸(bile acid)。胆汁酸与甘氨酸或牛磺酸结合成结合胆汁酸,胆汁酸以钠盐或钾盐的形式存在,称为胆盐,不仅在脂类和脂溶性维生素的消化吸收中发挥着重要作用,同时也是机体胆固醇最主要的排泄途径,促进胆固醇向胆汁酸的转化和排泄,是降低血胆固醇水平重要的可行途径之一。

知识链接

胆汁酸的乳化作用

胆汁酸有乳化作用是因为其分子空间结构中具有亲水侧面与疏水侧面,因此具有较强的界面活性,能降低水相与油相之间的界面张力,使食物中脂类在水溶液中乳化成 3～10 μm直径的微团,便于消化吸收。一般 1 g 胆汁酸盐可协助约 30 g 脂类的乳化。

2.转变为类固醇激素　胆固醇在肾上腺皮质细胞内可转变成肾上腺皮质激素,在卵巢可转变成孕酮、雌二醇等雌性激素,在睾丸可转变成睾酮等雄性激素。

3.转变为维生素 D_3　在肝及肠黏膜细胞内,胆固醇可转变成 7-脱氢胆固醇,后者经血液循环运送到皮肤,储存于皮下,经紫外线照射后,可转变成维生素 D_3。

(三)胆固醇的排泄

胆固醇在人体内不能彻底氧化,部分胆固醇在肝脏转变为胆汁酸,随胆汁分泌经胆道系统进入小肠,其中大部分又被肠黏膜重吸收,经门静脉返回肝脏,再排泄至肠道,即构成所谓胆汁酸的“肠肝循环”。最终只有少部分随粪便排出体外。此外，也有一部分胆固醇直接随胆汁或通过肠黏膜进入肠道，其中大部分被重吸收，少部分胆固醇被肠道细菌还原变成粪固醇，随粪便排出体外。胆固醇在体内的代谢概况见图 7-14。

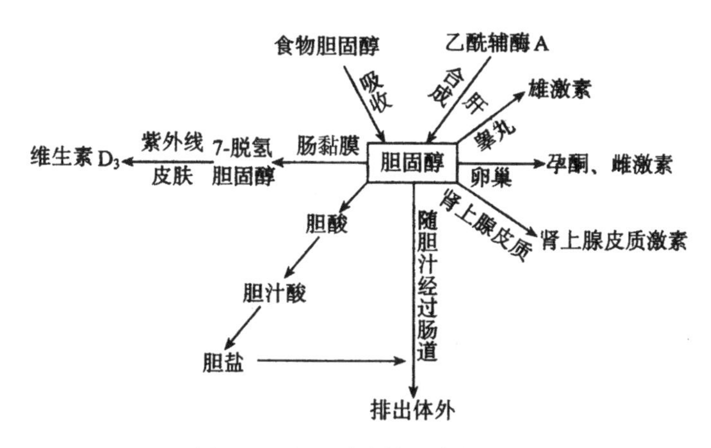

图 7-14　胆固醇在体内代谢概况

第五节　脂类代谢的调节与代谢紊乱

一、脂类代谢的调节

（一）激素对脂类代谢的调节

1. **脂肪代谢的调节**　对脂肪代谢影响较大的激素有胰岛素，它能促进脂肪的合成，胰岛素、前列腺素等可抑制腺苷酸环化酶，降低 cAMP 的合成水平，产生抗脂肪分解的效应。胰高血糖素、肾上腺素、去甲肾上腺素可激活脂肪组织的腺苷酸环化酶，使 cAMP 含量增加，激活蛋白激酶，使对激素敏感的脂肪酶磷酸化，转变成活化型脂肪酶，从而加速脂肪的分解。因此，胰高血糖素和胰岛素的比例在决定脂肪代谢的速度和方向中是至关重要的。

2. **胆固醇代谢的调节**　胰岛素和甲状腺素能诱导肝细胞内 HMG-CoA 还原酶的合成，从而增加胆固醇的合成；胰高血糖素和皮质醇能抑制 HMG-CoA 还原酶的活性，减少胆固醇的合成。

（二）代谢物对脂肪酸合成的调节

代谢物调节脂肪酸的合成，进而影响脂肪的合成。当摄取高脂肪食物或饥饿使脂肪动员加强时，细胞内脂酰 CoA 增多，可别构抑制乙酰 CoA 羧化酶，从而抑制体内脂肪酸的合成。当体内的糖分充足而脂肪酸水平低时，则对脂肪酸合成最有利。进食糖类物质，糖代谢加强，脂肪酸合成的原料乙酰 CoA 及 NADPH 供应增多，有利于脂肪酸的合成；同时糖代谢加强，使细胞内 ATP 增多，可抑制异柠檬酸脱氢酶，造成异柠檬酸和柠檬酸堆积，透出线粒体，可别构激活乙酰 CoA 羧化酶，使脂肪酸合成增加。此外，大量进食糖类也能增强各种合成脂肪相关酶的活性而使脂肪合成增强。

二、脂类代谢紊乱

脂类代谢紊乱除发生于脂类代谢的各个环节外，脂类的消化吸收、血液中的运输、脂类的合成与分解、遗传缺陷、激素和神经调节失常、器官疾患、饮食习惯及体力活动不适当等也都能引起脂类代谢紊乱。

(一)肥胖症

当前，超重和肥胖在我国以及全球都是一个挑战健康的严重问题。当人体摄入热量多于消耗热量时，多余热量以脂肪形式储存于体内，其量超过正常生理需要量，且达一定值时遂演变为肥胖症。常用体重指数(body mass index，BMI)作为肥胖度的衡量标准。BMI=体重(kg)/身高^2(m^2)。正常人群 BMI 应为 18.5～25 kg/m^2，BMI 在 25～30 kg/m^2 为超重，BMI>30 kg/m^2 即为肥胖。肥胖症的病因很复杂，肥胖症是一种多因性疾病，是机体物质与能量代谢调节失衡引起的代谢紊乱。肥胖还与心血管疾病、痴呆、脂肪肝、呼吸道疾病及某些肿瘤的发生相关。

人体通过复杂的神经内分泌系统调节正常食欲和进食行为，进而调节体重，这涉及胃、肝、胰腺、脂肪组织及消化道分泌的多种激素。这些激素可以参与摄食、能量/物质代谢调节。当激素分泌失常时，常常导致脂类代谢紊乱。例如性腺萎缩或摘除即能引起肥胖，有些人在中年以后开始发胖，也是性激素或垂体激素分泌量减少造成的。

(二)高脂血症与动脉粥样硬化

临床上将空腹时血脂持续超出正常值上限称为高脂血症，如高胆固醇、高三酰甘油或两者兼高。引起高脂血症的原因很多，如饮食习惯、多吃糖类、动物油、含胆固醇多的食物等都可引起高脂血症。脂类的代谢受激素的调节，故激素失调也可引起脂类代谢的紊乱，从而产生高脂血症。

虽然造成动脉粥样硬化(atherosclerosis)的病因是多方面的，但是许多临床实践证明高脂血症与动脉粥样硬化有密切关系，一般来说高脂血症常伴有动脉粥样硬化。

其中 LDL 增加对动脉粥样硬化的形成关系最为密切，因为血浆中大多数的胆固醇是由 LDL 转运。血浆中的胆固醇增加时，LDL 含量也会增加，此时如果体内磷脂含量相对不足，就会影响 LDL 的稳定性，因而易沉积于动脉壁内膜，就可能发展成为动脉粥样硬化。冠状动脉如有上述变化，会引起一时性或持续性心肌缺血、供氧不足，产生心绞痛以及心肌梗死等一系列的严重症状，称为冠状动脉硬化性心脏病，简称冠心病。而 HDL 正相反，HDL 能从外周组织运走过多的胆固醇至肝中代谢，从而可抑制动脉粥样硬化的发生和发展。

(三)脂肪肝

肝在脂类代谢中起着特别重要的作用，它能合成脂蛋白有利于脂类的运输，脂类的合成、改造和分解、酮体的生成和脂蛋白代谢等都在肝中进行。肝中合成的脂类是以脂蛋白的形式转运出肝外的，其中所含的磷脂是合成脂蛋白不可缺少的材料，因此，当磷脂在肝中合成减少时，肝中脂肪不能顺利地运出，引起脂肪在肝中堆积，称为脂肪肝。

脂肪肝患者肝细胞中堆积的大量脂肪，占据肝细胞很大空间，极大地影响了肝细胞的功能，甚至使许多肝细胞坏死，结缔组织增生，造成肝硬化。形成脂肪肝的主要原因有：①肝中脂肪来源太多，如高脂肪及高糖膳食；②肝功能不好，影响 VLDL 合成和释放；③合成磷脂的原料不足，特别是胆碱或合成胆碱的原料（如甲硫氨酸）缺乏以及缺少必需脂肪酸。

第六节　脂类药物

脂类药物（lipid drug）是一类具有重要生理、药理效应的脂类化合物，有较好的预防、治疗和诊断疾病的效果。根据脂类药物的化学结构和组成，常见脂类药物可分为以下几类。

1. **脂肪酸类药物**　主要为不饱和脂肪酸类药物，包括前列腺素、亚麻酸、EPA、DHA 等。前列腺素具有收缩子宫平滑肌、扩张小血管、抑制胃酸分泌、保护胃黏膜等生理作用；亚油酸、亚麻酸、EPA、DHA 都有调节血脂、抑制血小板聚集、扩张血管等作用；DHA 还可促进大脑神经元发育。

2. **磷脂类药物**　主要有卵磷脂及脑磷脂，二者都有增强神经组织及调节高级神经活动的作用，又是血浆良好的乳化剂，有促进胆固醇及脂肪运输的作用。临床上用于治疗神经衰弱及防治动脉粥样硬化等。

3. **糖脂类药物**　神经节苷脂是一种复合糖脂，存在于哺乳动物细胞，特别是神经元细胞的胞膜中，是神经细胞膜的天然组成成分。神经节苷脂参与神经元的生长、分化和表型的表达以及细胞迁移和神经生长锥的定向延伸，具有神经保护和神经修复的双重作用，能从多个病理生理环节发挥神经保护作用，对多种临床上的神经损伤有很好的修复作用。

4. **固醇类药物**　这类药物包括胆固醇、麦角固醇及 β-谷固醇。胆固醇是人工牛黄、多种甾体激素及胆酸原料，是机体细胞膜不可缺少的成分；麦角固醇是机体维生素 D_2 的原料；β-谷固醇具有调节血脂、抗炎、解热、抗肿瘤及免疫调节功能。此外，胆酸作为药物投送载体最大的优势是肝肠循环效率高。药物与胆酸偶联后，由于可被转运蛋白识别，参与胆酸的肝肠循环，从而提高药物的吸收及其在肝中的浓度。

5. **胆酸及色素类药物**　胆酸类药物是来源于人及动物肝脏产生的甾体类化合物，可乳化肠道脂肪，促进脂肪消化吸收，同时维持肠道正常菌群的平衡，保持肠道正常功能；如胆酸钠用于治疗胆囊炎、胆汁缺乏症及消化不良等，鹅去氧胆酸及熊去氧胆酸均有溶胆石作用，用于治疗胆石症。色素类药物有胆红素、胆绿素、血红素、原卟啉、血卟啉及其衍生物，如胆红素为抗氧剂，有清除自由基功能，可用于消炎，也是人工牛黄的重要成分。

6. **人工牛黄**　人工牛黄是根据天然牛黄的化学组成来人工合成的脂类药物，其主要成分为胆红素、胆酸、猪胆酸及无机盐等，是多种中药的重要原料药，具有清热、解毒、祛痰等作用。临床上用于治疗热病、神昏不语等，外用治疗疥疮及口疮。

在线测试

思考题

1. 简述脂类的结构特点和生物学作用。
2. 简述脂肪酸的结构和性质。
3. 甘油磷脂水解产物中包含哪些成分?
4. 酮体是如何产生和氧化的?为什么肝中产生的酮体要在肝外组织才能被利用?
5. 酮体生成有何意义?举例说明酮体产生过多时可导致的危害。
6. 试比较脂肪酸合成与脂肪酸β氧化的异同。
7. 举例说明血脂水平异常的两种常见疾病。

本章小结

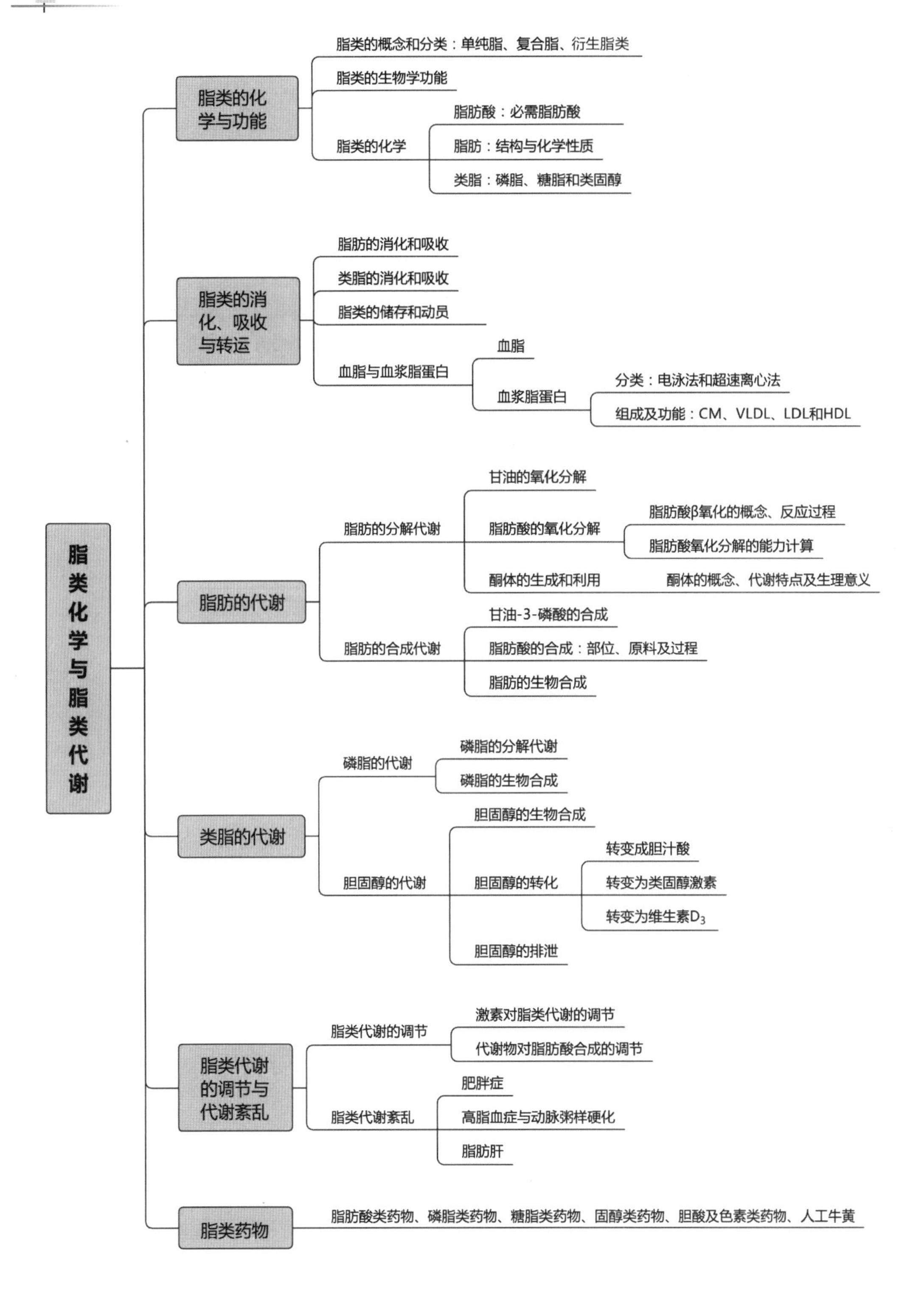

脂类化学与脂类代谢
脂类的化学与功能
脂类的概念和分类：单纯脂、复合脂、衍生脂类
脂类的生物学功能
脂类的化学
脂肪酸：必需脂肪酸
脂肪：结构与化学性质
类脂：磷脂、糖脂和类固醇
脂类的消化、吸收与转运
脂肪的消化和吸收
类脂的消化和吸收
脂类的储存和动员
血脂与血浆脂蛋白
血脂
血浆脂蛋白
分类：电泳法和超速离心法
组成及功能：CM、VLDL、LDL和HDL
脂肪的代谢
脂肪的分解代谢
甘油的氧化分解
脂肪酸的氧化分解
脂肪酸β氧化的概念、反应过程
脂肪酸氧化分解的能力计算
酮体的生成和利用
酮体的概念、代谢特点及生理意义
脂肪的合成代谢
甘油-3-磷酸的合成
脂肪酸的合成：部位、原料及过程
脂肪的生物合成
类脂的代谢
磷脂的代谢
磷脂的分解代谢
磷脂的生物合成
胆固醇的代谢
胆固醇的生物合成
胆固醇的转化
转变成胆汁酸
转变为类固醇激素
转变为维生素D3
胆固醇的排泄
脂类代谢的调节与代谢紊乱
脂类代谢的调节
激素对脂类代谢的调节
代谢物对脂肪酸合成的调节
脂类代谢紊乱
肥胖症
高脂血症与动脉粥样硬化
脂肪肝
脂类药物
脂肪酸类药物、磷脂类药物、糖脂类药物、固醇类药物、胆酸及色素类药物、人工牛黄

实验项目九　肝中酮体的生成作用

【实验目的】

1.验证酮体生成是肝特有的功能。

2.了解肝中酮体生成实验的原理和方法。

【实验原理】

用丁酸作为底物，将丁酸溶液分别与新鲜的肝匀浆或肌匀浆混合后一起保温。肝细胞中含有酮体生成酶系，故能生成酮体。酮体中的乙酰乙酸与丙酮可与显色粉中的亚硝基铁氰化钠作用，生成紫红色化合物。肌肉中没有生成酮体的酶系，同样处理的肌匀浆则不产生酮体，因此不能与显色粉产生颜色反应。

丁酸+肝匀浆 —保温→ 酮体 {β-羟丁基；乙酰乙酸、丙酮} —显粉色→ 紫红色化合物

【试剂与器材】

1.试剂

(1)0.9%NaCl溶液。

(2)洛克溶液：取氯化钠0.9 g、氯化钾0.042 g、氯化钙0.024 g、碳酸氢钠0.02 g、葡萄糖0.1 g放入烧杯中，加入蒸馏水溶解后，定容至100 ml，置冰箱中保存备用。

(3)0.5 mol/L丁酸溶液：取4.0 g丁酸溶于0.1 mol/L NaOH溶液中，加0.1 mol/L NaOH溶液至1000 ml。

(4)0.1 mol/L磷酸盐缓冲液(pH 7.6)：准确称取7.74 g $Na_2HPO_4 \cdot 2H_2O$和0.897 g $NaH_2PO_4 \cdot H_2O$，用蒸馏水稀释至500 ml，精确测定pH。

(5)15%三氯醋酸溶液。

(6)显色粉：亚硝基铁氰化钠1 g、无水碳酸钠30 g、硫酸铵50 g，混合后研碎。

2.器材　试管、试管架、匀浆器或研钵、恒温水浴锅、离心机或小漏斗、白瓷板。

【实验方法及步骤】

1.肝匀浆和肌匀浆的制备　准备猪的新鲜肝和肌组织，剪碎，分别放入匀浆机或研钵中，加入生理盐水(质量：体积=1：3)，研磨成匀浆。

2.取试管4支，标号，按表7-3操作。

表7-3　试剂添加

加入物/滴	1号管	2号管	3号管	4号管
洛克溶液	15	15	15	15

续表

加入物/滴	1号管	2号管	3号管	4号管
0.5 mol/L 丁酸溶液	30	—	30	30
磷酸盐缓冲(pH7.6)	15	15	15	15
肝匀浆	20	20	—	—
肌匀浆	—	—	—	20
蒸馏水	—	30	20	—

3.将上述4支试管摇匀后放37 ℃恒温水浴中保温30 min。

4.取出各管,每管加入15%三氯醋酸20滴,摇匀,以3000 r/min离心5 min。

5.分别于各管取离心液滴于白瓷板4个凹孔中,每个凹孔放入显色粉一小匙(约0.1 g),观察并记录每个凹孔所产生的颜色反应。

【思考题】

1.观察各管颜色变化有何不同,并分析实验结果。

2.还有没有其他方法来验证肝生成酮体的特有功能?

第八章　蛋白质的分解代谢

学习目标

知识目标

1. 掌握：氮平衡的概念；必需氨基酸的概念及种类；氨基酸的脱氨基方式；氨的来源、转运和去路；尿素合成部位、原料和主要过程；一碳单位的概念和生物学意义。

2. 熟悉：蛋白质的营养价值；肝昏迷的发病机制；α-酮酸的代谢去路；氨基酸的脱羧基作用。

3. 了解：蛋白质的消化吸收和腐败作用；蛋白质的生理功能；芳香族氨基酸和含硫氨基酸的代谢。

能力目标

1. 认识蛋白质代谢在生命过程中的重要性及体内代谢的相互联系。

2. 能运用所学知识，分析常见蛋白质代谢异常导致疾病的原因、治疗机制。

第一节　蛋白质的营养作用

一、蛋白质的生理功能

1. 维持组织器官的生长、更新和修补　蛋白质参与构成各种组织细胞。人体内蛋白质处于不断降解和合成的动态平衡中，膳食中必须提供足够质和量的蛋白质，才能维持机体生长发育、更新修补和增殖的需要。儿童必须摄取足量的蛋白质，才能保持其正常的生长发育，成人也必须摄入足量的蛋白质才能维持其组织蛋白的更新和修补，特别是组织损伤时，更需要从食物蛋白中获得修补的原料。

2. 参与合成重要的含氮化合物　体内一些重要生理活性物质的合成需要蛋白质的参与，如酶、核酸、抗体、血红蛋白、神经递质、多肽、激素等。

3.**氧化供能**　1 g 蛋白质完全氧化可产生 17 kJ 能量。一般来说，成人每日约有 18%的能量来自蛋白质的分解代谢，但蛋白质的这种功能可由糖或脂肪代替，因此氧化供能仅是蛋白质的一种次要功能。

二、氮平衡

食物和排泄物中含氮物质大部分来源于蛋白质，且蛋白质的含氮量较恒定(约 16%)，因此可通过氮的平衡反映体内蛋白质合成与分解代谢的总体情况。氮平衡是指摄入蛋白质的含氮量和排泄物(主要为粪便和尿)中含氮量的对比关系。依据机体的不同状况氮平衡可出现三种情况。

1.**氮总平衡**　摄入氮量等于排出氮量，表示体内蛋白质的合成与分解相当，如营养正常的成年人。

2.**氮正平衡**　摄入氮量大于排出氮量，表示体内蛋白质合成量大于分解量，多见于儿童、妊娠期妇女及恢复期病人。

3.**氮负平衡**　摄入氮量小于排出氮量，表示体内蛋白质合成量小于分解量，多见于长期饥饿、消耗性疾病患者。

氮平衡对于评价食物蛋白质营养价值，补充儿童、孕妇及恢复期病人所需的蛋白质营养物质以及指导临床上有关疾病的治疗都具有重要的实用价值。显然，摄取足够量的蛋白质对维系正常的生命活动非常必要，但同时还应重视蛋白质的质量。在一定程度上，蛋白质的质量比数量更为重要。

三、蛋白质的营养价值

1.**必需氨基酸与非必需氨基酸**　组成人体蛋白质的氨基酸有 20 种，其中有 8 种氨基酸是人体不能合成或合成量少，不能满足机体需求，必须由食物供给，称为必需氨基酸，包括赖氨酸、色氨酸、缬氨酸、苯丙氨酸、苏氨酸、亮氨酸、异亮氨酸、蛋氨酸。其余 12 种氨基酸也为机体所需，但可以在体内合成，不一定需要食物供给，称为非必需氨基酸。组氨酸和精氨酸在体内合成量较小，不能长期缺乏，特别在婴儿期可造成氮负平衡，因此也可归为营养必需氨基酸。

2.**蛋白质的营养价值**　蛋白质的营养价值是指食物蛋白质在体内的利用率，其价值高低主要取决于必需氨基酸的种类、数量、比例与人体蛋白质氨基酸组成的接近程度。如动物性蛋白质(牛奶、鸡蛋等)所含必需氨基酸的种类、数量、比例与人体需要更接近，故营养价值高。此外，食物蛋白质的含量越高、越容易被消化吸收，则其营养价值也越高。

3.**蛋白质的互补作用**　几种营养价值较低的蛋白质混合食用，可以互相补充必需氨基酸的种类和数量，从而提高蛋白质在体内的营养价值，称为蛋白质的互补作用。例如，小米中赖氨酸含量低，而色氨酸较多，大豆则相反，二者单独食用的营养价值都不太高，若混合食用可互相补充所需氨基酸之不足，从而提高营养价值。

第二节　蛋白质的消化、吸收与腐败

一、蛋白质的消化

蛋白质的消化是指在各种蛋白酶的作用下,蛋白质分子中的肽键断裂而逐步水解,最后生成寡肽或氨基酸的过程。人和动物不能直接利用食物中的蛋白质,必须先经过消化使大分子蛋白质变为小分子肽和氨基酸才能被机体吸收和利用,同时还可消除食物蛋白质的种属特异性或抗原性。

唾液中无蛋白酶,故食物蛋白质的消化吸收开始于胃。蛋白质进入胃后经胃蛋白酶作用水解生成胨及多肽;在小肠中,蛋白质的消化产物和未消化的蛋白质再受胰液及肠黏膜细胞分泌的多种蛋白酶及肽酶的共同作用,进一步水解为寡肽和氨基酸,因此,小肠是蛋白质消化的主要场所。食物蛋白质消化的基本过程如下。

二、蛋白质的吸收

氨基酸和寡肽的吸收主要在小肠中进行,其吸收过程是一个耗能的主动吸收过程。小肠上皮细胞的绒毛膜上,存在着多种 Na^+-氨基酸和 Na^+-肽的同向转运体,可转运氨基酸、二肽和三肽进入小肠上皮细胞。进入小肠上皮细胞的氨基酸以及少量未水解的二肽、三肽,经基底侧细胞膜上的氨基酸或肽的转运体以易化扩散的方式进入细胞间液,然后再进入血液。少数氨基酸的吸收不依赖于 Na^+,可以通过易化扩散的方式进入小肠上皮细胞。

三、蛋白质的腐败作用

在消化过程中,有一小部分蛋白质不被消化,也有一小部分消化产物不被吸收,肠道细菌对这部分蛋白质及其消化产物进行分解,称为蛋白质腐败作用(protein putrefaction)。腐败作用的产物除少数(如维生素 K、B_{12}、B_6、叶酸、生物素及某些少量脂肪酸等)具有一定营养作用外,大多数是对人体有害的物质。

1.**胺类的生成**　未消化的蛋白质可经肠道细菌蛋白酶的作用水解生成氨基酸,再经氨基酸脱羧作用产生胺类物质,如酪氨酸脱羧生成酪胺,苯丙氨酸脱羧生成苯乙胺等。酪胺、苯乙胺可分别经 β-羟化而形成 β-羟酪胺和苯乙醇胺,这两者的化学结构与儿茶酚胺类神经递质类似,称为假神经递质。假神经递质增多,可取代神经递质儿茶酚胺,但假神经递质不能传导神经冲动,可使大脑发生异常抑制,严重干扰大脑功能。

2.**氨的生成**　肠道中的氨有两个来源:一是未被吸收的氨基酸在肠道细菌作用下脱氨基生成;二是血中尿素渗入肠道,在肠道细菌尿素酶作用下水解生成。这些氨可吸收入血,在肝脏合成尿素,降低肠道 pH,减少肠道对氨的吸收。

3.**其他有害物质的生成**　除了胺类和氨以外，通过腐败作用还可产生其他有害物质，如苯酚、吲哚、甲基吲哚及硫化氢等。

第三节　氨基酸的一般代谢

一、氨基酸在体内的代谢概况

食物蛋白质经消化吸收产生的氨基酸、体内组织蛋白质降解生成的氨基酸及体内合成的非必需氨基酸，在细胞内和体液中混为一体，构成氨基酸代谢库。这些氨基酸主要用于合成组织蛋白质、多肽和其他含氮化合物。机体各组织蛋白质在体内不断更新，且不同组织细胞，因生理活动的需要不同，其蛋白质的更新率亦各异。正常情况下，体内氨基酸的来源和去路处于动态平衡。

氨基酸的主要来源包括：①食物蛋白经消化吸收进入体内的氨基酸；②组织蛋白分解产生的氨基酸；③体内代谢合成的部分非必需氨基酸。

氨基酸的去路包括：①合成组织蛋白；②转变为重要的含氮化合物（如嘌呤、嘧啶、肾上腺素、甲状腺素及其他蛋白质或多肽激素等）；③氧化分解产生能量或转化为糖、脂肪等；④少量氨基酸通过脱羧基作用生成胺类和二氧化碳。

组成蛋白质的 20 种氨基酸，它们化学结构上的共性是都具有 α-氨基和 α-羧基，而它们之间的差异仅 R—基团不同。因此，它们在体内的分解代谢过程虽各有其特点，但也有共同的代谢途径。本章氨基酸分解代谢的重点是介绍其 α-氨基的共同分解代谢途径，也适当介绍一些个别氨基酸的代谢特点。氨基酸在体内的代谢概况见图 8-1。

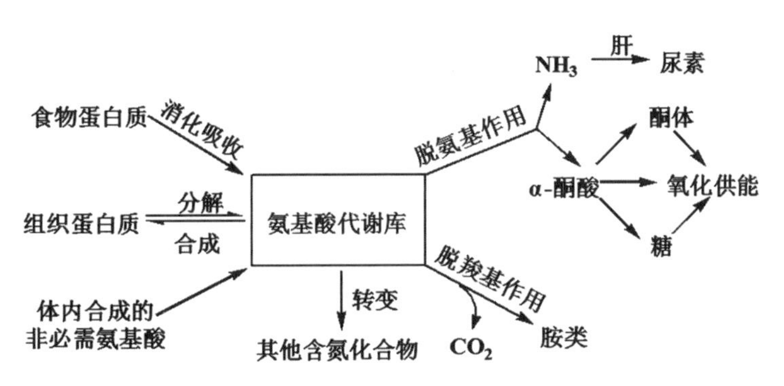

图 8-1　氨基酸的体内代谢概况

二、氨基酸的脱氨基作用

氨基酸在酶的催化下脱去氨基生成 α-酮酸的过程称为脱氨基作用。它是体内氨基酸分解代谢的重要途径，体内多数组织中均可进行。脱氨基作用方式包括氧化脱氨基、转氨基、联合脱氨基和非氧化脱氨基作用。其中联合脱氨基作用是最主要的脱氨基方式。

(一)氧化脱氨基作用

在酶的催化下,氨基酸脱去氨基的同时伴随脱氢氧化的过程称为氧化脱氨基作用。催化体内氨基酸氧化脱氨基的酶有多种,其中以 *L*-谷氨酸脱氢酶最为重要,其主要分布在肝、肾和脑等组织中,在骨骼肌中活性很低。此酶以 NAD^+(或 $NADP^+$)为辅酶,活性较强,催化 *L*-谷氨酸氧化脱氨生成 α-酮戊二酸,其反应如下:

$$\underset{\text{谷氨酸}}{\mathrm{HOOC{-}CH_2{-}CH_2{-}CHNH_2{-}COOH}} + NAD^+ \xrightleftharpoons{\text{谷氨酸脱氢酶}} \underset{\alpha\text{-酮戊二酸}}{\mathrm{HOOC{-}CH_2{-}CH_2{-}C(=O){-}COOH}} + NH_3 + NADH + H^+$$

此反应是可逆的,α-酮戊二酸可还原加氨生成谷氨酸。*L*-谷氨酸脱氢酶的特异性强,只能催化 *L*-谷氨酸氧化脱氨。但是它可与转氨酶联合作用,最终使其他氨基酸脱氨,故它在氨基酸的分解和合成中起着重要作用。

(二)转氨基作用

1.转氨基作用的概念 是指在转氨酶催化下,α-氨基酸的氨基转移给 α-酮酸,氨基酸脱去氨基生成相应的 α-酮酸,而 α-酮酸获得氨基生成相应的氨基酸的过程称为转氨基作用。一般反应如下:

$$\mathrm{R_1{-}CH(NH_2){-}COOH} + \mathrm{R_2{-}C(=O){-}COOH} \xrightleftharpoons{\text{转氨酶}} \mathrm{R_1{-}C(=O){-}COOH} + \mathrm{R_2{-}CH(NH_2){-}COOH}$$

上述反应的结果并未真正脱去氨基,只是发生氨基转移。α-酮酸可通过此酶的作用接受氨基酸转来的氨基生成相应的氨基酸,这是体内合成非必需氨基酸的重要途径。

2.转氨酶 催化转氨基作用的酶统称为转氨酶或氨基转移酶。体内转氨酶种类多、分布广、活性高、特异性强,体内大部分氨基酸(除甘、苏、赖、脯氨酸外)均可在相应的转氨酶作用下与 α-酮酸(多为 α-酮戊二酸)发生转氨基反应。各种转氨酶中,以丙氨酸氨基转移酶(ALT,又称谷丙转氨酶,GPT)和天冬氨酸氨基转移酶(AST,又称谷草转氨酶,GOT)最为重要。它们分别催化下列反应:

$$\underset{\text{谷氨酸}}{\mathrm{HOOC{-}CH_2{-}CH_2{-}CH(NH_2){-}COOH}} + \underset{\text{丙酮酸}}{\mathrm{CH_3{-}C(=O){-}COOH}} \xrightleftharpoons{\text{GPT}} \underset{\alpha\text{-酮戊二酸}}{\mathrm{HOOC{-}CH_2{-}CH_2{-}C(=O){-}COOH}} + \underset{\text{丙氨酸}}{\mathrm{CH_3{-}CH(NH_2){-}COOH}}$$

$$
\begin{array}{c}
\begin{array}{l} COOH \\ | \\ CH_2 \\ | \\ CH_2 \\ | \\ CH{-}NH_2 \\ | \\ COOH \end{array}
\quad + \quad
\begin{array}{l} COOH \\ | \\ CH_2 \\ | \\ C{=}O \\ | \\ COOH \end{array}
\quad \underset{}{\overset{GOT}{\rightleftharpoons}} \quad
\begin{array}{l} COOH \\ | \\ CH_2 \\ | \\ CH_2 \\ | \\ C{=}O \\ | \\ COOH \end{array}
\quad + \quad
\begin{array}{l} COOH \\ | \\ CH_2 \\ | \\ CH{-}NH_2 \\ | \\ COOH \end{array}
\end{array}
$$

谷氨酸　　草酰乙酸　　α-酮戊二酸　　天冬氨酸

转氨酶主要存在于组织细胞内,尤其以肝和心肌含量最为丰富,而血清中含量较低。由表 8-1 可知,正常情况下,ALT 在肝细胞活性最高,AST 在心肌细胞活性最高。病理状态下细胞膜通透性增高或细胞破坏,大量转氨酶释放入血,则血中转氨酶活性明显升高。如急性肝炎患者血清 ALT 活性明显增加,心肌梗死患者血清 AST 活性显著上升。因此,临床上测定血清 ALT 和 AST 活性可作为肝病或心肌梗死协助诊断和预后判断的指标之一。

表 8-1　正常人组织器官中 GPT 和 GOT 的活性(单位/每克湿组织)

组织器官	AST	ALT	组织器官	AST	ALT
心脏	156000	7000	胰腺	28000	2000
肝	142000	44000	脾	14000	1200
骨骼肌	99000	4800	肺	10000	700
肾脏	91000	19000	血清	20	16

3. 转氨基作用的机制　转氨酶是结合酶,其辅酶是维生素 B_6 的两种活化形式磷酸吡哆醛和磷酸吡哆胺,起着氨基传递体的作用。在转氨反应中,磷酸吡哆醛首先接受氨基酸的氨基生成磷酸吡哆胺,原来的氨基酸转化为 α-酮酸;而磷酸吡哆胺又可将氨基转移到另外一个 α-酮酸上,生成磷酸吡哆醛和相应的 α-氨基酸。通过磷酸吡哆醛和磷酸吡多胺两者之间的相互转化,起着传递氨基的作用,如图 8-2 所示。

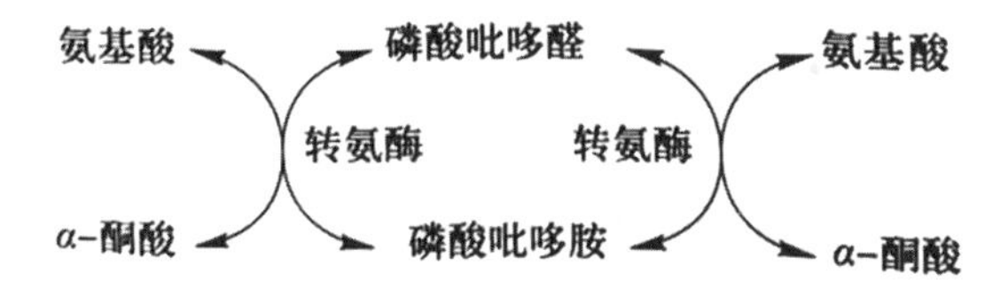

图 8-2　转氨基作用的机制

(三)联合脱氨基作用

转氨基作用只能转移氨基但不能最终脱掉氨基,而单靠氧化脱氨基作用也不能满足机体脱氨基的需要,因此,机体主要是通过联合脱氨基作用脱去氨基,即将转氨基作用和脱氨基作用偶联在一起的脱氨方式,它有以下两种方式。

1. 转氨基作用联合氧化脱氨基作用　氨基酸的 α-氨基先通过转氨基作用转移到 α-酮戊二酸上,生成相应的 α-酮酸和谷氨酸,后者在 *L*-谷氨酸脱氢酶的催化下,经氧化脱氨作用而释出游离氨(图 8-3)。虽然多种 α-酮酸均可参与转氨基作用,但转氨基作用的氨基受体主要

是 α-酮戊二酸，因为氧化脱氨时，只有 *L*-谷氨酸脱氢酶的活性高而特异性强。由于 *L*-谷氨酸脱氢酶在肝、肾、脑中活性最强，这些组织中氨基酸可主要通过这种方式脱氨，且反应可逆，所以这一偶联反应的逆过程也是生成非必需氨基酸的有效途径。

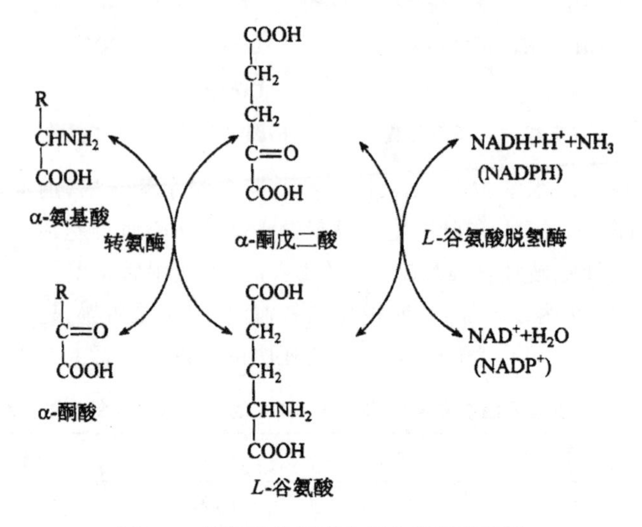

图 8-3 转氨基作用联合氧化脱氨基作用

但骨骼肌、心脏等组织 *L*-谷氨酸脱氢酶含量较低，因此在这些组织中氨基酸需经另外方式脱氨。

2. 转氨基作用联合 AMP 循环脱氨基作用 *L*-谷氨酸脱氢酶在骨骼肌、心脏等组织含量较低，转氨基作用联合氧化脱氨基作用难以进行，常通过转氨基作用联合 AMP 循环脱氨基作用来脱氨基(图 8-4)。氨基酸通过两次转氨基作用将氨基传递给草酰乙酸生成天冬氨酸，天冬氨酸将氨基转移给次黄嘌呤核苷酸(IMP)生成腺苷酸代琥珀酸，后者在裂解酶的作用下生成腺嘌呤核苷一磷酸(AMP)和延胡索酸，AMP 水解后产生游离的 NH_3 并生成 IMP，IMP 重新接受天冬氨酸分子上的氨基形成循环。

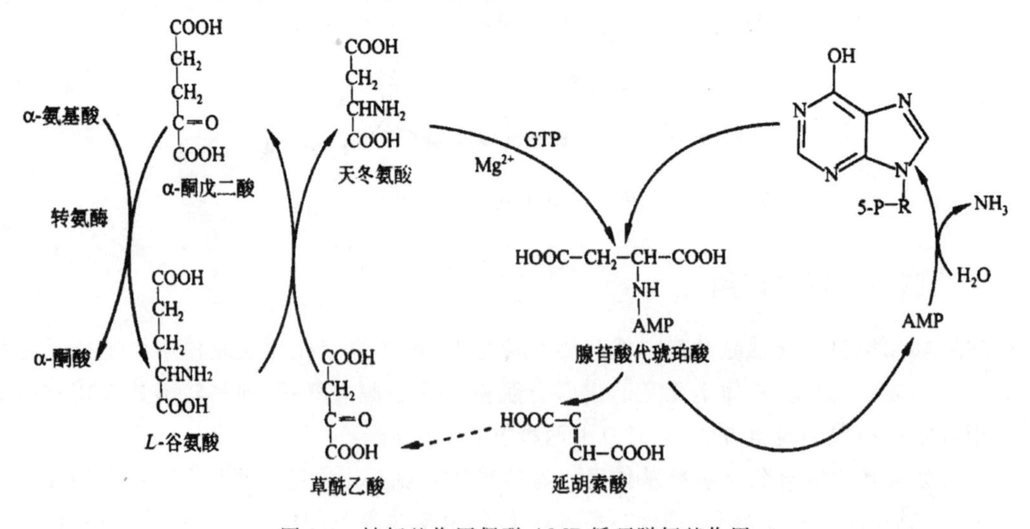

图 8-4 转氨基作用偶联 AMP 循环脱氨基作用

(四)非氧化脱氨作用

一些氨基酸可进行非氧化脱氨作用，如丝氨酸可在丝氨酸脱水酶的催化下脱去氨基，生成丙酮酸。这种方式主要存在于微生物体内，动物体亦有但不多见。

三、氨的代谢

氨具有强烈的神经毒性，正常人血氨含量甚微，浓度一般不超过 60 μmol/L。血氨能透过细胞膜和血脑屏障，脑组织对其特别敏感。正常情况下，机体不会发生氨的堆积而导致氨中毒，这是因为机体能够通过各种途径使氨的来源和去路处于相对平衡，将血氨浓度保持在正常范围。某些原因引起血氨浓度升高，可导致神经组织，特别是脑组织功能障碍，称为氨中毒。

(一)氨的来源

1. **氨基酸脱氨基作用**　这是体内氨的主要来源。

2. **肠道吸收**　肠道中产生氨的途径有两条：一是食物蛋白腐败作用产生的氨；二是血中尿素渗入肠道，在肠道细菌尿素酶的作用下水解产生氨。NH_3 比 NH_4^+ 更易透过肠黏膜细胞被吸收入血，当 pH 偏碱性时，NH_4^+ 偏向转变为 NH_3，因此在碱性环境中氨的吸收增加。临床上对高血氨的患者通常采用弱酸性透析液做结肠透析，禁止用碱性肥皂水灌肠，其目的是减少肠道对氨的吸收。

3. **肾小管上皮细胞分泌**　在肾远曲小管上皮细胞中的谷氨酰胺酶催化下，谷氨酰胺可水解产生氨，然后分泌到肾小管中与原尿中的 H^+ 结合成 NH_4^+，以铵盐的形式排出体外，这对调节机体的酸碱平衡起着重要作用。酸性尿有利于肾小管细胞中的氨扩散入尿而排出，碱性尿则使氨易被重吸收入血，成为血氨的另一个来源。

4. **其他来源**　其他含氮化合物如胺、嘌呤、嘧啶等分解时也可以产生少量氨。

(二)氨的转运

为避免氨对机体的毒性作用，各组织产生的氨以无毒的形式运输至肝合成尿素，或运输至肾以铵盐形式排出。氨在血液中的运输形式主要是丙氨酸和谷氨酰胺两种。

1. **丙氨酸-葡萄糖循环**　肌肉组织中的氨基酸经转氨作用将氨基转给丙酮酸生成丙氨酸，丙氨酸进入血液，经血液运输到肝，通过联合脱氨作用，释出氨用于合成尿素。丙氨酸脱氨后生成的丙酮酸经糖异生作用生成葡萄糖。葡萄糖由血液运到肌肉组织，沿糖酵解途径转变为丙酮酸，可再接受氨基生成丙氨酸。这样丙氨酸和葡萄糖反复地在肌肉组织和肝之间进行氨的转运，故将此途径称为丙氨酸-葡萄糖循环(图 8-5)。此循环的意义在于使肌肉组织中的氨以无毒的丙氨酸形式运输到肝，同时，肝又为肌肉组织提供了葡萄糖，为肌肉活动提供能量。

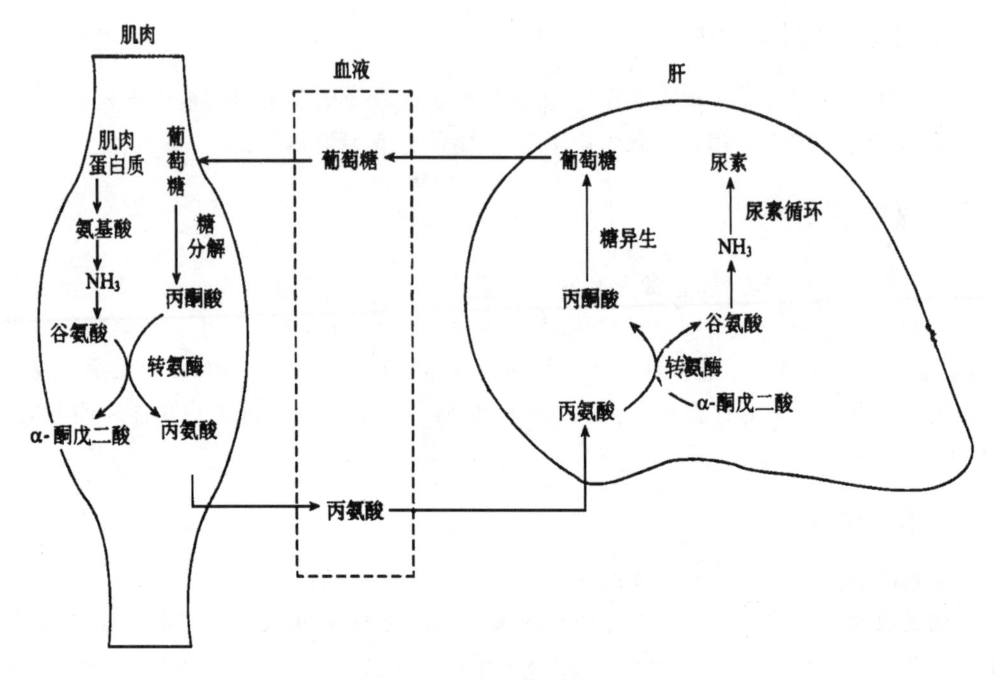

图 8-5　丙氨酸-葡萄糖循环

2.以谷氨酰胺形式转运　谷氨酰胺是脑、肌肉等组织向肝或肾运输氨的主要形式。氨与谷氨酸在谷氨酰胺合成酶催化下，利用 ATP 供量，生成谷氨酰胺。并通过血液循环运送到肝或肾，经谷氨酰胺酶水解成谷氨酸和氨，氨在肝中合成尿素，或在肾中生成铵盐随尿排出。谷氨酰胺的合成与分解由不同酶催化，均为不可逆反应。谷氨酰胺既是氨的解毒形式，又是氨的储存和运输形式。

$$\begin{array}{c} COOH \\ | \\ CH_2 \\ | \\ CH_2 \\ | \\ CHNH_2 \\ | \\ COOH \\ \textit{L}\text{-谷氨酸} \end{array} \quad \underset{\swarrow \text{谷氨胺氨酶} \backslash \atop NH_3 \qquad\qquad H_2O}{\overset{NH_3 + ATP \qquad ADP + Pi \atop \backslash \text{谷氨酰胺合成酶} \nearrow}{\rightleftharpoons}} \quad \begin{array}{c} CONH_2 \\ | \\ CH_2 \\ | \\ CH_2 \\ | \\ CHNH_2 \\ | \\ COOH \\ \text{谷氨酰胺} \end{array}$$

(三)氨的去路

体内氨的去路有：尿素的合成、谷氨酰胺的生成、参与合成一些重要的含氮化合物(如嘌呤、嘧啶、非必需氨基酸等)及以铵盐形式由尿排出。正常情况下成人尿素的排氮量占体内总排出氮量的80%以上；将犬的肝脏切除，则血氨明显上升，尿素明显下降；肝功能衰竭患者血氨水平明显上升，尿素水平明显下降。这些均说明在肝中合成尿素是体内氨的最主要去路。

1.合成尿素　肝脏合成尿素的途径是鸟氨酸循环(ornithine cycle)或尿素循环(urea cycle),其过程分为以下4步。

(1)氨甲酰磷酸的生成:NH_3 和 CO_2 在肝线粒体中氨甲酰磷酸合成酶Ⅰ催化下,合成氨甲酰磷酸。此反应不可逆,其辅助因子有 ATP、Mg^{2+} 及 *N*-乙酰谷氨酸,并消耗2分子ATP。

$$NH_3 + CO_2 + 2ATP \xrightarrow[Mg^{2+}]{\text{氨甲酰磷酸合成酶Ⅰ}} \underset{\text{氨甲酰磷酸}}{H_2N-\overset{\overset{\displaystyle O}{\|}}{C}-O\sim PO_3H_2} + 2ADP + Pi$$

(2)瓜氨酸的合成:在鸟氨酸氨甲酰转移酶的催化下,氨甲酰磷酸将氨甲酰基转移到鸟氨酸上生成瓜氨酸,此反应不可逆。

$$\underset{\text{鸟氨酸}}{NH_2-(CH_2)_3-CH(NH_2)-COOH} + \underset{\text{氨甲酰磷酸}}{NH_2-C(=O)-O\sim PO_3H_2} \xrightarrow{\text{鸟氨酸氨甲酰转移酶}} \underset{\text{瓜氨酸}}{NH-C(=O)-NH_2 \atop |\;(CH_2)_3-CH(NH_2)-COOH} + Pi$$

(3)精氨酸的合成:肝细胞线粒体合成的瓜氨酸经膜载体转运到胞浆,与天冬氨酸在精氨酸代琥珀酸合成酶的催化下,生成精氨酸代琥珀酸,然后在精氨酸代琥珀酸裂解酶的催化下,裂解为精氨酸和延胡索酸。上述反应中,天冬氨酸起着提供氨基的作用,可由草酰乙酸与谷氨酸经转氨基作用生成,而谷氨酸的氨基又可以来自其他氨基酸。因此,体内多种氨基酸的氨基也可以通过天冬氨酸的形式参与尿素的合成。在尿素合成体系中,精氨酸代琥珀酸合成酶的活性最低,是尿素合成的限速酶,可调节尿素合成速度。

$$\underset{\text{瓜氨酸}}{NH_2-C(=O)-NH-(CH_2)_3-CH(NH_2)-COOH} + \underset{\text{天冬氨酸}}{COOH-CH_2-CH(NH_2)-COOH} \underset{ATP\ \ AMP+PPi}{\overset{\text{精氨酸代琥珀酸缩合酶}}{\rightleftharpoons}} \underset{\text{精氨酸代琥珀酸}}{NH_2-C(=N-CH(COOH)-CH_2-COOH)-NH-(CH_2)_3-CH(NH_2)-COOH} \overset{\text{裂解酶}}{\rightleftharpoons} \underset{\text{精氨酸}}{NH_2-C(=NH)-NH-(CH_2)_3-CH(NH_2)-COOH} + \underset{\text{延胡索酸}}{HOOC-CH=CH-COOH}$$

(4)尿素的生成:精氨酸在精氨酸酶的作用下,水解生成尿素和鸟氨酸,后者经膜载体转运到线粒体并继续参与瓜氨酸的合成,如此反复不断合成尿素。

$$\underset{\text{精氨酸}}{H_2N-C(=NH)-NH-(CH_2)_3-CH(NH_2)-COOH} + H_2O \xrightarrow{\text{精氨酸酶}} \underset{\text{尿素}}{H_2N-C(=O)-NH_2} + \underset{\text{鸟氨酸}}{H_2N-(CH_2)_3-CH(NH_2)-COOH}$$

从以上四步反应中可知，由鸟氨酸开始至鸟氨酸结束进行的循环反应，使两分子 NH_3 和一分子 CO_2 缩合成一分子尿素，故将尿素生成的全过程叫作鸟氨酸循环。合成尿素的 2 分子 NH_3，一分子来源于氨基酸脱氨，另一分子来源于天冬氨酸，而天冬氨酸又可由多种氨基酸通过转氨基反应生成。参与尿素合成的各种酶中，以精氨酸代琥珀酸缩合酶的活性最低，是该循环的限速酶，可调节尿素合成速度。由于参与鸟氨酸循环的酶分布在不同的亚细胞结构部分，尿素合成在肝细胞的线粒体和胞液两部分进行。该循环的全过程见图 8-6。

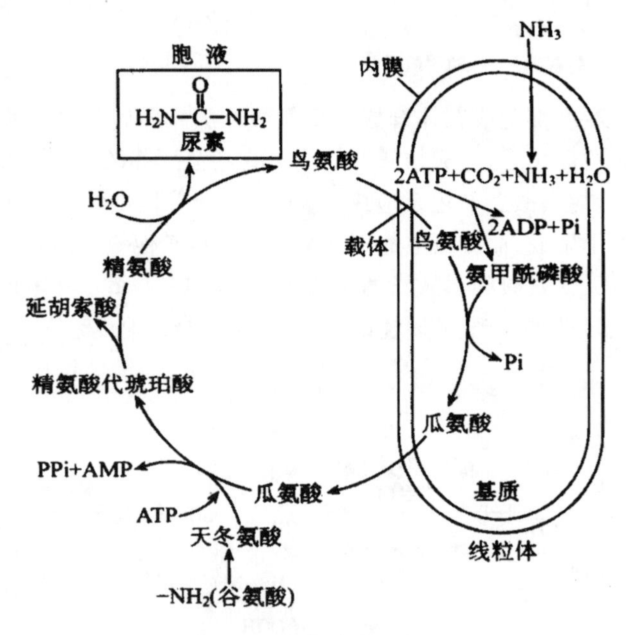

图 8-6 尿素循环的过程

2. 高血氨症和氨中毒 正常生理情况下，血氨的浓度处于较低水平，肝脏是合成尿素、消除氨毒的主要器官。当肝功能严重损伤时，尿素合成受阻，使血氨浓度升高，称为高血氨症。一般认为，高血氨时，氨通过血脑屏障进入脑组织，与脑中的 α-酮戊二酸反应生成谷氨酸，进而与氨生成谷氨酰胺。脑中的 α-酮戊二酸大量消耗导致三羧酸循环减弱，脑组织 ATP 供给不足，最终导致大脑功能障碍，严重时发生昏迷，称为肝性脑病或肝昏迷。

案例分析

某患者，男性，46岁，有严重的肝硬化病史。临床表现：恶心、呕吐、食欲缺乏，定时、定向力障碍，烦躁、嗜睡。肝功能检查显示：血氨浓度192 μmol/L，谷丙转氨酶160 U/L。

1.该患者可能患何种疾病？肝功能障碍患者血氨升高的原因是什么？

2.临床上对高血氨患者采用弱酸性透析液做结肠透析的原因是什么？

3.临床上高血氨患者为什么要限制饮食中的蛋白质摄入量？

四、α-酮酸的代谢

氨基酸经脱氨基作用产生氨的同时，还生成α-酮酸。不同的氨基酸生成α-酮酸各异，它们在体内的代谢途径如下。

1.生成非必需氨基酸　氨基酸脱氨基反应是可逆的，α-酮酸经转氨作用或还原氨基化反应，可生成相应的氨基酸，这是机体合成非必需氨基酸的重要途径。

2.转变为糖及脂类　大多数氨基酸脱去氨基后生成的α-酮酸，可通过糖异生途径转变为糖，把这些氨基酸称为生糖氨基酸。有的则可以转变为酮体和脂肪，这类氨基酸称为生酮氨基酸。还有些氨基酸既能转变为糖又能转变为酮体，称为生糖兼生酮氨基酸（表8-2）。

表8-2　氨基酸生糖及生酮性质分类

类别	氨基酸
生糖氨基酸	甘氨酸、丝氨酸、缬氨酸、组氨酸、精氨酸、半胱氨酸、脯氨酸、丙氨酸、谷氨酸、谷氨酰胺、天冬氨酸、天冬酰胺、蛋氨酸
生酮氨基酸	亮氨酸、赖氨酸
生糖兼生酮氨基酸	异亮氨酸、苯丙氨酸、酪氨酸、苏氨酸、色氨酸

3.氧化供能　α-酮酸可转变为乙酰辅酶A、丙酮酸以及草酰乙酸、琥珀酰辅酶A、α-酮戊二酸等三羧酸循环的中间产物，这些物质经三羧酸循环和生物氧化体系被彻底氧化成CO_2和H_2O，并释放出能量供生理活动需要。必须指出的是，蛋白质是生命中的重要物质基础，生理情况下，蛋白质供能很少，只在某些特殊情况下（如长期饥饿），蛋白质分解为氨基酸后氧化供能才有可能增加。

第四节　个别氨基酸的代谢

构成蛋白质的氨基酸，由于化学结构上的共性表现出共同的代谢规律；但是氨基酸的侧链各异，几乎每种氨基酸又各有其代谢特点和途径，生成某些具有重要生理意义的代谢产物。

一、氨基酸的脱羧基作用

体内有一部分氨基酸也可进行脱羧基作用生成相应的胺。这些胺类具有特殊的生理作用，对生命活动有重要影响。催化氨基酸脱羧基反应的酶称脱羧酶，其辅酶是含维生素 B_6 的磷酸吡哆醛。一般反应如下：

$$\underset{\text{氨基酸}}{R-\underset{\substack{|\\NH_2}}{CH}-COOH} \xrightarrow[(B_6-P)]{\text{氨基酸脱羧酶}} \underset{\text{胺}}{RCH_2NH_2} + CO_2$$

下面举例介绍几种氨基酸脱羧基产生的重要胺类物质。

1. **γ-氨基丁酸**　在谷氨酸脱羧酶催化下，谷氨酸脱羧生成 γ-氨基丁酸（γ-aminobutyric acid，GABA）。谷氨酸脱羧酶在脑组织活性特别高，因此，γ-氨基丁酸在脑组织的含量较高。GABA 是一种抑制性神经递质，对中枢神经系统具有抑制作用。

$$\underset{L\text{-谷氨酸}}{\begin{matrix}COOH\\|\\(CH_2)_2\\|\\CH-NH_2\\|\\COOH\end{matrix}} \xrightarrow[\text{Ⓟ}-B_6-CHO]{L\text{-谷氨酸脱羧酶}} \underset{\gamma\text{-氨基丁酸}}{\begin{matrix}COOH\\|\\(CH_2)_2\\|\\CH_2-NH_2\end{matrix}} + CO_2$$

临床上用维生素 B_6 防治神经过度兴奋所产生的妊娠呕吐及小儿抽搐，这是因为维生素 B_6 作为氨基酸脱羧酶的辅酶，能促进 GABA 的生成而抑制神经系统的兴奋。因异烟肼能与维生素 B_6 结合而失活，影响脑内 GABA 的合成，以致易引起中枢过度兴奋的中毒症状。故结核病患者长期服用异烟肼时常合并使用维生素 B_6。

2. **组胺**　在组氨酸脱羧酶催化下，组氨酸脱羧生成组胺（histamine）。组胺在体内分布广泛，主要由肥大细胞产生，具有扩张血管、降低血压、促进平滑肌收缩及胃液分泌等功能。过敏反应、创伤或烧伤均可释放过量的组胺。

$$\underset{L\text{-组氨酸}}{\begin{matrix}HC=C-CH_2CHCOOH\\ |\quad\ \ |\qquad\quad\ |\\ HN\quad N\qquad NH_2\\ \diagdown\ \diagup\\ C\\ H\end{matrix}} \xrightarrow[\text{Ⓟ}-B_6-CHO]{\text{组氨酸脱羟酶}} \underset{\text{组胺}}{\begin{matrix}HC=C-CH_2CH_2NH_2+CO_2\\ |\quad\ \ |\\ HN\quad N\\ \diagdown\ \diagup\\ C\\ H\end{matrix}}$$

3. **多胺**　鸟氨酸在其脱羧酶的作用下，脱羧生成腐胺，再与 S-腺苷蛋氨酸（SAM）反应生成亚精胺（精脒）和精胺，它们是多胺化合物（polyamine）。

$$\underset{\text{鸟氨酸}}{\begin{array}{c}NH_2\\|\\(CH_2)_3\\|\\CH{-}NH_2\\|\\COOH\end{array}} \xrightarrow[\searrow CO_2]{\text{鸟氨酸脱羧酶}} \underset{\text{腐胺}}{\begin{array}{c}NH_2\\|\\(CH_2)_4\\|\\NH_2\end{array}} \xrightarrow[\searrow \text{5-甲硫腺苷}]{+SAM} \underset{\text{亚精胺}}{\begin{array}{c}NH_2\\|\\(CH_2)_4\\|\\NH\\|\\(CH_2)_3\\|\\NH_2\end{array}} \xrightarrow[\searrow \text{5-甲硫腺苷}]{+SAM} \underset{\text{精胺}}{\begin{array}{c}NH_2\\|\\(CH_2)_3\\|\\NH\\|\\(CH_2)_4\\|\\NH\\|\\(CH_2)_3\\|\\NH_2\end{array}}$$

多胺化合物是调节细胞生长的重要物质，它具有促进核酸和蛋白质合成的作用，故可促进细胞分裂增殖。在生长旺盛的组织，如肿瘤细胞、胚胎组织、生长激素作用的细胞等，鸟氨酸脱羧酶(多胺合成限速酶)活性高，多胺的含量也较高。目前临床上利用测定癌瘤病人血、尿中多胺的含量作为病情诊断和预后判断的指标之一。

4.5-羟色胺　在色氨酸羟化酶的作用下，色氨酸生成5-羟色胺酸，后者再脱羧生成5-羟色胺(5-HT)。在脑组织内，5-HT是一种抑制性神经递质，与睡眠、疼痛和体温调节等有密切关系；5-HT可进一步转化为褪黑激素，后者具有促进、诱导自然睡眠，提高睡眠质量的作用；在外周组织，5-HT具有收缩血管、升高血压的作用。

二、一碳单位的代谢

(一)一碳单位的概念

某些氨基酸在分解代谢过程中产生的含有一个碳原子的活性基因，称为一碳单位(one carbon unit)。一碳单位参与体内许多重要化合物的合成，具有重要的生理意义。一碳单位的生成、转变、运输和参与物质合成的反应过程，统称为一碳单位的代谢。体内重要的一碳单位有：

甲　基：$-CH_3$	亚甲基：$-CH_2-$
次甲基：$-CH=$	甲酰基：$-CHO$
羟甲基：$-CH_2OH$	亚氨甲基：$-CH=NH$

(二)一碳单位的载体

一碳单位性质活泼，不能自由存在，需与特定的载体结合后才能被转运或参与物质代谢。常见的载体主要有两种：四氢叶酸(tetrahydrofolic acid，FH_4)和*S*-腺苷蛋氨酸(*S*-adenosylmethionine，SAM)。FH_4是一碳单位的主要载体，SAM则是甲基的主要载体。哺乳类动物体内的FH_4由叶酸经二氢叶酸还原酶催化，通过两部还原反应生成(图8-7)。一碳单位通常结合在FH_4分子的N^5和N^{10}位上。

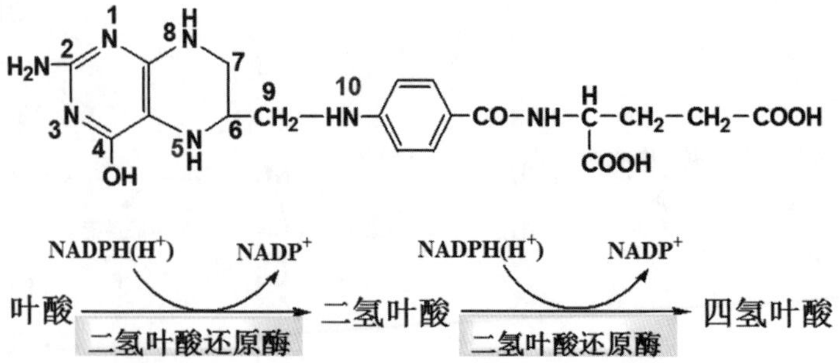

图 8-7　四氢叶酸的结构及由叶酸生成四氢叶酸的过程

(三)一碳单位的来源与互变

一碳单位主要由丝氨酸、甘氨酸、组氨酸和色氨酸的代谢产生,其来源及相互转变情况如图 8-8 所示。例如,丝氨酸在丝氨酸羟甲基转移酶的作用下生成 N^5,N^{10}-亚甲基四氢叶酸和甘氨酸,后者又可裂解生成 N^5,N^{10}-亚甲基四氢叶酸;组氨酸可在体内分解生成亚胺甲基谷氨酸,然后在亚胺甲基转移酶的作用下将甲基转移给四氢叶酸生成 N^5-亚胺甲基四氢叶酸,后者再脱氨生成 N^5,N^{10}-亚甲基四氢叶酸;甘氨酸、色氨酸在分解代谢产生的甲酸与四氢叶酸反应,生成 N^{10}-甲酰四氢叶酸。另外,蛋氨酸活化为 *S*-腺苷蛋氨酸即可提供甲基,*S*-腺苷蛋氨酸提供甲基主要途径是从 N^5-甲基-四氢叶酸的甲基转移到高半胱氨酸上获得。

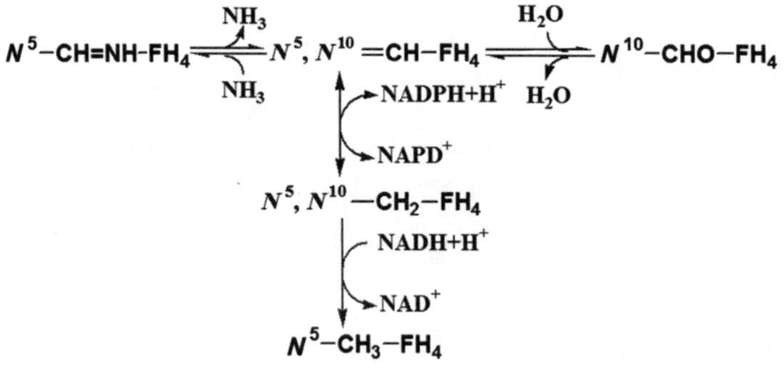

图 8-8　一碳单位的相互转变

(四)一碳单位的生理功能

1.一碳单位参与嘌呤和嘧啶的合成　一碳单位主要参与体内嘌呤碱和嘧啶碱的生物合成,是蛋白质和核酸代谢相互联系的重要途径。因为一碳单位直接参与核酸代谢,进而影响蛋白质生物合成,所以一碳单位代谢与机体的生长、发育、繁殖和遗传等重要生命活动密切相关。

2.一碳单位直接参与 *S*-腺苷蛋氨酸的合成　*S*-腺苷蛋氨酸(SAM)为体内许多重要生理活性物质的合成提供甲基。据统计,体内有 50 多种化合物的合成需要 SAM 提供甲基,其中许多化合物具有重要的生化功能,如肾上腺素、肌酸、胆碱、稀有碱基等。

一碳单位代谢异常可造成某些病理情况,在叶酸、维生素 B_{12} 缺乏的情况下,会造成一碳单位运输障碍,进而妨碍 DNA、RNA 及蛋白质生物合成,导致细胞增殖、分化受阻,引起巨幼红细胞性贫血等疾病。此外,磺胺类药物及某些抗肿瘤药物(如氨甲蝶呤等)也正是通过干扰细菌及肿瘤细胞的叶酸、四氢叶酸的合成,进而影响一碳单位代谢与核酸合成而发挥其药理作用。

三、含硫氨基酸的代谢

体内的含硫氨基酸有三种:蛋氨酸(甲硫氨酸)、半胱氨酸和胱氨酸。这三种氨基酸的代谢是相互联系的,蛋氨酸可以转变为半胱氨酸和胱氨酸,半胱氨酸和胱氨酸也可以相互转变,但后两者均不能转变为蛋氨酸。

(一) 蛋氨酸的代谢

1. 蛋氨酸与转甲基作用 蛋氨酸分子中含有 *S*-甲基,与 ATP 作用,生成 *S*-腺苷蛋氨酸(SAM),此反应由蛋氨酸腺苷转移酶催化,SAM 称为活性蛋氨酸。SAM 中的甲基称为活性甲基,通过转甲基作用可生成多种含有甲基的重要生理活性物质,如肾上腺素、肌酸等。

2. 蛋氨酸循环 SAM 在甲基转移酶作用下,可将甲基转移至另一种物质,生成甲基化合物,而 SAM 变为 *S*-腺苷同型半胱氨酸,后者进一步脱去腺苷,生成同型半胱氨酸,同型半胱氨酸再接收 N^5-甲基四氢叶酸提供的甲基,重新生成蛋氨酸,这样的循环过程称为蛋氨酸循环(图 8-9)。

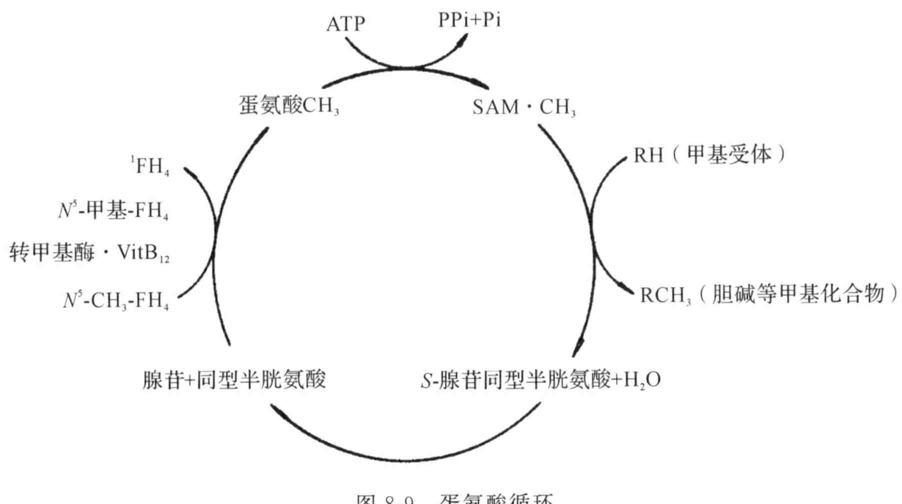

图 8-9 蛋氨酸循环

该循环不仅为合成胆碱、肌酸和肾上腺素等重要物质提供了甲基,而且对于重新利用 N^5-甲基四氢叶酸分子中的四氢叶酸具有重要意义,因此 N^5-甲基四氢叶酸可看成是体内甲基的间接供体。N^5-甲基四氢叶酸转甲基酶的辅酶是维生素 B_{12},当维生素 B_{12} 缺乏时影响该酶的活性使四氢叶酸得不到充分利用而影响有关代谢。因此维生素 B_{12} 缺乏往往伴有叶酸的缺乏,从而进一步引起相关的缺乏症。

(二)半胱氨酸和胱氨酸的代谢

1. 半胱氨酸和胱氨酸的互变 半胱氨酸含有巯基(—SH),胱氨酸含有二硫键(—S—S—),

2分子半胱氨酸可以脱氢以二硫键相连形成胱氨酸，该反应可逆，两者可以相互转变。

蛋白质中两个半胱氨酸残基之间形成的二硫键对维持蛋白质的空间结构具有重要作用，如胰岛素、免疫球蛋白等。体内许多重要的酶，如琥珀酸脱氢酶、乳酸脱氢酶等，其活性与半胱氨酸的巯基有关，故称为巯基酶。一些毒物如碘乙酸、重金属盐，芥子气等，能与酶分子中的巯基结合而抑制酶的活性。

2.谷胱甘肽(GSH)的生成 GSH是由谷氨酸、半胱氨酸、甘氨酸组成的三肽，其功能基团是半胱氨酸的巯基。GSH的重要功能是保护某些蛋白和酶分子中的巯基不被氧化，从而维持其生物活性。红细胞内GSH含量较多，它对保护红细胞膜的完整性及促使高铁血红蛋白转变为血红蛋白均有重要作用。

3.硫酸根的代谢 含硫氨基酸经氧化分解可以产生硫酸根，半胱氨酸是体内硫酸根的主要来源。半胱氨酸脱去巯基和氨基，生成丙酮酸、NH_3 和 H_2S，后者再经氧化而生成 H_2SO_4。体内的硫酸根一部分以无机盐形式随尿排出，另一部分经ATP活化生成活性硫酸根，即3′-磷酸腺苷-5′-磷酰硫酸(PAPS)。

$$ATP + SO_4^{2-} \xrightarrow{-PPi} AMP—SO_3^- \xrightarrow{+ATP} 3—PO_3H_2—AMP—SO_3^- + ADP$$

腺苷-5′-磷酸硫酸　PAPS

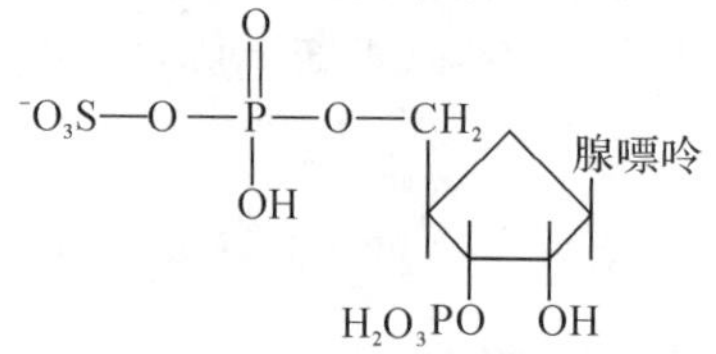

$$^{-}O_3S—O—\overset{\overset{O}{\|}}{\underset{\underset{OH}{|}}{P}}—O—CH_2—\text{(核糖，连腺嘌呤；3′-}OPO_3H_2\text{，2′-}OH)$$

PAPS的结构

四、芳香族氨基酸的代谢

芳香族氨基酸包括苯丙氨酸、酪氨酸和色氨酸三种。苯丙氨酸羟化生成酪氨酸是其主要的代谢去路，后者进一步代谢生成甲状腺素、儿茶酚胺、黑色素等重要物质。

(一)苯丙氨酸的代谢

1.羟化为酪氨酸 正常情况下，苯丙氨酸经羟化作用生成酪氨酸。催化此反应的酶是苯丙氨酸羟化酶(phenylalanine hydroxylase)，是一种加单氧酶，辅基是四氢生物蝶呤，此反应不可逆。

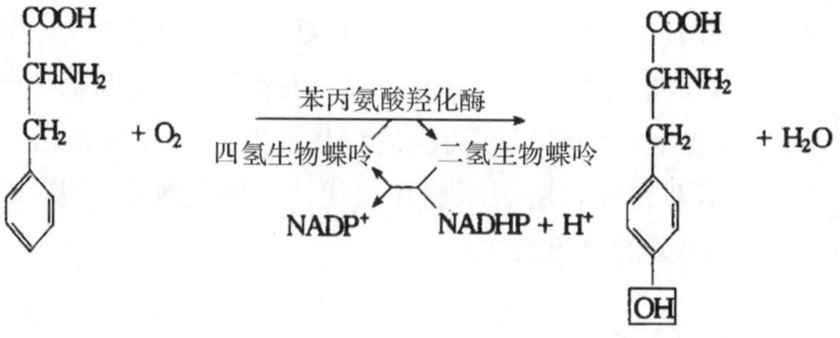

$$\text{苯丙氨酸} + O_2 \xrightarrow{\text{苯丙氨酸羟化酶}} \text{酪氨酸} + H_2O$$

（四氢生物蝶呤 → 二氢生物蝶呤；NADHP + H^+ → $NADP^+$）

苯丙氨酸（COOH—CHNH₂—CH₂—苯基）　　酪氨酸（COOH—CHNH₂—CH₂—对羟苯基，OH）

2.转变为苯丙酮酸　先天性苯丙氨酸羟化酶缺陷患者不能将苯丙氨酸羟化为酪氨酸，而是经转氨基作用生成苯丙酮酸，导致尿中出现大量苯丙酮酸，称为苯丙酮酸尿症（PKU）。苯丙酮酸的积蓄对中枢神经系统具有毒性作用，常导致患者智力发育障碍。

知识链接

苯丙酮尿症

苯丙酮尿症（PKU）是一种常见的氨基酸代谢病。苯丙氨酸（PA）代谢途径中的酶缺陷，使得苯丙氨酸不能转变成为酪氨酸，导致苯丙氨酸及其酮酸蓄积，并从尿中大量排出。本病在遗传性氨基酸代谢缺陷疾病中比较常见，其遗传方式为常染色体隐性遗传。临床表现不均一，主要临床特征为智力低下、精神神经症状、湿疹、皮肤抓痕征及色素脱失和鼠气味等、脑电图异常。诊断一旦明确，应尽早给予积极治疗，主要是低苯丙氨酸饮食和给予 BH4、5-羟色胺和 *L*-DOPA 等药物。

（二）酪氨酸的代谢

1.转化为神经递质和激素　儿茶酚胺（catecholamine）是酪氨酸经羟化、脱羧后形成的一系列邻苯二酚胺类化合物的总称，包括多巴胺、去甲肾上腺素和肾上腺素。这些物质属于神经递质或激素，是维持神经系统正常功能和正常代谢不可缺少的物质。此外，酪氨酸可在甲状腺内经碘化生成甲状腺素。

2.合成黑色素　酪氨酸在酪氨酸酶催化下，经羟化生成多巴胺，后者经氧化、脱羧生成黑色素。先天性酪氨酸酶缺乏时，黑色素合成受阻，皮肤、毛发等皆为白色，称为白化病。

3.生成酪胺　在脱羧酶的催化下，酪氨酸可脱羧生成酪胺，后者具有升高血压的作用，由于可被单胺氧化酶分解失活，一般不会给机体造成不良影响。

4.酪氨酸的分解　在酪氨酸转氨酶的作用下，酪氨酸生成羟基苯丙酮酸，后者经尿黑酸等中间产物进一步转变为延胡索酸和乙酰乙酸，此二者可分别参与糖和脂肪酸代谢。若先天缺乏尿黑酸氧化酶，则尿黑酸不能氧化而由尿排出，尿液与空气接触后呈黑色，称为尿黑酸症。

酪氨酸的代谢途径如图 8-10 所示。

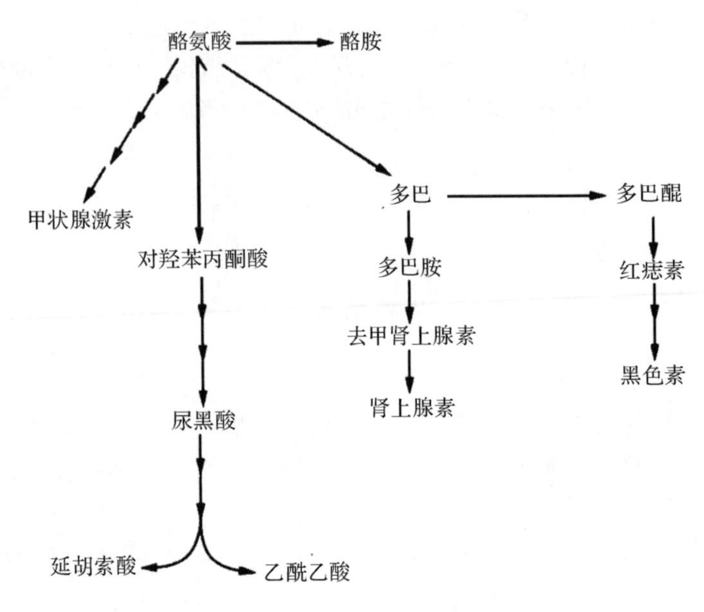

图 8-10　酪氨酸的代谢途径

(三)色氨酸代谢

色氨酸除生成 5-羟色胺外,还可分解产生丙酮酸和乙酰乙酰辅酶 A,是生糖兼生酮氨基酸。还可分解可产生少量烟酸(尼克酸),即维生素 PP,这是体内合成维生素的特例,但产量很少,难以满足机体需要。

思考题

1. 氮平衡有哪三种类型?如何根据氮平衡来反映体内蛋白质代谢状况?
2. 氨基酸脱氨基作用有哪几种方式?
3. 简述血氨代谢的来源和去路。
4. 简述一碳单位的概念、来源和生理意义。
5. 解释肝性脑病发生及其治疗机制。

本章小结

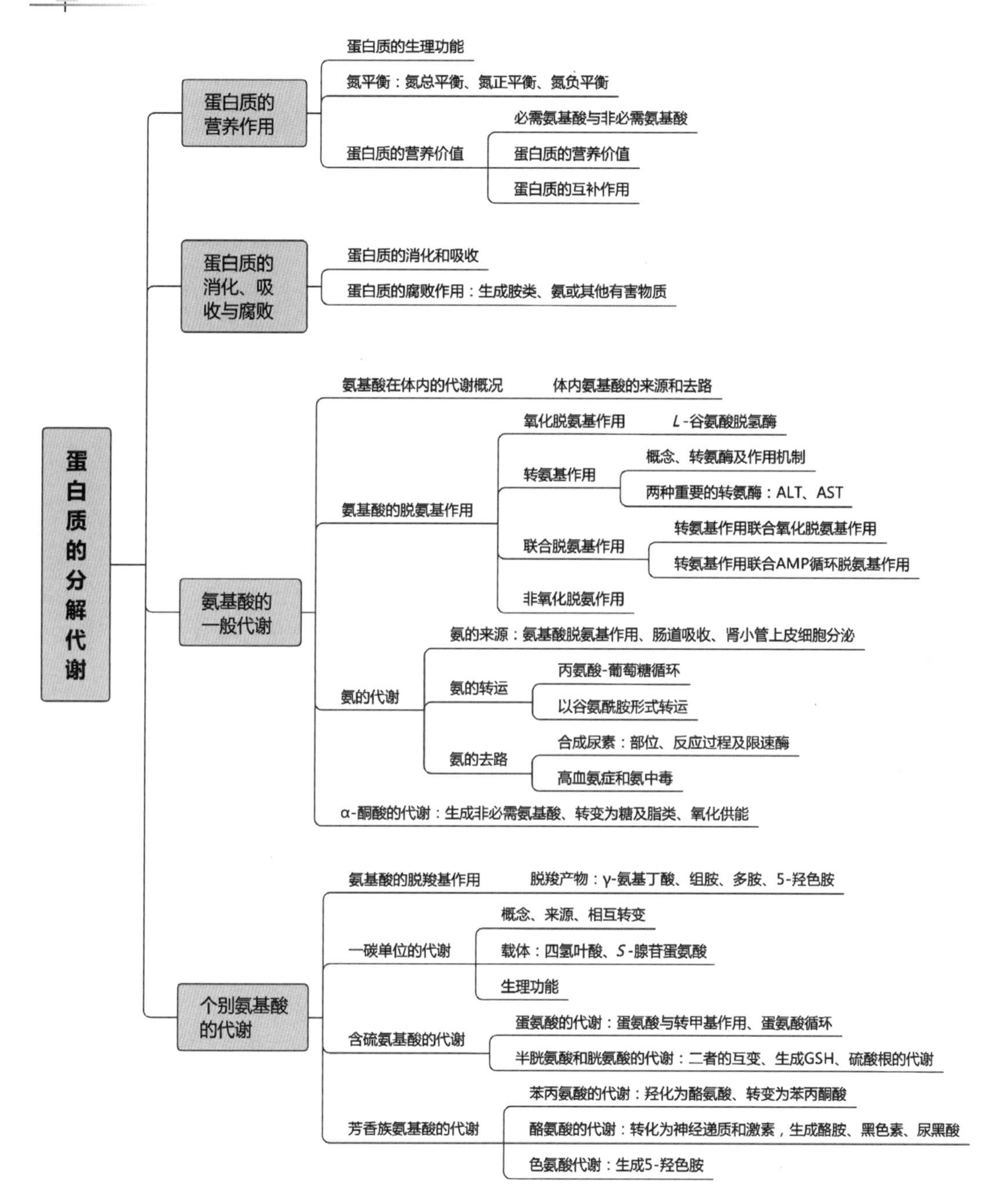

蛋白质的分解代谢
蛋白质的营养作用
蛋白质的生理功能
氮平衡：氮总平衡、氮正平衡、氮负平衡
蛋白质的营养价值
必需氨基酸与非必需氨基酸
蛋白质的营养价值
蛋白质的互补作用
蛋白质的消化、吸收与腐败
蛋白质的消化和吸收
蛋白质的腐败作用：生成胺类、氨或其他有害物质
氨基酸的一般代谢
氨基酸在体内的代谢概况
体内氨基酸的来源和去路
氨基酸的脱氨基作用
氧化脱氨基作用
L-谷氨酸脱氢酶
转氨基作用
概念、转氨酶及作用机制
两种重要的转氨酶：ALT、AST
联合脱氨基作用
转氨基作用联合氧化脱氨基作用
转氨基作用联合AMP循环脱氨基作用
非氧化脱氨作用
氨的代谢
氨的来源：氨基酸脱氨基作用、肠道吸收、肾小管上皮细胞分泌
氨的转运
丙氨酸-葡萄糖循环
以谷氨酰胺形式转运
氨的去路
合成尿素：部位、反应过程及限速酶
高血氨症和氨中毒
α-酮酸的代谢：生成非必需氨基酸、转变为糖及脂类、氧化供能
个别氨基酸的代谢
氨基酸的脱羧基作用
脱羧产物：γ-氨基丁酸、组胺、多胺、5-羟色胺
一碳单位的代谢
概念、来源、相互转变
载体：四氢叶酸、S-腺苷蛋氨酸
生理功能
含硫氨基酸的代谢
蛋氨酸的代谢：蛋氨酸与转甲基作用、蛋氨酸循环
半胱氨酸和胱氨酸的代谢：二者的互变、生成GSH、硫酸根的代谢
芳香族氨基酸的代谢
苯丙氨酸的代谢：羟化为酪氨酸、转变为苯丙酮酸
酪氨酸的代谢：转化为神经递质和激素，生成酪胺、黑色素、尿黑酸
色氨酸代谢：生成5-羟色胺

实验项目十　血清丙氨酸氨基转移酶的活力测定

【实验目的】

1. 掌握血清丙氨酸氨基转移酶活力测定的基本原理及测定方法。
2. 了解血清丙氨酸氨基转移酶测定的临床意义。

【实验原理】

谷丙转氨酶(GPT),又称为丙氨酸氨基转移酶(ALT),在37 ℃、pH 7.4的条件下,可催化丙氨酸与α-酮戊二酸生成丙酮酸和谷氨酸。丙酮酸可与2,4-二硝基苯肼反应,在碱性条件下生成棕红色的丙酮酸-2,4-二硝基苯腙,其颜色深浅与ALT活性的高低成正比。可利用比色分析原理,通过测定显色物质在505 nm波长处的吸光度值测定丙酮酸的生成量,求出样品中ALT的活力。

【试剂与器材】

1. 试剂

(1) 0.1 mol/L磷酸盐缓冲液(pH 7.4):称取无水磷酸二氢钾(KH_2PO_4)2.69 g和磷酸氢二钾$K_2HPO_4 \cdot 3H_2O$ 13.97 g,加蒸馏水溶解后移至1000 ml容量瓶中,校正pH到7.4,然后加蒸馏水至刻度。贮存于冰箱中备用。

(2)基质缓冲液(pH 7.4):称取*DL*-丙氨酸1.79 g、α-酮戊二酸29.2 mg于烧杯中,加0.1 mol/L pH 7.4磷酸盐缓冲液约80 ml,煮沸溶解后冷却。然后用1 mol/L NaOH调pH至7.4,再用0.1 mol/L磷酸盐缓冲液稀释到100 ml,混匀后加三氯甲烷数滴,4 ℃保存。

(3)2,4-二硝基苯肼溶液:称取2,4-二硝基苯肼20 mg溶于1.0 mol/L盐酸100 ml中,置于棕色瓶中,室温保存。

(4)0.4 mol/L NaOH溶液:称取NaOH 16 g溶解于蒸馏水中,并加蒸馏水至1000 ml。

(5)2.0 mmol/L丙酮酸标准液:称取丙酮酸钠22 mg于100 ml容量瓶中,用0.1 mol/L pH 7.4磷酸盐缓冲液稀释至刻度,此试剂需现用现配。

2. 器材　恒温水浴箱、紫外-可见分光光度计、试管、试管架、滴管等。

【操作方法及步骤】

1. 标准曲线的制作

(1)取干燥洁净的试管5支,编号,按表8-3加入试剂,混匀。

表8-3　试剂添加(一)

加入物/ml	试管编号				
	0	1	2	3	4
0.1 mol/L磷酸盐缓冲液	0.1	0.1	0.1	0.1	0.1

续表

加入物/ml	试管编号				
	0	1	2	3	4
2.0 mmol/L 丙酮酸标准液	0	0.05	0.1	0.15	0.2
基质缓冲液	0.5	0.45	0.4	0.35	0.3
2,4-二硝基苯肼溶液	0.5	0.5	0.5	0.5	0.5
混匀,37 ℃水浴 20 min					
相当于酶活性浓度/卡门氏酶活力单位	0	28	57	97	150

(2)分别向各管加入 0.4 mol/L NaOH 溶液 5.0 ml,混匀,放置 10 min。

(3)在 505 nm 波长处比色,以蒸馏水调零,读取各管吸光度值。以测定管吸光度值减去对照管吸光度值(A_n-A_0)之差为纵坐标,以相应的卡门氏酶活力单位数为横坐标作图,即得 ALT 的标准曲线。

2. 血清 ALT 酶活性的测定

(1)取适量基质缓冲液和待测血清,在 37 ℃水浴中预温 5 min。

(2)取干净试管 2 支,标明管号,按表 8-4 操作。

表 8-4　试剂添加(二)

加入物	测定管/ml	对照管/ml
血清	0.1	0.1
基质溶液	0.5	—
混匀,37 ℃水浴 30 min		
2,4-二硝基苯肼溶液	0.5	0.5
基质溶液	—	0.5
混匀,37 ℃水浴 20 min		
0.4 mol/L NaOH 溶液	5.0	5.0

混匀,室温放置 10 min,在 505 nm 处以蒸馏水调零,读取各管吸光度值。

3. 结果分析　以测定管 $A_{测}$-$A_{对}$ 之差作为样品的吸光度值,在标准曲线查得相应的酶活性浓度(卡门氏单位)。

【注意事项】

1 酶的测定结果与酶作用时间、温度、pH 及试剂加入量等有关,在操作时均应准确掌握。

2. 测定试剂更换时,要重新制作标准曲线。

【思考题】

测定血清丙氨酸氨基转移酶的活性有何意义?

第九章　核苷酸代谢

学习目标

知识目标

1. 掌握：核苷酸分解代谢途径及其终产物；核苷酸从头合成的原料；核苷酸补合成途径的生理意义。

2. 熟悉：核苷酸消化吸收的基本过程及降解产物的去路。

3. 了解：核苷酸代谢障碍及抗核苷酸代谢物的作用机制。

能力目标

1. 能总结分析体内核苷酸的来源及分解代谢产物去路，以及蛋白质代谢与核苷酸合成的关系。

2. 学会分析抗代谢药物在治疗肿瘤、病毒感染中的作用机制并加以运用。

核苷酸代谢

动物、植物、微生物细胞都含有核酸。核酸资源丰富，取材方便，提取生产技术成熟，因此在食品加工中已得到广泛应用。将核苷酸类物质添加入食品中，具有促进儿童的生长发育、增强智力、提高成年人免疫力，促进手术患者康复等作用。食物中的核酸主要以核蛋白的形式存在，核蛋白被摄入体内，在胃酸及小肠蛋白酶的作用下降解为核酸和蛋白质。核酸在小肠中被核酸水解酶降解为核苷酸，核苷酸可进一步降解为核苷和磷酸，最后核苷分解为碱基和戊糖。核苷、碱基、戊糖均可被肠黏膜细胞吸收利用。膳食来源的核酸和核苷酸在消化吸收的过程中被大量降解，因此核苷酸不是人体必需营养物质，细胞内存在的核酸在核酸酶的作用下可逐步分解为核苷酸，并可进一步分解为碱基、戊糖和磷酸，以维持细胞内遗传物质的稳定。

第一节　核苷酸的分解代谢

一、核酸及核苷酸的分解

核苷酸的分解代谢

核酸是由许多核苷酸以 3′,5′-磷酸二酯键接而成的大分子化合物。核酸分解首先要水解 3′,5′-磷酸二酯键,生成单核苷酸或寡核苷酸。这一反应可由核酸酶来催化,催化 DNA 水解的酶称为脱氧核糖核酸酶,催化 RNA 水解的酶称核糖核酸酶。根据核酸酶水解的部位不同,核酸酶分为核酸内切酶和核酸外切酶,从核酸分子内部水解的称核酸内切酶,从核酸分子一端逐个水解的称为核酸外切酶,包括 3′-和 5′-外切酶,即分别从 3′端或 5′端逐个水解 3′,5′-磷酸二酯键。核酸水解的产物可以是核酸小片段、寡核苷酸或是单核苷酸。体内核酸的降解是逐步进行的,核酸经核酸酶催化水解为核苷酸,核苷酸经核苷酸酶催化水解为核苷和磷酸,核苷再经核苷磷酸化酶催化生成碱基和磷酸戊糖,也可经核苷酶催化水解为碱基和戊糖。核酸及核苷酸的分解过程如图 9-1 所示。

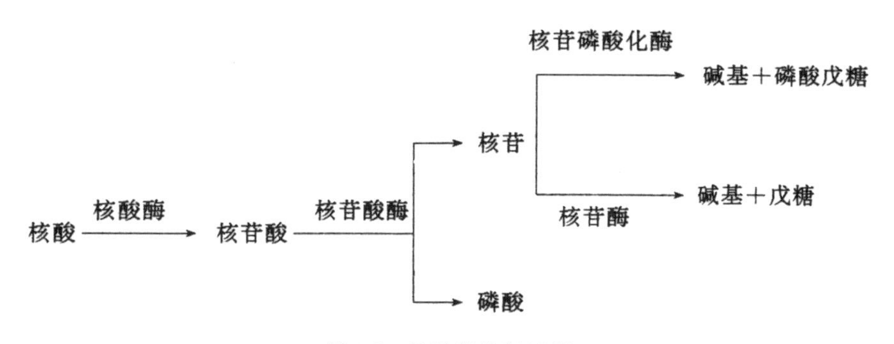

图 9-1　核酸的分解过程

二、嘌呤碱的降解

不同的生物分解嘌呤碱的能力有差异,人和其他相对高等的动物以尿酸作为嘌呤碱代谢的最终产物。但有些生物则能进一步分解尿酸,生成尿素,如鱼类和两栖类;某些低等动物还能将尿素分解成二氧化碳和氨。

嘌呤碱的分解首先是在各种脱氨酶的作用下脱去氨基,脱氨反应可分别在核苷和核苷酸水平上进行。鸟嘌呤在鸟嘌呤脱氨酶催化下生成黄嘌呤(xanthine,X),腺嘌呤亦可在腺嘌呤脱氨酶催化下生成次黄嘌呤(hypoxanthine),经黄嘌呤氧化酶氧化成黄嘌呤,最后生成尿酸,具体过程见图 9-2。人和动物组织中腺嘌呤脱氨酶活性很低,而腺苷脱氨酶和腺苷酸脱氨酶活性较高,因此实际上腺嘌呤的分解是在腺苷或腺苷酸水平上进行的,故腺嘌呤的脱氨可在核苷或核苷酸的水平上进行。由此可见,尿酸是人体内嘌呤分解代谢的最终产物。尿酸以钠盐或钾盐的形式经肾脏排泄。

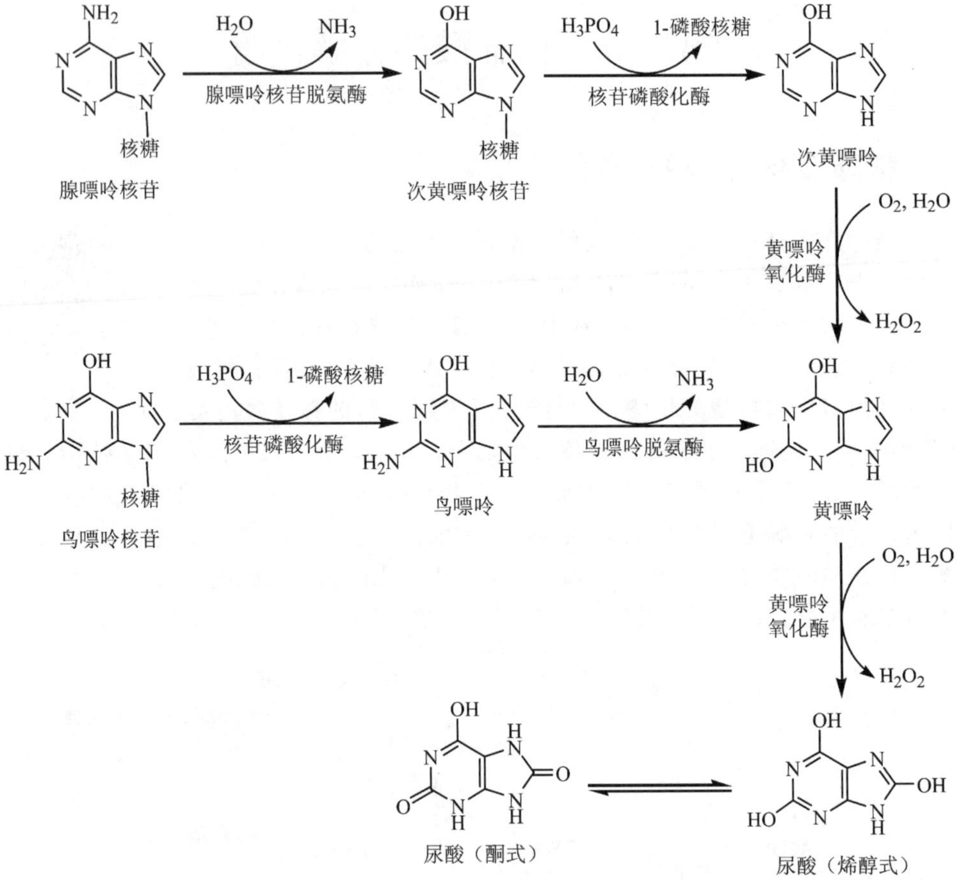

图 9-2　嘌呤碱的分解

案例分析

痛风是一组嘌呤代谢紊乱所致的疾病，其临床特点为高尿酸血症及由此而引起的痛风性急性关节炎反复发作、痛风石沉积、痛风石性慢性关节炎和关节畸形，常累及肾脏，引起慢性间质性肾炎和尿酸肾结石形成。本病可分原发性和继发性两大类。原发性者少数由于酶缺陷引起，常伴高脂血症、肥胖、糖尿病、高血压病、动脉硬化和冠心病等。继发性者可由肾脏病、血液病及药物等多种原因引起。

1. 痛风的病因是什么？该病患者在饮食上有哪些需要注意的地方？

2. 临床上常用别嘌呤醇治疗痛风症，其作用机制是什么？

三、嘧啶碱的降解

嘧啶碱在体内的降解反应主要在肝脏进行。一般具有氨基的嘧啶需要先水解脱去氨基，如胞嘧啶脱氨基转变成尿嘧啶。在人和某些动物体内，胞嘧啶的脱氨过程也可能在核苷和核苷酸水平上进行，再由尿嘧啶加氢还原为二氢尿嘧啶，并水解使环开裂，最终生成氨、二氧化碳和 β-丙氨酸。胸腺嘧啶的降解与尿嘧啶相似，通过类似过程开环分解成氨、二氧化碳和 β-氨基异丁酸。嘧啶碱的分解途径如图 9-3 所示。

在人体内，嘧啶碱分解产生的二氧化碳经呼吸道排出，产生的氨在肝脏合成尿素经肾脏排泄，产生的 β-丙氨酸经转氨、氧化及脱羧等反应生成乙酰辅酶 A，产生的 β-氨基异丁酸经转氨、氧化等反应转化为琥珀酰辅酶 A。乙酰辅酶 A 和琥珀酰辅酶 A 经三羧酸循环继续代谢，一部分 β-氨基异丁酸可经肾脏排泄。

胞嘧啶 —(H_2O → NH_3，胞嘧啶脱氨酶)→ 尿嘧啶 —($NADPH+H^+$ → $NADP^+$，二氢尿嘧啶脱氢酶)→ 二氢尿嘧啶 —(H_2O，二氢尿嘧啶酶)→ β-脲基丙酸 —(H_2O，β-脲基丙酸酶)→ $H_2N—CH_2—CH_2—COOH + NH_3 + CO_2$（β-丙氨酸）

胸腺嘧啶 —($NADPH+H^+$ → $NADP^+$，二氢胸腺嘧啶脱氢酶)→ 二氢胸腺嘧啶 —(H_2O，二氢胸腺嘧啶酶)→ β-脲基异丁酸 —(H_2O，β-脲基异丁酸酶)→ $H_2N—CH_2—CH(CH_3)—COOH + NH_3 + CO_2$（β-氨基异丁酸）

图 9-3 嘧啶碱的降解

第二节 核苷酸的合成代谢

一、嘌呤核苷酸的合成

核苷酸的合成代谢

（一）嘌呤核苷酸的从头合成

合成嘌呤核苷酸的原料都是比较简单的化合物，实验证明生物体内能利用包括天冬氨酸、甘氨酸、谷氨酰胺、一碳单位和二氧化碳合成嘌呤环的前体，形成核苷酸的 5-磷酸核糖来自磷酸戊糖途径。生物体利用某些氨基酸、一碳单位、二氧化碳和5-磷酸核糖合成嘌呤核苷酸的过程称为从头合成途径。催化这一过程的全部酶系主要存在于肝脏、小肠黏膜和胸腺等组织。

嘌呤核苷酸的合成是由5-磷酸核糖首先与ATP反应生成5-磷酸核糖焦磷酸(PRPP),再以PRPP为基础,经过一系列酶促反应,逐步由谷氨酰胺、甘氨酸、一碳单位、二氧化碳和天冬氨酸提供碳原子或氮原子,形成嘌呤环的结构。首先合成次黄嘌呤核苷酸(IMP),再由IMP沿两条途径转变为腺嘌呤核苷酸(AMP)和鸟嘌呤核苷酸(GMP)。一条途径是IMP在GTP供能的条件下转变为腺苷酸琥珀酸,再由它转变为AMP,这个过程依次由腺苷酸琥珀酸合成酶和裂解酶催化。另一条途径是IMP转变为黄嘌呤核苷酸(XMP),再由它转变成GMP,在此过程中,细菌直接以氨作为氨基供体,动物细胞则以谷氨酰胺的酰胺基作为氨基供体。AMP、GMP的合成过程如图9-4所示。

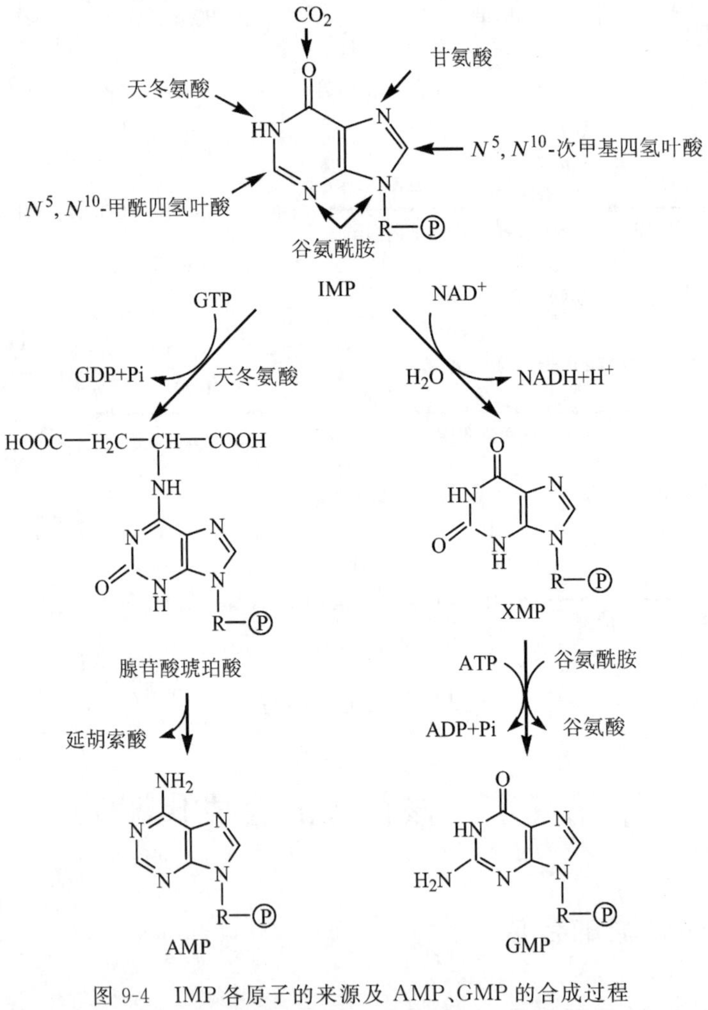

图9-4　IMP各原子的来源及AMP、GMP的合成过程

生成的一磷酸核苷可在核苷酸激酶的催化下转变为二磷酸核苷,二磷酸核苷可在二磷酸核苷激酶的催化下生成三磷酸核苷。

$$\mathrm{AMP}+\mathrm{ATP}\xrightarrow{\text{腺苷酸激酶}}2\mathrm{ADP}$$

$$\mathrm{GMP}+\mathrm{ATP}\xrightarrow{\text{鸟苷酸激酶}}\mathrm{GDP}+\mathrm{ADP}$$

$$\text{GDP}+\text{ATP}\xrightarrow{\text{二磷酸核苷激酶}}\text{GTP}+\text{ADP}$$

(二)嘌呤核苷酸补救合成途径

组织细胞利用游离碱基或核苷合成核苷酸的过程称为补救合成途径。与从头合成途径相比,补救合成途径反应过程简单,消耗的 ATP 也少,碱基和核苷可以来自消化吸收,也可以来自细胞内核酸的降解,是机体利用内源性碱基和核苷的重要途径。

嘌呤核苷酸补救合成途径利用现成的嘌呤碱或核苷合成嘌呤核苷酸。补救合成途径有两种。

1.利用嘌呤碱合成嘌呤核苷酸 在磷酸核糖转移酶催化下,嘌呤碱基与5-磷酸核糖焦磷酸反应生成嘌呤核苷酸和焦磷酸(PPi)。

$$\text{A}+\text{PRPP}\xrightarrow{\text{腺嘌呤磷酸核糖转移酶}}\text{AMP}+\text{PPi}$$

$$\begin{matrix}\text{I}\\\text{或}\\\text{G}\end{matrix}+\text{PRPP}\xrightarrow{\text{次黄嘌呤-鸟嘌呤磷酸核糖转移酶}}\begin{matrix}\text{IMP}\\\text{或}\\\text{GMP}\end{matrix}+\text{PPi}$$

2.利用嘌呤核苷合成嘌呤核苷酸 在核苷磷酸化酶催化下,嘌呤碱基与1-磷酸核糖反应生成嘌呤核苷和磷酸(Pi),嘌呤核苷再在核苷磷酸激酶催化下,与 ATP 反应生成嘌呤核苷酸。

$$\text{碱基}+\text{1-磷酸核糖}\xrightarrow{\text{核苷磷酸化酶}}\text{核苷}+\text{Pi}$$

$$\text{核苷}+\text{ATP}\xrightarrow{\text{核苷磷酸激酶}}\text{核苷酸}+\text{ADP}$$

在生物体内,除腺苷磷酸激酶外,缺乏其他嘌呤核苷的激酶,所以上述两种途径以第一种为主,即由嘌呤碱合成嘌呤核苷酸。

(三)嘌呤脱氧核苷酸的合成

机体并非首先合成5-磷酸脱氧核糖,再与其他原料合成嘌呤脱氧核苷酸,而是在二磷酸核苷水平上,经二磷酸核苷还原酶(NDP 还原酶)催化,以硫氧还原蛋白作还原剂,脱氧还原生成二磷酸脱氧核苷,生成的氧化型硫氧还原蛋白在硫氧还原蛋白还原酶的催化下,再变为还原型。生成的二磷酸脱氧核苷可在激酶催化下转变为三磷酸脱氧核苷,如图 9-5 所示。

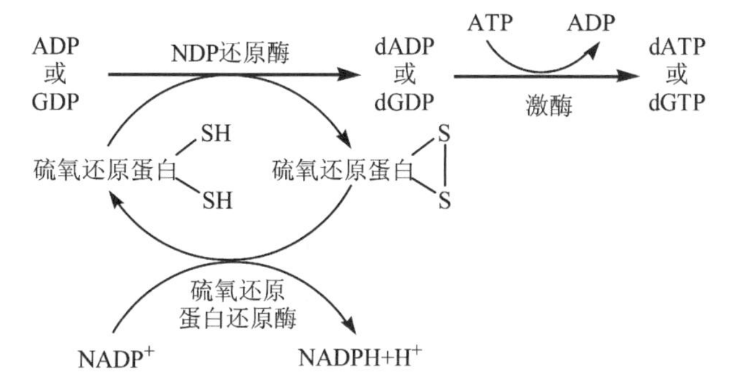

图 9-5 嘌呤脱氧核苷酸的合成(NDP 中 N=A、G、C、U)

二、嘧啶核苷酸的合成

(一)嘧啶核苷酸的从头合成

嘧啶核苷酸的从头合成途径利用氨基甲酰磷酸、天冬氨酸和5-磷酸核糖为原料合成嘧啶核苷酸。

1. UMP 的合成 氨基甲酰磷酸由谷氨酰胺提供的氨、二氧化碳和 ATP 在胞浆中的氨基甲酰磷酸合成酶Ⅱ催化下合成。氨基甲酰磷酸在天冬氨酸转氨甲酰酶的催化下，与天冬氨酸结合生成氨甲酰天冬氨酸，然后在二氢乳清酸酶催化下脱水环化形成二氢乳清酸。二氢乳清酸脱氢酶的辅酶是 NAD^+，催化二氢乳清酸生成乳清酸，乳清酸在乳清酸磷酸核糖转移酶催化下转变为乳清酸核苷酸，最后乳清酸核苷酸在乳清酸核苷酸脱羧酶的催化下转变成 UMP(图 9-6)。

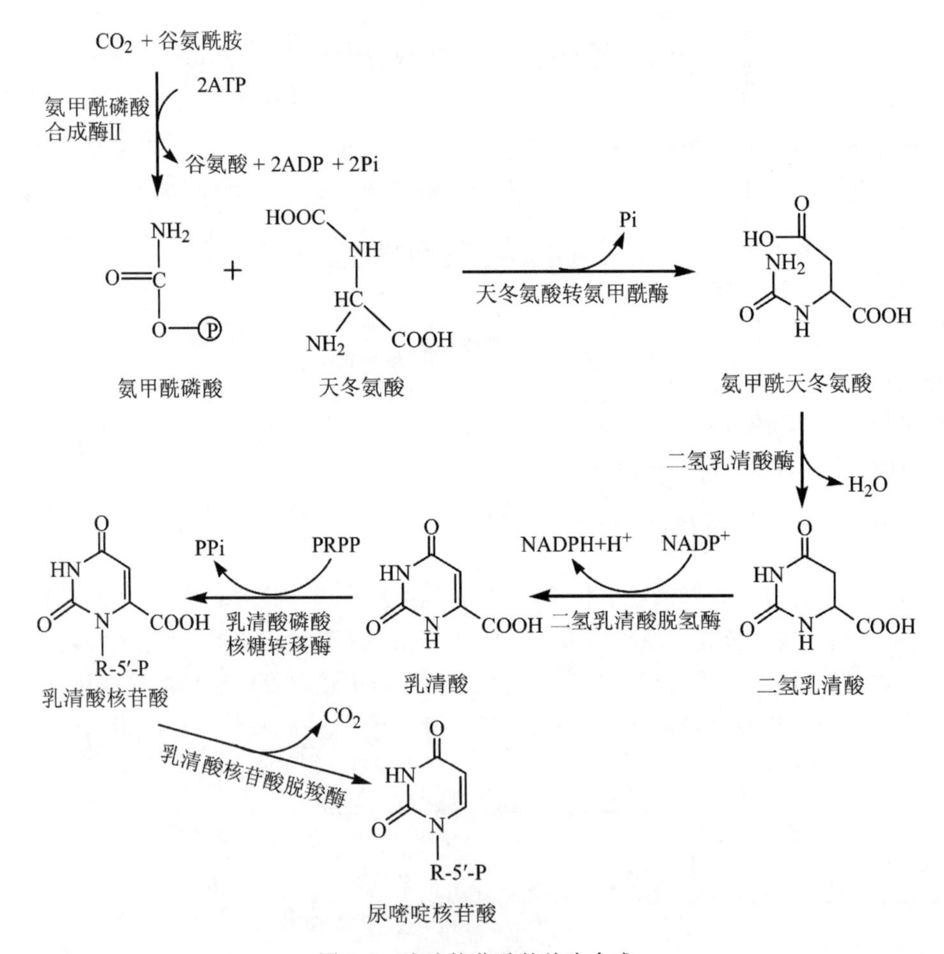

图 9-6 嘧啶核苷酸的从头合成

2. CTP 的合成 尿嘧啶、尿嘧啶核苷和尿嘧啶核苷酸均不能氨基化形成胞嘧啶及其衍生物。CTP 的合成是在核苷三磷酸水平进行的，经三步反应完成，尿苷单磷酸激酶催化

UMP磷酸化生成UDP，核苷二磷酸激酶催化UDP磷酸化生成UTP，CTP合成酶进一步催化将谷氨酰胺的δ-氨基转移到UTP上合成CTP(图9-7)。

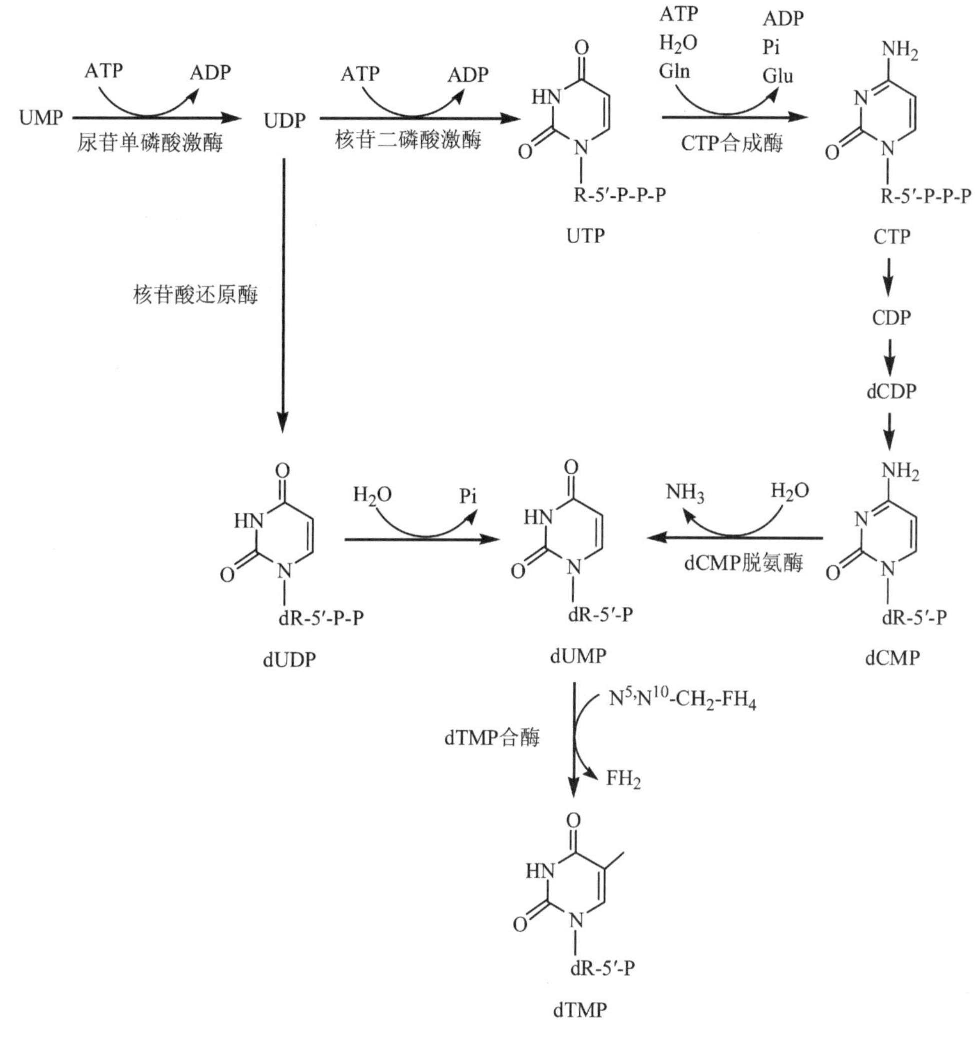

图9-7 嘧啶核苷酸的合成

(二)嘧啶核苷酸补救合成途径

嘧啶核苷酸的补救合成途径与嘌呤核苷酸类似，对外源或体内核苷酸代谢产生的嘧啶碱和核苷也可以重新利用。如尿嘧啶转变成尿嘧啶核苷酸有两种途径，主要是嘧啶核苷经嘧啶核苷激酶催化合成嘧啶核苷酸，嘧啶磷酸核糖转移酶能催化部分嘧啶碱与PRPP合成嘧啶核苷酸。

$$\text{尿苷} + \text{ATP} \xrightarrow{\text{尿苷激酶}} \text{UMP} + \text{ADP}$$

$$\text{嘧啶} + \text{PRPP} \xrightarrow{\text{嘧啶磷酸核糖转移酶}} \text{嘧啶核苷酸} + \text{PPi}$$

核糖磷酸转移酶还可以胸腺嘧啶及乳清酸为原料，与 PRPP 生成相应的嘧啶。但是该酶对胞嘧啶发生不起作用，而核苷激酶可催化胞苷磷酸化而形成胞嘧啶核苷酸。

（三）嘧啶脱氧核苷酸的合成

经核糖核苷酸还原酶催化，UDP 和 CDP 可分别转变为 dUDP 和 dCDP。胸苷酸是在一磷酸脱氧核苷水平上从 dUMP 转化而成的，该反应在 dTMP 合成酶催化下，由 N^5，N^{10}-甲烯基四氢叶酸提供一碳单位使 dUMP 甲基化转化成 dTMP（图 9-7）。在激酶催化下，dTMP 可进一步生成 dTDP 和 dTTP。

第三节　核苷酸的代谢障碍

一、核苷酸代谢异常

体内可以进行核苷酸从头合成的器官包括肝脏、小肠和胸腺，其中最主要的是肝脏。现已证明，并不是所有器官均有从头合成核苷酸的能力。如脑和骨髓等缺乏嘌呤核苷酸从头合成的酶系，因此核苷酸补救合成途径对这些组织/器官至关重要，一旦补救合成途径受阻，就会导致严重的代谢疾病。几种核苷酸代谢相关酶异常引起的遗传性疾病列于表 9-1。

表 9-1　核苷酸代谢相关酶异常有关的遗传性缺陷

代谢途径	缺陷酶	临床疾病	临床症状
嘌呤核苷酸代谢	PRPP 合成酶	痛风	尿酸产生过多，高尿酸血症
	次黄嘌呤-鸟嘌呤磷酸核糖转移酶（HGPRT）部分缺陷	痛风	尿酸产生过多，高尿酸血症
	HGPRT 完全缺陷	Lesch-Nyhan 综合征	高尿酸血症、尿酸产生与排出过多，脑性瘫痪、自毁容貌症
	腺苷脱氨酶严重缺陷	严重缺陷	T-细胞及 B-细胞免疫缺陷，脱氧腺苷尿症、骨骼发育异常
	嘌呤核苷磷酸化酶严重缺陷	严重缺陷	T-细胞免疫缺陷，肌苷尿，低尿酸血症
	腺嘌呤磷酸核苷转移酶完全缺陷	肾结石	2,8-二羟基腺嘌呤肾结石、尿痛、血尿、肾功能不全
	黄嘌呤氧化酶完全缺陷	黄嘌呤尿	黄嘌呤肾结石、低尿酸血症

续表

代谢途径	缺陷酶	临床疾病	临床症状
嘧啶核苷酸代谢	转氨酶缺陷	3-氨基异丁酸尿	无症状
	乳清酸磷酸核糖转移酶和 OMP 脱羧酶严重缺陷	乳清酸尿类型Ⅰ	乳清酸结晶尿、生长发育不良、恶性贫血、免疫缺陷
	OMP 脱羧酶缺陷	乳清酸尿类型Ⅱ	乳清酸结晶尿、生长发育不良、恶性贫血
	鸟氨酸转氨甲酰基酶缺陷	乳清酸尿	蛋白质不耐受性、肝性脑病、中度乳清酸尿

二、核苷酸的抗代谢物

抗代谢物是指在化学结构上与正常代谢物结构相似,具有竞争性拮抗正常代谢的物质。抗代谢物大部分属于竞争性抑制剂,它们与正常底物竞争酶,使酶失活而导致正常代谢不能进行。抗核酸代谢药物是一些嘌呤、嘧啶、叶酸或氨基酸等的类似物,其用机制主要在于阻断核苷酸合成途径。

1. **嘌呤类抗代谢物** 嘌呤类似物有 6-巯基嘌呤、6-巯基鸟嘌呤、8-氮杂鸟嘌呤等。6-巯基嘌呤是次黄嘌呤的类似物,在体内经磷酸核糖化而转变成 6-巯基嘌呤核苷酸,可竞争性抑制次黄嘌呤核苷酸向腺嘌呤核苷酸和鸟嘌呤核苷酸的转化;6-巯基嘌呤还可抑制次黄嘌呤-鸟嘌呤磷酸核糖转移酶,阻止嘌呤核苷酸的补救合成途径。

2. **嘧啶类抗代谢物** 5-氟尿嘧啶(5-FU)是最常用的嘧啶类似物,其结构与胸腺嘧啶类似(以氟代替甲基)。5-FU 在体内可转变成脱氧氟尿嘧啶核苷一磷酸(FdUMP)和氟尿嘧啶核苷三磷酸(FUTP),前者是胸苷酸合酶的抑制剂,干扰 dTMP 合成,后者"以假乱真"混入 RNA 分子中,破坏 RNA 功能,从而干扰蛋白质的生物合成。阿糖胞苷也是嘧啶类抗代谢物,其进入人体后经激酶磷酸化后转为阿糖胞苷三磷酸及阿糖胞苷二磷酸,前者能强有力地抑制 DNA 聚合酶的合成,后者能抑制二磷酸胞苷转变为二磷酸脱氧胞苷,从而抑制细胞 DNA 合成。

3. **叶酸类抗代谢物** 氨基蝶呤和氨甲蝶呤都是叶酸的类似物,主要抑制二氢叶酸还原酶,使二氢叶酸不能被还原成具有生理活性的四氢叶酸,从而使核苷酸的生物合成过程中一碳基团的转移作用受阻,导致 DNA 的生物合成明显受到抑制。

4. **氨基酸类抗代谢物** 如氮杂丝氨酸的化学结构与谷氨酰胺类似,可干扰谷氨酰胺在核苷酸合成中的作用,从而抑制核苷酸的合成。

在线测试

思考题

1. 在肠道酶的作用下,核苷酸分解的产物有哪些?
2. 简述在细胞中催化核苷酸分解代谢的酶类、核苷酸最终代谢产物。
3. 举例说明抗核苷酸代谢物的作用机制。
4. 简述痛风属于何种代谢障碍。
5. 与5-氟尿嘧啶作用机制类似的抗代谢物有哪些?举一例说明。

本章小结

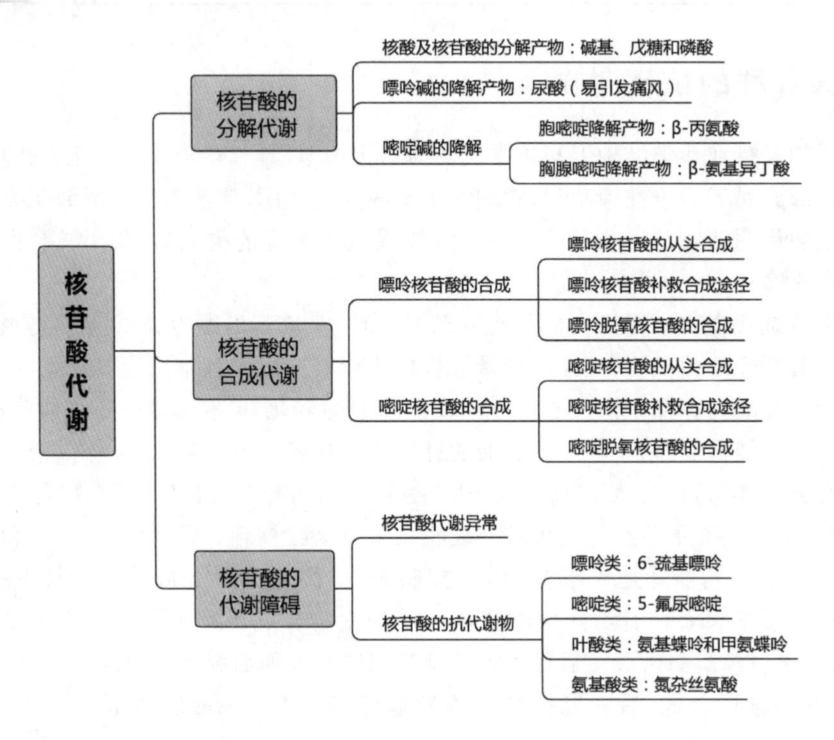

第十章　遗传信息的传递与表达

学习目标

知识目标

1. 掌握：DNA 复制的概念、特点、复制的过程及参与复制的酶类；转录和反转录的概念；蛋白质合成中 RNA 的作用；遗传密码的概念及特点。

2. 熟悉：DNA 损伤与修复；RNA 转录及蛋白质生物合成的基本过程。

3. 了解：蛋白质合成后的加工与修饰；影响核酸和蛋白质生物合成的药物。

遗传信息的传递与表达

能力目标

1. 能依据遗传信息传递的中心法则，深入理解并探索生命的本质。

2. 理解干扰核酸代谢及蛋白质生物合成等药物的作用机制并加以运用。

第一节　遗传信息概述

一、基因和基因组

基因与基因组

1. 基因和基因组的概念　遗传学将 DNA 分子中最小的功能单位称作基因(gene)，也就是说基因是遗传的功能单位。按照功能的不同，基因可以分为结构基因(structural gene)和调节基因(regulator gene)。为 RNA 或蛋白质编码的基因称为结构基因；DNA 中还有一些片段，只有调节基因表达的功能，而并不转录生成 RNA，称为调节基因；基因之间还有一些序列，既不转录生成 RNA，也没有调节基因表达的功能，称为间隔序列。

某物种所含的全套遗传物质称该生物体的基因组(genome)。从分子角度来说，基因组代表一个细胞所有的 DNA 分子。人类基因组包括核基因组和线粒体基因组两部分。核基因组由 24 个线性 DNA 分子，大约 3×10^9 个碱基对(bp)组成，每一个 DNA 分子包含在不同的染色体中。核基因组估计可编码约3万多个基因，这些编码区仅占整个基因组的1%。线粒体基因组是一个长为16569 bp的环状DNA分子，它有许多拷贝，位于线粒体中。

2.原核生物的基因组结构 原核生物染色体DNA和真核生物细胞器DNA通常都是双链环状分子，极少数为线状分子。病毒可看作游离的染色体，其基因组为DNA（单链或双链，线状或环状）或RNA（正链、负链或双链，线状或环状）。

原核生物基因组的结构有如下特点：①基因组较小，大部分为编码序列，单拷贝（rRNA基因为多拷贝），间隔序列和节序列所占比例较小；②基因编码序列连续，无内含子；③功能相关的基因组成操纵子；④重复序列极少、较短。

3.真核生物的基因组结构 真核生物包括单细胞的真菌（如酵母）与原生生物（原生动物、黏菌、藻类）和多细胞的植物，其基因组结构的特点如下。

（1）基因组较大：真核生物的核基因由多条线形的染色体构成，每条染色体有一个线形的DNA分子，每个DNA分有多个复制起点。线粒体和叶绿体等细胞器中含有环形的DNA分子，其结构与原核生物的DNA相似。

（2）不存在操纵子结构：真核生物功能上密切相关的基因可以排列在一起组成基因簇（gene cluster），这些基因也可以相距较远，甚至位于不同的染色体。即使同一个基因簇的基因，也不会像原核生物的操纵子结构那样，转录到同一个mRNA上。基因的协调表达是通过多种调控因子构成的复杂系统完成的。

（3）存在大量的重复序列：真核生物基因中存在大量的重复序列（repetitive sequence），根据其重复程度的差别可将重复序列分成高度重复序列、中度重复序列、低度重复序列、单一序列。

（4）有断裂基因：真核细胞的结构基因是不连续的，即在有编码意义的基因内部相间穿插着若干无编码意义的核苷酸序列，有编码意义的序列称为外显子（exon），无编码意义的序列称为内含子（intron）。内含子的存在使真核生物基因称为不连续基因或断裂基因（图10-1）。

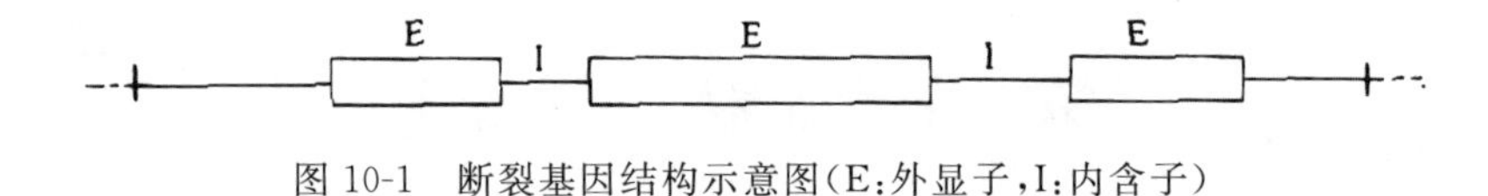

图10-1 断裂基因结构示意图（E：外显子，I：内含子）

知识链接

人类基因组计划

1986年3月，美国政府开始组织和讨论人类基因组计划（Human Genome Project，HGP）。该计划将对人类23对染色体的全部DNA进行测序，并绘制相关的遗传图谱、物理图谱和序列图谱，并于1990年正式启动HGP。此后，英、法、德、日等国相继加入该计划，我国也于1999年跻身HGP，并承担1%的测序任务。2001年2月，设在美国国立卫生研究院的人类基因组国家研究中心和美国Celera公司联合公布了人类基因组序列草图，为人类生命科学开辟了一个新纪元。至此，人类历史上第一次由多国数千名科学家参与的国际性科研合作项目宣告完成。

二、遗传信息的中心法则

大多数生物体的遗传特征是由 DNA 中特定的核苷酸序列决定的，以亲代 DNA 为模板合成子代 DNA 的过程叫作复制(replication)。DNA 通过自我复制合成出完全相同的分子，从而将遗传信息由亲代传到子代。生物体可用碱基配对的方式合成出与 DNA 核酸序列相对应的 RNA，也就将遗传信息传递到 RNA 分子中，这一过程称为转录(transcription)。转录生成的 RNA，一部分用于指导蛋白质合成，称为信使 RNA(messenger RNA，mRNA)。由 mRNA 指导蛋白质的生物合成过程称为翻译(translation)。基因中的遗传信息通过转录和翻译指导合成各种功能的蛋白质，这就是基因的表达。

1958 年，DNA 双螺旋的发现人之一 F. Crick 把上述遗传信息从 DNA 到 RNA 再到蛋白质的传递规律归纳为中心法则(the central dogma)。直到 1970 年，Temin 和 Mizufani 以及 Baltimore 分别从致癌 RNA 病毒中发现逆转录酶(reverse transcriptase)后，对中心法则提出了补充与修正，即还可以 RNA 为模板指导 DNA 的合成。这种遗传信息的传递方向和上述转录过程相反，故称为逆转录(reverse transcription)或反转录。后来还发现某些 RNA 病毒中的 RNA 也可以进行复制。修正与补充后的中心法则见图 10-2。

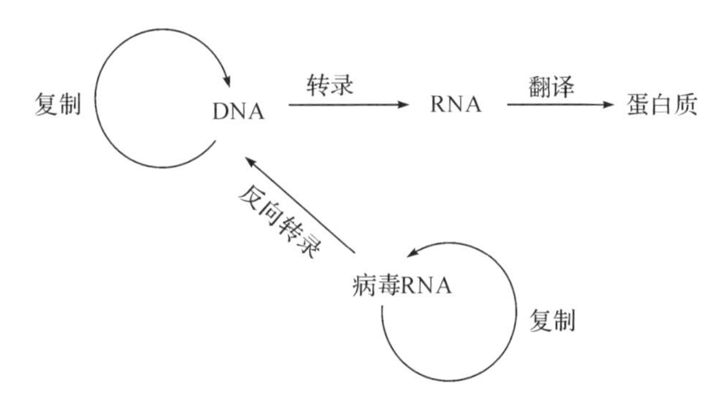

图 10-2　遗传信息传递的中心法则

第二节　DNA 的生物合成

在自然界中，DNA 的生物合成有两条途径。大多数生物的 DNA 是通过复制过程合成的，少数只含有 RNA 的生物如 RNA 病毒，可以其 RNA 为模板逆转录合成 DNA。

一、DNA 的复制

DNA 复制(replication)是指亲代 DNA 分子的双螺旋解开，两条链分别作为模板合成子代 DNA 分子的过程。不论是原核生物还是真核生物，在细胞增殖周期的一定阶段，DNA 将发生精确的复制，随细胞分裂，将复制好的 DNA 分配到两个子细胞中。染色体外的遗传物质如质粒、噬菌体 DNA 以及线粒体、叶绿体 DNA 也有基本相似的复制过程，但它们的复制受染色体 DNA 复制的控制。

DNA 复制

(一)DNA 复制的基本特征

1. 半保留复制 DNA 复制最重要的特征是半保留复制，即在复制过程中，亲代 DNA 的双链解开成两条单链各自作为模板指导合成新的互补链，所得子代 DNA 分子中，一条链来自亲代 DNA，另一条链则是新合成的，这种复制方式称为半保留复制。

知识链接

DNA 半保留复制的实验研究

1958 年，Meselson 和 Stahl 利用氮标记技术在大肠埃希菌中首次证实了 DNA 的半保留复制。他们将大肠埃希菌放在含有^{15}N标记的 NH_4Cl 培养基中繁殖了数代，使所有的大肠埃希菌的 DNA 被^{15}N所标记，可以得到^{15}N-DNA。然后将细菌转移到含有^{14}N标记的 NH_4Cl 培养基中进行培养，在培养不同代数时，收集细菌，裂解细胞，用氯化铯(CsCl)密度梯度离心法观察 DNA 所处的位置。由于^{15}N-DNA 的密度比普通 DNA(^{14}N-DNA)的密度大，在氯化铯密度梯度离心时，两种密度不同的 DNA 分布在不同的区带(图 10-3)。继续培养时子代杂合 DNA 的含量逐渐呈几何级数减少。当把^{14}N-^{15}N 杂合 DNA 加热时，它们分开成^{15}N-DNA 单链和^{14}N-DNA 单链。实验结果证实了 DNA 的半保留复制。

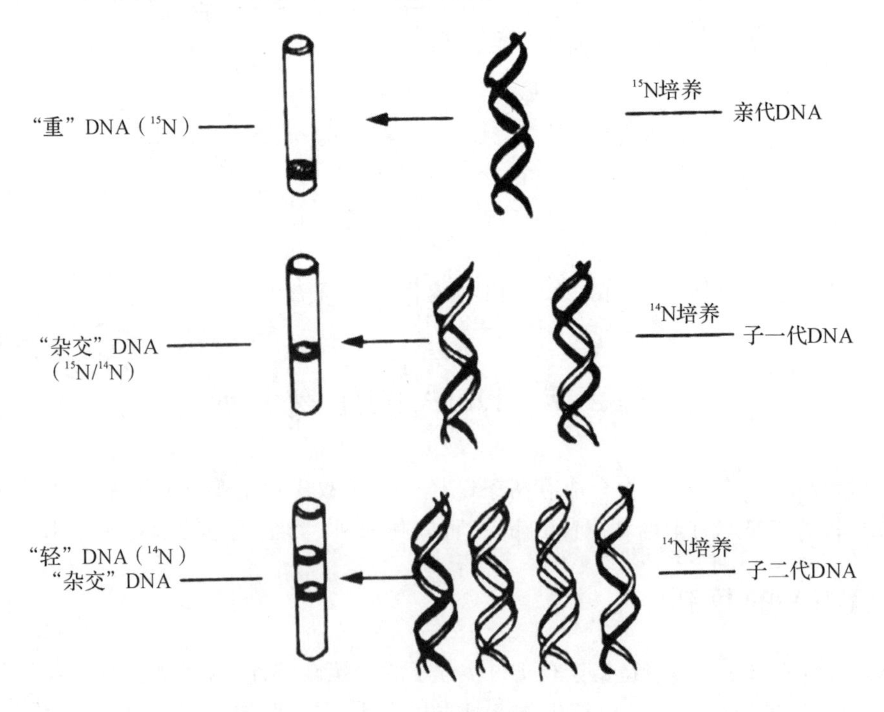

图 10-3 DNA 半保留复制的实验证据

2. **双向复制**　DNA复制时是从一个单独的复制起始点(single origin)开始,从每个复制起始点到复制终点的区域称为一个复制子。原核生物的DNA分子通常只有一个复制起始点,因此它只有单一的复制子。复制时,局部DNA解链形成复制泡(replication bubble),其两侧形成两个对应的复制叉,然后不断向DNA分子的两端延伸,且方向相反,这种复制方式称为双向复制(bidirectional replication)。在原核生物双向复制中,DNA被描述为眼睛状,复制过程形似希腊字母θ(图10-4)。值得注意的是真核细胞DNA分子上存在很多复制起始点,形成多复制子结构,故在每个复制起始点上所进行的双向复制,可使复制时间大大缩短。

图10-4　原核生物的双向复制

3. **半不连续复制**　DNA复制的另一个特征就是半不连续复制(semidiscontinuous replication),即DNA复制时,一条子代链的合成是连续的,另一条是不连续分段合成的,最后才连接成完整的长链(图10-5)。这是因为DNA两条链是反向平行的,一链走向为5′→3′,另一条链为3′→5′,但所有DNA聚合酶只能催化5′→3′方向的合成。因此在以3′→5′走向的链为模板时,新生的DNA链以5′→3′方向连续合成,与复制叉方向一致,称为前导链(leading strand);而另一条以5′→3′走向的链为模板的新生链,其合成方向与复制叉移动的方向相反,称为后随链(lagging strand)。后随链的合成是不连续的,先形成许多不连续的片段,然后再将这些片段连接起来,这些片段根据其发现者命名为冈崎片段(Okazaki fragment)。依据不同的细胞类型,冈崎片段的长度大约从几百到数千个核苷酸。总体上,原核生物,如大肠杆菌中冈崎片段为1000～2000个核苷酸,而真核生物冈崎片段长度为100～200个核苷酸。

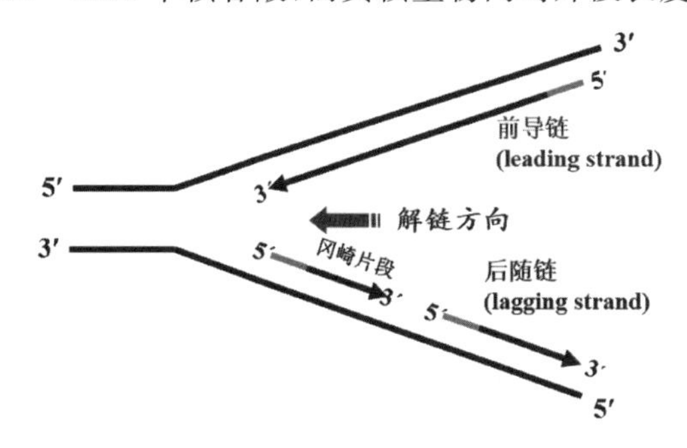

图10-5　半不连续复制

4.**高保真性** 为了保证遗传的稳定,DNA 的复制必须具有高保真性。DNA 复制时的高保真性主要依赖于下列因素:①严格的碱基互补配对;②DNA 聚合酶对碱基的选择;③DNA聚合酶的校读功能;④DNA 复制后的修复。通过这几个环节,DNA 复制时碱基的错配率低至 $10^{-10}\sim10^{-9}$。

(二)DNA 的复制体系

DNA 复制不仅需要亲代 DNA 作为模板,dNTP 作为原料,还需要引物、多种酶和蛋白质因子的共同参与。

1.**模板** DNA 的合成有严格的模板(template)依赖性,需以解开的两条亲代 DNA 单链为模板,指引 dNTP 按照碱基配对的原则逐一合成新链。

2.**原料** DNA 合成的原料(底物)为脱氧核苷三磷酸(dATP、dGTP、dCTP 和 dTTP,总称 dNTP)。由于 DNA 的基本构成单位是脱氧单核苷酸(dNMP),因此每聚合 1 分子核苷酸需释放 1 分子焦磷酸。$(dNMP)_n + dNTP \longrightarrow (dNMP)_{n+1} + PPi$。

3.**引物** DNA 聚合酶不能催化两个游离的 dNTP 互相聚合,只能催化第一个 dNTP 与已有寡核苷酸的 3′-OH 形成 3′,5′-磷酸二酯键,然后依次延长,这一寡核苷酸称为引物(primer)。引物是一小段单链 DNA 或 RNA,但在细胞内引导 DNA 复制的引物都是 RNA。细菌的 RNA 引物较长,一般含 50~100 个核苷酸残基,哺乳动物的 RNA 引物较短,一般含 10 个左右的核苷酸残基。

4.**酶和蛋白质因子**

(1)DNA 聚合酶:是指催化底物 dNTP 聚合为 DNA 的酶,又称 DNA 指导的 DNA 聚合酶(DNA-directed DNA polymerase,DDDP)。此酶是催化 DNA 复制的一系列酶中最为重要的酶,其主要作用是在 DNA 模板链的指导下,按碱基配对原则,将 dNTP 逐个地加到寡聚核苷酸的 3′-末端上,并催化核苷酸之间 3′,5′-磷酸二酯键的形成,从而将 dNTP 沿着5′→3′方向聚合成为多核苷酸链(图 10-6)。

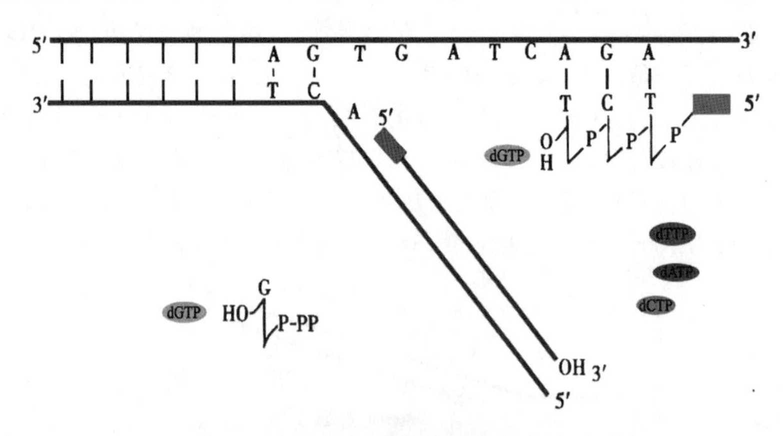

图 10-6 DNA 聚合酶的催化作用

1)原核生物 DNA 聚合酶。DNA 聚合酶最早在 *E. coli* 中发现,到目前为止已确定有 5 种类型,分别为 DNA 合酶Ⅰ、DNA 聚合酶Ⅱ、DNA 聚合酶Ⅲ、DNA 聚合酶Ⅳ和 DNA 聚合酶Ⅴ,都与 DNA 链的延长有关,其中研究较为明确的是前面三种(表 10-1)。

表 10-1　大肠杆菌中的三种 DNA 聚合酶

特征	DNA 聚合酶Ⅰ	DNA 聚合酶Ⅱ	DNA 聚合酶Ⅲ
相对分子质量($\times 10^3$)	103.1	90	791.5
亚基种类	1	≥7	≥10
5′→3′聚合酶活性	+	+	+
3′→5′外切酶活性	+	+	+
5′→3′外切酶活性	+	−	−
聚合速率(核苷酸/秒)	16～20	40	250～1000
持续性	3～200	1500	≥500000

DNA 聚合酶Ⅰ是一种多功能酶，主要作用有以下 3 种：①5′→3′的聚合作用，主要用于填补 DNA 上的空隙或是切除 RNA 引物后留下的空隙；②3′→5′的外切酶活性，能识别和切除在聚合作用中错误配对的核苷酸，起到校读作用；③5′→3′外切酶活性，主要用于切除引物或受损伤的 DNA。

DNA 聚合酶Ⅱ与 DNA 聚合酶Ⅰ在性质上有许多相似之处。它也可以催化 5′→3′方向的合成反应，但活性只有 DNA 聚合酶Ⅰ的 5%。它也具有 3′→5′外切酶活性，但无 5′→3′外切酶性。因该酶缺陷的大肠杆菌突变株的 DNA 复制都正常，所以并不是复制的主要聚合酶，可能在 DNA 的损伤修复中起到一定的作用。

DNA 聚合酶Ⅲ是复制时起主要作用的酶，是由多种亚基组成的蛋白质，包含 α、β、γ、δ、ε、θ 等 10 种亚基，其中 α、ε 和 θ 亚基构成核心酶。α 亚基具有催化合成 DNA 的功能，ε 亚基有 3′→5′外切酶活性，θ 亚基则为装配所必需，其他亚基各有不同的作用。

2)真核生物 DNA 聚合酶。在真核生物细胞中已发现十几种 DNA 聚合酶，常见的有 α、β、γ、δ、ε 五种(表 10-2)。DNA 聚合酶 α 和 δ 是 DNA 复制时起主要作用的酶，DNA 聚合酶 β 主要参与 DNA 损伤的修复，DNA 聚合酶 γ 存在于线粒体内，参与线粒体 DNA 的复制。

表 10-2　真核细胞 DNA 聚合酶的性质

特征	DNA 聚合酶 α	DNA 聚合酶 β	DNA 聚合酶 γ	DNA 聚合酶 δ	DNA 聚合酶 ε
细胞定位	细胞核	细胞核	线粒体	细胞核	细胞核
外切酶活性	无	无	3′→5′外切酶	3′→5′外切酶	3′→5′外切酶
引物合成酶活性	有	无	无	无	无
功能	引物合成和核 DNA 合成	修复	线粒体 DNA 合成	核 DNA 合成	修复

(2)解链酶(helicase)：又称解螺旋酶，其作用是解开 DNA 双链。解链酶能辨认复制的起始点并与之结合，先解开一小段 DNA，这一小段单链 DNA 即可作为模板引导 DNA 新链的合成。在 DNA 复制过程中，解链酶可沿着模板向着复制方向移动，逐渐解开双链，每解开

1个碱基对，需消耗2分子ATP。

(3)拓扑异构酶(topoisomerase)：是双螺旋结构，当复制到一定程度时，原有的负超螺旋已经被耗尽，双螺旋的解旋作用使复制叉前方双链进一步扭紧而出现正超螺旋，从而影响双螺旋的解旋。拓扑异构酶可松解正超螺旋，从而保障复制的顺利进行。拓扑异构酶有两种，分别称为拓扑异构酶Ⅰ和拓扑异构酶Ⅱ。拓扑异构酶Ⅰ在不消耗ATP的情况下，切断DNA双链中的一股，使DNA链末端沿松解的方向转动，DNA分子变为松弛状态，然后再将切口连接起来。拓扑异构酶Ⅱ能同时切开DNA的双链，使其变为松弛状态，然后再封闭切口使成负超螺旋，同时需要ATP水解提供能量。

(4)单链DNA结合蛋白(single strand binding protein, SSB)：作为模板的DNA总要处于单链状态，但因碱基高度配对，解开的DNA单链又有再次形成双螺旋的倾向，以使分子达到稳定状态和免受细胞内核酸酶的降解。SSB能与DNA单链结合，保持模板的单链状态以便于复制，同时还可以防止单链DNA被核酸酶水解。SSB不像DNA聚合酶那样沿着复制方向向前移动，而是不断结合、不断脱离并重复利用。

(5)引物酶(primase)：催化引物合成的是一种RNA聚合酶，因它不同于催化转录过程的RNA聚合酶，遂称为引物酶。引物是一小段RNA，引物酶可催化游离的NTP聚合，聚合的一小段RNA即可为DNA聚合酶的聚合作用提供3′-OH末端。

(6)DNA连接酶(DNA ligase)：此酶能连接DNA链的3′-OH末端和相邻DNA链的5′-磷酸末端，使二者生成磷酸二酯键，从而把两段相邻的DNA链连接成完整的链。DNA连接酶只能连接碱基互补基础上的双链中的单链缺口，并没有连接单独存在的DNA单链或RNA单链的作用。此酶不仅在复制中起最后接合缺口的作用，在DNA损伤的修复和基因工程中也是不可缺少的。

(三)DNA的复制过程

复制是连续的过程，为便于描述，把它分为起始、延伸和终止三个阶段。

1.复制的起始 复制的起始是从特异性的蛋白质识别复制起始点开始。复制起始位点一般由保守的DNA序列构成，以*E. coli*为例，其复制起始位点为*oriC*位点，长度为245 bp，其中四个重复的9 bp重复序列(共 TTATCCACA)可被特异性的起始蛋白DnaA识别和结合；三个重复的13 bp重复序列(共有序列为GATCTNTTNTTTT)富含A—T，有利于双链DNA在此处的解链。

*E. coli*复制起始的具体过程：①DnaA蛋白识别*oriC*位点的四个9 bp重复序列，并与之结合。②解旋酶在DnaC蛋白的协同下，结合到解链区并利用ATP水解提供的能量双向解链产生两个初步的复制叉，DnaA蛋白也被逐步置换。③随着解链的进行，引物酶与解旋酶、DnaC等结合构成引发体(primosome)；拓扑异构酶Ⅱ在复制叉前端移动，负责消除和松解下游的正超螺旋结构；SSB结合于已解开的单链上，防止其重新形成双螺旋。④引发体可以在单链DNA上移动，在适当的位置上，引物酶依据模板的碱基序列，从5′→3′方向催化合成短链的RNA引物，此引物的3′-OH末端就是合成新的DNA的起点。引物的合成标志着复制正式开始。

2.复制的延伸 RNA引物合成以后，在两条DNA模板链的指导下，在DNA聚合酶Ⅲ催化下，按照A—T、G—C的碱基配对原则，在引物的3′-OH端逐个地聚合四种脱氧核苷酸，同时合成两条新的 DNA 链(图 10-7)。

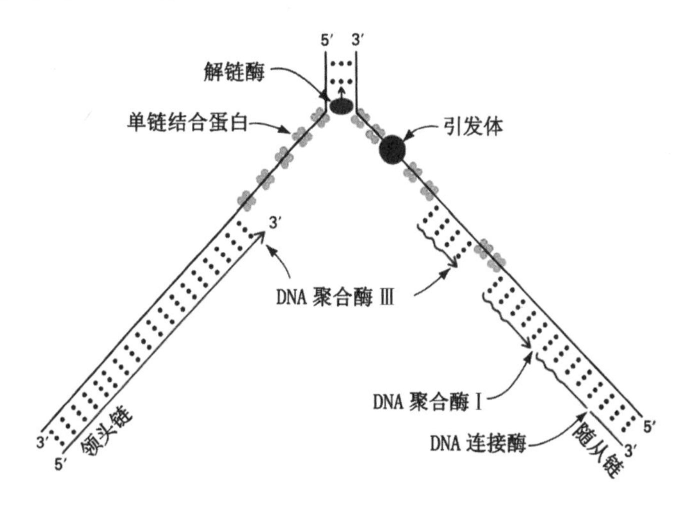

图 10-7　DNA 复制的延伸过程

在复制过程中，拓扑异构酶Ⅱ和解链酶不断地向前推进，复制叉也就不停地向前移行，新合成的 DNA 链也就相应地延伸。前导链的合成较简单，通常是一个连续的过程，其方向与复制叉前进的方向保持一致。后随链的合成较为复杂，除前文所述的不连续合成的特点外(形成冈崎片段)，其合成也稍落后于前导链。当冈崎片段形成后，DNA 聚合酶Ⅰ通过其 5′→3′外切酶活性切除冈崎片段上的 RNA 引物，同时 DNA 聚合酶Ⅰ利用后一个冈崎片段作为"引物"由 5′→3′填补引物水解留下的空隙。但前一片段的最后一个核苷酸的 3′-OH 与后一片段的 5′-磷酸仍是游离的，最后由 DNA 连接酶将此缺口接起来，形成完整的 DNA 后随链。

3. **复制的终止**　在 DNA 上也存在特异的复制终止位点，DNA 的复制将在复制终止位点处终止，并不一定等全部 DNA 合成完毕。如大肠杆菌染色体 DNA 复制终止位点有一段保守的核心序列(5′-GTCTGTTGT)，此处可以结合一种特异的蛋白质分子，叫作 Tus，从而可以通过阻止解链酶的解链活性而终止复制。

(四)端粒和端粒酶

端粒(telomere)是真核生物染色体线性 DNA 分子的末端结构，由于与特异性结合蛋白紧密结合，通常膨大成粒状。端粒的主要功能是防止正常染色体端部间发生融合，避免染色体被核酸酶降解，使染色体保持稳定，并与核纤层相连，使染色体得以定位。

真核生物 DNA 的合成，几乎是与染色体蛋白(包括组蛋白类和非组蛋白类)的合成同步进行的。DNA 复制完成后，随即装配成核内的核蛋白，并组成染色体。染色体 DNA 分子为线性结构，当前导链和后随链的 5′端引物被降解后，留下的空隙没法填补，使细胞的染色体 DNA 有可能每复制一次就会缩短一些，从而导致 DNA 末端出现遗传信息的丢失。而事实上染色体虽经多次复制，却不会越来越短的，这得益于端粒酶的存在。可以把端粒酶看作一种逆转录酶，它以自身 RNA 为模板，以端粒 3′端为引物，以爬行模式合成端粒重复序列，从而使端粒长度的稳定而不致缩短。

知识链接

PCR 技术

PCR 技术，即聚合酶链反应技术，是一项快速体外基因扩增技术。其过程分为变性、退火、延伸三个阶段，为一个周期，如此循环反复 20～30 次，DNA 数量按指数递增。PCR 技术自 1985 年问世以来，被广泛应用于 DNA 序列的扩增、人类遗传性疾病的诊断、传染病病原体的检测、癌基因的检测、法医学和考古学方面的研究。

二、逆转录

RNA 病毒在宿主细胞中能以病毒 RNA 为模板合成 DNA，这种遗传信息由 RNA 转录到 DNA 的过程称为逆转录或反转录。

1. 逆转录酶 催化逆转录的酶称为逆转录酶或反转录酶，又称为 RNA 指导的 DNA 聚合酶(RNA-directed DNA polymerase，RDDP)，主要存在于 RNA 病毒中。该酶能以 RNA 病毒为模板，合成带有病毒 RNA 全部遗传信息的 DNA。逆转录酶具有三种酶活性，催化的反应是：①RNA 指导的 DNA 合成反应；②RNA 的水解反应；③DNA 指导的 DNA 合成反应。

2. 逆转录过程 RNA 病毒的逆转录过程可以概括为以下三个步骤(图 10-8)。

(1)RNA 病毒进入宿主细胞后，在胞液中脱去外壳，然后逆转录酶以病毒 RNA 为模板，以 dNTP 为底物，催化 DNA 链的合成，如此合成的 DNA 链称为互补 DNA(Complementary DNA，cDNA)，cDNA 链的碱基与 RNA 模板链的碱基之间以氢键相连，形成 RNA-DNA 杂交分子。

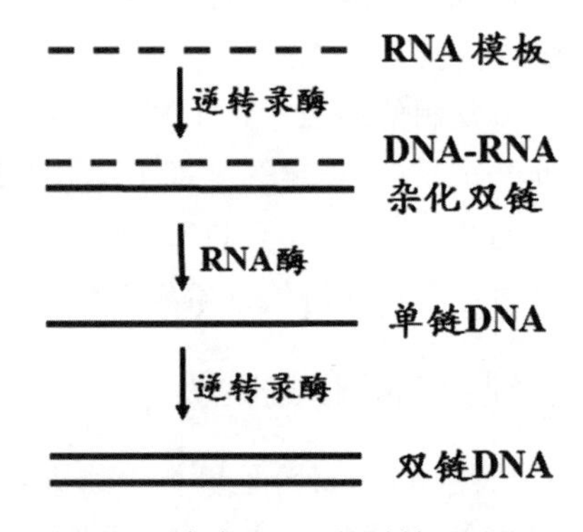

图 10-8 病毒 RNA 的逆转录过程

(2)逆转录酶水解杂交分子中的 RNA，释放出 cDNA，再以 cDNA 为模板指导合成另一条与其互补的 DNA 链，形成双链 DNA 分子，即前病毒。

(3)双链 DNA 通过基因重组的方式，整合到宿主细胞的 DNA 分子中，并随宿主细胞复制和表达。

3. 逆转录的意义 逆转录的发现是对中心法则的补充，具有重要的理论和实践意义。在实际工作中，逆转录的发现有助于基因工程的实施。目的基因的转录产物 mRNA 易于制备，利用 mRNA 逆转录合成互补的 cDNA 来获得目的基因，是基因工程技术获得目的基因的重要方法之一。大多数逆转录病毒有致癌作用，对 RNA 病毒逆转录的研究，拓宽了 RNA 病毒致癌的理论。

三、DNA 的损伤与修复

1. DNA 损伤　也称为 DNA 突变(mutation)，是指机体在自发情况下或受某些理化因素的诱发，使 DNA 分子中个别碱基乃至 DNA 片段在构成、复制或表型功能上发生的异常变化，即遗传物质结构改变引起遗传信息的改变。DNA 损伤的类型包括点突变、缺失突变、插入突变、重排突变，如紫外线可引起 DNA 链上相邻的两个嘧啶碱基发生共价结合，生成嘧啶二聚体。

2. DNA 损伤的修复　体内外可引起 DNA 损伤的因素很多，但生物在长期进化过程中，建立了一系列 DNA 损伤的修复机制，使损伤得以迅速修复，维持生物体的正常功能和遗传的稳定。DNA 损伤修复的主要类型和机制如下。

(1)错配修复：碱基错配修复(mismatch repair)系统可以识别和修复 DNA 链中的错配碱基，但效率相对较低。由于错配碱基并非受损碱基，所以该修复系统必须能够识别模板链和子代链。*E. coli* 的模板链包含一段特异序列 5′-GATC，其中的 A 在 N^6 位被甲基化。DNA 复制过程中，新生的子代链尚未被甲基化，从而使修复系统能加以区分。*E. coli* 碱基错配修复系统至少包含 12 种蛋白质成分，可以识别和切除错配碱基的区段，产生的空隙与缺口分别由 DNA 聚合酶和 DNA 连接酶填补和修复。

(2)直接修复：也称光修复。细胞内存在着一种光复活酶，在较强可见光照射下可被激活，使 DNA 分子中由于紫外线作用生成的嘧啶二聚体分解为原来的非聚合状态，DNA 恢复正常。

(3)切除修复：是人体细胞内 DNA 损伤的主要修复机制，需要特异的核酸内切酶、DNA 聚合酶Ⅰ和 DNA 连接酶参与。核酸内切酶水解核酸链内损伤部位 5′-端的磷酸二酯键，造成的缺口由 DNA 聚合酶Ⅰ催化，一方面按 5′→3′方向切除损伤部位，另一方面以未损伤的 DNA 链为模板，合成正常的 DNA 片段以弥补缺口，最后由 DNA 连接酶将新合成的 DNA 片段与原来的链接合起来，完成切除修复(图 10-9)。

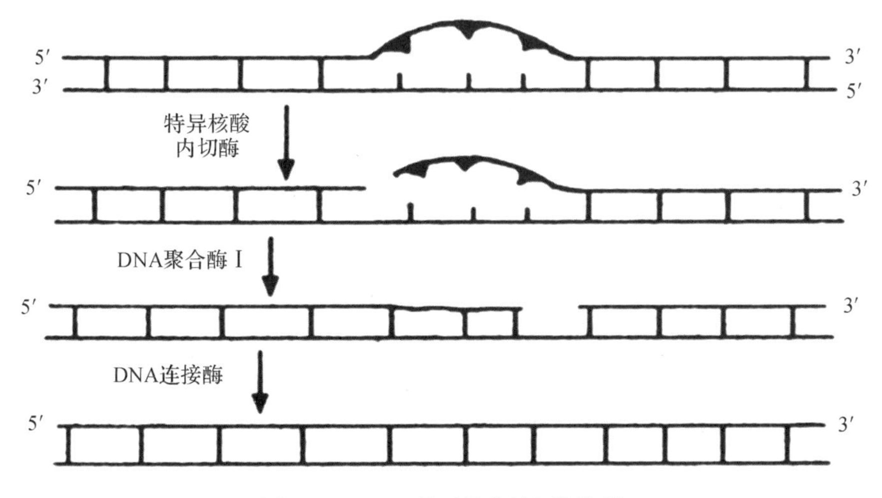

图 10-9　DNA 分子损伤的切除修复

(4)重组修复：当 DNA 分子的损伤面较大，未修复完善就进行复制时，损伤的部位失去模板作用，可使复制出来的新子链出现缺口。这时，另一条已完成复制的“健康”母链可与有缺口的子链进行重组交换，以填补缺口。其时“健康”母链转移造成的新缺口则由 DNA 聚合酶与 DNA 连接酶催化，以新合成的子链 DNA 为模板进行复制，将新缺口补上(图 10-10)。重组修复并没有消除原有的损伤，只能通过多次复制使损伤 DNA 所占比例越来越小。

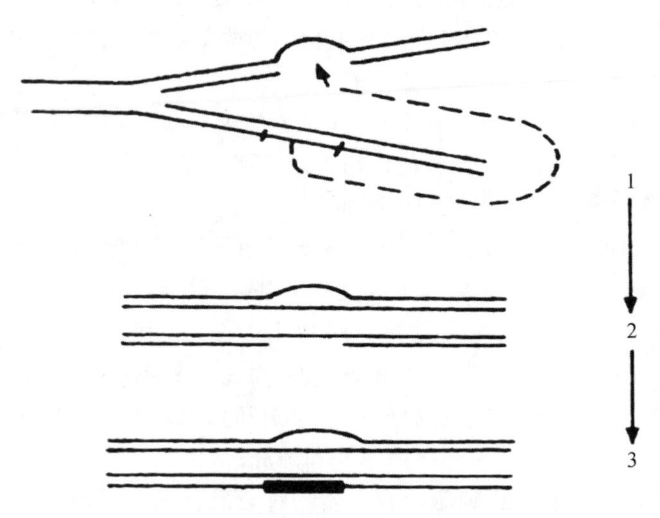

图 10-10　DNA 分子损伤的重组修复

(5)SOS 修复：是在 DNA 损伤极其严重，复制难以继续进行时，细胞出现的一种应激修复方式，因此，采用国际海难呼救信号(SOS)来命名。此时，细胞可诱导合成一些新的 DNA 聚合酶和蛋白质，组成修复系统，催化损伤部位 DNA 的合成。但这类 DNA 损伤修复系统的特异性低，对碱基的识别、选择能力差，常使修复后的 DNA 链上出现许多差错，引起较广泛和长期的突变，甚至可使细胞发生癌变，但是这种修复可以提高细胞的存活率。

第三节　RNA 的生物合成

生物体以 DNA 为模板合成 RNA 的过程称为转录，该过程是在 RNA 聚合酶催化下，以单链 DNA 为模板，四种三磷酸核苷(NTP)为底物，按照 A—U、C—G 的碱基配对原则，合成一条与 DNA 链互补的 RNA 链。通过转录，生物体的遗传信息由 DNA 传递到 RNA。遗传信息从 DNA 经过 RNA 传递到蛋白质的过程称为基因的表达，所以转录是基因表达的第一步，也是最为关键的一步。

RNA 的生物合成
(转录)

转录和复制都是酶促的核苷酸聚合过程，既有相同点，又有区别(表 10-3)。

表 10-3　复制和转录的比较

区别点	复制	转录
模板	DNA 两股链均复制	DNA 模板链转录(不对称转录)

续表

区别点	复制	转录
原料	dNTP(dATP、dCTP、dGTP、dTTP)	NTP(ATP、CTP、GTP、UTP)
酶	DNA 聚合酶	RNA 聚合酶
聚合反应	形成 3′,5′-磷酸二酯键	形成 3′,5′-磷酸二酯键
聚合方向	5′→3′	5′→3′
聚合产物	子代双链 DNA	mRNA、tRNA、rRNA
碱基配对	A—T、G—C	A—U、G—C、T—A
RNA 引物	需要	不需要

一、RNA 的转录体系

(一)转录模板

合成 RNA 需要以 DNA 作为模板,所合成的 RNA 中核苷酸(或碱基)的顺序和模板 DNA 的碱基顺序有互补关系,如 A—U、G—C、T—A。

为保留物种的全部遗传信息,全部基因组 DNA 都需要进行复制。不同的组织细胞、不同的生存环境以及不同的发育阶段,都会存在某些基因转录,某些基因不转录,甚至在某些细胞中仅少数基因被转录。可见,转录是有选择性的,并且是区段性的。能够转录生成 RNA 的 DNA 区段称为结构基因,双链结构基因中能作为模板被转录的那股 DNA 链称为模板链(template strand),与其互补的另一股不被转录的 DNA 链称为编码链(coding strand)。模板链并非总是在同一股 DNA 单链上,即在某一区段上,DNA 分子中的一股链是模板链,而在另一区段又以其对应链作为模板,转录的这一特征称为不对称转录。由于合成 RNA 的方向是 5′→3′,所以模板链的方向是 3′→5′。

(二)参与转录的酶类及蛋白因子

1. RNA 聚合酶 又称 DNA 指导的 RNA 聚合酶(DNA-directed RNA polymerase, DDRP),它广泛存在于原核细胞和真核细胞中。该酶催化 RNA 合成所需的条件是:①双链 DNA 中的一股作为 RNA 合成的模板;②四种三磷酸核糖核苷(NTP)作为底物;③有二价金属离子如 Mg^{2+} 或 Mn^{2+} 的参与。

(1)原核生物 RNA 聚合酶:原核细胞的 RNA 聚合酶分布于胞液,转录在胞液中进行。原核细胞中只有一种 RNA 聚合酶,目前研究得最清楚的是大肠杆菌 RNA 聚合酶,该酶由 σ 亚基和核心酶两部分组成。核心酶($\alpha_2\beta\beta'$)由两个亚基 α、一个 β 亚基和一个 β′ 亚基组成,再与 σ 亚基结合后称为全酶,各亚基及其功能见表 10-4。其中 σ 亚基,又称为 σ 因子,其作用是识别 DNA 模板上特定的转录起始位点(启动子),并协助转录的启动,因此又称为起始因子。不同的 σ 因子识别不同的启动子从而使不同的基因进行转录。σ 因子与其他亚基结合不牢固,转录起始后,σ 因子容易从全酶脱离,核心酶沿 DNA 模板移动合成 RNA。

表 10-4 大肠杆菌 RNA 聚合酶的亚基组成及功能

亚基	相对分子质量	亚基数目	功能
α	36 512	2	核心酶组装，启动子识别
β	150 618	1	参与转录全过程，形成磷酸二酯键
β'	155 613	1	结合 DNA 模板(开链)
σ	70 263	1	识别启动子，促进转录的开始

(2)真核生物 RNA 聚合酶：真核细胞的 RNA 聚合酶存在于胞核，转录在胞核中进行，转录完成后，生成的 RNA 再进入胞液。根据对鹅膏蕈碱的特异性抑制作用的敏感性，可将真核细胞的 RNA 聚合酶分为三种：RNA 聚合酶 Ⅰ、Ⅱ、Ⅲ。它们专一性地转录不同的基因，转录产物也各不相同(表 10-5)。

表 10-5 真核细胞 RNA 聚合酶的种类及功能

种类	分布	转录产物	对鹅膏蕈碱的作用
RNA 聚合酶 Ⅰ	核仁	rRNA 的前体	耐受
RNA 聚合酶 Ⅱ	核质	mRNA 的前体	极敏感
RNA 聚合酶 Ⅲ	核质	tRNA 的前体、5srRNA	中度敏感

2.ρ(Rho)因子 用 T_4 噬菌体 DNA 在试管内做转录实验，发现转录产物比其在细胞内转录出的要长。这说明转录终止点是可以被跨越而继续转录的，而在细胞内存在有执行转录终止功能的某些因素。据此现象，有人在大肠杆菌(T_4 噬菌体的宿主菌)中发现了能控制转录终止的蛋白质，定名为 ρ 因子。ρ 因子是由相同的 6 个亚基组成的六聚体蛋白质，亚基相对分子质量为 46 kD，与 RNA 合成的终止有关。

二、RNA 的转录过程

RNA 的转录全过程均需 RNA 聚合酶催化，大体可分为起始、延伸和终止三个阶段。真核细胞和原核细胞的延伸过程基本相同，而在转录的起始和终止方面却有较多的不同。现以细菌转录为例简介如下。

1.起始阶段 转录起始需要核心酶加上 σ 因子即全酶参与。转录是在 DNA 模板的特殊部位开始的，此部位称为启动子，它位于转录起始点的上游。

(1)启动子：各种有下列共同点：①在－10 区(以转录 RNA 第一个核苷酸的位置为＋1，负数表示上游的碱基数)处有一段相同的富含 A—T 配对的碱基序列，即-TATAAT-，也称为 Pribnow 框。它和录起始位点一般相距 5 bp，富含 A 和 T 而易于解链，有利于 RNA 聚合酶的进入并促进转录起始；②上游－35 区的中心处，有一组保守的序列-TTGACA-，称为 Sextama 框，与－10 区相隔 16～19 bp，该序列与 RNA 聚合酶辨认起始点有关，又称为辨认点。

(2)转录的起始过程：首先 σ 因子辨认启动子－35 区的-TTGACA-序列，并以全酶形式与之结合。在这一区段，酶与模板结合松弛，酶移向－10 区的-TATAAT-序列，并到达转录起始点，二者形成较稳定的结构(图 10-11)。因 Pribnow 盒富含碱基 A 和 T，DNA 双螺旋容易解开，当解开 17 bp 时，DNA 双链中的模板链就开始指导 RNA 链的合成。

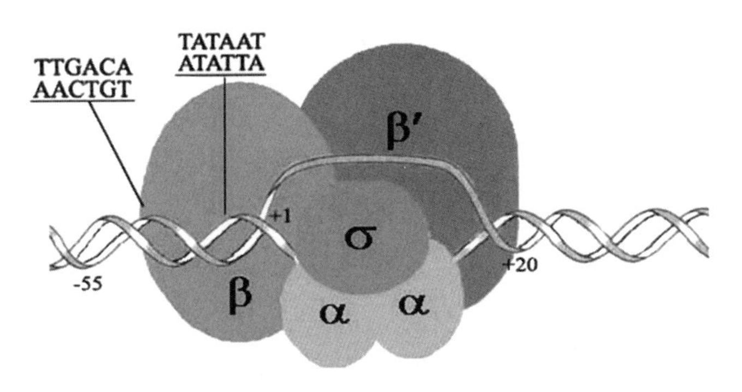

图 10-11　原核生物 RNA 聚合酶在转录起始区的结合

新合成 RNA 的 5′端第一个核苷酸往往是嘌呤核苷酸(ATP 或 GTP)，尤以 GTP 常见，然后与模板链互补的第二个核苷酸进入，并与第一个核苷酸之间形成磷酸二酯键，释放出焦磷酸，开始 RNA 的延伸。RNA 链合成开始后，σ 因子即脱落下来，剩下核心酶与合成的 RNA 仍结合在 DNA 上，并沿 DNA 向前移动。脱落的 σ 因子可与另一核心酶结合，反复使用，循环参与起始位点的识别作用。

2.延伸阶段　延伸过程是由核心酶催化下的核苷酸聚合反应。当 σ 因子从全酶中脱落后，核心酶发生构象改变，与 DNA 模板的结合变得较为松弛，可以沿 DNA 模板链沿 3′→5′的方向滑动。在核心酶的催化下，4 种 NTP 按照模板链碱基排列顺序的指引依次进入，按照碱基配对原则逐个地加到前一个核苷酸的 3′-OH 上生成磷酸二酯键。随着核心酶不断沿模板链方向滑动，DNA 双螺旋逐渐解开暴露模板链，RNA 链沿 5′→3′方向逐渐延长。此时，已合成的 RNA 链从 5′-端逐渐与模板链分离，而模板链与编码链再重新结合形成双螺旋(图 10-12)。

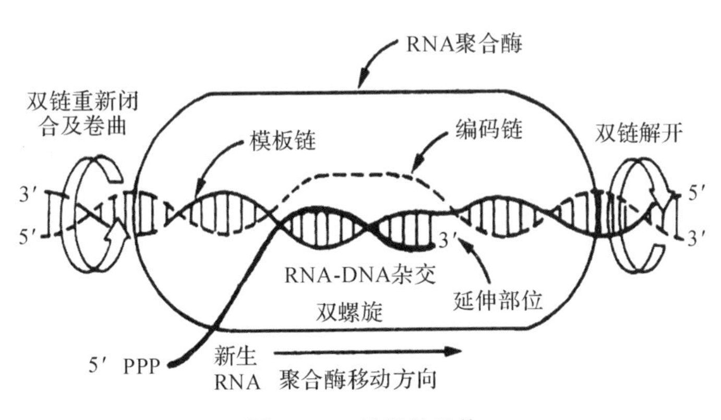

图 10-12　转录的延伸

3.终止阶段　当核心酶滑行到 DNA 模板链的终止部位时即停顿下来不再前进，转录产物 RNA 链从转录复合物上脱落下来，就是转录终止。原核生物转录终止有依赖 ρ 因子和不依赖 ρ 因子两种方式。

(1)依赖 ρ 因子的转录终止：ρ 因子能与转录产物 RNA 结合，尤其与其 3′-端多聚 C 的结合力强，结合后，ρ 因子和 RNA 聚合酶都发生构象变化，从而使 RNA 聚合酶停顿。ρ 因子还有 ATP 酶活性和解螺旋酶活性，能利用 ATP 水解释放的能量，使 RNA 链从模板 DNA 链上拆开，并从转录复合物中释放出来。

(2)不依赖 ρ 因子的转录终止：某些基因 DNA 模板有特异的转录终止信号，它可使合成的转录产物的 3′端富含 G—C 和带有一段寡聚 U。这一段富含 G—C 的 RNA 能通过碱基互补配对形成发夹结构。RNA 聚合酶与发夹结构作用后，即停止转录，寡聚 U 则进一步使 RNA 与 DNA 的结合力下降，使新合成的 RNA 从模板上脱落下来，转录终止。

三、转录后加工

转录生成的 RNA 是初级转录产物，又称为前体 RNA(hnRNA)，需经过一定的加工修饰，才能变成成熟的具有生物学活性的 RNA 分子。原核细胞由于没有细胞核，其结构基因是连续的核苷酸序列，转录后的 RNA 很少需要加工处理(tRNA 例外)。真核细胞则不同，它有细胞核，转录和翻译的部位被核膜隔开，且多数基因是由编码序列(外显子)与非编码序列(内含子)相间排列组成的断裂基因，所以转录后生成的各种 RNA 都是其前体，必须经过较为复杂的加工修饰过程，才能成为成熟的 RNA，这一过程称为 RNA 转录后加工，包括剪切、拼接和化学修饰等。真核生物 mRNA 转录后，需进行 5′-端加帽、3′-端加尾以及对 hnRNA 进行剪接等，其转录后加工如下。

1.5′-端加帽 真核生物中成熟 mRNA 的 5′-端都含有一个 m^7GpppG 的帽结构。5′-端加帽是在细胞核内进行的，通过鸟苷酸转移酶作用，在 hnRNA 的 5′-末端加上一个鸟苷酸残基，然后对该残基进行甲基化修饰，使其成为 m^7GpppG 的帽结构(图 10-13)。5′-端帽结构的作用包括：①保护 mRNA 免受核酸酶的水解；②能与帽结合蛋白复合体结合，参与 mRNA 与核糖体的结合，启动蛋白质的翻译过程；③有利于成熟的 mRNA 从细胞核输送到细胞质，只有成熟的 mRNA 才能进行输送。

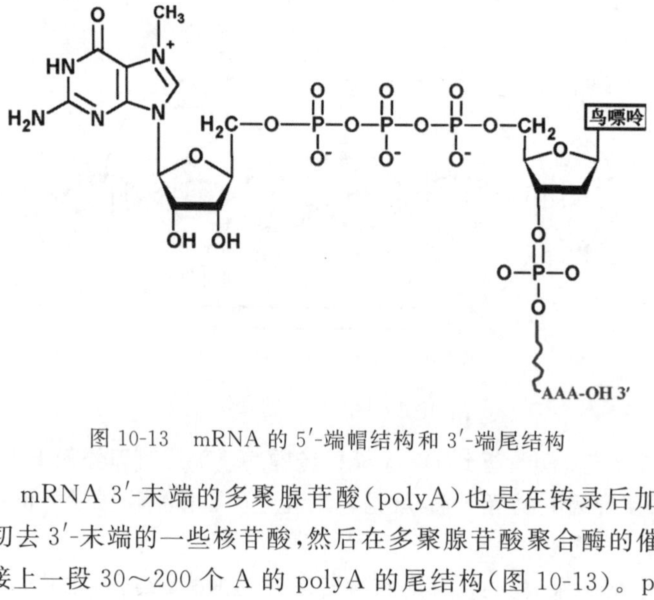

图 10-13　mRNA 的 5′-端帽结构和 3′-端尾结构

2.3′-端加尾 mRNA 3′-末端的多聚腺苷酸(polyA)也是在转录后加上去的。先由特异的核酸外切酶切去 3′-末端的一些核苷酸，然后在多聚腺苷酸聚合酶的催化下，以 ATP 为底物，在 3′-末端接上一段 30～200 个 A 的 polyA 的尾结构(图 10-13)。polyA 尾结构的功能是:①维持 mRNA 翻译模板活性;②增加 mRNA 本身稳定性;③mRNA 由细胞核进入细胞质所必需的结构。

3.mRNA 的剪接 真核细胞的 mRNA 前体(hnRNA)是由断裂基因转录的,包含有内含子和外显子的区段,所以其相对分子质量比成熟的 mRNA 大几倍,甚至数十倍。剪接就是把 hnRNA 分子中的内含子除去,把外显子拼接起来,成为具有翻译模板功能的成熟 mRNA。剪接过程中,hnRNA 分子中的内含子先弯成套索状,使外显子相互靠近,接着由特异的 RNA 酶切断外显子与内含子之间的磷酸二酯键,再使外显子相互连接,生成成熟的 mRNA(图 10-14)。

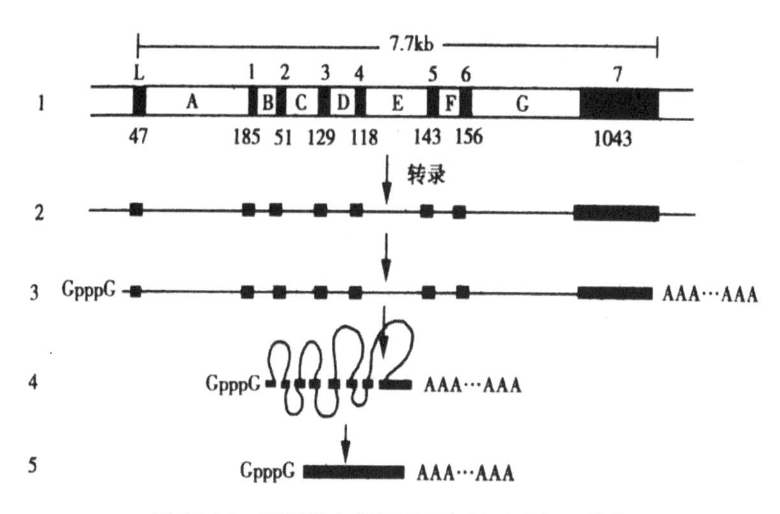

图 10-14 卵清蛋白基因转录与转录后加工修饰

1. hnRN(A、B、C、D、E、F、G 为内含子;1、2、3、4、5、6、7 为外显子);2. 转录初级产物 hnRNA;3. 蛋白基因 A 的加帽、加尾;4. 剪接过程中套索 RNA 的形成;5. 胞浆中出现的成熟 mRNA

第四节 蛋白质的生物合成

蛋白质的生物合成称为翻译,其实质是蛋白质多肽链的合成。遗传信息贮存于 DNA 分子中,通过转录传给 mRNA,然后以 mRNA 为直接模板,指导蛋白质的生物合成,因此翻译是遗传信息表达的第二步。mRNA 分子是由四种碱基(A、C、G、U)组成的多核苷酸链,翻译是指将 mRNA 分子中四种碱基的排列顺序,破译为蛋白质分子中 20 种氨基酸的排列顺序。

一、蛋白质的生物合成体系

蛋白质的生物合成

蛋白质的生物合成是一个涉及数百种分子参与的复杂的耗能过程:合成原料是 20 种氨基酸;mRNA 是蛋白质生物合成的直接模板;tRNA 结合并运载各种氨基酸至 mRNA 模板上;rRNA 和多种蛋白质构成的核糖体是蛋白质生物合成的场所。此外,还包括参与氨基酸活化及肽链合成起始、延长和终止阶段的多种蛋白质因子、其他蛋白质、酶类、供能物质和某些无机离子等。

(一)三种 RNA 在蛋白质生物合成中的作用

1. mRNA 是蛋白质生物合成的直接模板　mRNA 通过其模板作用传递 DNA 的遗传信息,从而决定蛋白质分子中的氨基酸排列顺序。mRNA 分子从 AUG 开始,按 5′至 3′方向,每 3 个相邻的碱基组成的三联体,就是决定一个氨基酸的遗传密码,又称密码子。三联体密码子在 mRNA 分子上的排列顺序决定了多肽链中氨基酸的排列顺序。因为蛋白质分子中共有 20 种氨基酸,故至少有 20 种密码子,但实际上,mRNA 分子中共有 64 个密码子(4^3),见表 10-4。其中有三个位于 mRNA 3′-端的密码子(UAA、UAG、UGA)不代表任何氨基酸,只代表多肽链合成的终止信号,称为终止密码。另外,AUG 既编码多肽链中的甲硫氨酸,又作为多肽链合成的起始信号,故又称为起始密码子。

表 10-6　遗传密码表

第一个核苷酸(5′)	第二个核苷酸				第三个核苷酸(3′)
	U	C	A	G	
U	UUU UUC 苯丙 UUA UUG 亮	UCU UCC UCA UCG 丝	UAU UAC 酪 UAA UAG 终止	UGU UGC 半胱 UGA 终止 UGG 色	U C A G
C	CUU CUC CUA CUG 亮	CCU CCC CCA CCG 脯	CAU CAC 组 CAA CAG 谷胺	UGU UGC UGA UGG 精	U C A G
A	AUU AUC AUA 异亮 AUG 蛋	ACU ACC ACA ACG 苏	AAU AAC 天胺 AAA AAG 赖	AGU AGC 丝 AGA AGG 精	U C A G
G	GUU GUC GUA GUG 缬	GCU GCC GCA GCG 丙	GAU GAC 天 GAA GAG 谷	GGU GGC GGA GGG 甘	U C A G

遗传密码具有如下特点:

(1)方向性:是指 RNA 分子中三联体密码子是按 5′→3′方向排列的,即翻译时读码从 RNA 的起始密码 AUC 开始,按 5′→3′的方向逐一阅读,直至终止密码。这样 mRNA 阅读框中 5′→3′排列的核苷酸顺序就决定了多肽链中从氨基端到羧基端的氨基酸排列顺序。

(2)连续性:mRNA 分子中含有密码子的区域称为阅读框。在阅读框内,三联体密码是连续不间断排列的,如 mRNA 链上有碱基插入或缺失,就会导致读码错误,造成移码突变,使下游翻译出的氨基酸序列完全改变。

(3)简并性:遗传密码中,除蛋氨酸和色氨酸仅有 1 个密码子外,其余 18 种氨基酸均对应有 2 个或 2 个以上甚至 6 个密码子。这种同一种氨基酸对应有多种密码子的现象称为遗传密码的简并性。为同一种氨基酸编码的一组密码子称为同义密码子。细看遗传密码表,同义密码子的第一、二位碱基大多相同,而第三位不同,可见同义密码子的特异性主要是由前两位碱基决定的,第三位碱基同义突变。因此,遗传密码的简并性对于减少基因突变对蛋白质功能的影响具有重要意义。

(4)摆动性:翻译过程中,氨基酸的正确加入依赖于 mRNA 的密码子与 RNA 的反密码子之间的反向配对结合,然而密码子与反密码子配对时,有时会出现不严格遵守常见的碱基配对规律的情况,称为摆动配对。按照 5′→3′阅读密码规则,摆动配对常见于密码子的第三位碱基与反密码子的第一位碱基间的配对,两者虽不严格互补,但也能相互辨认。如 tRNA 反密码子的第一位出现稀有碱基肌苷(I)时,可分别与密码子的第三位碱基 U、C、A 配对(表 10-7)。摆动配对的碱基间形成的是特异、低键能的氢键连接,有利于翻译时 tRNA 迅速与密码子分离。因此摆动配对使密码子与反密码子的相互识别具有灵活性,这可使一种 tRNA 能识别 mRNA 上的 1～3 种简并性密码子。

表 10-7　密码子与反密码子配对的摆动现象

tRNA 反密码子第一位碱基	I	U	G
mRNA 密码子第三位碱基	U、A、C	A、G	U、C

(5)通用性:从简单的生物如病毒到人类,生物界所有物种在蛋白质的生物合成中都使用这套遗传密码。但是,动物细胞线粒体和植物细胞叶绿体的密码子与这套"通用密码子"有些不同。例如线粒体和叶绿体以 AUG、AUU 为起始密码子,而 AUA 兼有起始密码子和蛋氨酸密码子的功能,终止密码子是 AGA、AGG,色氨酸密码子是 UGA 等。

2. tRNA 是转运氨基酸的工具　tRNA 分子中的氨基酸臂 3′-CCA—OH 可与氨基酸分子的羧基共价结合,将氨基酸由胞液转移到核糖体上;另外,tRNA 上反密码环中的反密码子与 mRNA 上的密码子配对结合。已发现的 tRNA 已超过 80 种,而氨基酸只有 20 种,故存在 2～6 种 tRNA 转运同一种氨基酸的情况。tRNA 携带的氨基酸,是由 mRNA 上的三联体密码子决定的,因此,tRNA 可将氨基酸准确地带到指定的位置。这种由密码子—反密码子—氨基酸的"对号入座",保证了从核酸到蛋白质信息传递的准确性。

3. rRNA 与蛋白质构成的核糖体是蛋白质合成的场所　rRNA 是一类相对分子质量不等的非均一性 RNA,它们与多种蛋白质互相镶嵌,结合成为显微镜下可见的核糖体颗粒,是氨基酸聚合成肽链的场所。核糖体由大、小亚基构成,每个亚基含有不同的蛋白质和 rRNA,在原核和真核生物中,大、小亚基的组成成分各有不同(表 10-8)。大亚基有转肽酶活性和两个 tRNA 结合部位,一个是结合肽酰-tRNA 的部位(P 位),另一个是结合氨酰-tRNA 的部位(A 位),如图 10-15 所示。小亚基有结合模板 mRNA 的功能,在大小亚基之间有容纳 mRNA 的部位,核糖体能沿着 mRNA 按 5′→3′方向阅读遗传密码。

表 10-8 核糖体中的蛋白质和 rRNA

核糖体	亚基	rRNA	蛋白质
原核生物(70S)	大亚基(50S)	5S rRNA、23S rRNA	34 种
	小亚基(30S)	16S rRNA	21 种
真核生物(80S)	大亚基(60S)	5S rRNA、28S rRNA、5.8S rRNA	49 种
	小亚基(40S)	18S rRNA	33 种

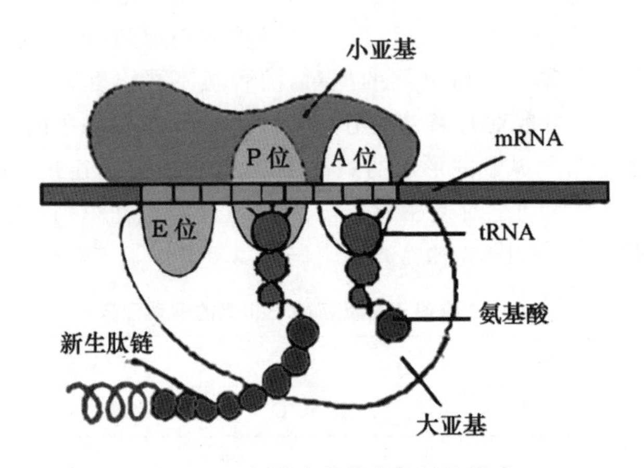

图 10-15 原核生物核糖体结构模式

核糖体蛋白种类繁多,其中有些参与蛋白质合成的酶和各种因子,靠这些蛋白质、rRNA,还有 mRNA、tRNA 等特异性地、准确地相互配合,使氨基酸按 mRNA 上遗传密码的指引依次聚合为肽链。

(二)参与蛋白质生物合成的其他成分

1.蛋白质生物合成酶系

(1)氨酰-tRNA 合成酶:又称氨酰-tRNA 连接酶或氨基酸活化酶,催化 tRNA 与氨基酸的结合。此酶在 ATP 参与下,催化 tRNA 的 3′-端 CCA—OH 与氨基酸的羧基之间生成酯键,使氨基酸活化,同时还能识别错配的氨基酸并进行校正。每种氨基酸都有其特异的氨酰-tRNA 合成酶;该酶具有绝对专一性,对 tRNA 和氨基酸两种底物进行高度特异性地识别。

(2)转肽酶:该酶实际上是核糖体大亚基上的蛋白质,能催化大亚基 P 位上的肽酰-tRNA 的肽酰基转移到 A 位上氨酰-tRNA 的氨基上,使酰基与氨基结合形成肽键,延长肽链。

(3)转位酶:转位酶活性存在于延长因子 EF-G 中,催化核糖体向 mRNA 的 3′端移动一个密码子的距离,使下一个密码子进入 A 位,同时,使 A 位上的肽酰-tRNA 进入 P 位,空出 A 位用于下一个氨酰-tRNA 进位。

2.蛋白质因子 在蛋白质合成的各阶段还有多种重要的蛋白质因子参与反应,主要有起始因子(IF,真核细胞的写作 eIF)、延伸因子(EF)、释放因子(RF)、核糖体释放因子

(RRF)等。它们参与蛋白质合成过程中氨酰-tRNA对模板的识别和附着、核糖体沿mRNA模板的相对移动、合成终止时肽链的解离等环节。

3. **能源物质及无机离子** 氨基酸活化及肽链形成过程中需要ATP及GTP供能。在蛋白质生物合成过程中还有无机离子(如Mg^{2+}、K^{+}等)参与反应。

二、蛋白质的生物合成过程

在核糖体上合成多肽链的过程又称为翻译过程。翻译过程很复杂,可分为起始、延伸、终止三个阶段来描述,伴随着起始、延伸阶段,不断地配合着氨酰-tRNA的合成和转运,现以原核生物为例进行介绍。

(一)氨基酸的活化与转运

1. **氨基酸的活化过程** 氨基酸的活化是指氨基酸的α-羧基与特异tRNA的3′-端CCA—OH结合形成氨酰tRNA的过程,这一反应由氨酰tRNA合成酶催化完成。反应分两步进行:第一步是氨酰tRNA合成酶识别它所催化的氨基酸及另一底物ATP,并在酶的催化下,氨基酸的羧基与AMP上的磷酸之间形成一个酯键,生成中间复合物(氨酰AMP-E),同时释放出1分子PPi;第二步是中间复合物与tRNA作用生成氨酰tRNA,并重新释放出AMP和酶。

$$氨基酸+ATP\text{-}E \rightarrow 氨酰\text{-}AMP\text{-}E+PPi$$

2. **氨酰tRNA的表示方法** 如用三字母缩写代表氨基酸,各种氨基酸和对应的tRNA结合形成的氨酰tRNA可以如下方法表示,如原核生物的天冬氨酸、丝氨酸表示为fAsp-$tRNA^{fAsp}$、fSer-$tRNA^{fSer}$,真核生物的天冬氨酸、丝氨酸表示为Asp-$tRNA^{Asp}$、Ser-$tRNA^{Ser}$。

密码子AUG可编码甲硫氨酸(Met),同时作为起始密码子。原核生物的起始密码子只能辨认甲酰化的甲硫氨酸,即*N*-甲酰甲硫氨酸(fMet),因此起始位点的甲酰甲硫氨酰tRNA表示为fMet-$tRNA^{fMet}$。真核生物中,在起始位点和肽链延伸中的甲硫氨酰tRNA表示为Met-$tRNAi^{Met}$和Met-$tRNAe^{Met}$。

(二)蛋白质的生物合成过程

蛋白质的翻译过程分为起始、延长和终止三个阶段,这三个阶段都是在核糖体上完成的,即广义的核糖体循环。原核生物多肽链的合成过程涉及众多的蛋白质因子(表10-9),现以原核生物为例介绍蛋白质合成的基本过程。

表10-9 参与原核生物蛋白质合成的蛋白质因子

蛋白质因子	种类	生物学功能
起始因子	IF-1	占据A位防止结合其他氨酰tRNA
	IF-2	促进fMet-tRNAfMet与30S小亚基结合
	IF-3	促进大、小亚基分离,提高P位对结合fMet-tRNAfMet的敏感性

续表

蛋白质因子	种类	生物学功能
延长因子	EF-Tu	结合 GTP,携带氨酰 tRNA 进入 A 位
	EF-Ts	调节亚基
	EF-G	有转位酶活性,促进 mRNA-肽酰 tRNA 由 A 位转移至 P 位,促进 tRNA 卸载与释放
释放因子	RF-1	特异识别 UAA、UAG,诱导转肽酶变成转酯酶
	RF-2	特异识别 UAA、UAG,诱导转肽酶变成转酯酶
	RF-3	可与核糖体其他部位结合,有 GTP 酶活性,能介导 RF-1 及 RF-2 与核糖体的相互作用

1. **起始阶段** 翻译起始是指把核糖体的大小亚基、mRNA 和带有甲酰甲硫氨酸的起始 tRNA(fMet-tRNA^{fMet})聚合成为翻译起始复合物。起始过程需要起始因子(IF-1、IF-2、IF-3)以及 GTP 和 Mg^{2+} 的参与。真核生物的起始因子有 10 种,虽然原核生物和真核生物的起始因子不相同,但二者的氨酰-tRNA 和 mRNA 结合到核糖体上的步骤,大致上是一样的。起始复合物的形成可分为下列 4 个步骤(图 10-16)。

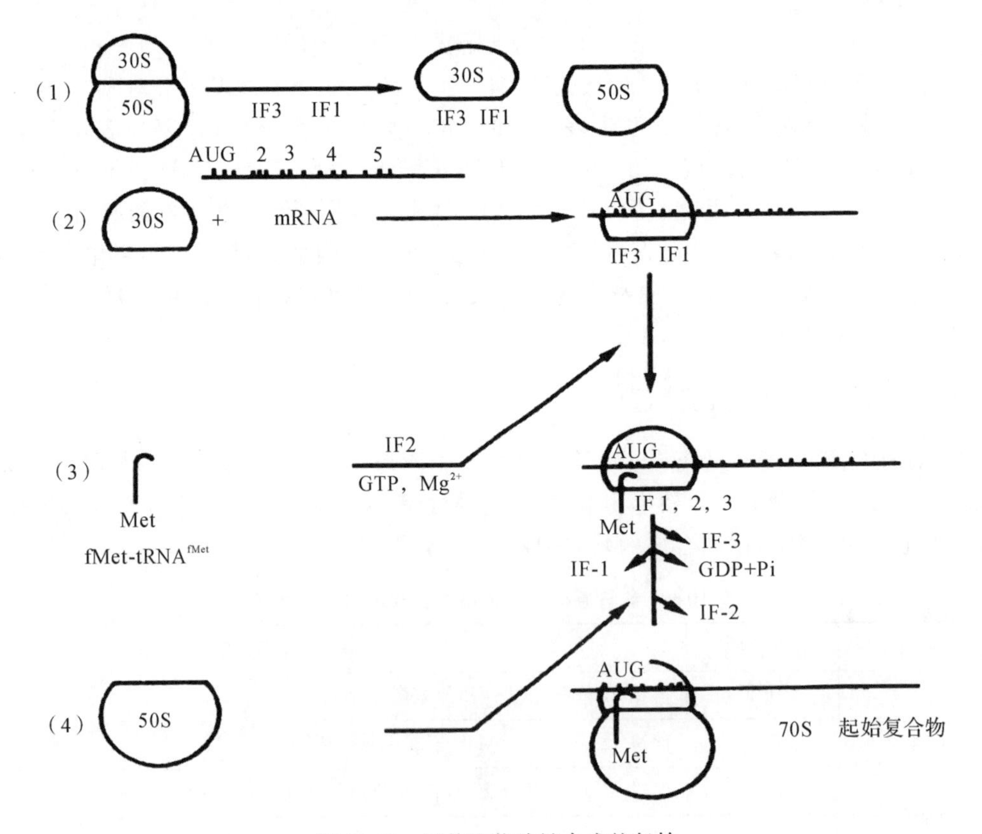

图 10-16 原核生物肽链合成的起始

(1)核糖体大小亚基解离:翻译延伸过程中,核糖体的大、小亚基是连接成整体的。翻译终止的最后一步,实际上也是下一轮翻译起始的第一步,即核糖体的大、小亚基必须先分开,以利于 mRNA 和 fMet-tRNA^{fMet}先结合于小亚基上。翻译起始时,IF-3 结合于核糖体,使大、小亚基解离,这样单独存在的小亚基易于与 mRNA 和起始 tRNA 结合。IF-1 能协助IF-3的作用。

(2)mRNA 与核糖体的小亚基结合:在 mRNA 起始密码子 AUG 的上游有一段以 AGGAGG 为核心的富含嘌呤的序列(S—D 序列),在小亚基上的 16S rRNA 近 3′-端处,有一段富含嘧啶的短序列 UCCUCC 可与 S—D 序列互补结合,同时小亚基蛋白可以辨认、结合紧接 S—D 序列的一小段核苷酸序列。原核生物通过上述 RNA-RNA、RNA-蛋白质的相互辨认和结合作用,使 mRNA 的起始密码子 AUG 在核糖体的小亚基上精确定位而形成复合体。

(3)fmet-tRNA^{fmet}与小亚基结合:它们的结合受 IF-2 的控制。起始时 IF-1 结合在 A 位,阻止氨酰 tRNA 的进入。IF-2 首先与 GTP 结合,再结合 fMet-tRNA^{fMet}。在 IF-2 的帮助下,fMet-tRNA^{fMet}识别对应核糖体 P 位的 mRNA 起始密码 AUG,并与之结合,从而促进 mRNA 的准确就位。

(4)翻译起始复合体的形成:IF-2 有完整核糖体依赖的 GTP 酶活性。当上述结合了 mRNA、fMet-tRNA^{fMet}的小亚基再与 50S 大亚基结合生成完整核糖体时,IF-2 结合的 GTP 就被水解释能,促使 3 种 IF 释放,形成由完整核糖体、mRNA、起始氨酰 tRNA 组成的翻译起始复合体(图 10-16)。此时,结合起始密码子 AUG 的 fMet-tRNA^{fMet}占据 P 位而 A 位留空,并对应 mRNA 上紧接在 AUG 后的三联体密码,为肽链延长做好准备。

2.肽链的延长　是指在 mRNA 密码子序列的指导下,氨基酸依次进入核糖体并聚合成多肽链的过程。肽链延伸的过程是在核糖体上连续循环进行的,故也称为核糖体循环,每次循环可分为进位、成肽和转位三个步骤。每循环一次,肽链增加一个氨基酸残基,如此不断重复,直到肽链合成终止(图 10-17)。这一过程需要肽链延长因子(EF)、GTP、Mg^{2+} 和 K^{+} 的参与。

(1)进位:又称注册,是指一个氨酰 tRNA 按照 mRNA 模板的指令进入并结合到核糖体 A 位的过程。肽链合成起始后,核糖体 P 位已被起始氨酰 tRNA 占据,但 A 位是留空的,并对应 AUG 后下一组三联体密码子,进入 A 位的氨酰 tRNA 即由该密码子决定。这一过程必须有 EF-T 的参与和 GTP 提供能量。

(2)成肽:又称转肽,是在肽酰转移酶催化下形成肽键的过程。在肽酰转移酶催化下,P 位上 fMet-tRNA^{fMet}中甲酰甲硫氨的酰基转移到 A 位,与 A 位上氨酰-tRNA 的氨基结合成第一个肽键,这样就在 A 位上形成一个二肽酰-tRNA。P 位上空载的 tRNA 随之从大亚基上脱落下来,此时 P 位成为空位。

(3)转位:又称移位。上述二肽形成之后,在 EF-G(具有转位酶活性)作用下,核糖体向 mRNA 的 3′-端方向移动相当于一个密码子的距离,此时 A 位上的二肽酰-tRNA 移至 P 位,A 位留空,而 mRNA 上的第三个密码子与空着的 A 位相对应。至此,第一循环完成,又回复到循环开始时的状态,所不同的是,此时 P 位上由循环开始时的 fMet-tRNA^{fMet}变成了二肽酰-tRNA。接着,第 3 个氨基酸就按第三个密码子的指引进入 A 位,开始下一轮循环,形成三肽酰-tRNA。

如此按进位—成肽—转位每循环一次,就在肽链上增加一个氨基酸残基,核糖体依次沿 5′→3′方向阅读 mRNA 的遗传密码子,肽链不断从 N 端向 C 端延伸(图 10-17)。

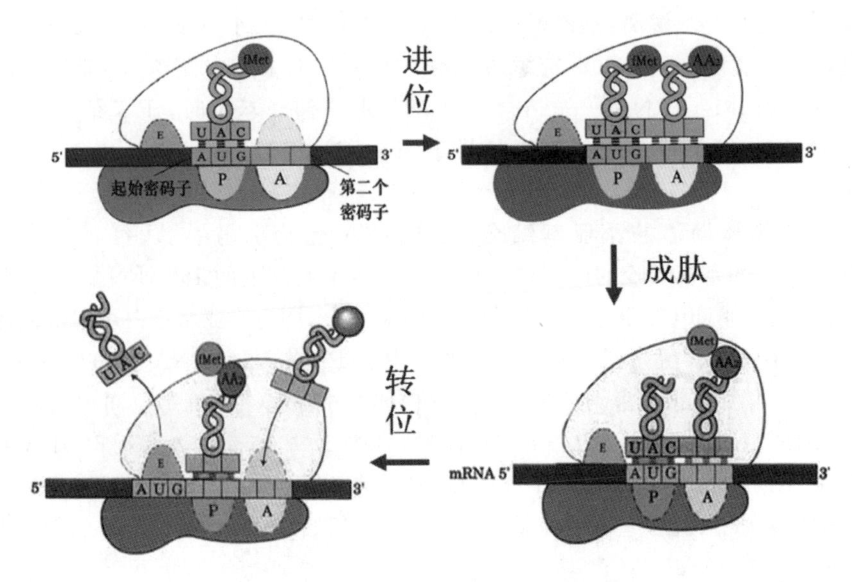

图 10-17　肽链合成的延长

3. **终止阶段**　肽链合成的终止是指核糖体 A 位出现 mRNA 的终止密码子后，多肽链合成停止，肽链从肽酰 tRNA 中释出，mRNA 及核糖体大、小亚基等分离的过程(图 10-18)。

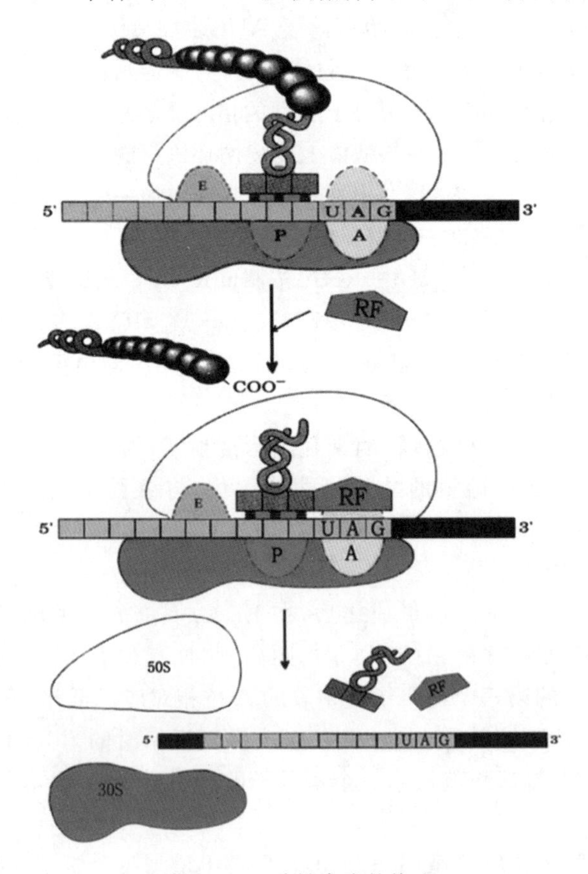

图 10-18　肽链合成的终止

当肽链延长直到A位出现终止密码子(UAA、UAG、UGA),无氨酰-tRNA与之对应时,释放因子(RF)能识别终止密码子,进入A位。RF与大亚基的结合,可诱导转肽酶变构,激活转肽酶,使P位上的多肽链从tRNA上分离;然后由GTP供能,使tRNA、RF和mRNA均从核糖体上脱落下来;在IF的作用下,核糖体解聚成大、小亚基。解聚后的大、小亚基又可重新进入翻译过程,循环使用。狭义上核糖体循环指翻译延长,广义上则包括整个翻译过程。

细胞内合成蛋白质多肽链时,在同一条mRNA模板上不只结合一个核糖体,而是同时结合着多个核糖体,各自进行翻译,合成相同的多肽链,这就是多核糖体(图10-19)。多核糖体的形成是由于第一个核糖体在mRNA链上随着翻译的进行而向3′-端方向移动,空出的起始部位就会与第二个核糖体结合,以后第三个、第四个核糖体也可在mRNA的起始位点进入。多个核糖体在一条mRNA模板上同时进行翻译,可以大大加速蛋白质合成的速度。

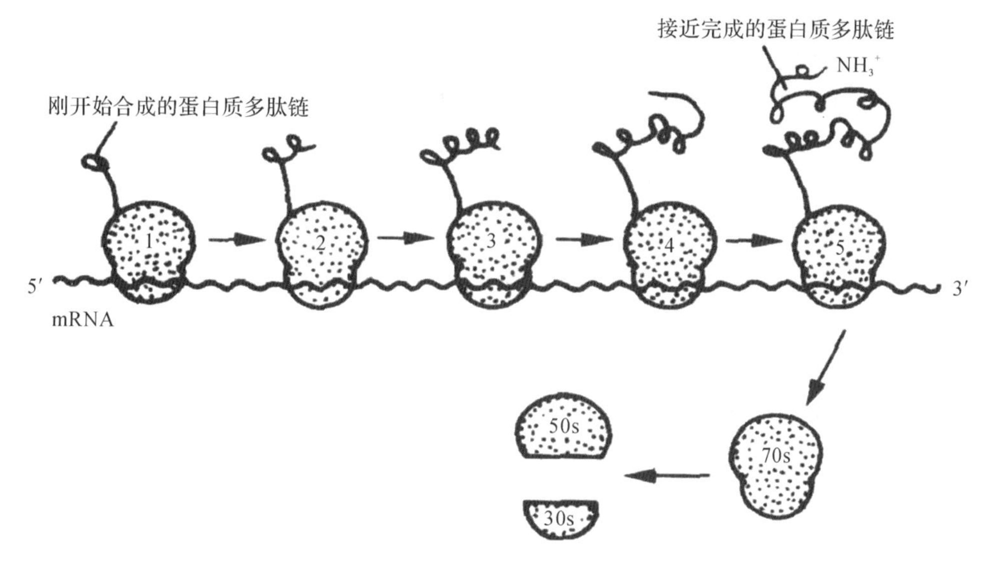

图10-19　多核糖体

三、翻译后的加工修饰

从核糖体释放的多肽链,不一定具有生物活性,大多数需要经过细胞内的修饰处理过程,并形成特定的空间结构,才能成为有活性的成熟蛋白质。此过程称为翻译后加工,主要包括多肽链的折叠、一级结构的修饰和空间结构的修饰等过程。

(一)多肽链的折叠

核糖体上新合成的多肽链需要被逐步折叠成正确的天然构象才能成为有功能的蛋白质。新生多肽链的折叠在肽链合成中及合成后完成,新生肽链N端在核糖体上一出现,肽链的折叠即开始。可能随着序列的不断延伸而逐步折叠,产生正确的二级结构、模体、结构域直到形成完整的空间构象,这种折叠过程的意义有两点:①如果肽链折叠错误的话,就无法形成具有特定生物学活性的蛋白质分子;②至少在人体中,很多疾病如退行性神经系统疾病

(如阿尔茨海默病等)都被发现与蛋白质分子的不正确折叠而导致的蛋白质聚集有关。

蛋白质折叠的信息全部储存于肽链自身的氨基酸序列中,即蛋白质的空间构象由一级结构所决定。细胞中大多数天然蛋白质的折叠都不是自动完成,而是需要其他酶、蛋白质辅助,这些辅助性蛋白质可以指导新生蛋白质按特定方式进行正确的折叠。具有促进蛋白质折叠功能的大分子有分子伴侣、蛋白质二硫键异构酶等。

(二)一级结构的修饰

1. 肽链 N-端的切除 新合成的多肽链的第一个氨基酸总是甲硫氨酸或 *N*-甲酰甲硫氨酸。但大多数天然蛋白质的第一个氨基酸不是甲硫氨酸,因此在肽链的延伸中或合成后,在细胞内脱甲酰酶或氨肽酶作用下切除 *N*-甲酰基、*N*-甲硫氨酸或 N-端附加序列。

2. 氨基酸残基的化学修饰 蛋白质分子中某些氨基酸残基的侧链存在共价修饰的化学基团,是翻译后经特异加工形成的,这些修饰性氨基酸对蛋白质的生物学活性发挥重要作用。如赖氨酸、脯氨酸羟基化生成羟赖氨酸和羟脯氨酸;肽链内或肽链间半胱氨酸形成二硫键;某些蛋白质的丝氨酸、苏氨酸或酪氨酸残基磷酸化;赖氨酸、精氨酸甲基化等。

3. 多肽链的水解修饰 某些无活性的蛋白质前体可经蛋白酶水解生成有活性的蛋白质或多肽,如胰岛素原酶解生成胰岛素,鸦片促黑皮质素原可被水解生成促肾上腺皮质激素、β-促黑激素、内啡肽等活性物质。

(三)空间结构的修饰

多肽链合成后,除了需要正确折叠成天然构象外,还需其他空间结构的修饰,如具有四级结构的蛋白质各亚基的非共价聚合;结合蛋白质如脂蛋白、色蛋白等需结合相应的辅基才能成为功能性蛋白质。

(四)蛋白质合成后的靶向运输

蛋白质合成后需运输到相应的部位才能行使其生物学功能。蛋白质合成后大致有两种去向:一种是保留在细胞液,这种蛋白质合成后直接分泌到细胞液即可发挥作用;另一种是进入细胞器或细胞外,这就需要通过膜性结构,经过复杂的靶向运输机制才能到达功能部位。

四、蛋白质生物合成的调节

蛋白质是基因表达的最终产物,经过复制、转录和转录后加工、翻译和翻译后加工修饰等多个环节。生理情况下,遗传信息传递的各个环节都是非常严格准确地进行的,这是因为每一个环节都受到体内各种因素的调控。mRNA 在蛋白质合成过程中具有特殊作用,因此蛋白质合成的调节主要在转录水平上进行。

有些基因在个体生长、发育阶段的几乎全部组织中都有持续的表达,很少受环境变化的影响。有些基因的表达水平可随环境变化而呈现升高或降低的现象,表现为诱导(reduction)或阻遏(repression),这种现象在生物界普遍存在,是生物体为适应环境而在基因水平上做出应答的分子机制,即基因表达调控。下面以原核生物的操纵子机制为典型模型进行介绍。

(一)乳糖操纵子

所谓操纵子(operon)是指一群功能相关的结构基因联同调节基因串联在一起,构成的一个转录单位,它控制着一种或几种蛋白质的生物合成。一个操纵子只含一个启动序列及数个可转录的编码基因(通常为2～6个,有的多达20个以上)。

1.乳糖操纵子的结构 大肠杆菌的乳糖操纵子含Z、Y和A三个结构基因,分别编码β-半乳糖苷酶、乳糖通透酶和β-半乳糖苷乙酰转移酶,此外还有一个操纵序列O、一个启动序列P及一个调节基因I(图10-20)。I基因编码一种阻遏蛋白,后者与O序列结合,使操纵子受阻遏而处于关闭状态。在启动序列的上游还有一个分解代谢基因激活蛋白(CAP)结合位点。P序列、O序列和CAP结合位点共同构成乳糖操纵子的调控区,三个酶的编码基因Z、Y和A在这一调控区的调节下,实现基因产物的协调表达。

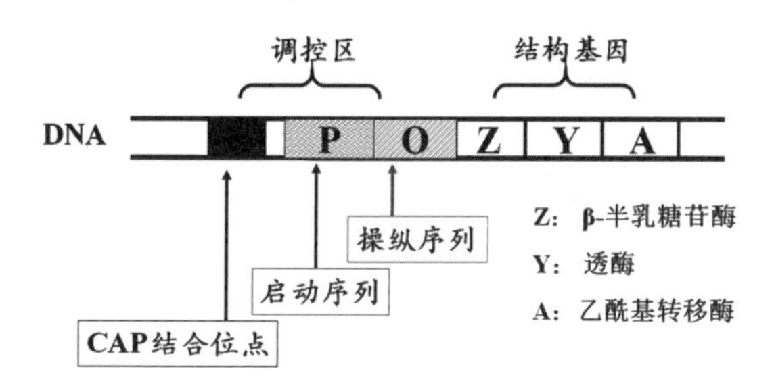

图10-20 乳糖操纵子结构示意图

2.阻遏蛋白的负调节 培养基未加乳糖时,I序列表达的阻遏蛋白与O序列结合,阻碍RNA聚合酶与P序列结合,抑制转录起动。此时,大肠杆菌乳糖操纵子处于阻遏状态。向培养基添加乳糖时,乳糖操纵子就可被诱导,实际上,真正的诱导剂不是乳糖而是半乳糖。半乳糖可与阻遏蛋白结合,使蛋白构象发生变化,导致阻遏蛋白与O序列解离而失去阻遏作用,此时,RNA聚合酶可顺利通过O序列,移行到结构基因,开始转录。

3.CAP的正调节 CAP是乳糖操纵子的激活蛋白,其激活效应受cAMP浓度控制。当培养基中乳糖浓度增加,而无葡萄糖时,细胞内的cAMP含量增加,cAMP与CAP结合成复合物,促使RNA聚合酶与P序列紧密结合,此时,RNA的转录活性可提高50倍。当有葡萄糖存在时,cAMP浓度降低,cAMP与CAP结合受阻,转录活性下降。

可见,对乳糖操纵子来说,CAP是正调节因素,阻遏蛋白是负调节因素,两者根据碳源种类(葡萄糖/乳糖)及水平共同调控乳糖操纵子的表达。通常,把能够诱导蛋白质或酶合成的物质称为诱导剂,诱导合成的蛋白质或酶称为诱导蛋白或诱导酶。酶合成的诱导剂常为酶的底物,这时酶的诱导合成的意义在于形成一种正反馈的调节机制,使得在底物丰富时,细胞相应地合成较多的酶,以加速底物的利用。

(二)色氨酸操纵子

色氨酸操纵子的结构与乳糖操纵子类似,但它上游的调节基因编码的阻遏蛋白是无活性的,不能与操纵基因结合,结构基因是“开放”的,可以很顺利地表达色氨酸合成酶。当培养基中色氨酸含量充足时,细菌催化色氨酸合成的酶的基因表达就会被阻遏。因为色氨酸过多时，色氨酸即可与无活性的阻遏蛋白结合，使其变构而活化，与操纵基因结合，使结构基因“关闭”。这种与无活性的阻遏蛋白结合并使其活化的物质称为辅阻遏物。辅阻遏物往往不是酶的底物，而是酶的产物，它作用的意义在于形成一种负反馈的调节机制，使得某种代谢物足量时细胞不再继续合成，防止代谢物的堆积。

第五节　影响核酸和蛋白质生物合成的药物

在高等和低等生物中，DNA、RNA 和蛋白质生物合成等过程，既有相似又有差别，而许多病原微生物及肿瘤细胞中的蛋白质合成过程活跃，生长繁殖迅速。许多物质可干扰肿瘤、病毒和有害细菌的 DNA、RNA 或蛋白质的生物合成，而对人体损伤较小，其中一些物质已被广泛用于疾病的治疗，特别是用作抗病毒、抗细菌及抗肿瘤的药物。

一、影响核酸合成的药物

此类药物能与 DNA 结合使其失去模板功能，或直接作用于核酸聚合酶，从而抑制复制或转录，主要有以下 3 类。

（一）烷化剂

烷化剂是一类化学性质非常活泼的有机化合物，具有破坏 DNA 分子结构的作用，临床上常用于恶性肿瘤的治疗。烷化剂分子中的活泼烷基，可与 DNA 分子中鸟嘌呤的 N^7 和腺嘌呤的 N^3 发生烷基化，使 DNA 的两条互补链形成交叉连接，从而抑制 DNA 的复制和转录。烷化后还可导致 DNA 链断裂，造成 DNA 功能和结构的损害，甚至细胞死亡。

常用的烷化剂有环磷酰胺、氮芥、氯丙啶、白消安等，它们大多是人工合成的抗癌药物。烷化剂在破坏癌细胞 DNA 分子结构的同时，对正常组织细胞的 DNA 也有相同的作用，因此对机体的毒性较大，机体产生的化疗反应也较严重。目前利用生物工程技术生产的一些烷化剂作为抗肿瘤药物，对正常细胞毒性低。

（二）嵌合剂

此类药物能嵌入 DNA 分子内部，形成非共价结合，影响 DNA 复制和转录。如某些抗生素类（多柔比星、丝裂霉素、放线菌素 D、光神霉素等）都可用作抗肿瘤药物。

（三）作用于聚合酶的药物

此类药物直接作用于 DNA 聚合酶或 RNA 聚合酶，如利福霉素及其衍生物利福平能特异性抑制某些细菌 RNA 聚合酶活性，抑制转录过程。

二、影响蛋白质合成的药物

（一）抗生素类

抗生素（antibiotics）是一类来源于微生物的能杀灭细菌或抑制细菌的药物。它们可以通过专一性阻断细菌蛋白质的生物合成过程而起抑制作用，但对真核细胞无害或者毒性较低。常用的抗生素有伊短菌素、四环素族、林可霉素、氯霉素、红霉素、链霉素、卡那霉素等，各种抗生素对蛋白质合成的抑制机制和作用位点不同，见表10-10。

表10-10　常用抗生素抑制蛋白质生物合成的原理与应用

抗生素	作用点	作用原理	应用
伊短菌素	真核、原核核糖体小亚基	阻碍翻译起始复合体的形成	抗肿瘤药
四环素族	原核核糖体小亚基	抑制氨酰tRNA与小亚基结合	抗菌药
链霉素、卡那霉素	原核核糖体小亚基	改变构象引起读码错误，抑制起始	抗菌药
氯霉素、林可霉素	原核核糖体大亚基	抑制转肽酶，阻断肽链延长	抗菌药
红霉素	原核核糖体大亚基	抑制转位酶(EF-G)，妨碍转位	抗菌药
放线菌酮	真核核糖体大亚基	抑制转肽酶，阻断肽链延长	医学研究
嘌呤霉素	真核、原核核糖体	氨酰tRNA类似物，进位后引起未成熟肽链脱落	抗肿瘤药

（二）干扰素类

干扰素(interferon，IF)是真核细胞感染病毒后分泌的一类具有抗病毒作用的蛋白质。它能作用于邻近细胞，诱导产生抗病毒蛋白，抑制病毒蛋白质的合成并促进病毒RNA降解，从而抑制病毒的繁殖。干扰素除抗病毒作用外，还有调节细胞生长分化、激活免疫系统等作用，因此具有十分广泛的临床作用，目前多用基因工程技术生产人类各种干扰素。

（三）生物碱类

一些生物碱具有抗癌作用，如秋水仙碱、长春碱、长春新碱、喜树碱、高三尖酯碱等，它们对细胞的DNA、RNA和蛋白质合成具有不同程度的抑制作用，因此可抑制肿瘤细胞的生长繁殖。

在线测试

思考题

1. 简述原核生物DNA复制的过程。
2. DNA复制的特点有哪些？

3. 简述 DNA 复制和 RNA 转录的异同点。
4. 试述 mRNA 转录后的加工与修饰。
5. 试述三种 RNA 在蛋白质生物合成中的作用。
6. 举例说明影响核酸合成和蛋白质生物合成的药物。

本章小结

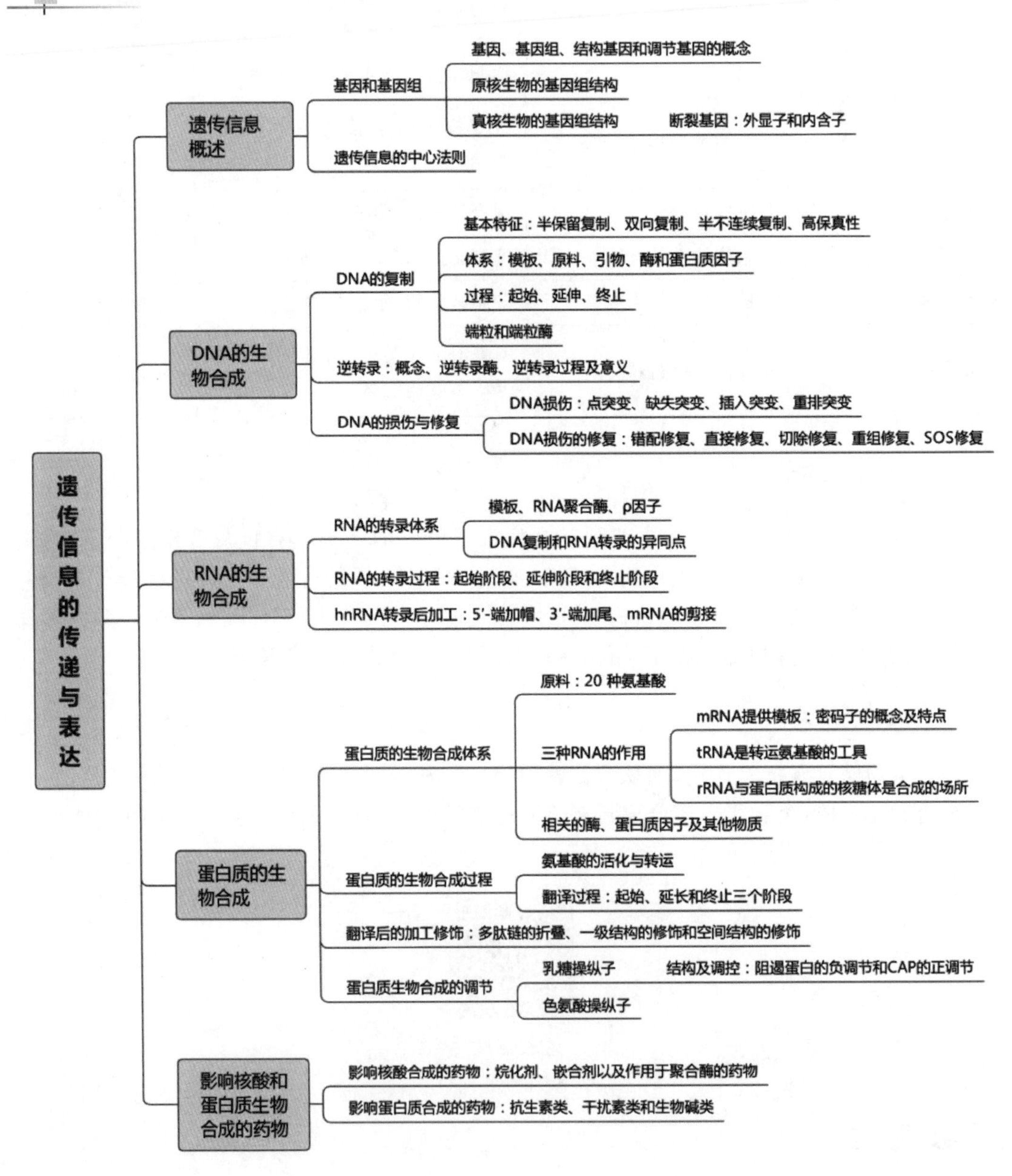

第十一章　物质代谢调控

学习目标

知识目标

1. 掌握：物质代谢的概念与特点，糖、脂肪、蛋白质、核酸代谢的相互联系。

2. 熟悉：细胞水平和酶水平对代谢的调节。

3. 了解：激素水平和整体水平对代谢的调节，抗代谢物及其作用机制。

能力目标

1. 能通过中间代谢产物分析三大物质代谢的相互联系、相互影响。

2. 依据物质代谢联系及其调控机制，理解机体是如何适应内、外环境变化的。

物质代谢调控

第一节　物质代谢的特点

一、物质代谢的概念与特点

(一)物质代谢的概念

物质代谢又称新陈代谢(metabolism)，泛指生物与周围环境进行物质交换和能量交换的过程。生物体一方面不断地从周围环境中摄取物质，通过一系列化学反应，转变为自身的组成成分；另一方面，机体原有的组成成分经一系列化学反应分解为不能再利用的物质排出体外。新陈代谢是生命的基本特征，生物体通过合成代谢和分解代谢不断地进行自我更新。

(二)合成代谢与分解代谢

合成代谢也叫同化作用，机体从外界环境摄取营养物质，通过消化、吸收，营养物质进入血液，在体内进行一系列复杂而有规律的化学变化，转化为机体自身物质。合成代谢是一个将简单物质转变为复杂物质，吸收能量和储存能量的过程，如将氨基酸合成蛋白质，由单糖合成多糖。

分解代谢也叫异化作用，是机体自身原有的物质也不断地转化为废物而排出体外，分解代谢是将复杂物质转变为简单物质的过程，常常伴随能量释放的过程，如蛋白质分解为氨基酸，氨基酸可再进一步分解为二氧化碳、水和氨。

（三）物质代谢的特点

1. **整体性** 通常既与合成有关又与分解有关的代谢途径称为两用代谢途径。中间产物和两用代谢途径是整合各种代谢途径的必经之路。生物体的物质代谢由许多连续和相关的代谢途径所组成，每一条代谢途径又包含一系列酶促反应，各条途径相互联系、相互作用、相互制约又相互协调，是一个完整统一的过程。例如糖、脂、蛋白质分解代谢均通过三羧酸循环，其中任一种供能物质的分解代谢占优势，常可抑制其他供能物质的分解。因此，当葡萄糖氧化分解增强，ATP 增多可抑制异柠檬酸脱氢酶活性，导致柠檬酸堆积，柠檬酸透出线粒体，激活乙酰辅酶 A 羧化酶，促进脂肪酸的合成、抑制脂肪酸分解；当脂肪酸分解增强，生成 ATP 增多时，可变构抑制葡萄糖分解代谢。

2. **途径多样性** 无论是体外摄入的营养物质还是体内各种代谢物，在进行中间代谢时，不分彼此，形成共同的代谢池，细胞内各种物质代谢池是联系、协调、整合各种代谢途径的基础。例如血糖，无论是消化吸收的外源性葡萄糖，还是体内糖原分解或是经糖异生途径转变而来的内源性葡萄糖，都在同一血糖代谢池中，无法区分，在参与各组织细胞的代谢时机会均等。合成代谢和分解代谢都是多酶催化的代谢途径，具有共同的中间代谢物，这些中间产物是联系各种分解代谢和合成代谢途径的枢纽物质。有的代谢途径的酶促化学反应是直线型的，即从代谢起始物到终产物的整个反应过程中没有代谢支路，例如核酸的生物合成反应；有的代谢途径是有分支的，通过某个共同中间产物开始代谢分途径，进而产生多种代谢产物，例如糖原的合成及分解反应等；有的代谢途径的是成环的，中间产物反复生成、反复利用，例如三羧酸循环、乳酸循环、鸟氨酸循环等。

3. **组织特异性** 多细胞生物的不同细胞群构成各个器官和系统，行使不同的功能。由于各组织、器官的分化不同，所含酶的各类、含量也各有差异，形成各组织、器官不同的代谢特点，而某些组织器官中的某些代谢途径是其他组织或器官所不能替代的，即代谢具有组织特异性。例如，肝的组织结构和化学组成决定了其在物质代谢中的多功能和枢纽作用；肝是体内合成尿素、酮体的主要器官，也是合成内源性甘油三酯、胆固醇、蛋白质等最多的器官。此外，肝在胆汁酸、胆色素和非营养物质转化中发挥重要的作用。

4. **可调节性** 机体存在着一套精细、完善而又复杂的调节机制，从而保证体内各种物质代谢有条不紊地进行，使物质代谢处于动态平衡。例如三羧酸循环是糖、脂肪和氨基酸分解代谢的最终共同途径，是协调、联系三大物质分解、相互转化的关键机制。中间代谢的分解途径与合成途径，其起始代谢物和最终代谢产物往往是相同的，而方向正好相反；但它们之间并非都是逆反应的关系，其中间步骤和所催化的酶不尽相同。如糖酵解由糖分解为丙酮酸和乳酸，糖异生由乳酸、丙酮酸生成糖，蛋白质分解为氨基酸与氨基酸合成蛋白质，脂肪酸β氧化分解为乙酰辅酶 A，乙酰辅酶 A 合成脂肪酸等。而且有许多分解途径与合成途径是在细胞不同部位进行的。

二、物质代谢与能量代谢的联系

通常把生物体与周围环境间的能量交换和体内能量转移的过程称为能量代谢（energy

metabolism)。物质代谢和能量代谢是新陈代谢不可分割的两个方面，在新陈代谢过程中，随着物质的交换，必然伴随能量的交换，它们遵守物质不灭和能量守恒定律。

糖、脂肪和蛋白质是生物体内提供能量的三大营养物质，在分解代谢过程中，这些有机分子中的碳和氢分别被氧化为 CO_2 和 H_2O 同时释放能量。

1.糖是机体重要的能源物质　在一般情况下，人体所需要能量的约 70%来自糖的氧化分解。葡萄糖经糖酵解途径、三羧酸循环和呼吸链彻底氧化分解为二氧化碳和水，同时释放大量能量。1 g 葡萄糖分子完全氧化分解可释放 2872.3 kJ 的能量。在机体内葡萄糖彻底氧化分解释放的能量，约有 50%以高能磷酸键形式储存于 ATP 分子中的，1 mol 葡萄糖分子可净生成 38 mol ATP。

2.脂肪是贮能和供能的重要物质　脂肪以甘油三酯的形式存在，在脂肪酶催化甘油三酯水解生成甘油和脂肪酸。甘油在肝脏被磷酸化生成磷酸甘油，可进入三羧酸循环；机体利用脂肪酸供能的基本方式是β-氧化，在胞质中经一系列酶作用，逐步分解转变成乙酰 CoA。脂肪酸β-氧化生成的乙酰 CoA 只能进入三羧酸循环才能彻底氧化成二氧化碳和水，1 mol 软脂酸彻底氧化分解能产生 130 mol ATP。

3.蛋白质也是能源物质　蛋白质分解得到的氨基酸在体内经过脱氨基作用和转氨基作用而转变成不含氮成分。不含氮成分可进入三羧酸循环而彻底氧化分解释放能量，脱下的氨基经鸟氨酸循环最终转变为尿氮成分从尿中排出。因蛋白质在体内不能完全氧化分解，其供能意义不大，所以不是主要的能量物质。

4.ATP 与能量代谢关系密切　机体活动所需的能量大都直接来源于 ATP，例如，消化道和肾小管上皮细胞对各种物质的主动转运、肌肉的收缩、神经兴奋传导等。ATP 水解生成 ADP 释放的能量，供给这些吸能生理活动，ATP 的合成和分解是机体能量的转移和利用中的关键环节。机体内另一个重要贮能物质是磷酸肌酸，具有一个高能磷酸键。当细胞中 ATP 浓度很高时，ATP 的高能磷酸键被转移给肌酸以生成磷酸肌酸，使能量暂时贮存于磷酸肌酸分子中；当细胞中 ATP 有所消耗时，磷酸肌酸可以与 ADP 发生反应，将其磷酸基连同能量一起转移给 ADP，生成肌酸和 ATP，正是借助于磷酸肌酸的这种缓冲作用，细胞内 ATP 的浓度得以相对稳定。

综上所述，能量代谢与 ATP 循环如图 11-1 所示。

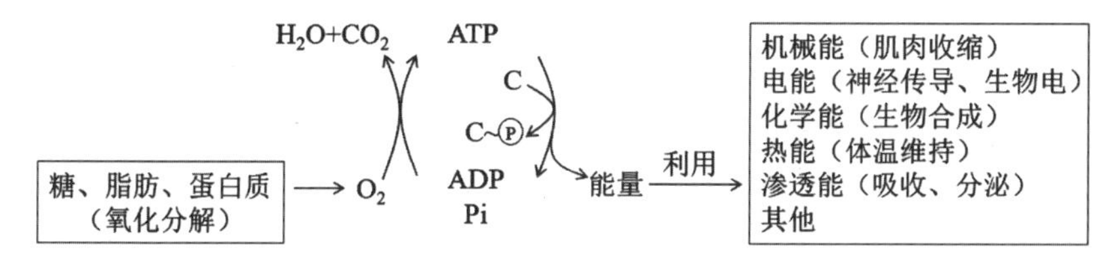

图 11-1　能量代谢与 ATP 循环

第二节　物质代谢的相互联系

人类普通膳食所含热量物质主要是糖类和脂肪，蛋白质是组成细胞的基本成分，通常并无多余储存，因此机体氧化分解供能以糖类和脂肪为主，并尽量避免消耗蛋白质。生物体内的新陈代谢是一个完整而又统一的过程，这些代谢过程是密切相互促进和制约的。在能量代谢方面，糖类、脂类和蛋白质(氨基酸)均可通过生物氧化分解供能，其共同分解代谢途径是三羧酸循环，三类营养物质通过中间代谢产物可相互代替、相互补充、相互制约。核酸作为遗传物质的载体，合成原料可由糖类、氨基酸提供，而核苷酸及其衍生物不仅参与细胞的能量代谢，而且还是体内重要的神经活性物质。例如，ATP 即是细胞的能量“通货”，也参与周围和中枢神经的信息传递过程。

一、糖与脂类代谢的相互联系

乙酰辅酶 A 是糖分解代谢的重要中间产物，这个中间产物正是合成脂肪酸与胆固醇的主要原料。另外，糖分解的另一中间产物磷酸二羟丙酮又是生成甘油的原料，所以糖在人及动物体内可以转化合成脂肪及胆固醇。要使脂肪转变为糖是比较困难的，这是因为脂肪中的大部分成分是脂肪酸，当脂肪酸经 β-氧化分解产生的乙酰辅酶 A，进入三羧酸循环后就被完全分解，而乙酰辅酶 A 不能逆向转变为丙酮酸，也就不能生成糖，脂肪组分中只有甘油可转化为磷酸二羟丙酮，再进一步沿糖异生途径转变为糖，但甘油仅占脂肪分子中的很少一部分。总之，在一般生理情况下依靠脂肪大量合成糖是困难的；但是糖转变成脂肪则可大量进行。

从能量角度看，糖与脂为主要能源物质，它们的氧化供能都依赖于三羧酸循环，而且互相可以替代，互相制约。脂肪酸分解代谢旺盛，可抑制葡萄糖氧化分解；葡萄糖利用的增高，又可抑制脂肪动员。若脂肪酸氧化消耗不足，可激活、加速糖的分解；葡萄糖的缺乏，可加速脂肪动员。

二、蛋白质与糖代谢的相互联系

组成蛋白质的 20 种氨基酸，大多数是非必需氨基酸，这些氨基酸的碳骨架部分还可以依靠糖来合成。例如糖代谢过程中，产生许多 α-酮酸，如丙酮酸、α-酮戊二酸、草酰乙酸等，它们通过氨基化或转氨作用就可以生成其相对应的氨基酸。例如脑内的谷氨酸是脑内自行合成的，其合成途径之一就是由三羧酸循环产生的 α-酮戊二酸在转氨酶的作用下生成谷氨酸。但是必需氨基酸在体内无法合成，这是因为机体不能合成与它们相对应的 α-酮酸。因此，依靠糖来合成整个蛋白质分子中各种氨基酸的碳链是不可能的，所以不能用糖完全来代替食物中蛋白质的供应。相反，蛋白质在一定程度上可以代替糖。组成人体蛋白质的氨基酸中，除亮氨酸和赖氨酸外，其余均可通过脱氨基作用生成相应的 α-酮酸，这些 α-酮酸可经糖异生途径转变为葡萄糖。例如，丙氨酸在体内转氨酶作用下生成丙酮酸，再异生为葡萄糖；精氨酸、组氨酸、脯氨酸先转变为谷氨酸，后者脱氨生成 α-酮戊二酸，再经三羧酸循环转变为草酰乙酸，然后进一步异生为葡萄糖。

三、蛋白质与脂类代谢的相互联系

无论是生糖氨基酸或是生酮氨基酸，其对应的 α-酮酸，在进一步代谢过程中都会产生乙酰辅酶 A，然后转变为脂肪或胆固醇。此外，甘氨酸或丝氨酸等还可以合成胆胺与胆碱，所以氨基酸也是合成磷脂的原料。

脂肪酸β-氧化所产生的乙酰辅酶A虽然可进入三羧酸循环而生成α-酮戊二酸，后者又可通过氨基化而成为谷氨酸，但该反应需要糖提供草酰乙酸，因此脂肪酸分解生成的乙酰辅酶A不能合成任何氨基酸。脂肪的甘油部分，可以经糖异生途径转变成葡萄糖，再经由糖酵解、三羧酸循环途径的中间产物生成一些与非必需氨基酸相对应的α-酮酸，但是必需氨基酸不能从脂类合成。总之，机体几乎不利用脂肪来合成蛋白质，脂肪不能代替食物蛋白质。

四、核酸与糖、脂类和蛋白质代谢的相互联系

生物体内的一切物质代谢都离不开酶的催化作用，而蛋白质的生物合成又离不开核酸的指导作用。可以说，核酸间接参与了生物体的一切代谢过程，此外，体内许多游离核苷酸在代谢中起着重要的作用。例如ATP是能量和磷酸基团转移的重要物质，GTP参与蛋白质的生物合成，UTP参与多糖的生物合成，CTP参与磷脂的生物合成，cAMP、cGMP是生物体代谢过程中的调节物质。体内许多辅酶或辅基含有核苷酸组分，如辅酶A、辅酶Ⅰ、辅酶Ⅱ、FAD、FMN等。嘌呤碱从头合成途径需要甘氨酸、天冬氨酸、谷氨酰胺及一碳单位为原料；嘧啶碱从头合成途径需要天冬氨酸、谷氨酰胺及一碳单位为原料。在核苷酸的生物合成过程中，其磷酸核糖部分来源于磷酸戊糖途径，各种酶和许多蛋白因子参与核酸合成代谢过程；在核酸的分解过程中，其中间产物也参与三羧酸循环。

总之糖、脂类、蛋白质和核酸等代谢彼此相互影响、相互联系和相互转化，而这些代谢又以三羧酸循环为枢纽，其成员又是各种代谢的重要共同中间产物。糖类、脂类、蛋白质和核酸代谢的相互联系总结如图11-2所示。

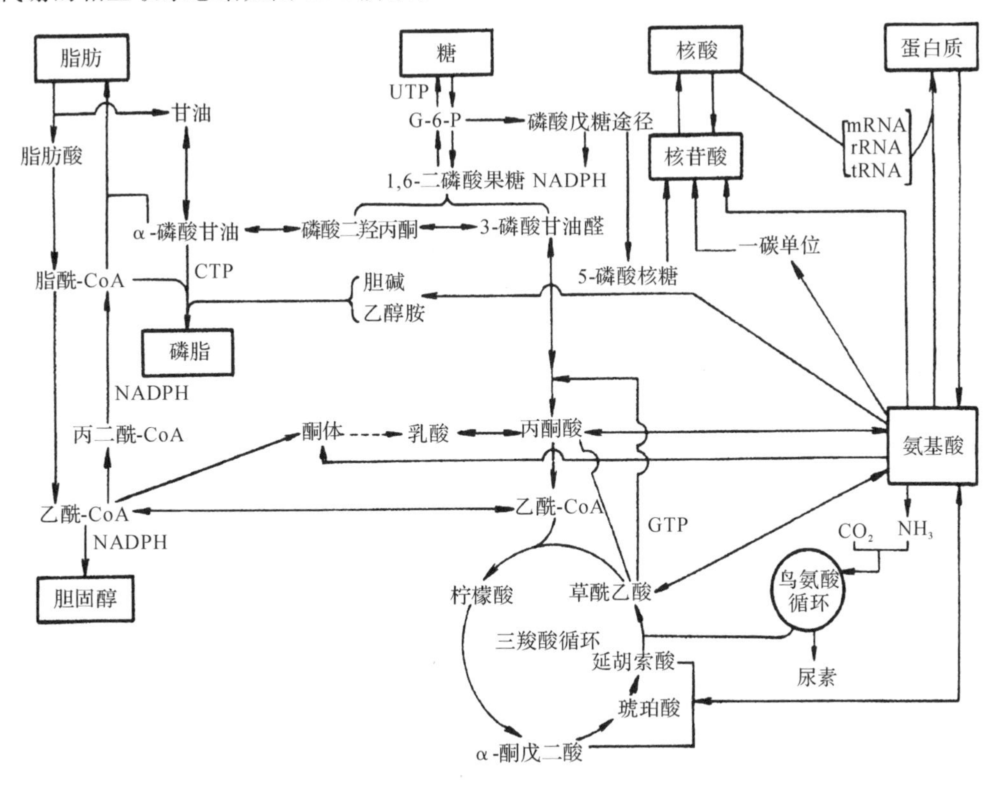

图11-2　糖类、脂类、蛋白质及核酸代谢的相互关系

第三节　物质代谢的调节

生物体的物质代谢由许多连续和相关的代谢途径组成，每一条代谢途径又包含一系列酶促化学反应，各条途径相互联系、相互作用、相互制约又相互协调，是一个完整统一的过程。在正常情况下，为适应不断变化的内外环境，使物质代谢有条不紊地进行，生物体对其代谢具有精细的调节机制，不断调节各种物质代谢的强度、方向和速率，即为代谢调节。代谢调节普遍存在于生物界，是生命的重要特征。生物体内的代谢调节机制十分复杂，是生物在长期进化过程中逐步形成的一种适应能力。随着生物神经系统不断发展，神经调节也不断发展。比神经调节原始的代谢调节是激素调节；而最原始也是最基础的代谢调节则是细胞内的调节。进化愈高的生物，其代谢调节机制就愈复杂，随着生物神经系统不断发展，神经调节也不断发展。生物体内的代谢调节在 3 个不同水平上进行，按复杂程度分为细胞或酶水平调节、激素水平调节和整体水平调节。

一、细胞或酶水平的调节

（一）代谢酶与代谢途径的整合与细胞内分布

生命活动过程中各种代谢反应绝大部分是在细胞内进行的。真核细胞具有多种内膜系统，将细胞划分成相对独立又相互联系的胞内区域，从而导致真核细胞中酶分布的区域化，不同代谢途径的酶则集中并分布于具有一定结构的细胞器或存在于胞质溶液中。同工酶分子结构有差异，虽然催化同一化学反应，但其底物专一性与亲和力以及动力学都有所不同，在代谢过程中所催化的反应方向有所不同。同工酶在不同的组织，或不同的细胞类型，或同一细胞的不同细胞器中具有不同的质和量、不同的活性，在代谢途径中发挥不同的作用，调节代谢进行的不同方向。

不同代谢途径存在于细胞的不同部位，对于代谢途径的调控具有重要的作用。例如糖酵解、磷酸戊糖支路和脂肪酸合成的酶系存在于细胞质中；三羧循环、脂肪酸 β-氧化和氧化磷酸化的酶系存在于线粒体中；核酸生物合成的酶系大多在细胞核中；蛋白质生物合成酶系在颗粒型内质网膜上；水解酶类在溶酶体中。这样的隔离分布为细胞水平代谢调节创造了有利条件。脂肪酸 β 氧化酶系和合成酶系分别分布于线粒体和胞液，可避免乙酰辅酶 A 的生成与利用进入无意义循环。而脂肪酸合成所需的乙酰辅酶 A 则主要来源于在线粒体中进行的糖的分解代谢，因此脂肪酸合成速率取决于乙酰辅酶 A 通过线粒体膜进入胞液的速率。所以，酶在细胞内隔离和集中分布是代谢调节的一种重要方式。

（二）酶活性的调节

细胞水平的调节是最原始的一种调节，它主要通过代谢物浓度的改变来调节一些酶促反应的速度，因此这种调节又称酶水平的调节。细胞或酶水平的调节可有两种方式：一种是酶活力的调节，是快速调节，它是通过酶分子结构的改变来实现对酶促反应速度的调节；另一种是酶合成量的调节，是缓慢调节，它通过改变分子合成或降解的速度来改变细胞内酶的含量，从而实现其对酶促反应速度的调节。

1.**反馈调节**　指代谢反应的最终产物对其前面某步反应速度的影响，而且特别是指对酶活力的影响。凡能使反应速度加快者称正反馈，也称反馈激活；使反应速度减慢者称负反馈，又名反馈抑制，一般以反馈抑制较为常见。个别关键酶的活性改变起着调节代谢速度的作用，这个关键酶常是该代谢途径中的限速酶。所谓限速酶是指整条代谢通路中催化反应速度最慢的酶，通常它的活性可受变构剂的调节。限速酶的活性常常受到其代谢体系终产物的抑制，这种抑制就是反馈抑制。通过反馈抑制可在最终产物积累时使反应速度减慢或完全停止，当最终产物被消耗或转移而降低时，又逐渐形成有利于反应进行的环境，如此不断地调节，维持动态平衡。例如细胞内胆固醇生物合成需要数十种酶，但其中的 HMGCOA 还原酶是限速酶，在此系列反应中，当肝中胆固醇含量升高时，即反馈抑制 HMGCOA 还原酶，使肝胆固醇的合成降低。

2.**别构调节**　某些小分子物质可与酶活性中心外的部位特异结合，使酶的构象发生变化，从而改变酶的活性，称为酶的别构调节或变构调节。别构调节具有不需要能量、调节速度快的特点。能被别构调节的酶称为变构酶。能别构调节活性的抑制剂和激活剂分别称为别构抑制剂和别构激活剂，统称别构效应剂。别构调节是常见的反馈调节方式，许多代谢中间产物可别构抑制某些代谢途径相关的调节酶，同时激活另一代谢途径的调节酶。例如，细胞内能量供给充足时，葡萄糖-6-磷酸可别构抑制糖原磷酸化酶，使糖原分解反应大大变慢，而抑制糖酵解及三羧酸循环；葡萄糖-6-磷酸又可别构激糖原合酶，使过剩的葡萄糖转化成糖原。ATP 是能量货币，AMP、ADP、ATP 间浓度的互变，反映生物体能量的产生与消耗动态，所以，它们之间浓度比值的高低，能够通过对酶的变构来调控供能物质的代谢平衡。过剩的 ATP 可通过结合 PFK-1 的别构部位，降低酶与果糖-6-磷酸的亲和力，从而别构抑制 PFK-1 的活性。ATP 还可别构抑制丙酮酸激酶、柠檬酸合酶等酶的活性。

3.**酶的共价修饰调节**　共价修饰亦称化学修饰，即在调节酶分子上某些氨基酸残基的化学基团在另一种酶的催化下发生共价修饰，从而引起的酶分子活性改变。具有这种调节方式的酶称为共价修饰酶。常见的化学修饰有磷酸化/去磷酸化、甲基化/去甲基化、乙酰化/脱乙酰化及腺苷化/脱腺苷化等。共价修饰酶往往有无活性和有活性两种形式，它们的互变反应由不同的酶催化完成。人体内最常见的酶共价修饰是磷酸化/去磷酸化，酶蛋白的磷酸化修饰是在一类蛋白激酶的催化下，由 ATP 提供磷酸基团；脱磷酸化则是由磷蛋白磷酸酶催化，发生水解反应而脱去磷酸基。这种调节往往不是一步完成的，而是通过多级放大后，才最终作用于代谢途径，因而只需很少的调节物（如激素），就可达到很强的调节效果。如图 11-3 为糖原磷酸化酶 b 的修饰过程，当糖原磷酸化酶 b 经蛋白激酶催化后磷酸化，从无活性状态转变为有活性，它不是直接作用于代谢过程，而是作用于无活性的糖原磷酸化酶 b，使其成为具有活性的糖原磷酸化酶 a，再由糖原磷酸化酶 a 作用于糖原，使其分解为磷酸葡萄糖。

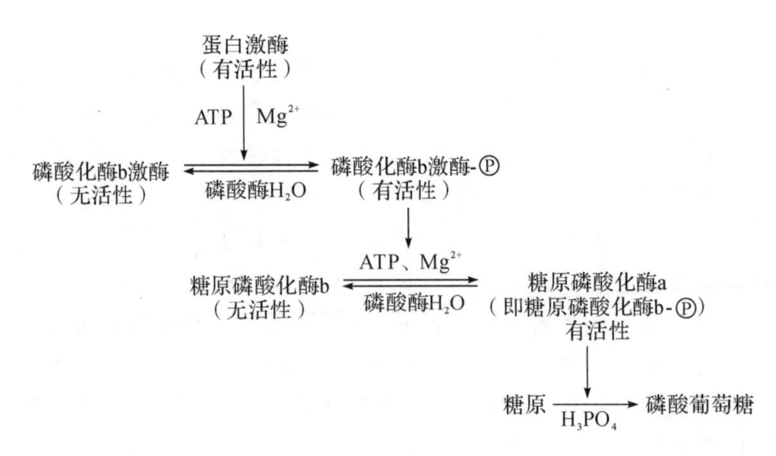

图 11-3　糖原磷酸化酶 b 的共价修饰

（三）酶含量的调节

酶作为蛋白质也处于不断更新之中，生物体通过调节细胞内酶的合成或降解速率，改变酶的含量，调节酶的活性，从而调节代谢。不同的酶有不同的更新速率，酶合成与酶降解的相对速率控制着细胞内的酶含量。由于酶是蛋白质，其基因表达及生物合成过程耗时、耗能，属于慢调节，不如对酶活性的变构调节或化学修饰的快速。酶的合成与降解受细胞内外环境的影响而改变，有些酶在细胞内的浓度在任何时间、条件下基本维持不变，这类酶是组成型酶；有些酶的受底物、类似物或药物的诱导而表达，这种酶是可诱导酶。还有一些酶的表达受底物或类似物的阻遏而减少，这类酶是可阻遏酶；细胞内有的蛋白酶可选择性地使某些酶降解，从而使该酶的含量降低甚至消失。在高等动物和人细胞中，激素调节与信号途径交叉形成复杂的网络调控，将基因表达与信号通路相偶联，使代谢调节更精细。

二、激素水平的调节

激素是由内分泌细胞所分泌的一类化学物质。激素由内分泌腺或内分泌细胞合成并分泌出来，通过血液循环系统远距离送到靶细胞后，与受体结合才能发挥作用。受体能识别特异的信号物质，并把识别和接收的信号准确无误地放大并传递到细胞内部，启动一系列胞内生化反应。激素受体分为膜受体和胞内受体两类。胞内受体位于胞浆或细胞核内，膜受体位于细胞膜上。参与细胞通信的激素有三种类型：蛋白与肽类激素、类固醇激素、氨基酸衍生物激素。激素在血液中的深度非常低，低浓度是安全发挥作用所必需的，只有受体细胞才能接收信号发挥作用，而且只需微量激素就足以维持长久的作用。

亲水性激素不能穿过靶细胞膜，必须首先与细胞膜受体结合，在细胞内产生“第二信使”或激活膜受体的激酶活性，跨膜传递信息，从而启动细胞内的级联反应，启动一系列生化反应。例如胰岛素、胰高血糖素、生长激素等与靶细胞膜受体结合，通过跨膜信号转导与代谢途径调节酶偶联。亲脂性激素可穿过细胞膜进入细胞内，与胞浆受体或核内受体结合，对基因表达进行调控，改变靶基因的转录活性。类固醇激素与胞内受体形成复合物，通过基因转录调节细胞内酶含量，调节细胞代谢。

三、整体水平的调节

机体内各细胞、各组织、各器官之间的物质代谢，不是孤立、各自为政的，而是相互协调、相互联系、相互制约，构成一个统一的整体，以维持整体的生命活动。物质代谢的整体水平调节就是在神经主导下，调节激素分泌、释放，并通过激素整合不同组织、器官的细胞内代谢途径。这主要是机体通过神经体液途径，对各组织的物质代谢进行调节，以适应不断变化的内外环境，力求在动态中维持相对的稳态。

案例分析

近年来，我国肥胖人群愈发增多，已经成为影响人类健康和生活质量的严重问题。肥胖是一种由于食欲和能力代谢紊乱而引起的疾病，与遗传、环境、膳食和体力活动情况等多种因素有关，可以继发多种疾病。

1. 肥胖者通常表现出哪些代谢紊乱和激素分泌异常？
2. 高糖饮食为什么容易引起发胖？
3. 从生物化学的角度分析如何才能控制好体重而不至于引发肥胖。

（一）应激状态下的代谢调节

应激是机体在一些特殊情况下，如严重创伤、感染、寒冷、中毒、剧烈的情绪变化等所做出的应答性反应。在应激状态下，交感神经兴奋，肾上腺皮质及髓质激素分泌增多，血浆胰高血糖素及生长激素水平也增高，而胰岛素水平降低，引起糖代谢、脂代谢及蛋白质代谢发生相应的改变。

1. **血糖浓度升高**　应激时，糖代谢的变化主要表现为血糖浓度升高。交感神经兴奋引起许多激素分泌增加。肾上腺素及胰高血糖素均可激活磷酸化酶而促进肝糖原分解。应激时血糖浓度明显升高，甚至可超过肾糖阈 8.96 mmol/L，而出现糖尿，导致应激高血糖或应激性糖尿。血糖浓度升高对保证红细胞及脑组织的供能有重要意义。在应激的开始阶段，肝糖原和肌糖原有短暂的减少，随后由于糖的异生作用加强而得到补充。糖皮质激素和胰高血糖素促进糖异生，肾上腺皮质激素、生长激素可抑制周围组织对血糖的利用。

2. **脂肪动员增强**　应激时，脂代谢化的主要表现变为脂肪动员增加。肾上腺素、胰高血糖素、去甲肾上腺素等脂解激素分泌增多，通过提高甘油三酯脂肪酶的活性而促进脂肪分解。血中游离脂肪酸增多，为心肌、骨骼肌和肾等组织提供能量，从而减少对血液中葡萄糖的消耗，进一步保证脑组织及红细胞的葡萄糖的供应。

3. **蛋白质分解加强**　应激时，蛋白质代谢主要表现为蛋白质分解加强。肌肉组织蛋白质分解增加，生糖氨基酸及生糖兼生酮氨基酸增多，为肝细胞糖的异生作用提供了原料。同时蛋白质分解增加，尿素的合成增多，出现负氮平衡。

总之，应激时，体内三大营养物质代谢的变化均趋向于分解代谢增强，合成代谢受到抑制，最终使血中葡萄糖、脂肪酸、酮体、氨基酸等浓度相应升高，为机体提供足够的能量物质，以帮助机体应对“紧急状态”。若应激状态持续时间较长，可导致机体因消耗过多，出现衰竭而危及生命。

（二）饥饿时的代谢调节

1.**短期饥饿**　在不能进食1～3天后，肝糖原显著减少，血糖浓度降低。便引起胰岛素分泌减少和胰高血糖素分泌增加。同时也引起糖皮质激素分泌增加。这些激素的改变可引起一系列的代谢变化，主要表现为：

（1）肌蛋白分解增加：肌肉蛋白质分解释放出的氨基酸大部分可转变为丙氨酸和谷氨酰胺，经血液转运到肝脏成为糖异生的原料，蛋白质的降解增多可导致氮的负平衡。

（2）糖异生作用增强：饥饿2天后，肝糖异生作用明显增强（占80%），此外肾脏也有糖异生作用（约占20%）。氨基酸为糖异生的主要原料，通过糖异生作用维持血糖浓度的相对恒定，为维持某些依赖葡萄糖供能组织的正常功能。

（3）脂肪动员加强：由于脂解激素分泌增加，脂肪动员增强，血液中甘油和游离脂肪酸含量增高，许多组织以摄取利用脂肪酸为主，此外脂肪酸β氧化为肝酮体生成提供了大量的原料。而肝脏合成的酮体既为肝外其他组织提供了能量来源，也可成为脑组织的重要能源物质。这使许多组织减少对葡萄糖摄取和利用。饥饿时脑组织对葡萄糖利用也有所减少，但饥饿初期的大脑仍主要由葡萄糖供能。

2.**长期饥饿**　在较长时间不能进食（一周以上），体内的能量代谢将发生进一步变化：

（1）脂肪动员进一步加速，酮体在肝及肾细胞中大量生成，其中肾糖异生的作用明显增强，生成约葡萄糖40 g/天。脑组织利用酮体增加，甚至超过葡萄糖，可占总耗氧的60%，这对减少糖的利用、维持血糖以及减少组织蛋白质的消耗有一定意义。

（2）肌肉优先利用脂肪酸作为能源，以保证脑组织的酮体供应。血中酮体增高直接作用于肌肉，减少肌肉蛋白质的分解，此时肌肉释放氨基酸减少，而乳酸和丙酮酸成为肝中糖异生的主要物质。

（3）肌肉蛋白质分解减少，负氮平衡有所改善，此时尿液中排出尿素减少而氨增加。其原因在于肾小管上皮细胞中谷氨酰胺脱下的酰胺氮，可以氨的形式排入管腔，有利于促进体内H^+的排出，从而改善酮症引起的酸中毒。胰岛素受体是酪氨酸激酶受体，其异常造成细胞对胰岛素的耐受大大增加，造成非胰岛素依赖型糖尿病——Ⅰ型糖尿病。

第四节　抗代谢物和代谢抑制剂

一、抗代谢物

（一）抗代谢物的概念

抗代谢物（antimetabolite）又称拮抗物（antagonist），是指在化学结构上与天然代谢物类似，在体内可特异地拮抗正常代谢物，从而影响正常代谢进行的物质。由于抗代谢物在结构上与正常代谢物相似，在生物体内当两者同时与酶系统发生结合时，抗代谢物竞争性结合酶蛋白,使酶失去催化活性,致正常代谢不能进行。例如,磺胺类抗菌药物为对氨基苯甲酸的拮抗物,抗凝血药双香豆素为维生素 K 的拮抗物等。

抗代谢药物是干扰细胞正常功能特别是 DNA 复制合成的一类药物,其化学结构大多与机体内细胞增殖所必需的一些代谢物质如叶酸、嘌呤碱、嘧啶碱等相似,它们能竞争与酶的结合,从而以伪代谢物的形式干扰或阻断核酸的生物合成和利用,起到抗菌、抗病毒或抗肿瘤等作用。

(二)抗代谢物的种类

1. **维生素类似物**　为细胞还原叶酸辅酶的拮抗剂,因而又称叶酸拮抗剂。由于叶酸在细胞内核酸生物合成中所起的关键作用,细胞内叶酸代谢已成为癌症化疗的重要的作用靶点,如用于治疗白血病的氨甲蝶呤为叶酸的拮抗物。

2. **嘌呤和嘧啶类似物**　这类抗代谢物最为重要,如 5-氟尿嘧啶、6-巯基嘌呤、阿糖胞苷、5-碘脱氧尿苷等是抗核酸代谢物,临床用于抗肿瘤和抗病毒。

3. **氨基酸类似物**　如 β-羟天冬氨酸是天冬氨酸类似物,可与天冬氨酸竞争天冬氨酸 α-酮戊二酸转氨酶,干扰天冬氨酸的转氨反应。环己基丙氨酸是丙氨酸类似物,可与丙氨酸竞争转氨酶,干扰丙氨酸的转氨反应。

(三)抗代谢物的重要意义

目前根据药物的结构与药理活性的关系可以把药物归为两大类:一类是结构非特异性药物,另一类是结构特异性药物。临床上大部分药物都是结构特异性药物,它药效产生的基础在于,和体内的药物作用靶点的特定部位形成特异性的相互作用。抗代谢物作用机制是研究药物与酶的作用关系,而基于非共价相互作用在抗肿瘤新药设计已经成为新药研发的主要趋势。例如四氢叶酸除了参与核酸的合成以外,还参与许多化合物的生成和代谢,包括生命物质中各种氨基酸的相互转换,以及血红蛋白、肾上腺素、肌酸、胆碱的合成等。作用于叶酸途径的各种酶,尤其是二氢叶酸还原酶(DHFR)和胸苷酸合成酶(TS)已成为药物设计和开发的重要研究对象。核苷类似物结构易改造的特点使得许多新的具有抗癌活性的核苷类似物不断涌现。

二、代谢抑制剂

(一)代谢抑制剂的概念和意义

代谢抑制剂(metabolic inhibitor)是指能抑制机体代谢某一反应或某一过程的物质。代谢抑制剂在基础理论中已被广泛作为研究工具,有助于研究酶的结构、酶的活性中心、酶催化反应的机制及药物作用的机制。在实际应用方面可作为疾病的诊断和治疗药物。治疗用的酶抑制剂不但在阐明药物作用机制而且在寻找新药方面也具有重要意义,可以避免盲目筛选,提高命中率,有利于新药开发。

（二）代谢抑制剂的种类

已发现的代谢（或酶）抑制剂，有许多是化学合成药，也有从生物体（动物、植物和微生物）中寻找的。

1.作用于细胞壁或细胞膜的抑制剂 β-内酰胺类药物是治疗细菌感染最常用的药物，如青霉素、头孢霉素等。β-内酰胺类药物的抗菌作用主要是干扰细菌细胞壁黏肽的生物合成，从而破坏细菌细胞壁的结构。但是在抗生素的选择压力下，导致细菌对β-内酰胺类药物产生耐药性。耐药机制主要与细菌的质粒或染色体编码产生β-内酰胺酶，该酶具有水解头孢菌素等β-内酰胺类抗生素的活性有关。

血管紧张素转换酶抑制药物，如地高辛、毒毛花苷等洋地黄类强心药物可抑制细胞膜上的Na^+、K^+-ATP酶，减少钠钾交换，细胞内钠离子增加，从而使肌膜上钠钙离子交换反向转动激活，外排Na^+的同时转入Ca^{2+}，细胞内钙离子增多，作用于心肌收缩蛋白，增加心肌收缩力和速度。

2.核酸代谢抑制剂 可抑制或干扰核酸的生物合成，如抗肿瘤药物拓扑替康为喜树碱的人工半合成衍生物，其进入体内后与拓扑异构酶Ⅰ形成复合物，导致DNA不能正常复制，引起DNA双链损伤，因此抑制细胞增殖，而哺乳类动物细胞不能有效修复这种DNA损伤。又如抗病毒药物阿昔洛韦（无环鸟苷）是2′-脱氧鸟苷的无环类似物，与病毒编码的特异性胸苷激酶结合，迅速转化为无环鸟苷单磷酸，由细胞鸟苷激酶使之转化为无环鸟苷二磷酸，再经其他细胞酶转化为无环鸟苷三磷酸而抑制病毒DNA多聚酶，从而抑制病毒复制。

3.蛋白质水解和氨基酸代谢的抑制剂 如羰基试剂如羟胺和酰肼类化合物可与氨基酸脱羧酶的辅酶的羰基发生反应而干扰脱羧反应。又如抑肽酶是胰蛋白酶抑制剂等。

4.糖代谢的抑制剂 有机汞、有机砷化合物及碘乙酸等巯基抑制剂可抑制含巯基的酶，如磷酸甘油醛脱氢酶、琥珀酸脱氢酶等，氟化物可抑制烯醇化酶。

5.脂类代谢的抑制剂 如巴豆酰CoA、苯甲酰CoA和丙酰CoA都能抑制脂肪酸的氧化，羟基柠檬酸能抑制柠檬酸裂合酶，减少胞浆乙酰CoA浓度，影响脂肪酸合成。美降脂（mevinolin）能抑制HMGCOA还原酶，减少胆固醇生物合成，使血浆胆固醇下降20%～40%。

6.电子传递体和氧化磷酸化抑制剂 见生物氧化。

本章在线测试

思考题

1.简述物质代谢与能量代谢的关系。

2.试述糖、脂类、蛋白质和核酸通过哪些共同代谢产物而相互联系、相互制约、相互转变以及如何转变。

3.举例说明物质代谢的调节分哪几个层次。

4. 比较酶的变构调节和化学修饰调节的异同点。

本章小结

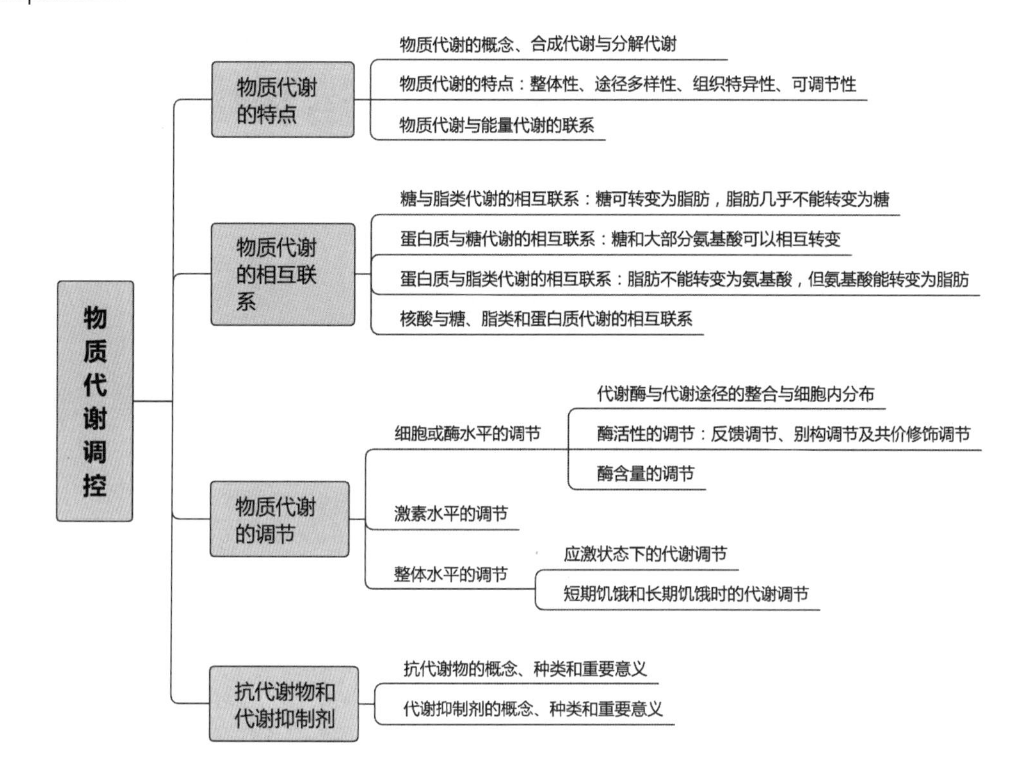

第十二章　药物在体内的转运和生物转化

学习目标

知识目标

1. 掌握：药物生物转化的概念、特点、发生部位、酶系及反应类型。
2. 熟悉：影响药物代谢的因素。
3. 了解：药物在体内的转运过程；药物生物转化的意义。

能力目标

1. 学会运用相关知识分析药物体内生物转化的结果。
2. 运用药物代谢相关知识来指导合理用药。

药物在体内的转运和生物转化

第一节　药物在体内的转运

一、药物的体内过程

药物在体内的吸收、分布、代谢及排泄过程的动态变化，称为药物的体内过程。吸收是药物从用药部位进入体循环的过程，除了血管内给药，药物经其他途径应用后，都要经过吸收过程。吸收包括消化道吸收和非消化道吸收，前者包括口腔黏膜吸收和口服药物的胃肠道吸收。其中，口腔黏膜吸收可避免胃肠道消化酶、pH 以及首关效应(first pass effect)对药物的影响，但由于药物停留时间短、吸收量有限，胃肠道吸收的主要部位是小肠。非消化道吸收即胃肠道外的给药途径，包括各种注射给药(静脉、肌内、皮下)、肺吸入和皮肤黏膜给药等。除了静脉给药时药物直接注入血液循环外，其他给药途径都有吸收过程。

吸收后的药物经过血液再向体内各组织器官分布，在作用部位(靶细胞)发挥药理作用，或者其中一部分被代谢转化，最终经肾从尿中或经胆从粪便中排泄。药物在体内吸收、分布及排泄过程称为药物转运(transportation)；药物在体内的代谢变化过程称为生物转化(biotransformation)。药物的代谢和排泄合称为消除(elimination)。药物的体内过程见图 12-1。

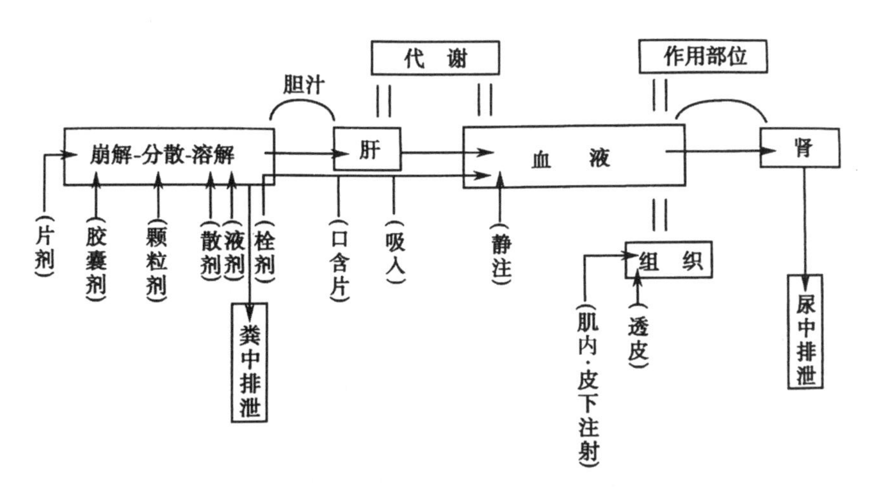

图 12-1　药物的体内过程

二、药物转运体

药物的体内转运过程，包括吸收、分布、代谢和排泄过程，都涉及药物对生物膜的通透。关于生物膜(包括细胞膜和细胞的内膜系统)对药物的通透性，以往主要从药物的理化性质，如亲脂亲水属性方面研究较多。近年来发现，许多组织的生物膜上存在特殊的转运蛋白系统，其中能够介导药物跨膜转运的蛋白质称为药物转运体(transporters)。药物转运体按其转运的方向不同分为两类，一类为摄入型转运体，可转运底物进入细胞，增加细胞内的药物浓度；另一类为外排型转运体，需要依赖 ATP 分解释放能量，可把药物逆向泵出细胞，能够降低药物在细胞内的浓度(图 12-2)。

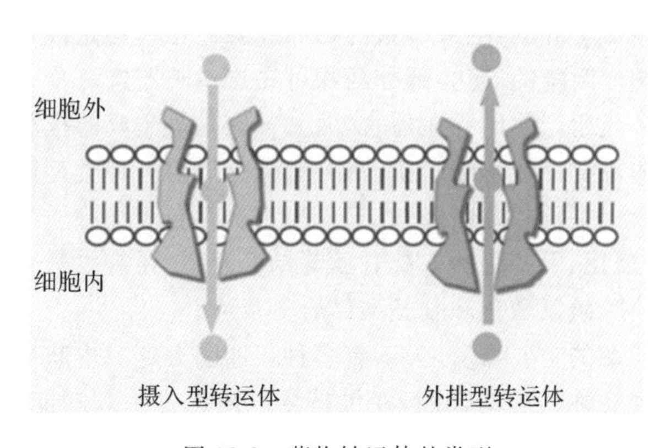

图 12-2　药物转运体的类型

三、影响药物转运的主要人体屏障

血脑屏障(blood brain barrier，BBB)是存在于血液和脑组织之间的屏障结构，主要由脑毛细血管内皮细胞、基膜和神经胶质膜构成。主要生理功能是维持脑内环境相对稳定，防止有害物质侵害脑神经。胎盘屏障(placental barrier)是胎盘绒毛组织与子宫血窦间的屏障，胎盘由绒毛膜、绒毛间隙和基蜕膜构成。主要生理功能是吸收母血中的氧和营养成分，并排泄代谢产物，同时保护胎儿避免与母体免疫细胞和有害物质接触。药物对血脑屏障和胎盘屏障的透过性极其重要，作用于其他部位的药物其透过性越小越好，这样可以避免给脑组织以及胎儿带来毒性。但是对于需要在脑内起作用的药物，如果不能透过血脑屏障，那么只能考虑脑室内注射，为药物的使用带来不便且增加感染风险。

第二节　药物的生物转化

一、药物生物转化的概念

药物的生物转化指在多种药物代谢酶（尤其是肝药酶）的作用下，体内正常不应有的外来有机物包括药物和毒物在体内进行的代谢转化，又称药物的代谢转化或药物代谢。多数药物经转化作用后成为药理活性或毒性较小、水溶性较大而易于排泄的物质。有些药物经过初步代谢转化，其药理活性或毒性不变或比原来更大。也有少数药物经过代谢转化后溶解度反而降低。

药物在体内的代谢转化有其特殊方式和酶系。由大肠吸收进人体的药物、肠道细菌腐败产物、代谢过程中产生的毒物、体内过剩的活性物质如激素以及少数正常代谢产物如胆红素等，在体内的代谢方式和外来有机物相似。还有一些药物进入人体内不经代谢转化而以原型药直接排出。

二、药物生物转化的主要器官

药物代谢酶主要存在于肝脏，绝大多数药物和外源性化合物是经过肝脏代谢的。肾、肺和皮肤等脏器也有药物代谢酶的表达，部分药物可在这些脏器进一步代谢转化，同时这些脏器也是大多数药物及其代谢产物的排泄器官，尤其肾脏是最主要的排泄器官。

肝脏中药物代谢酶主要存在于细胞微粒体中，催化药物各种类型的氧化、偶氮或硝基的还原、酯或酰胺的水解、甲基化和葡糖醛酸结合等；其次存在于细胞质中，催化醇的氧化和醛的氧化以及硫酸化、乙酰化、甲基化和谷胱甘肽等结合反应；还有少数存在于线粒体中，催化胺类的氧化脱氢、乙酰化、硫氰酸化和甘氨酸结合等反应。

皮肤是肝外药物代谢的主要器官之一，有多种代谢酶表达。皮肤中细胞色素P450酶参与多种内源性物质和外源性物质的代谢，在维持皮肤的正常生理功能和保护内环境稳定方面发挥重要作用。

肠道菌群是人体重要的“微生态器官”，作为与宿主共生的有生系统，参与宿主多项生理过程。肠道菌群含有特别的药物代谢酶，对于经肠道吸收和重吸收的药物影响很大。多种外界因素可影响肠道菌群的稳态平衡，如应激、抗生素滥用等，常可导致肠道菌群紊乱，加重对药物代谢转化的影响。

三、药物生物转化的特点

1. **生物转化的连续性**　药物的生物转化可分为两相反应，第一相反应包括氧化、还原和水解；第二相反应又称结合反应。有些药物经过第一相反应，分子中的一些非极性基团转变为极性基团，其极性和水溶性增加，即可排出体外。但也有一些药物，经过第一相反应后极性和水溶性变化不明显，还需要进行第二相反应，进一步与极性更强的物质如葡糖醛酸、硫酸结合，使其溶解度进一步增大，最终排出体外。有时一种药物需要连续进行几种类型的转化反应后才能顺利排出体外，如阿司匹林在体内通常先水解生成水杨酸，然后与葡糖醛酸结合才能排出体外。

2. **反应类型的多样性**　由于药物的化学结构中常含有一种以上可进行代谢转化的基团，所以同一种药物在体内可以进行不同类型的转化反应，产生不同的转化产物。例如，阿司匹林在体内水解生成水杨酸后，既可以与甘氨酸结合转化成水杨酰甘氨酸，也可与葡糖醛酸结合生成β-葡糖醛酸苷，还可氧化生成羟基水杨酸，再进行结合反应。

3. **解毒与致毒的双重性**　药物在机体内经代谢转化作用后，其药理活性或毒性多是降低。通常，结合反应产物的药理活性或毒性都会降低，而非结合反应产物的活性或毒性多数降低，也有一些非结合反应产物的活性或毒性改变不大或反而增高，但可以进一步进行结合反应，使其活性或毒性降低并排出体外。有些药物（如水合氯醛、非那西汀、百浪多息、环磷酰胺和大黄酚）经过生物转化后才具有药理活性。也有部分物质经生物转化后反而具有毒性或毒性增强。如香烟中所含的3,4-苯并芘无致癌作用，但经过生物转化后生成的7,8-二氢二醇-9,10-环氧化物则有很强的致癌作用。因此，不能将体内（主要是肝）的生物转化作用简单地称为“解毒作用”，而是具有解毒和致毒双重性的特点。

四、药物生物转化的类型和酶系

小分子药物或极性强的药物进入机体后，在生理pH条件下可完全呈电离状态，由肾直接排出。但大多数药物为脂溶性药物，极性较低，在生理pH条件下不电离或仅部分电离，并且常与血浆蛋白结合，不易由肾小球滤出。因此，脂溶性药物在体内通常要经过生物转化作用，使其极性或水溶性增强才能排出体外。

药物的生物转化反应可分为氧化反应、还原反应、水解反应和结合反应四种类型。其中，氧化反应、还原反应和水解反应是药物分子本身发生的初步化学反应，不需要与特殊的结合物结合才能改变药物的极性，称为第二相反应。结合反应需要与特殊的结合物结合，称为第一相反应。结合反应的结合剂有多种，如葡糖醛酸、硫酸盐、乙酰化剂、甲基化剂、氨基酸和谷胱甘肽等。由于药物的化学结构中往往有许多可代谢基团，所以一种药物可能有许多种生物转化方式和代谢产物。

催化药物在体内进行生物转化的酶系称为药物代谢酶。肝内参与生物转化的主要酶类见表12-1。

表 12-1　参与生物转化的酶类

酶类	辅酶或结合物	细胞内定位
第一相反应		
氧化酶类		
单加氧酶系	$NADPH+H^+$、O_2、细胞色素 P450	微粒体
胺氧化酶类	黄素辅酶	线粒体
脱氢酶类	NAD^+	细胞质或线粒体
还原酶类		
硝基还原酶	$NADH+H^+$ 或 $NADPH+H^+$	微粒体
偶氮还原酶	$NADH+H^+$ 或 $NADPH+H^+$	微粒体
水解酶类		细胞质或微粒体
第二相反应		
葡糖醛酸转移酶	尿苷二磷酸葡糖醛酸(UDPGA)	微粒体
硫酸基转移酶	3′-磷酸腺苷-5′-磷酰硫酸(PAPS)	细胞质
乙酰基转移酶	乙酰辅酶 A	细胞质
酰基转移酶	甘氨酸	线粒体
甲基转移酶	*S*-腺苷甲硫氨酸(SAM)	细胞质与微粒体
谷胱甘肽-*S*-转移酶	谷胱甘肽(GSH)	细胞质与微粒体

(一)药物生物转化第一相反应

1. **氧化反应**　氧化反应是最常见的生物转化第一相反应。催化氧化反应的药物代谢酶主要有微粒体氧化酶系、单胺氧化酶系和醇脱氢与醛脱氢酶。

(1)微粒体氧化酶系：催化药物氧化反应最为重要的酶是定位于肝细胞微粒体(光滑型内质网)的依赖细胞色素 P450 的单加氧酶系(CYP)。由于它催化的反应是在底物分子上加一个氧原子，所以也称为单加氧酶系或羟化酶系。它所催化的氧化反应与正常代谢物在细胞线粒体进行的生物氧化不同，需要还原剂 $NADPH+H^+$ 和分子氧参与，反应中的一个氧原子被还原为水。另一个氧原子加入底物分子中使底物氧化，所以又称为混合功能氧化酶系。该酶是目前已知底物最为广泛的生物转化酶类，也是肝内药物代谢最重要的酶类，因此也称肝药酶。

$$RH+O_2+NADPH+H^+ \longrightarrow ROH+NADP^+ +H_2O$$

细胞色素 P450 在生物体内广泛分布，因还原型细胞色素 P450 与一氧化碳结合后在波长 450 nm 处出现最大吸收峰而得名。微粒体氧化酶系还含有另一种成分，称 NADPH-细胞色素 P450 还原酶，它属于黄素酶类，其辅基为 FAD，催化 NADPH 和 P450 之间电子传递。

微粒体药物氧化酶系所催化的氧化反应类型包括羟化、脱烃基、脱氨基、*S*-氧化、*N*-氧化、*N*-羟化以及脱硫代氧。这些氧化反应不仅是许多药物代谢过程中不可缺少的步骤，而且可增加多数药物或毒物的极性，使其水溶性增加，有利于排泄。如类固醇激素及胆汁酸合成中的羟化作用、维生素 D_3 羟化为其活性形式等均需要羟化反应，而有些本来无活性的物质经氧化后却生成有毒或致癌物质，需要进一步生物转化。例如，发霉的谷物、花生等常含有的黄曲霉素 B_1 经加单氧酶系作用，生成黄曲霉素 2,3-环氧化物，成为诱发原发性肝癌的重要危险因素。

(2)单胺氧化酶系：单胺氧化酶属于黄素酶类，存在于肝细胞线粒体中，可将胺类物质氧化脱氨基生成醛和氨。肠道腐败产物(如组胺、尸胺、酪胺、精胺、腐胺等)以及一些肾上腺素能药物(如 5-羟色胺、儿茶酚胺类等)均可在此酶作用下氧化生成相应的醛和氨，其反应通式如下：

$$RCH_2NH_2 + O_2 + H_2O \longrightarrow RCHO + NH_3 + H_2O_2$$

(3)醇脱氢酶与醛脱氢酶：这类酶在细胞质和线粒体中产生作用。如乙醇由肝细胞中乙醇脱氢酶氧化生成乙醛，再经氧化成乙酸而进入三羧酸循环。甲醇在体内亦通过该酶氧化，生成高毒性甲醛及甲酸，后者形成代谢性酸中毒。乙醇与酶的亲和力大于甲醇，故在甲醇中毒时，可用乙醇竞争脱氢酶，而减少对肝细胞的损害及酸中毒。

$$RCH_2OH \xrightarrow[NAD^+ \quad NADH+H^+]{\text{醇脱氢酶}} RCHO \xrightarrow[H_2O+NAD^+ \quad NADH+H^+]{\text{醛脱氢酶}} RCOOH$$

2.**还原反应**　硝基还原酶和偶氮还原酶是催化生物转化还原反应的主要酶类，除此之外，醛酮还原酶也能催化相应的还原反应。

(1)硝基和偶氮化合物还原酶：肝细胞微粒体中存在硝基还原酶和偶氮还原酶，辅酶为 NADH 或 NADPH，可分别催化硝基苯和偶氮苯还原为苯胺。例如含硝基的氯霉素，可在硝基还原酶催化下转化成胺类物质而失去药理活性，而含偶氮基的抗菌药百浪多息本身是无活性的药物前体，在偶氮还原酶催化下生成具有抗菌活性的对氨基苯磺酰胺。

(2)醛酮还原酶：该酶系存在于肝细胞细胞质中，辅酶为 NADH 或 NADPH，可催化醛基或酮基还原为醇。例如催眠药三氯乙醛在该酶催化下还原为三氯乙醇而失去催眠作用。

3.**水解反应**　酯酶、酰胺酶和糖苷酶是催化水解反应的主要酶类，它们存在于肝细胞微粒体或细胞质中，分别催化酯类、酰胺类和糖苷类化合物水解生成相应的羧酸，如普鲁卡因、双香豆素乙酸乙酯、琥珀酰胆碱、有机磷农药等水解。经过水解反应，许多药物的药理活性降低或失效，例如普鲁卡因在肝细胞酯酶的催化下迅速水解，故注入机体后很快失效，而普鲁卡因胺在肝细胞酰胺酶的催化下发生水解，由于水解速度较慢，注入机体后可维持较长的作用时间。

(二)药物生物转化第二相反应

药物生物转化的第二相反应是结合反应。所谓结合反应是指药物或其初步代谢物(第一相反应产物)与内源性结合剂发生结合的反应，它是由相应的基团转移酶所催化的。凡是含有或经第一相反应可生成含有羟基、羧基或氨基的药物，在肝细胞内可与相应的结合剂发生结合反应。药物或毒物经过生物转化第一相反应后，其产物也常常需要通过结合反应进一步转化，使药物毒性或活性降低，而其极性和水溶性进一步增大，容易随尿液或胆汁排泄。如乙酰水杨酸的水解产物为水杨酸，该产物还需进一步与葡糖醛酸结合才能顺利排出体外。

1. 葡糖醛酸结合反应 葡糖醛酸结合反应是最普遍和最重要的结合反应，由葡糖醛酸转移酶催化，该酶主要存在于肝细胞微粒体，专一性低。此反应的结合基团葡糖醛酸（GA）是由其活化形式尿苷二磷酸葡糖醛酸（UDPGA）提供的。

许多药物如吗啡、可待因、大黄蒽醌衍生物、类固醇激素（甾族化合物）及甲状腺素等在体内可与葡糖醛酸结合。它们主要是通过分子结构中的醇或酚羟基、羧基的氧、胺类的氮以及含硫化合物的硫与葡糖醛酸的第一位碳结合成葡糖醛酸苷。一般来说，酚羟基比醇羟基易与葡糖醛酸结合。葡糖醛酸结合物都是水溶性的，因分子中引进了极性糖分子，而且在生理 pH 条件下，羧基可以解离，所以葡糖醛酸结合几乎都是活性降低，水溶性增加，易从尿和胆汁排出。临床上用肝泰乐（葡醛内脂）治疗肝病，其治疗原理就是通过提高肝脏的生物转化能力起保护肝脏和解毒的作用。

2. 硫酸结合反应 此反应主要是硫酸与含羟基（酚、醇）或芳香族胺类的氨基结合，需要硫酸基转移酶催化。该酶存在于肝细胞细胞质中，反应所需的结合基团硫酸是由其活化形式 3′-磷酸腺苷-5′-磷酰硫酸（PAPS）提供的。参与硫酸结合反应的物质包括正常代谢物或活性物（甲状腺素、5-羟色胺、酪氨酸、肾上腺素、类固醇激素等），外来药物（如氯霉素、水杨酸等）以及吸收的肠道腐败产物（如酚和吲哚酚）。例如，雌激素（雌酮）的酚羟基与硫酸结合后生成雌酮硫酸酯而失活，其溶解性增强而易于排出体外。

硫酸结合反应与葡糖醛酸结合反应有竞争性作用，如乙酰氨基酚的羟基和氨基都可与之结合，但由于体内硫酸来源有限，易发生饱和，所以与葡糖醛酸结合占优势。硫酸结合反应的饱和可被胱氨酸或甲硫氨酸消除。

3. 乙酰化结合反应 许多含伯胺基或磺酰胺基的药物或生理活性物如异烟肼、苯胺、组胺和磺胺类药物等，可以在体内进行乙酰化结合，生成乙酰化衍生物。催化此反应的酶是乙酰基转移酶，主要存在于肝细胞细胞质中，反应所需的结合基团乙酰基是由其活性供体乙酰辅酶 A 提供的。大部分磺胺类药物在肝内通过乙酰化结合反应灭活。在通常情况下，磺胺乙酰化即失去抗菌活性。但应注意，磺胺类药物的乙酰化产物的水溶性反而降低，在酸性尿中容易析出而引起尿道结石。故服用磺胺类药物时应碱化尿液（如服用适量的碳酸氢钠）并大量饮水，以提高其溶解度有利于随尿排出。

4. 甲基化结合反应 许多酚、胺类药物或生理活性物如肾上腺素、去甲肾上腺素、5-羟色胺、多巴胺、组胺、烟酰胺、苯乙胺、儿茶酚胺等，能在体内进行 *N*-甲基化或 *O*-甲基化。此反应所需结合基团甲基是由其活性供体 *S*-腺苷甲硫氨酸（SAM）提供的，在甲基转移酶的催化下将甲基转移给受体（如药物）的羟基或氨基上，生成相应的甲基化衍生物。甲基转移酶存在于许多组织细胞（尤其是肝和肾）的细胞质和微粒体中。

甲基化反应对儿茶酚胺类活性物的生成（活性增加）和灭活（活性降低）起着重要作用。如去甲肾上腺素 *N*-甲基化生成肾上腺素，肾上腺素 *O*-甲基化灭活。一般来说，甲基化产物极性和水溶性反而降低。

5. 甘氨酸结合反应 含羧基的药物、毒物首先在酰基辅酶 A 连接酶的催化下活化为酰基辅酶 A，然后在肝细胞线粒体中酰基辅酶 A-氨基酸-*N*-酰基转移酶的催化下与甘氨酸结合生成相应的结合产物。如苯甲酸与甘氨酸结合生成马尿酸。

6. 谷胱甘肽结合反应 肝细胞的细胞质和微粒体中存在谷胱甘肽-*S*-转移酶（GST），可催化谷胱甘肽（GSH）与某些致癌物、抗癌药物及毒物结合生成硫醚氨酸类化合物。如环氧化物可与细胞内生物大分子如DNA、RNA及蛋白质发生共价结合而导致细胞损伤，通过与GSH结合减低其细胞毒性，增加其水溶性，有利于排出体外。

第三节　影响药物代谢的因素

药物的生物转化主要依赖体内各种药物代谢酶的催化，药物代谢酶的活性受药物相互作用以及年龄、性别、营养、疾病、遗传等诸多因素的影响。

一、药物相互作用

两种或多种药物同时应用，可出现药物与药物的相互作用（drug-drug interaction，DDI），有时可使药效加强，这对患者是有利的；但有时也可以使药效减弱或不良反应加重。药物的相互作用影响药物生物转化主要表现在药物诱导和药物抑制。

1.**药物诱导**　已知有许多种化合物可促进有关药物代谢酶的生物合成，从而促进药物代谢，称为药物代谢酶诱导剂。药物代谢酶诱导剂多数是脂溶性化合物，并且具有专一性，如镇静催眠药（巴比妥、甲丙氨酯）、麻醉药（乙醚、N_2O）、抗风湿药（氨基比林、保泰松）、中枢兴奋药（尼可刹米、贝米格）、降血糖药（甲苯磺丁脲）、甾体激素（睾酮、糖皮质激素）、维生素C、肌松药、抗组胺药以及食品添加剂、杀虫剂、致癌剂（3-甲基胆蒽）等。其中以巴比妥和3-甲基胆蒽两种比较典型。

诱导作用是由药物代谢酶生物合成增加所致。实验证明，苯巴比妥类药物可诱导肝细胞微粒体药物代谢酶（包括细胞色素P450、NADPH-细胞色素P450还原酶）、葡糖醛酸转移酶的合成而加速药物代谢，而这种诱导作用可以被蛋白质生物合成抑制剂如放线菌素D等所抑制。已知的药物代谢酶诱导剂约有200余种，其不仅可促进其他药物生物转化的速率，也可促进其自身的生物转化。因此，当反复使用某种药物时，机体对该药物的反应性减弱，药效降低；为达到与原来相等的反应和药效，就必须逐步增加用药剂量，这种通过叠加和递增剂量以维持药效作用的现象，称药物耐受性。

一般来说，药物经过生物转化，药理活性或毒性降低。因此，药物代谢酶诱导剂通过增强药物的生物转化作用，在多数情况下可以促进药物的活性或毒性降低，极性或水溶性增强，有利于药物排出体外。动物实验证明：预先给予苯巴比妥，由于药物代谢酶被诱导生成，增强了有机磷化合物的生物转化，可降低有机磷农药的毒性。临床上用苯巴比妥防治胆红素血症，其原理是苯巴比妥可诱导葡糖醛酸转移酶的生成，促进胆红素和葡糖醛酸的结合而易排出体外。但是，有些药物经过生物转化，药理活性或毒性反而增加，在这种情况下，药物代谢酶诱导剂将会促使药物的活性或毒性增加。例如预先给予苯巴比妥，由于药物代谢酶被诱导合成，可促使非那西汀羟化为毒性更大的对氨基酚，后者可使血红蛋白转变为高铁血红蛋白。苯巴比妥导致非那西汀副反应的增加就是这个原因，临床用药配伍应特别注意。

2.**药物抑制**　另有许多化合物可以抑制某些药物的生物转化，称为药物代谢酶抑制剂。有的抑制剂本身就是药物，可以抑制其他药物的代谢。如氯霉素或异烟肼能抑制肝细胞药物代谢酶，可使同时合用的巴比妥类、苯妥英钠、甲苯磺丁脲以及双香豆素类药物的生物转化速率降低，使其药理作用和毒性增加。单胺氧化酶抑制剂可延缓酪胺、苯丙胺、左旋多巴及拟交感胺类的生物转化,使升压作用和毒性反应增加。别嘌醇能抑制黄嘌呤氧化酶,使6-巯基嘌呤及硫嘌呤的生物转化速率减慢,毒性增加。

有的抑制剂本身无药理作用,而是通过抑制其他药物的代谢而发挥其作用,因此,药物代谢酶抑制剂有重要的药理意义。它可以加强药物的药理作用,即药物代谢酶抑制剂和所作用的药物有协同作用。药物代谢酶抑制剂有竞争性抑制剂和非竞争性抑制剂。

由于多种药物的生物转化反应常由同一酶系催化,在同时服用这些药物时,这些药物能对该酶系产生竞争性抑制,从而使这些药物的转化速率都降低,引起药物的系统作用。如保泰松可抑制体内双香豆素类药物的生物转化,两者同时服用时,由于保泰松的竞争性抑制,双香豆素类药物的代谢减慢,其抗凝作用增强,容易发生出血现象。又如没食子酚对肾上腺素-*O*-转甲基酶具有抑制作用。肾上腺素的灭活主要是由*O*-甲基转移酶的催化使3位羟基甲基化为甲氧基,而没食子酚可与此酶竞争结合,导致*O*-甲基转移酶被抑制,肾上腺素的灭活受到影响,因此没食子酚可延长儿茶酚胺类活性物的作用。酯类和酰胺类化合物对普鲁卡因水解酶也有竞争性抑制作用。因此,同时服用多种药物时应加以注意。

非竞争性抑制剂如SKF-525A(普罗地芬)及其类似物,这些化合物本身并无药理作用,专一性也较低,可抑制微粒体药物代谢酶系如药物氧化酶、硝基还原酶、偶氮还原酶、葡糖醛酸转移酶等的活性。但对水解普鲁卡因的酯酶则属于竞争性抑制,因为SKF-525A本身也有酯键。由于SKF-525A对许多药物代谢酶有抑制作用,所以可以延长许多药物的作用时间,例如增加环己巴比妥催眠时间许多倍,但对正常代谢并无抑制作用。

二、其他因素

1.**年龄因素** 新生儿肝发育尚不完善,生物转化酶系发育不全,对药物及毒物的转化能力较弱,容易发生药物及毒素中毒。例如,新生儿易发生氯霉素中毒导致“灰婴综合征”。老年人因器官退化,肝血流量和肾的清除速率下降,导致老年人血浆药物的清除率降低,药物在体内的半衰期延长,常规剂量用药时可发生药物蓄积,药效强且副作用大。因此,临床用药时,新生儿和老年人的剂量应较成年人低,有些药物要求儿童和老年人慎用或禁用。

2.**性别因素** 不同性别对药物的生物转化能力不尽相同,有不同的耐受性。一般来说,雌性对药物敏感性高,而雄性相对较低,可能与雄性激素是药物代谢酶诱导剂有关,以致雄性体内药物代谢酶活性比雌性高。例如幼鼠注射睾酮后可使药物转化能力增强;去势雄鼠药物转化能力降低,再注射睾酮,药物转化可以恢复正常。但也有例外,人类女性对氨基比林的生物转化能力强于男性,有较大的耐受性;女性体内醇脱氢酶活性高于男性,女性对乙醇的代谢处理能力强于男性。

3.**营养状况** 营养情况对药物生物转化也有影响,饥饿时通常可使肝微粒体药物代谢酶活性降低。如饥饿7天左右,会导致肝谷胱甘肽-*S*-转移酶活性降低,使谷胱甘肽结合反应水平降低。此外,低蛋白膳食及维生素C、A、E的缺乏均可使肝微粒体药物氧化酶活性降低。维生素B_2缺乏时会引起药物还原酶活性降低,缺乏钙、铜、锌和锰则会引起细胞色素P450含量降低。

4.**严重肝病** 药物主要在肝代谢,当肝功能受损时直接影响肝药物代谢酶的合成,肝对药物的生物转化能力通常会降低,可使药物作用延长或增强,甚至导致药物中毒,故对肝病患者用药应特别慎重。

5.**给药途径**　口服或腹腔注射时，药物首先到达肝，然后进入体循环。由于药物在肝被迅速代谢，所以通过体循环到达靶细胞的未代谢药物会减少，导致药效降低。例如口服异丙肾上腺素时，其3,4-羟基可在肝和肠黏膜进行甲基化和硫酸盐结合而被灭活，因此异丙肾上腺素口服几乎无效。而静脉注射时，药物直接进入体循环，血药浓度较高，药效较强。

6.**种属差异**　不同种属动物对药物代谢的方式和速度也不相同。例如鱼类不能对药物进行氧化和葡糖醛酸结合反应。两栖类也不能对药物进行氧化，但可以进行葡糖醛酸或硫酸结合反应。猫不能进行葡糖醛酸结合，但硫酸盐结合反应很强，而犬则相反。2-乙酰氨基芴-*N*-羟化物可致癌，豚鼠由于无此*N*-羟化，故不致癌，而鼠、犬、兔则有*N*-羟化，故能致癌。因此，动物药理实验应用于人要慎重。

7.**遗传因素**　遗传变异可引起个体之间药物代谢酶类的差异，许多肝药酶存在酶活性异常的多态性，如葡糖醛酸转移酶和醛脱氢酶等。通过遗传变异产生的低活性肝药酶会导致药物蓄积，而变异产生的高活性肝药酶则会导致药效降低或药物代谢毒性产物增多。

第四节　药物生物转化的意义

一、药物生物转化的生理意义

1.**清除外来异物**　进入体内的外来异物（如药物、农药、色素、防腐剂、添加剂等）主要由肾排出体外，也有少数由胆汁排出。肾小管和胆管上皮细胞是一种脂性膜，脂溶性物质易通过膜而被再吸收，排泄较慢。为了使药物易于排出，必须将脂溶性药物通过生物转化变为易溶于水的物质，使其不易通过肾小管和胆管上皮细胞膜，不易被再吸收，而易于排泄。可见，药物代谢酶是机体对外环境的一种防护机制，专为清除体内不需要的脂溶性外来异物。但也有少数药物经过生物转化水溶性反而降低，如磺胺类药物的乙酰化和含酚羟基药物的*O*-甲基化。

2.**改变药物活性或毒性**　大多数药物在体内经生物转化，其活性或毒性降低。一般来说，结合代谢产物活性或毒性都降低，而非结合代谢产物多数活性或毒性降低，也有不大改变或反而增高的，但均可以进一步结合代谢解毒并排出体外。

经体内代谢转化后，活性或毒性增高的药物，有水合氯醛、非那西汀、百浪多息、有机磷农药和大黄酚等。这些化合物在体内经过第一相生物转化（氧化或还原）而活化，然后再经结合（葡糖醛酸或乙酰化结合）或水解而解毒。毒性或活性不大改变的药物，有可待因-*O*-脱甲基氧化为吗啡，可待因和吗啡都有药理活性，只是程度不同。

3.**灭活体内活性物质**　体内生理活性物质如激素等在体内不断生成，发挥作用后也不断灭活，构成动态平衡，以维持正常生理功能。而这些生理活性物质的灭活，其代谢方式和酶系有许多是和药物生物转化相同的。例如肾上腺素是通过*O*-甲基化和单胺氧化酶而灭活的，又如类固醇、甲状腺素等在体内可与葡糖醛酸结合而灭活。

二、研究药物生物转化的意义

1.**阐明药物不良反应的原因**　大多数药物需通过转氨酶系进行生物转化而使其药理活

性减弱或消失(药物失活)。当肝功能受损时,肝的生物转化能力下降,药物的代谢速率降低,容易造成药物蓄积,引起A型药物不良反应(如呕吐、腹泻、粒细胞和血小板减少、运动失调、眼球震颤和昏睡)。体内细胞色素P450酶(微粒体药物氧化酶)在某些情况下具有基因的多态性,导致对某些药物的生物转化反应快慢不一。药物生物转化慢者容易发一些与浓度相关的药物不良反应,而药物生物转化快者则对药物之间的相互作用易感,其中产生抑制的药物相互作用可能会由于药物在血浆中浓度的增加而导致毒性。如酮康唑、红霉素等药物系已知的细胞色素P450酶抑制剂,在体内可抑制西沙必利的生物转化作用,使其血药浓度升高而引起不良反应。

2.对研发新药具有指导意义 药物生物转化对研发新药具有很好的指导作用,主要体现在以下几个方面。

(1)使药物活性由低效转化为高效:有些药物本身药理活性很低,但进入机体后,在体内经过生物转化第一相反应(氧化或还原),化学结构发生改变,转变为药理活性高的化合物,由此为新药设计提供了思路。例如低抗菌活性的百浪多息,在体内经过生物转化可生成高抗菌活性的磺胺,这一发现指导了后来磺胺类药物的合成。

(2)使药物活性由短效转化为长效:有些药物在体内容易发生生物转化而灭活,作用时间短,可通过改变其在体内容易被转化灭活的基团,使其在体内不易被灭活,从而延长其在体内的作用时间。如甲苯磺丁脲的甲基在体内容易转化为羟甲基和羧基而灭活,如把甲基改构为氯而成为氯磺丙脲,则在体内不易被转化,药理活性大为提高,作用时间延长。普鲁卡因易被酯酶水解破坏,作用时间短,如改为普鲁卡因胺,则不易水解,药理作用时间延长,这是因为体内酰胺酶的活性比酯酶小。

(3)指导药物或药物前体的合成:有些药物毒性较强,可通过化学合成改变其结构,使其药理活性或毒性降低,当其进入体内到达靶器官后,再经生物转化作用生成活性强的化合物而发挥其作用。例如,通过化学合成使化学活性强的氮芥与环磷酰胺结合后,毒性降低(比氮芥低数十倍),在体外无药理活性。但进入机体后,在靶细胞经酶的催化,使NH—转化为NOH—,可与癌细胞DNA-鸟嘌呤N^7交联而发挥其抗癌作用。有些生理活性物在体内易代谢破坏,可以人工合成前体物,在未生物转化之前不易排出,但在体内可以生物转化成活性物,使其作用时间延长。例如睾酮C_{17}上的羟基被酯化为丙酸睾酮,可在体内缓慢水解成原来激素而发挥作用。

3.解释某些发病机制 许多化学致癌物本身并无致癌作用,但通过在体内的生物转化(如羟化)成为有致癌活性的物质。例如3,4-苯并芘、3-甲基胆蒽、2-乙酰氨基芴、β-萘胺等。长期接触芳香胺的职业工人易患膀胱癌,可能是由于β-萘胺在体内进行芳香环羟化,然后与葡糖醛酸结合而由尿排出。在膀胱,由于尿中β-葡萄糖苷酸酶在尿酸性pH条件下的水解作用,释放游离羟化萘胺,进入膀胱黏膜而诱发癌变,但也有人认为β-萘胺的致癌作用主要是由于*N*-羟化($NH_2 \rightarrow NHOH$)而致癌。还有些致癌物,在体内可以结合生物转化,然后由胆汁排出,在肠下段水解,再释放游离致癌物,作用于肠黏膜而引起癌变。

4.为合理用药提供依据 肝是药物代谢的主要器官,药物口服时,首先到达肝,然后进入体循环,因此,凡是容易在肝生物转化而被灭活的药物,口服效果较差,以注射给药为好。另外,某些药物可作为另一些药物的代谢酶诱导剂,所以临床用药要充分考虑两种以上药物同时使用时,可能引起的药效降低或毒副作用增加等问题。此外,某些药物可诱导其本身生物转化的酶系生成，因此这些药物经常服用，容易产生耐受。

在线测试

思考题

1. 试述药物生物转化作用的概念、特点和反应类型。
2. 试述药物生物转化第二相反应的酶类、细胞内定位及结合物。
3. 试述药物相互作用对药物代谢的影响。
4. 影响药物生物转化的因素有哪些？
5. 药物生物转化有何意义？

本章小结

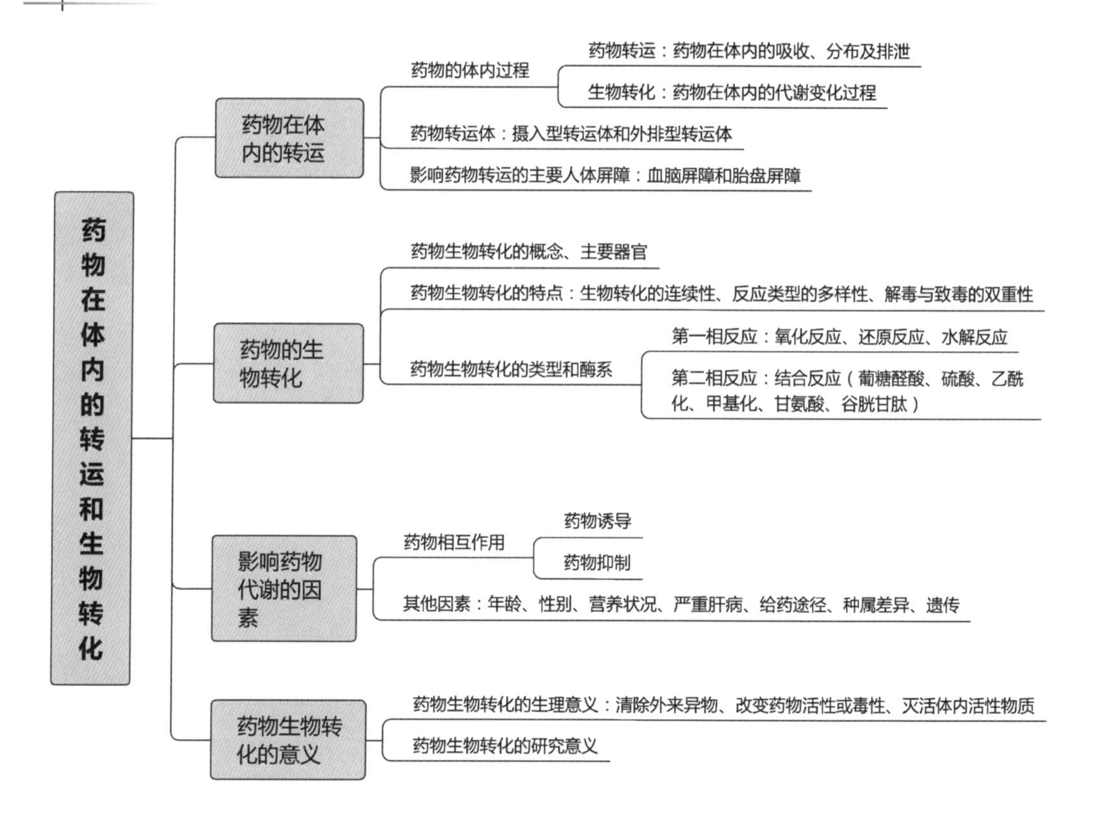

参考文献

[1]毕见州,何文胜. 生物化学[M]. 4版. 北京:中国医药科技出版社,2021.
[2]张爱华,王云庆. 生物分离技术[M]. 北京:化学工业出版社,2012.
[3]须建. 生物药品[M]. 北京:人民卫生出版社,2009.
[4]陈电容. 生物化学与生化药品[M]. 2版. 郑州:河南科学技术出版社,2014.
[5]周克元,罗德生. 生物化学:案例版[M]. 2版. 北京:科学出版社,2010.
[6]刘新光,罗德生. 生物化学与分子生物学:案例版[M]. 3版. 北京:科学出版社,2021.
[7]姚文兵. 生物化学[M]. 8版. 北京:人民卫生出版社,2016.
[8]吴梧桐. 生物化学[M]. 3版. 北京:中国医药科技出版社,2015.
[9]周春燕,药立波. 生物化学与分子生物学[M]. 9版. 北京:人民卫生出版社,2018.
[10]郑里翔,杨云. 生物化学[M]. 2版. 北京:中国医药科技出版社,2018.
[11]杨留才,张知贵,陈阳建. 生物化学[M]. 北京:高等教育出版社,2021.
[12]陈芬,徐固华. 生物化学与技术[M]. 武汉:华中科技大学出版社,2010.
[13]何凤田,李荷. 生物化学与分子生物学[M]. 北京:科学出版社,2017.
[14]郝乾坤,郑里翔. 生物化学[M]. 西安:第四军医大学出版社,2011.